U0145558

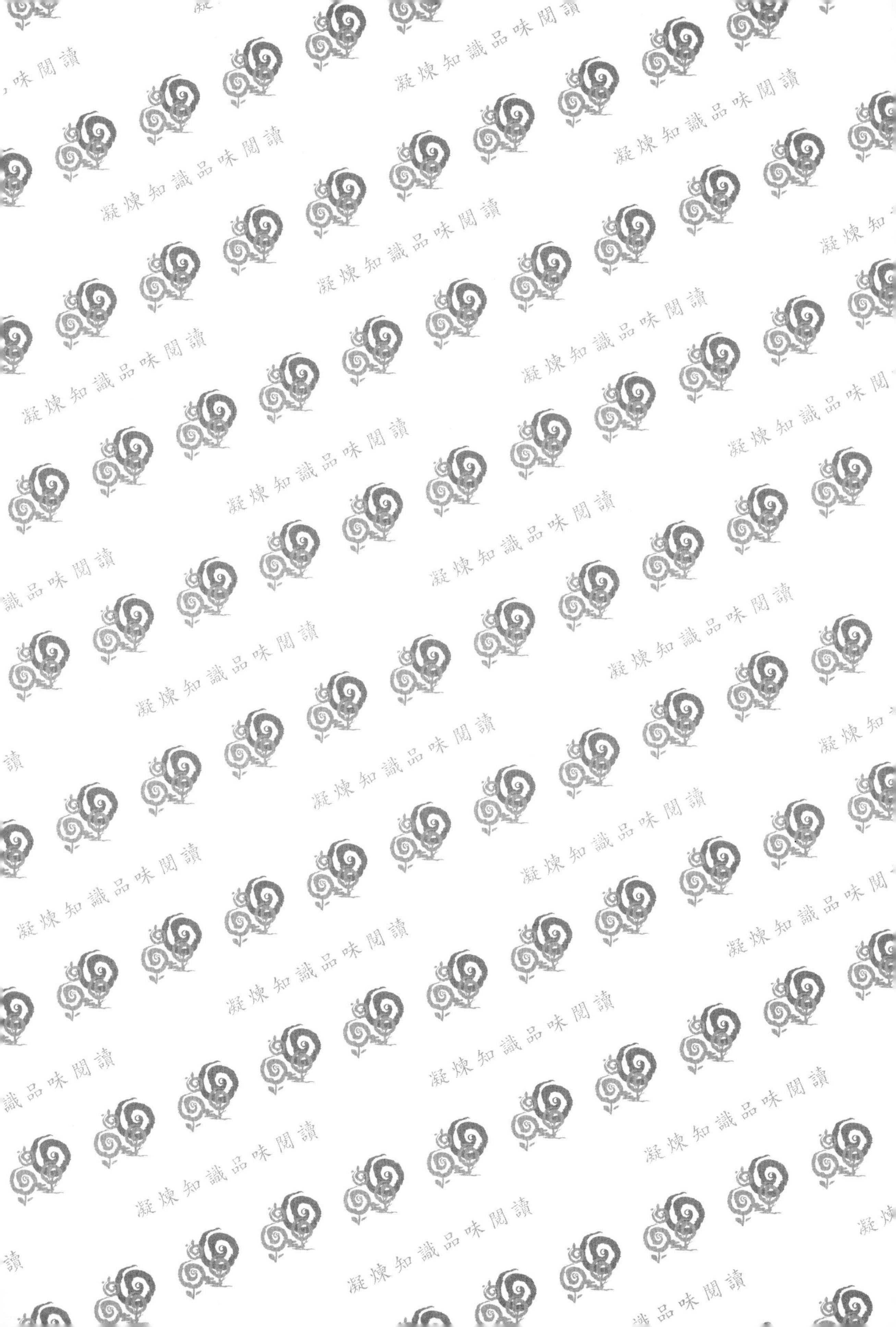
凝煉知識品味閱讀

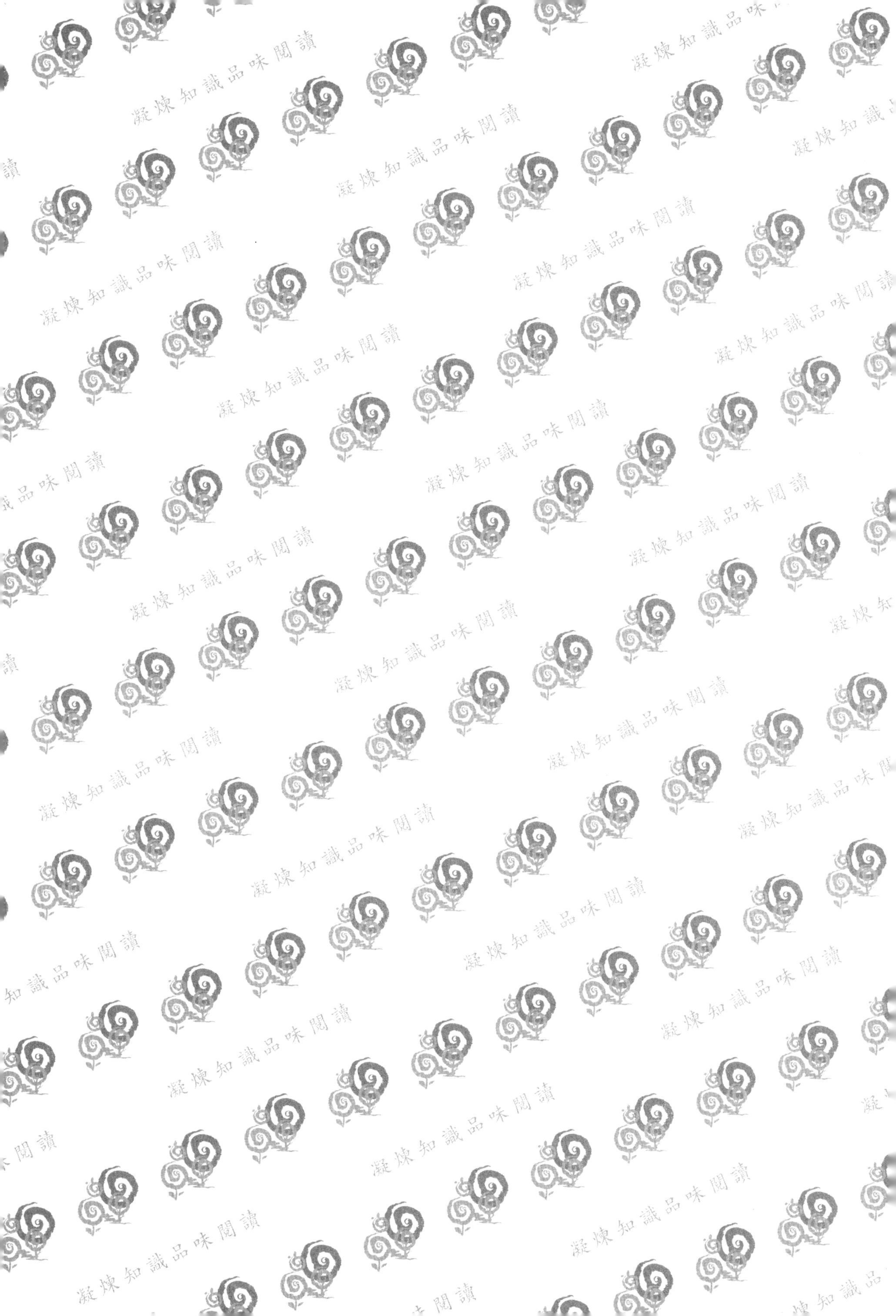
凝煉知識品味閱讀

第3版

審計學

依據最新「國際財務報導準則」(IFRS)修訂

Auditing

⊗馬嘉應 著

五南圖書出版公司 印行

目 錄

查核與會計師專業

在現今證券市場趨於成熟的環境之下，不論是股票型證券或債券型證券，都成爲投資人積極投資的金融商品，而在這個五花八門的市場中，成爲投資標的之公司是否眞的能爲投資人帶來利益，亦或是造成其巨大損失，主要關鍵大部分來自於公司之經營狀況，亦即其獲利情形及財務狀況。而投資人或是提供資金給這些公司的債權人（如銀行）如何才能瞭解公司獲利及財務狀況？多數人的答案是透過該公司的財務報表，如損益表、資產負債表等，然而，這些財務報表的編製者爲公司本身，因此報表的表達是否眞實反映出公司交易實質，是投資人及債權人會提出質疑之處，在此一情況之下，審計扮演了相當重要的角色，也爲審計學起了一個開端。

■第一節　審計的意義與類型

審計，亦稱爲查核（Audit），根據美國會計學會對其定義爲：「審計是一個有系統的過程，針對公司對其經濟活動與經濟事項所做的相關聲明，以客觀的態度蒐集證據，並評估這些證據，進一步確定這些聲明是否符合既定的標準，最後將所得到之結論傳達給利害關係人。」由此一清楚之定義可知，查核是一種蒐集及評估證據的過程，而蒐集及評估證據的目的即在於瞭解公司所做聲明，這些聲明可能是一項口頭聲明或是書面聲明，例如財務報表，是否符合既定標準，此項標準可能爲法令規範或一般公認會計原則等；而所謂有系統的過程，係指這項蒐集證據的工作必須依規則執行，而非隨意進行，此規則例如一般公認審計準則，在此一定義中特別提及必須以客觀態度進行此項工作。所謂客觀態度，意指查核人員必須在形式及實質上與受查公司保持獨立，並以自身不受影響之客觀判斷去下結論，此獨立性問題對審計而言相當重要，後續章節將有更詳細之探討。在最後，查核人員必須把其結果，例如查核報告，傳達給對該公司聲明是否允當有興趣之關係人，這些關係人如股東、公司管理階層、債權人、政府部門及一般社會大眾。

一般而言，財務報表審計（Audits of Financial Statement）係指針對企業所編製之財務報表進行查核之工作，有時又稱為外部審計。這類審計型態是一般談到審計專業最常探討的類型，而本書主要亦針對此類型進行介紹。通常在許多國家中，財務報表審計均規定只能由獨立於企業之會計師來執行，目前全球會計師事務所體系仍以美國四大會計師事務所為主軸，這些大事務所在全球各個國家皆有其結盟之當地國事務所。財務報表審計的重要性主要顯現在證券市場上，透過財務報表審計，可以合理確保財務資訊的品質，若市場上充斥著不佳的資訊，對投資人而言，將會產生巨大的損失；此外，企業之債權人也需要透過財務報表審計來確保其所參考的授信資訊是否允當表達。

■第二節　查核人員的類型

查核人員，亦即執行查核工作的專業人士，依據不同性質的查核工作會由不同性質的查核人員執行，一般而言，根據是否隸屬於企業或組織內部，可簡單區分為外部查核人員及內部查核人員，茲將二者詳述如下：

外部查核人員又可進一步區分為兩大主體，一為獨立查核人員，另一為政府或官方查核人員。所謂獨立查核人員（Independent Auditor）亦即一般所稱會計師或會計師事務所之成員，其主要工作在於對企業或非營利組織所提供的財務資訊（通常為財務報表），進行證據蒐集，並對這些證據加以評估，最後做出專業的判斷，對這些財務資訊是否允當表達意見。通常查核一家企業或非營利組織，不是一位查核人員即可完成，因此，針對一受查者，會計師事務所會組成一個查核小組對其進行查核工作，而最後由率領小組的會計師出具意見，由於出具意見涉及專業之判斷，故會計師必須通過嚴格的會計師考試且取得執照方能執行。而強調「獨立」則是會計師專業的核心價值所在，由於會計師所從事的業務是代表企業資訊使用者去查核企業資訊是否確實反映實況，因此必須與企業本身維持獨立關係，亦即無任何利益衝突，此即獨立性，獨立性問題在美國所爆發的恩隆（Enron）事件中，更被突顯出其所造成的影響。

內部查核人員係主要針對企業或非營利組織中的內部稽核人員（Internal Auditor）而言，內部稽核人員的主要工作在於評估企業各個階段營運是否依循企業所訂立之標準，以協助管理階層達成其管理目標。另一方面，內部稽核人員亦協助公司設立良好的內部控制制度，以達成企業之目標。針對內部稽核人員而言，其工作性質亦需有獨立性，惟其仍屬於企業之一份子，因此爲顧及其獨立性，應將其位階提升至與管理高層（如總經理）同一等級，直接向董事會負責，以保持其獨立性。

■第三節　會計師專業

會計師是一項必須具備長期訓練並累積經驗的職業，如同律師或醫師一般，因此在我國，任何想成爲會計師的人都必須先通過國家所舉辦的會計師資格考試，經過資格考及格後，尚須有二年以上的查核實務經驗方能成爲執業會計師，成爲執業會計師之後，仍須持續進修，以確保專業能力能夠與環境相互配合。另一方面，會計師必須受到許多規範，這些規範包括了會計師專業本身的自律規範以及主管機關的規範。除此之外，會計師在執行業務時也必須依照專業團體所制訂的準則進行。本節將針對會計師所處環境下的相關團體及相關規範作一介紹。

一、*會計師公會*

在美國，全國性的會計師專業團體以美國會計師公會（AICPA）爲首，其主要工作在於提供會計師在進行工作時能有明確的指引及維持審計專業的品質，因此，在其組織下有專門制訂各種會計及審計準則的單位，此外還有負責維持審計品質、會計師職業道德等相關議題的小組，並且定期舉辦各種課程幫助其會員（亦即各地加入公會之會計師）持續進修，美國會計師公會在美國審計領域上具有非常大的影響力。在我國，會計師公會可分爲地區性工會及全國性工會，地區性公會包括臺北市會計師公會、高雄市會計師公會以及臺灣省會計師公會，這三個公會之會員來自於各地區之會計師，任何想要執業的會計師必須加入此三個公會中任何一個方能執業；而全國性公會即爲中華民國會計師公會全國聯合會，其

會員只有三個，即三個地方性公會。我國會計師公會的權限比起美國會計師公會有極大差距，在最重要的準則制訂方面，自中華民國會計研究發展基金會成立後，已轉移由該組織進行。

二、*會計師事務所*

會計師事務所是一合夥組織，必須有兩人以上共同成立〔註〕，因此有時又稱為聯合會計師事務所，目前美國會計師事務所以四大為主，分別為Pricewater House Coopers、Ernst & Young、Deloitte & Touche、KPMG，這些大事務所的財務審計業務涵蓋了全美95%以上的上市公司，在全球，各國皆有當地事務所與其成立聯盟關係，在我國，安侯建業會計師事務所與KPMG結盟；資誠會計師事務所與Pricewater House Coopers結盟；而勤業眾信會計師事務所與致遠會計師事務所則分別與Deloitte & Touche及Ernst & Young結盟；相同地，國內的上市上櫃公司大部分財務報表也是由這四大事務所簽證。

三、*主管機關*

所謂主管機關，係指政府規範會計師的官方機構。在美國，證券交易委員會（或簡稱證管會），是依1934年美國證券交易法所設立的；而在我國，此機構相當於行政院金融監督管理委員會（簡稱金管會）下的證期局，其主要功能在監督會計師執行業務時是否有任何重大疏失，若有未盡專業上應有之注意或重大違反審計準則，該懲戒委員會可將會計師處分，最嚴重可將會計師除名，亦即該會計師喪失執行業務的權力。

證期局由於具有維持證券市場安定的任務，因此任何有關於影響證券市場穩定的事務，該委員會皆會干涉，包括所有上市上櫃公司的財務報導，故該會對於審計有相當程度之影響力。在美國，證管會與美國會計師公會常在審計議題上展開角力戰，會計師公會為維持自身主導地位及既有利益，當然傾向於保護會計師，然而，證管會主要是以大眾利益為考量，因此，對於違法的會計師，證管會

〔註〕美國關於會計師事務所組織型態較多元化，有些州亦允許事務所以有限合夥（LLP）甚至於有限責任公司（LLC）型態成立。

之懲罰毫不寬貸，加上之前發生的恩隆事件，更促使證管會對會計師專業採更嚴格之規範。

四、準則制訂團體

在美國，隸屬於美國會計師公會下有財務會計準則委員會及審計準則委員會，負責制訂相關的會計準則與審計準則，這些準則制訂團體除了訂定相關準則外，亦須對企業所提出關於準則適用的疑義發布解釋公報，以消除各企業對於準則使用的歧異。在我國，財團法人中華民國會計研究發展基金會底下亦設有此兩個組織，其準則制訂程序及功能與美國相類似。不論是美國或我國，在準則制訂上都採取由非官方機構制訂，此係基於準則必須能配合交易環境的不斷改變，若由官方制訂，則繁複的立法程序可能會對準則的時效性產生不利影響。然而，美國近年企業舞弊案件不斷，美國證管會即有意將準則制訂權回歸政府部門，以防杜會計師基於本身利益而忽略了大眾權益。

五、會計師考試

會計師考試，對於有意想進入會計師行業的人士而言是不可缺少的基本門檻。在美國，會計師考試是由美國會計師公會統一命題及評分的全國性考試，每年舉辦兩次，考試通過後並非立即取得會計師執照，必須再經過一年至二年的專業經驗方能取得正式會計師執照。在我國，會計師考試係屬於國家考試，由考試院統一辦理，通過會計師考試相當於取得高考資格，目前考試內容包括了中級會計學（包含財務報表分析）、高級會計學（包含非營利會計）、成本及管理會計、審計學、商事法（包含證券交易法、公司法、商業會計法）、稅法及國文七科，採單科及格制，凡考生在三年內各科皆能及格者即取得會計師資格，如同美國，我國亦在取得及格後，必須有二年以上實務經驗，方能取得會計師執照。

■第四節　會計師業務

由於會計師具備有關於財務、會計、財經法、稅法等相關專業能力，加上其必須具備獨立的特性，因此，會計師的業務已從早期純粹的企業財務報表簽發意見，轉變爲今日多元化的業務，本節將介紹今日會計師主要的幾項重要業務。

一、*簽證服務*

簽證服務係指會計師事務所針對另一組織（受查者）所提出之書面聲明，經過蒐集足夠適切證據後，出具一份書面報告以針對其聲明是否允當，表示意見。一般而言，簽證服務尚可分爲四類：

(一) 查核

查核最普遍的代表即爲「財務報表審計」，這類的簽證工作主要是針對歷史性的財務報表所進行的，亦即企業所提出的年度財務報表。查核工作所依據的準則主要是一般公認審計準則，在美國簡稱爲SAS，而財務報表的既定標準則爲國際會計準則，此部分的簽證工作至目前爲止，仍占會計師業務相當重的比例，主要是因爲不論是美國或我國政府均規定，上市上櫃的企業或規模達一定標準的公司，其每年度財務報告均須經由會計師查核簽證，因此，會計師在此一業務上扮演相當重要的角色。會計師在面對所出具的查核報告時，必須以正面積極的字眼來表達其意見，亦即其所提供的是一項高度但非絕對的確信。

(二) 專案審查

專案審查係指針對非歷史性的財務資訊所提出之聲明，依據特定標準，蒐集證據以表達該聲明是否符合特定標準的意見。這類簽證工作最常見的，在美國有財務預測報表審查、管理階層對內部控制有效性聲明，而後者在我國目前也已完成相關審查辦法。會計師對於專案審查所提供的擔保程度並不亞於查核所提供之擔保程度，二者之不同僅在於對簽證標的之不同，二者均提供高度但非絕對的確信。

(三) 核閱

核閱係主要在詢問管理階層和比較相關財務資訊，根據有限的程序出具消極的意見。亦即核閱的工作內容較查核或專案審查少，因此其所提供的擔保程度較上述二者爲低，在報告上所出具的文字也以較消極的字句表達，通常針對企業所編製的各季報表會採此一簽證程序，因爲其所執行步驟較少，雖然會降低其確信程度，但在時效性上會有較大助益。目前美國公開上市公司期中報表採核閱方式，而我國半年度財務報表則採較嚴格的查核簽證。

(四) 協議程序

協議程序所執行的工作範圍較查核與專案審查來得少，通常爲客戶與會計師事務所就財務報表的某些特定科目或交易執行某些特定程序做協議，而非就財務報表整體執行查核程序。因此，針對此類簽證工作，會計師並不對整體做確信，而僅在報告上陳述所進行之程序及所發現之事實。

二、*稅務服務*

稅務服務包括協助客戶申報每年度的營利事業所得稅、稅務規劃或接受客戶委託，成爲客戶的稅務訴訟代理人，由於會計師對於此一方面的專業知識非常熟稔，加上稅法相當繁瑣，因此，客戶常須仰賴會計師這方面的長才。

三、*管理諮詢*

由於會計師所進行簽證的客戶通常不僅止於一家企業或同一產業，因此會計師所接觸的公司非常多元化，加上會計師必須深入瞭解各受查公司的經營狀況及產業特性，這些因素都促成了會計師在管理知識上的累積，也因爲如此，許多企業樂於向會計師諮詢關於營運上的意見。在美國，管理顧問收入已經占會計師事務所收入相當大比例，然而，管理諮詢顧問服務被美國證管會及許多學者批評，此一業務將會損及簽證會計師的獨立性，恩隆事件就是一個血淋淋的例子。因此，美國證管會嚴格要求，簽證會計師不得再爲同一客戶提供管理諮詢服務，而事務所也必須將管理顧問服務獨立於審計業務外，關於獨立性問題，在第二章會計師職業道德中將會深入探討。

四、會計及代編服務

許多小型的公司，由於交易並不眾多，交易內容亦不複雜，因此，基於成本效益考量，平時並不會聘請一位專職會計人員進行會計工作，取而代之的是定期委託會計師為其處理會計事務，此即所謂「會計服務」。而有些公司則是平時聘請一位會計人員從事簿記工作，將每日交易逐筆記錄下來，等到期末再將這些帳簿資料交由會計師事務所進行編製財務報表的工作，在這過程中，會計師並不對其所代編的財務資訊提供任何程度的保證。在我國，這類的會計師業務通常由另一行業所瓜分，即所謂「代客記帳業」，我國商業會計法已將此一行業能提供之會計及代編服務建立法源基礎，因此在我國，關於小型公司的代編及會計服務，會計師事務所較無廣大的市場。

五、認證（Assurance Service）

1994年美國會計師協會（AICPA）成立了認證服務專門委員會（Special Committee on Assurance Services，簡稱SCAS），負責研議擴展會計師業務的相關課題。

SCAS的研究指出，認證服務的範圍如下：

(一) 需要認證服務的資訊很廣

此類認證服務的資訊很廣，包括：

1. 財務性及非財務性之績效衡量，非財務性資訊，如顧客滿意度、產品品質、製成品質和創新。
2. 風險評估，如市場、產業科技、財務風險等。
3. 資訊系統品質，如資訊系統及控制。
4. 認證製程品質，如ISO9000品質認證。
5. 查核網際網路之資訊。
6. 電信服務之可靠性、安全性及私密性的認證。
7. 醫療服務品質之認證。

故SCAS委員會，認爲會計師事務所有重大市場潛力：

1. 風險評估：確信一企業之商業風險內容的廣泛性，並評估該企業是否建立適切的系統來有效管理其風險。
2. 商業績效評估。
3. 可信賴的資訊系統。
4. 電子商務：確認電子商務使用的系統和工具提供適切的資料誠正、安全、隱私權和可信度。
5. 醫療健康績效衡量。
6. 老年人照顧。

AICPA對上述服務建立了個別工作任務小組，負責發展和溝通提供服務之指導原則。

(二) 攸關資訊之認證

查核和簽證功能著重資料可靠性的確保。但在當今資訊爆炸的決策環境中，資訊使用者亟需專業知識的人認證特定資訊是否與決策攸關，以利其選擇應納入決策考量之資訊。

(三) 資訊系統之認證

由於資訊科技發達，資訊使用者可以由線上的資料庫取得個人所需之財務資料，因此，產生財務資訊之系統是否可靠乃更形重要。故未來會計師不僅查核會計資訊系統之產出（財務報表）的允當性，亦需要對資訊之產生過程，提供更多的認證。

附錄1：查核、專案審查、核閱、協議程序及代編服務比較

	查核	專案審查	核閱	協議程序	代編服務
主要服務標的	財務報表審計	內部控制聲明書	季報與財務預測	財務資訊	代編財務資訊
主要服務依據	一般公認審計準則、商業會計法	證期局審查準則、商業會計法	審計準則公報第36號	審計準則公報第34號	財務準則公報、商業會計法、審計準則公報第35號
確信程度	高度但非絕對確信	高度但非絕對確信	中度確信	不對整體做確信	不做確信
執行程序	檢查、觀察、函證、分析、比較	規劃、瞭解、測試、評估	分析、比較、查詢	檢查、觀察、查詢、函證、計算、分析及比較	認定、衡量、彙總財務資訊
會計師不獨立	不表示意見	無法提供服務	不得簽發報告	須於報告中說明	須於報告中說明
報告分發	無限制	無限制	無限制	僅供參與協議者使用	無限制，但有例外

附錄2：一般公認審計準則總綱

壹、一般準則

第一條　查核工作之執行及報告之撰寫，應由具備專門學識及經驗，並經適當專業訓練者擔任。

第二條　執行查核工作及撰寫報告時，應保持嚴謹公正之態度及超然獨立之精神，並盡專業上應有之注意。

貳、外勤準則

第三條　查核工作應妥為規劃，其有助理人員者，須善加督導。

第四條　對於受查者內部控制應作充分之瞭解，藉以規劃查核工作，決定抽查之性質、時間及範圍。

第五條　運用檢查、觀察、函證、分析及比較等方法，以獲得足夠及適切之證據，俾對所查核財務報表表示意見時有合理之依據。

第六條　承辦查核案件應設置工作底稿。

參、報告準則

第七條　會計師姓名如與財務報表發生關聯，均應出具報告，表明其承辦工作之性質及所承擔之責任。

第八條　查核報告中應說明財務報表之編製，是否符合一般公認會計原則。

第九條　財務報表編製所採用之會計原則，如有前後期不一致者，應於查核報告中說明。

第十條　必要之財務資訊未於財務報表中作適當揭露時，應於查核報告中說明。

第十一條　財務報表整體是否允當表達，應於查核報告中表示意見。若表示修正式無保留意見、保留意見、否定意見或無法表示意見者，應明確說明其情由。（備註：依據審計準則公報第五十七號第十二、十三條，會計師意見型態為保留意見與修正式意見兩種，其中修正意見包括保留、否定、無法表示意見）

肆、附則

第十二條　本公報係中華民國會計師公會全國聯合會會計問題評議委員會於民國59年11月發布，民國72年4月1日經中華民國會計師公會全國聯合會查帳準則委員會第一次修訂，民國74年12月31日經本委員會第二次修訂，民國86年9月30日經本委員會第三次修訂，民國89年1月25日經本委員會第四次修訂，並自修訂日起實施。

習題與解答

一、選擇題

( ) 1. 下列何者最能適切表達出「一般公認審計準則」之意義？ (A)它區分執行查核工作的政策與程序 (B)它為執業的品質設下了衡量的標準 (C)它為審計人員審核的性質與所負責的程度下了定義 (D)它為查核工作的規劃與執行下了規範標準。

( ) 2. 一般公認審計準則中的外勤準則，其性質及內容最簡單地說就是：(A)有關審計的所有事項均須保持超然獨立的精神與態度 (B)審計規劃及蒐集憑證的標準 (C)會計師對財務報表及其有關附註所提出之報告內容的標準 (D)執行審計人員的才幹、獨立性及專業上應有的注意。

( ) 3. 會計師對審定財務報表簽證專業意見，主要亦依據： (A)一般公認會計原則 (B)一般公認審計準則總綱 (C)專業判斷 (D)審計程式。

( ) 4. 我國一般公認審計準則總綱的十一條準則中，在全部查核過程中皆須遵守的準則是下列何者？ (A)對於受查者內部控制制度作研究及評估 (B)查核報告中，應説明財務報表是否符合一般公認會計原則編製 (C)查核工作應妥為規劃，並善加督導 (D)保持嚴謹公正之態度及超然獨立之精神。

( ) 5. 第一條一般準則要求審計人員應： (A)在各種程度之監督、覆核下產生判斷能力 (B)受過適當技術訓練 (C)有著外勤準則及報告準則方面之事 (D)與財務報表及其附註揭露具有獨立性。

( ) 6. 下列何者最足以描述一般公認審計準則的意義？ (A)由審計準則委員會所發布之聲明 (B)蒐集足以支持財務報表證據之程序 (C)由會計專業所認知之原則，因為他們必須共同遵守 (D)審計工作品質之衡量。

( ) 7. 審計人員判斷允當表達財務狀況，經營成果及現金流量，其所持的標準為： (A)品質控制 (B)包含重要性觀念的一般公認審計準則 (C)審計人員對委託內部控制之評估 (D)一般公認會計原則。

( ) 8. 下列何項要素涉及一般公認審計準則之應用，特別是外勤準則與報告準則？ (A) 內部控制 (B) 證實性文件 (C) 品質控制 (D) 重要性與相對風險。

( ) 9. 以下何者不是一般公認審計準則的外勤準則？ (A) 查核人員應保持超然獨立之精神 (B) 查核工作應妥為規劃 (C) 瞭解受查者之內部控制 (D) 承辦查核案件應設置工作底稿。 〔102 年高考三級〕

( ) 10. 下列哪一項敘述最能適切表達一般公認審計準則之主要目的？ (A) 界定查核人員責任的性質及範圍 (B) 查核程序執行績效及品質衡量的標準 (C) 為查核工作的規劃、執行及查核報告的撰寫提供指引 (D) 確保財務報表允當表達的依據。 〔101 年高考三級〕

( ) 11. 我國審計準則公報的制定機構，目前為哪一個單位？ (A) 審計部 (B) 中華會計教育學會 (C) 中華民國會計師公會全國聯合會 (D) 財團法人中華民國會計研究發展基金會。 〔99 年會計師〕

( ) 12. 制定審計準則公報之目的，不是在： (A) 規範會計師查核財務報表之品質 (B) 訂定查核程序之指引 (C) 作為查核人員作成審計判斷之依據 (D) 制定會計師行為守則之依據。 〔99 年會計師〕

解答

1.(B) 2.(B) 3.(C) 4.(D) 5.(B) 6.(D) 7.(D) 8.(D) 9.(A) 10.(C) 11.(D) 12.(D)

二、問答題

1. 試區別何謂財務報表審計、遵行審計以及作業審計。

解答

所謂財務報表審計（Audits of Financial Statement）係指針對企業所編製之財務報

表進行查核之工作，有時又稱為外部審計。

所謂遵循審計（Compliance Audits）係指透過取得公司某些財務或非財務資訊，對這些證據作適當評估，以進一步確定其是否依照特定條件、法令、規則來執行。

所謂作業審計（Operational Audits）係指對於企業內部各單位是否根據其既定方式運作或符合企業所設定的績效標準所進行的審查工作。

Chapter 2

專業道德及品質控制

專業並不同於一般多數大眾所知道的常識，而是具有某種程度的進入障礙而且別人無法評估，如果專業人士在工作上有所疏失或行為不正直，在社會大眾必須倚賴專業的情況下，這樣的損失將無法獲得解決，專業的形象在人們心中也必定大打折扣，並且留下不良印象。因此，任何專業最大的特色就在於需要有職業行為規範來約束其成員的職業道德。

專業人士為了維持良好形象，以自律的方式向社會大眾宣告其維持職業道德的決心，自行訂定行為準則，其中規範了專業人士對社會大眾、對委託人以及對同業的基本責任。身為會計專業人士，也應該瞭解對於社會大眾、對委託者以及其他同業的基本責任，進而嚴守職業行為規範，維持會計專業應有的形象。本章即在探討規範會計師專業的道德標準，以及如何透過相關控制及法規來確保查核的品質。

■第一節　專業道德

專業道德，有時亦稱為職業道德，和一般人所認知的道德最大不同在於，專業道德的標準遠高於一般的道德，原因在於會計師所執行之簽證業務係法律所賦予，除非具有會計師資格者，不得從事該業務。因此關於此方面專業只有會計師最為瞭解，而社會大眾基於資訊不對稱，只能選擇相信會計師查核報告，故會計師個人的行為或判斷，將會嚴重影響到廣大投資人或債權人的權益，因此，嚴格規範會計師的專業道德，確實有其必要性。

一、*美國會計師專業道德規範*

在美國會計師公會底下設有專業道德小組（Professional Ethics Team），其主要負責制訂全國性的專業道德準則，並強制這些準則能夠具體落實，必要時接受會員的諮詢，為其解決相關專業道德上的疑義。美國專業道德規範係由四個部分所組成，包括原則（Principles）、行為規則（Rules of Conduct）、行為規範之解釋、道德仲裁。其中行為規則為此專業道德規範的主體，亦即其具有強制性的性質；而行為規則之解釋係指當會員對行為規則有疑義時，能提供指引；道德仲裁則類似法律上的判例，說明在實際狀況下，某些案例所適用的規則與解釋。本部分擬介紹原則與行為規則之內容。

(一) 原則

在美國專業道德規範中，原則類似財務會計準則中的觀念性公報，目的在提供行為規則制訂時之明確架構。因此，原則並非專業道德規範之主體，其並不具有強制性，目前美國會計師公會在規範中共訂有六個原則：

1. **責任**（Responsibilities）

   「會員在執行其專業責任時，對於所有活動與事項應秉持著敏銳的專業與道德判斷」。此一原則說明會計師因為具備有一般人所沒有的專業技能，因此更應對所有使用其服務的人負起責任，這些責任例如與同業合作、持續地改善會計品質、盡全力維持公眾信任以及確實落實所有的自律規範。

2. **公眾利益**（The Public Interest）

   「會員應盡到為大眾利益服務、獲取公眾信任以及對專業奉獻之義務」。所謂公眾利益，亦即接受會計師服務的人所獲得的利益，這些人的身分範圍非常廣，例如，投資人、債權人或政府等其他大眾。因此，會計師在執行其服務時，應謹慎小心，以維持應有的品質與水準，確保公眾利益不被損害。

3. **正直**（Integrity）

   「為了維持及促進公眾信任，會員應以最高的正直感執行所有專業責任」。所謂正直，係強調會計師個人的基本人格特質，也是公眾信任所賴以維持的基礎。

4. **客觀性及獨立性**（Objectivity and Independence）

   「在執行任何專業服務時，會員應保持客觀之態度，避免有利益衝突，此外，在執行審計及其他簽證服務時，應保持實質及形式上之獨立」。客觀性如同正直性，是種抽象無法表達的意志，然而，客觀性可以藉由

一些有形的外在情況來達到，例如避免利益衝突，當會計師與客戶之間存在利益衝突時，會計師很難以客觀的態度去衡量或判斷某些事項。此外，當會計師執行的業務是查核或其他簽證服務時，必須保持超然獨立的精神，若無法保持獨立性，則其所出具的查核報告或簽證報告對使用者而言是毫無價值可言，文中特別指出不論是內在（實質）及外在（形式）均應保持獨立性。獨立性是專業道德中非常重要的一項，在行爲規則中將會有更清楚明確之規範。

5. **應有之注意（Due Care）**

「會員應盡全力遵守專業技能及道德準則，不斷努力以改善適任性及服務品質，並善盡專業上之責任」。此一原則所強調的重點有三：第一爲會計師的適任性，亦即會計師的專業技能，這些專業技能的養成包括了基礎的會計教育，以及成爲執業會計師後應進行的持續進修，這些都是繼續維持會計師適任性的不二法門。第二強調的是會計師應有勤勉的態度，在執行業務時，應抱著積極、謹慎、有彈性的應付各種可能發生之狀況，並且從頭至尾努力不懈，以求有效率完成工作。第三強調重點爲盡應有之注意，在執行業務時應謹慎監督助理人員的工作，並對整個工作內容做最詳細之規劃。

6. **服務的範圍與性質（Scope and Nature of Services）**

「執行會計師業務之會員應遵守專業道德規範，以決定所提供服務的範圍和性質」。此項原則說明僅有執行業務之會計師方適用此一原則，亦即當執行業務會計師在考慮是否接受某一服務之委任時，應先考量前述五項原則，若有其中任何一項服務不符合規定，則應拒絕該委任。

(二) 行為規則

截至目前爲止，美國的行爲規則由十一個所組成，表2-1說明這十一個規則爲何，並標示出其所適用的對象，有些準則規範所有美國會計師公會會員，而有些則僅規範會員中有公開執業的人員。

表2-1　執業規則應用之範圍

		所有會員	公開執業會員
100節	獨立、正直、客觀		
規則101	超然獨立		✓
規則102	正直與客觀	✓	
200節	一般準則與會計原則		
規則201	一般準則	✓	
規則202	遵行準則	✓	
規則203	會計原則	✓	
300節	對委託人之責任		
規則301	對客戶資訊保密		✓
規則302	或有公費		✓
500節	其他責任及實務上之情形		
規則501	玷辱行為	✓	
規則502	廣告和其他招攬方式		✓
規則503	佣金及介紹費		✓
規則505	開業方式及名稱		✓

資料來源：參考Walter G. Kell博士等著*Modern Auditing*第七版。

規則 101：超然獨立（Independence）

「會員在執行公眾業務（Public Practice）時，應具備超然獨立的立場。」在超然獨立方面，此規則主要針對會員在執行公眾業務，如財務報表查核、審查預測性的財務報表或核閱企業期中財務資訊等簽證服務時，皆應保持超然獨立，如果會員是提供會計、稅務或管理諮詢服務等非簽證服務時，則無須保持獨立。

在規則101之下，尚包含了十四項關於超然獨立的解釋文，其內容主要包括：(1)財務利益；(2)企業關係；(3)會員或會員事務所的意義；(4)其他服務，如會計服務、延伸性的查核服務及管理諮詢服務；(5)訴訟；(6)委任客户積欠公費等之影響。各項問題之重要討論如下：

101-1. 規則 101 之解釋：著重於損害超然獨立之財務利益與企業關係。

101-2. 前任執業人員及其事務所之超然獨立：指出事務所前任合夥人或股東之活動會損害事務所超然獨立之行為。

101-3. 會計服務：會員經常協助委任客户，提供包括簿記及編製財務報表在內的會計服務。本解釋文指出委任客户之管理階層應承擔之重要責任以維持會員之超然獨立地位。

101-4. 非營利組織之名譽或監察人頭銜：提供當會員受邀擔任簽證客户之名譽董事或監察人時之指引。

101-5. 自同為委任客户的財務機構借款及其相關名詞：若會員出借或自企業，或企業主管、董事及主要股東取得貸款，正常而言均會損害會員之超然獨立。此一解釋文説明一般規則之下若干特定例外的情況。

101-6. 進行中或擬進行訴訟對超然獨立的影響：説明因訴訟或擬提出訴訟被視為可能損害超然獨立的情況。

101-7. （已刪除）

101-8. 會員與非委任客户有財務利益，但其非委任客户卻與會員之委任客户存有投資或被投資之關係下，對會員超然獨立地位之影響：説明對委任客户有重大影響之非委任客户，會員對其享有財務利益，可能損害對委任客户超然獨立之各種方式。

101-9. （已刪除）

101-10. 與包含在政府財務報表個體中的個體存有關係，其影響超然獨立的情況：一般而言，為政府委任客户一般目的之財務報表簽發報告之會員必須維持與客户之超然獨立。然而，若委任客户在財務報表上與組織相關，且要求之揭露事項不包括財務資訊時，例如指派董事會成員之能力，並不要求與相關組織維持超然獨立。

101-11. 根據《簽證合約準則公報》（*Statements on Standards for Attestation Engagements, SSAEs*）對某些服務做規則 101 超然獨立之適用性的修正：當委託合約的範圍較查核一般目的之財務報表更為受限時，提供對超然獨立之指引。

101-12. 超然獨立與委託客户之協議安排：一般而言，若在執行專業合約或於表示意見時，會員或其所屬之事務所與委任客户達成對事務所或客户有重大影響之任何聯合企業活動，均被視為損及超然獨立。

101-13. 延伸的查核服務：許多企業均對外向會計師事務所尋求內部稽核服務。此一解釋文定義會計師事務所對委任客户間，為維持超然獨立所必要之情況與關係。

101-14. 其他業務結構對超然獨立性適用之影響：由於會計師業務結構之改變，此一解釋文提供各種迴異於「傳統結構」的業務如何影響超然獨立之指引。

在規則101-1之解釋下，會員如有下列行為將會損及其超然獨立：

1. 在專業合約期間中或表示意見時，會員及其事務所（Covered Member）：
   (1) 與受委託客户存有直接或重大間接財務利益。
   (2) 是任何信託之信託人，或遺產的執行人或管理人，而此信託遺產已經取得或承諾取得受託客户的直接或間接重大財務利益。
   (3) 與受委託客户或其任何主管、董事或主要股東共同投資合營非公開上市公司，而此項投資占會計師本身或其事務所淨值具有重大比例。
   (4) 與受委託客户其任何主管、董事或主要股東有借貸情事，但解釋101-5所特別允許者不在此限。
2. 執業合約期間或表示意見時，會員、會員所屬之事務所、會員之直系親屬（Immediate Family）或與其他人結合的團體，擁有委託客户之流通在外股權或所有權超過百分之五者。所謂直系親屬包括配偶、配偶之眷屬及未成年受撫養親屬在內（根據AICPA職業道德規範第92節中對直系親屬的定義為：Immediate family is a spouse, spousal equivalent, or dependent, whether or not related.）。
3. 財務報表所涵蓋的時間、執行專業合約期間或表示意見時，會員及其事務所：
   (1) 任受委託客户之發起人、證券承銷人、股權受託人、董事或具有相當於經理或員工等任何身分者。

(2) 任受委託客户的任何退休或分紅信託（profit-sharing trust）的信託人。

規則 102：正直與客觀（Integrity and Objectivity）

「在執行任何專業服務時，會員必須維持客觀性及正直性，避免利益衝突，不故意曲解事實，其專業判斷不受他人左右」。此一規則適用於所有會計師公會會員，例如，一位服務於大企業的會計人員，其亦加入會計師公會，為會計師公會的一員，因此，該人員亦應遵守正直與客觀之規範，其所編製之財務資訊不可受他人左右或有扭曲之嫌。

規則 201：一般準則

會員應遵守下列經由理事會任命的團體所公布的準則及解釋，包括：

1. 適任能力：會員只能承接本人或事務所之專業能力範圍所及，並預期可以合理完成的合約。
2. 執業上應有之注意：會員執行專業服務時，應盡專業上應有之注意。
3. 規劃與督導：適當規劃與督導專業服務之進行。
4. 足夠的相關資料：提供專業服務後，取得足夠攸關的資料做為產生結論或建議的合理基礎。

這裡的一般準則適用於所有的會員，而非僅限於執行與公眾利益有關之業務（例如簽證），而一般公認審計準則所談到的一般準則，則僅適用於查核業務，二者是完全不同，本規則所強調的在於規範會員應具備充足專業能力，若有助理人員協同工作，在工作過程中亦應妥為監督指導。在執行業務時，應盡專業上應有之注意，此一專業注意的要求標準比一般人還要嚴格，目的即在於督促從業人員應謹慎小心執行工作，以維持最高服務水準。

規則 202：遵行準則

「執行審計、核閱、代編、管理諮詢、稅務或其他專業服務的會員，應遵行理事會指定團體所頒布的準則。」

規則 203：會計原則

「如果個體之財務報表或財務資料違反了理事會指定團體所制定的原則，並且因而對財務報表或財務資料整體有重大影響時，會員不得肯定陳述或表示意見，說明個體之財務報表及財務資料，係依一般公認會計原則所編製。或聲稱其未發覺為使財務報表或財務資料符合一般公認會計原則而必須做的重大修正。但如果會員能證明報表或資料違反之情形，係基於若不如此將引人誤解的特殊情況時，會員可遵照規則，敘述違反情形及其影響，如果可能，亦應敘述其遵守原則可能會導致誤解的原因。」

規則 301：對客戶資訊保密

「未經委託人特別允許，執行公眾業務的會員不得揭露任何屬於客户機密性的資訊。本規則不得解釋為：(1)減輕會員在規則202與203下所負之義務；(2)以任何方式影響會員遵守法院傳票或傳訊的義務；(3)禁止美國會計師協會或州會計師協會授權之會員同業覆核評鑑執業之情形；(4)會員得抱怨或拒絕公認調查或紀律團體的詢問。公認調查或紀律團體以及執行同業覆核的會員，不得因本身利益而公開在執行這些活動時所得知之委託人機密性資訊。但此禁令不限制公認調查或紀律團體或同業評鑑小組的資訊交換。」

規則301強調會計師應對客户資訊加以保護，由於會計師因業務需要之因素，和客户往來密切，且通常所接觸到的層級都屬於決策階層，因此對公司經營狀況非常瞭解，而客户必須將其所有的交易實況包括好的以及不好的據實向會計師說明，因此會計師必須要承諾絕不洩漏任何資訊給外界，方能得到客户之信任，這種專業道德並非只有會計師專業特有，例如律師、醫師甚至是在宗教界裡受告解的牧師等，都必須具有相同的保密道德。

規則302：或有公費（Contingent Fees）

執行公開業務的會員不得：

1. 向本身或其事務所承辦下列服務的客户收取或有公費，或以收取或有公費的方式提供下列任何專業服務：
   (1) 查核或核閱財務報表。
   (2) 代編財務報表，且在會員可以合理預期有第三者將會使用此財務報表，並且會員未在代編報告中揭示缺乏獨立性的情形之下。
   (3) 審查（Examine）預測性的財務資訊。
2. 以或有公費方式，代任何委託人填寫或修正稅捐申報書或退稅申請書。

上述1.中禁止規定所適用的期間為，該會員或所屬之事務所所提供上述服務之期間，以及上述服務所涉及之過去財務報表所涵蓋之時間。或有公費的定義為根據協議所訂定的公費來提供服務，協議的內容中訂明，除非達成某種特殊發現或結果，否則不支付公費：或公費金額的多寡取決於服務後所獲得的結果或發現。

如果公費係由法院或其他公務機構所訂定者，或在稅務案件中須待訴訟結果，或須由政府機關判定者，則可認為不具備或有性質。

規則501：玷辱行爲（Acts Discreditable）

「會員禁止從事有辱專業的行為」。所謂玷辱行為，係指會員所從事之行為會損害到專業形象及公會名譽。在專業規範的解釋中曾提及，例如查核完畢後未交還會計帳冊與委託人、雇用員工時有差別待遇、為遵行準則、散布或洩漏會計師考題及答案等均屬於玷辱行為。當會員有玷辱行為發生時，美國會計師公會會予以停業或除名的處分。

規則 502：廣告和其他招攬業務方式

「執行公眾業務的會員禁止以錯誤、誤導或詐欺等方式進行宣傳或業務招攬，以爭取客戶，並且禁止運用威脅、哄騙或騷擾行為招攬客戶。」

在美國，有些公會會員認為不應以廣告方式招攬生意，這樣將有損專業形象，然而，仍有些會員認為此規定過於嚴苛，只要所採用的廣告並無詐欺或不實之宣傳，則應在合理範圍內允許廣告行為。

規則 503：佣金及介紹費

禁收之佣金：執行公眾業務之會員，不得因介紹或推薦任何產品或服務給委託人而收受佣金，也不可因為佣金而推薦委託人之產品或服務給他人。會員及會員所屬之事務所在執行以下活動時，不得收取佣金：

1. 查核或核閱財務報表。
2. 代編財務報表，且在會員可以合理預期有第三者將會使用此財務報表，並且會員未在代編報告中揭示缺乏獨立性的情形之下。
3. 審查（Examine）預測性的財務資訊。

此規則所指適用的期間為，該會員或所屬之事務所所提供上述服務之期間，以及上述服務所涉及之過去財務報表所涵蓋之時間。

1. 合理收受之佣金之公開：除本規則所禁止收受佣金的情況以外，執行公眾業務的會員不論為賺取佣金而提供服務或因服務而收受佣金，也不論已付或將付，均應公開會員向任何人或個體因推介產品、勞務而賺取佣金的事實。
2. 介紹費：會員因推介其他會員與任何個人或個體而收受介紹費，或因取得新客戶而支付介紹費時，均應向客戶公開收付情形。

規則 505：開業方式及名稱

「會員僅得以獨資、合夥或性質符合公費決議的專業公司組織方式執行會計師業務。會員不得以足以令人誤解的事務所名稱執行會計師業務。一位或數位已卸任的合夥人或股東的姓名，仍得以包含於後繼之事務所名稱中。事務所內如因合夥人或股東的死亡或退出，其留存的合夥人或股東仍得在變更為獨資後，繼續在原名稱（包含已卸任之合夥人或會計師）下開業，但為期不得超過兩年。事務所除非所內全體合夥人或股東均為協會會員，否則不得自稱『美國會計師協會會員』。」此項規定目前在某些州已經不適用，由於1990年代以來，會計師事務所被投資人控告所蒙受之損失難以估計，甚至認為會計師是所謂「深口袋」，可以承受鉅額索賠的肥羊，因此，某些州開放會計師事務所能夠以有限責任合夥（LLP）或是有限公司（LLC）方式成立。

二、*我國會計師專業道德規範*

中華民國會計師公會全國聯合會於民國98年7月30日第五屆第三十六次理事會議通過「中華民國會計師職業道德規範」，包括總則、職業守則、技術守則、業務延攬、業務執行、附則等六章。隨後又公布了「誠實、公正與獨立性」、「廣告宣傳與業務延攬」、「專業知識與技能」、「保密」、「接任他會計師查核案件」、「酬金與佣金」、「應客户要求保管客户錢財」、「在委託人商品或服務之廣告宣傳中公開認證」，並於98年5月公布第十號「正直、公正客觀及獨立性」取代原本第二號公報。

其架構是從第一號公報為出發點，以第一號公報中所規範的各類行為準則中，再依其分類（職業守則、技術守則、業務延攬、業務執行）分別制訂第三至第十號公報。

第一號　中華民國會計師執業道德規範

民國55年中華民國會計師公會初次發布會員守則，嗣後屢經修改。目前最近的版本就是於民國98年發布的職業道德規範公報第一號「中華民國會計師職業道德規範」。本公報可視為會計師執業道德規範總綱，該公報於前言中首述：「現代會計師執業之基本要則，在確保其超然獨立之精神，秉其專門學識、技能，與公正、嚴謹立場提供專業服務。對各業之財務報表，根據一般公認會計原則、一般公認審計準則暨有關之法令為縝密之查核，作確當之判斷，表示其公正之意見，以取信於政府及社會大眾。良以會計師之執業，不僅涉及諸多原理、法則及實務問題，且涉及錯綜複雜之公司利害關係，故應一本良知良能，發揚超然獨立之精神，以加強會計師之功能並確保其職業榮譽。」這裡就在在顯示著訂立此職業道德規範的原委及期望。職業道德，並非法律規章，一切來自於會員的自清自重。唯有會計師能以崇高道德為念，共同遵守規範，方能建立專業信譽，提升社會形象。民國90年，基於提升會計師之獨立性，著手修訂會計師職業道德規範。

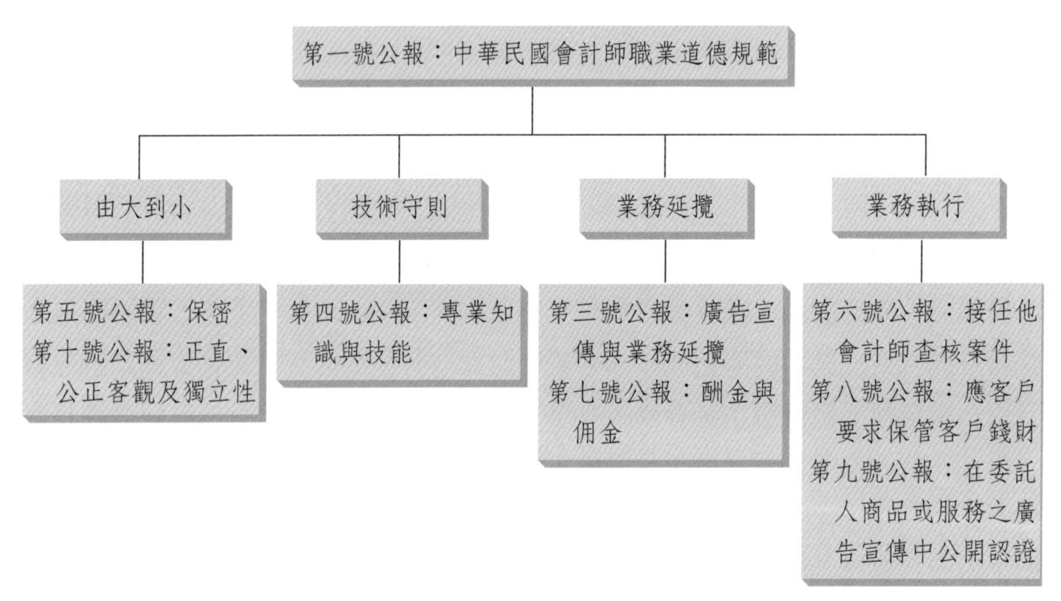

圖2-1　我國會計師執業道德規範架構圖

中華民國會計師職業道德規範分總則、職業守則、技術守則、業務延攬、業務執行、附則等六章。「總則」一章乃一般性明示或暗示會計專業界本身對公眾、對委託人和對同業之責任，以及勉勵各會計師信守規範。共分五條，原文如下：

1. 會計師為發揚崇高道德，增進專業技能，配合經濟發展，以加強會計師信譽及功能起見，特訂定本職業道德規範。

2. 會計師應以公正、嚴謹及誠實立場，保持超然獨立精神，服務社會。
3. 會計師同業間應敦睦關係，共同維護職業榮譽，不得為不正當之競爭。
4. 會計師應持續進修，砥礪新知，以增進其專業之服務。
5. 會計師應稟於職業之尊嚴及任務之重要，對於社會及國家之經濟發展有深遠影響，應一致信守本規範，並加以發揚。

第三號　廣告、宣傳及業務延攬

第三號公報於民國97年5月第七屆第七次職業道德委員會修正通過，係申述廣告、宣傳及業務延攬之補充解釋，依第一號公報第二十八條之規定制訂。分為前言、基本原則、定義、説明、實施五章，共十一條。

基本原則共三條：

1. 會計師不得利用廣告媒體刊登宣傳性廣告，但開業、變更組織及遷移啓事以及會計師公會為有關會計師業務、功能等活動項目所為之統一宣傳，不在此限。
2. 會計師不得以不正當方法延攬業務。
3. 會計師相互間介紹業務或由業外人介紹業務，不得收受或支付佣金、手續費或其他報酬。

此號公報嚴格禁止了我國會計師事務所為了業務從事廣告行為，主要理由在於會計師專業若由廣告宣傳恐會影響整體會計師專業形象，二來會計師專業也難以用簡單的廣告加以表達出其優點為何，先前曾提及，美國有些州已開放會計師事務所可以從事廣告行為，惟廣告內容不得有不實或欺詐，此一限制的放寬在我國或許可為一參考，然相關的細節仍有待立法者解決。然而此一公報中有列舉出會計師事務所可刊登於媒體之事項，如下所示：

➢ 在報紙或雜誌刊登有關事務所開業、變更組織或遷移啓事。

➢ 刊登招考新職員之啓事。

➢ 接受客户委託代為刊登招考職員或其他委辦事項之啓事。

- 贈送刊物與客户。
- 事務所信封、信紙等文具用品，得列出事務所名稱、標誌、地址、執業會計師姓名、電話、傳真號碼。
- 出版書籍或於雜誌刊物發表著作時，得列出作者會計師之姓名及學經歷。
- 舉辦訓練或座談會時，不得利用訓練教材或於其他文件為會計師或其事務所為不正當之宣傳。訓練班或座談會之舉辦，原則上以客户職員為限，但非客户主動請求參加者，不在此限。

第四號　專業知識技能

第四號公報於民國92年5月第五屆第十二次職業道德委員會修正通過，係申述會計師專業技能之補充解釋，依第一號公報第二十八條之規定制訂。分為前言、基本原則、説明、實施四章，共十條。

基本原則共一條：「會計師應不斷增進其專業知識技能，對於不能勝任之委辦事項，不宜接受。」

此一基本原則説明了會計師並非在通過會計師考試之後，就代表了其專業能力足以勝任任何業務或案件。在進入執行業務時，會計師必須加強其對該產業的瞭解，並隨時留意環境之變遷，吸收新知識，最明顯例子如：過去十幾年來，電腦技術一日千里，在過去接受傳統查核技術的會計師若無法跟上企業不斷電子化的腳步，積極去吸收關於電腦審計相關知識，在今日，這些會計師早已被淘汰。就因為會計師必須不斷持續進修，會計師事務所方能跟上企業腳步，這正是持續進修的最佳寫照。

第五號　保密

第五號公報於民國92年5月第五屆第十二次職業道德委員會修正通過，係申述保密之補充解釋，依第一號公報第二十八條之規定制訂。分為前言、基本原則、説明、實施四章，共八條。

其基本原則共三條，包括：

1. 會計師不得違反與委託人間應有之信守。
2. 會計師對於委辦事項，由委託人提供或於承辦時所獲知之祕密資料，應予保密，非經委託人之同意或有正當理由，不得洩露。
3. 會計師不得藉由其業務上獲知之祕密，對委託人或第三者有任何不良之企圖。

以上三點在第一號公報八、九、十這三條皆有提及。這強調會計師與委託人間必須長期互相信任，遵守約定。在承辦時所獲知或由委託人所提供之祕密資訊，除法令規定或經委託人同意者外，審計人員均須遵行守則所訂保密義務，以維護委託人之權益。因為祕密資訊中可能含有即將進行之合併、資金籌措計畫、股利變更計畫、高級人員待遇等，一旦外洩或不當利用，將對委託人造成傷害。若主管機關或法務機構依法查詢或調閱時，會計師在遵行之餘，亦須通知委託人。

第六號　接任其他會計師查核案件

第六號公報於民國92年5月第五屆第十二次職業道德委員會修正通過，係申述接任他會計師查核案件之補充解釋，依第一號公報第二十八條之規定制訂。分為前言、基本原則、說明、實施四章，共十條。

其基本原則共四條：

1. 會計師同業間應敦睦關係，共同維護職業榮譽，不得為不正當之競爭。
2. 會計師接任他會計師查核案件，應有正當理由，並不得蓄意侵害他會計師之業務。
3. 前後任會計師對於查核案件之交換，應保持同業間良好之關係。
4. 前後任會計師應本於超然獨立之精神，對於其查核案件，公正表示意見。

此公報並無與第一號公報相同之文字敘述，但大致上是由一號公報第三、六、二十三、二十四、二十五條等衍生而出，強調同業間之敦睦。在敦睦同業關係和維護職業榮譽之前提下，同業間應避免不正當之競爭、搶生意或挖角行為。

接任他會計師查核案件應有正當理由，並不得蓄意侵害他會計師之業務。

公報第七條規定，前任會計師在後任徵詢意見時，應本專業立場據實相告，協助後任會計師評估管理階層之正直性。第八條規定，前任會計師應在委託人同意下，提供後任會計師工作底稿，並於第九條規定，後任會計師所索取之酬金不得低於前任，都可看出此號公報在敦睦同業關係和維護職業榮譽上之用心。

第七號　佣金與酬金

第七號公報於民國92年5月第五屆第十二次職業道德委員會修正通過，係申述佣金與酬金之補充解釋，依第一號公報第二十八條之規定制訂。分為前言、基本原則、說明、實施四章，共十一條。

其中基本原則共二條：

1. 會計師延攬業務時，收取酬金應參考會計師公會所訂酬金規範，亦不得採用不正當之抑價方式。
2. 會計師相互間介紹業務或由業外人介紹業務，不得收受或支付佣金、手續費或其他報酬。

這二條分別可於第一號公報之十六、十七條所見，而在第三號公報也有相似之條文。酬金，即公費，金額得以估量委辦事項所需之專業知識與技能、委辦事項所需人員之專業訓練與經驗、所投入人力、時間來決定。在承辦業務之始，即應將酬金之總額、計算方法、付款方式等以書面訂之，以免日後起爭議。

第八號　應客户要求保管錢財

第八號公報於民國92年5月第五屆第十二次職業道德委員會修正通過，係規範會計師應客户要求保管錢財之應注意事項，依第一號公報第二十八條之規定制訂。分為前言、基本原則、定義、説明、實施五章，共十三條。

其中基本原則共二條：

1. 會計師因執行業務之需要，在不違反有關法律規定時，得保管客户錢財。但明知客户錢財係取之或用於不正當之活動，則會計師不應代為保管。會計師如有代客戶保管錢財時，應拒絕其審計案件之委任。

2. 會計師受託保管客戶錢財時應遵守以下原則：

(1) 收到客戶錢財時，應出具收據或保管條予客戶。

(2) 客戶與會計師之錢財應劃分清楚。

(3) 客戶錢財應依客戶指定用途使用。

(4) 客戶錢財之保管及使用應隨時保持適當之記錄。

此公報允許會計師在不違反有關法律規定和因執行業務之必要時，得保管客戶錢財。在和客戶錢財劃分清楚之原則下，會計師在收到客戶錢財時，應出具收據或保管條予客戶。錢財中權證由會計師善加保管，現金則應盡速存入客戶帳戶（以會計師事務所名義設立之專戶）。除授權範圍內，錢財之動用，例如託管費，應經客戶同意，其稅後孳息歸客戶享有。此外，應一年至少提供客戶一次錢財提存明細表。

本號公報係因我國會計師傳統業務所導致之特殊現象，在美國專業道德規範中並無此一規定，甚至美國專業道德規範中認為，會計師不應和客戶有非業務上的金錢往來，亦即替客戶保管錢財可能會影響其獨立性。

第九號　在委託人之商品或服務之廣告宣傳中認證

第九號公報於民國92年5月第五屆第十二次職業道德委員會修正通過，係規範會計師在委託人之商品或服務之廣告宣傳中認證之應注意事項，依第一號公報第二十八條之規定制訂。分為前言、基本原則、定義、說明、實施五章，共十條。

其基本原則如下：

1. 會計師於委託人之商業活動行為之廣告宣傳中，對於商品或服務之品質及其未來性，不得接受委託，予以公開認證。但對商業活動確定之事實予以認證不在此限。
2. 會計師對於社會公益性質之活動，於不涉及商業行為或性質，得經評估其內部控制妥適，並取得書面協議或委託書後，始得公開列名為其活動進行認證。

由於會計師具社會公正之形象，在為委託人之商品或服務之廣告宣傳中，列名認證時，為避免社會大眾產生過大期待與信賴而造成誤導，故應秉持超然獨立之精神，並審慎評估可能之影響，故乃有本公報之訂定。其中列舉了二種可公開列名進行認證之情況：商業活動行為之廣告宣傳中，已確定之事實（但宣傳中不得列註「該會計師同時查核財務報表」字樣），以及不涉及商業行為或性質，並經評估其內部控制妥適之社會公益性質之活動。但若發現委任人違背或超出委任內容，應即予制止或終止委任，以維持本身超然獨立之精神。另外，尚須注意的是，會計師若有查核該受認證商品或服務公司之財務報表，若委託人於商品或服務之廣告宣傳中，如有列註「該會計師同時受託查核財務報表」之類似字樣，會計師應予制止。

第十號　正直、公正客觀及獨立性

第十號公報於民國98年7月第十三次職業道德委員會修正通過，係依第一號公報第二十八條之規定訂定，申述正直、公正客觀及獨立性之補充解釋。分為前言、基本原則、說明、實施四章，共十八條；而施行細則除對名詞加以定義及說明外，也包含對特定情況之說明。

其基本原則如下：

1. 會計師對於委辦事項與其本身有直接或重大間接利害關係，而影響其公正及獨立性時，應予迴避，不得承辦。
2. 財務報表之查核或核閱係提供廣泛潛在之報表使用者，高度或中度但非絕對之確信，會計師除維持實質上之獨立性外，其形式上之獨立更顯重要。因此，審計服務小組成員、其他共同執業會計師、事務所，及事務所關係企業須對審計客户維持獨立性。

其中，第三章的部分，對上二項基本原則做更進一步的說明，第七條說明獨立性可能受到自我利益、自我評估、辯護、熟悉度及脅迫等因素的影響，而第

八、九、十、十一及十二條，則分別對各項要素類似的情況做出舉例，分述如下：

(一) 獨立性受自我利益之影響

係指經由審計客户獲取財務利益，或因其他利害關係而與審計客户發生利益上之衝突。可能產生此影響之情況通常包括：

1. 與審計客户間有直接或重大間接財務利益關係。
2. 與審計客户或其董監事間有融資或保證行為。
3. 考量客户流失之可能性。
4. 與審計客户間有密切之商業關係。
5. 與審計客户間有潛在之雇用關係。
6. 與查核案件有關之或有公費。

(二) 獨立性受自我評估之影響

係指會計師執行非審計服務案件所出具之報告或所作之判斷，於執行財務資訊之查核或核閱過程中，作為查核結論之重要依據；或審計服務小組成員曾擔任審計客户之董監事，或擔任直接並有重大影響該審計案件之職務。可能產生此類影響之情況通常包括：

1. 審計服務小組成員目前或最近兩年內擔任審計客户之董監事、經理人或對審計案件有重大影響之職務。
2. 對審計客户所提供之非審計服務將直接影響審計案件之重要項目。

(三) 獨立性受辯護之影響

係指審計服務小組成員成為審計客户立場或意見之辯護者，導致其客觀性受到質疑。可能產生此類影響之情況通常包括：

1. 宣傳或仲介審計客户所發行之股票或其他證券。
2. 擔任審計客户之辯護人，或代表審計客户協調與其他第三人間發生之衝突。

(四) 熟悉度對獨立性之影響

係指藉由與審計客户、董監事、經理人之密切關係，使得會計師或審計服務小組成員過度關注或同情審計客户之利益。可能產生此類影響之情況通常包括：

1. 與審計客户之董監事、經理人或對審計案件有重大影響職務之人員有親屬關係。
2. 卸任一年以內之共同執業會計師擔任審計客户董監事、經理人或對審計案件有重大影響之職務。
3. 收受審計客户或其董監事、經理人價值重大之饋贈或禮物。

(五)脅迫對獨立性之影響

係指審計服務小組成員承受或感受到來自審計客户之恫嚇，使其無法保持客觀性及澄清專業上之懷疑。可能產生此類影響之情況通常包括：

1. 要求會計師接受管理階層在會計政策上之不當選擇或財務報表上之不當揭露。
2. 為降低公費，對會計師施加壓力，使其不當的減少應執行之查核工作。

■第二節　品質控制

會計係一項專業，專業必須維持其高水準之品質，若會計師事務所在今年查核某家公司，其品質良好，然而，在翌年因爲某些因素而降低了事務所的審計品質，如此狀況對於欠缺專業訓練的一般人而言並無法發現，事實上，查核的結果或許與事實已有相當大之出入了。基於此一原因，會計師專業必須建立一套完整的品質控制機制，透過此一控制機制確保審計品質都能維持在高水準，無論是國內外，都已經有了這樣的體認，並建立起維持品質的控制制度。美國會計師協會（AICPA）對此品質控制發布了「品質控制準則公報」，我國審計準則公報第四十六號「會計師事務所之品質管制」亦作相類似之規定。茲將其要素比較如下：

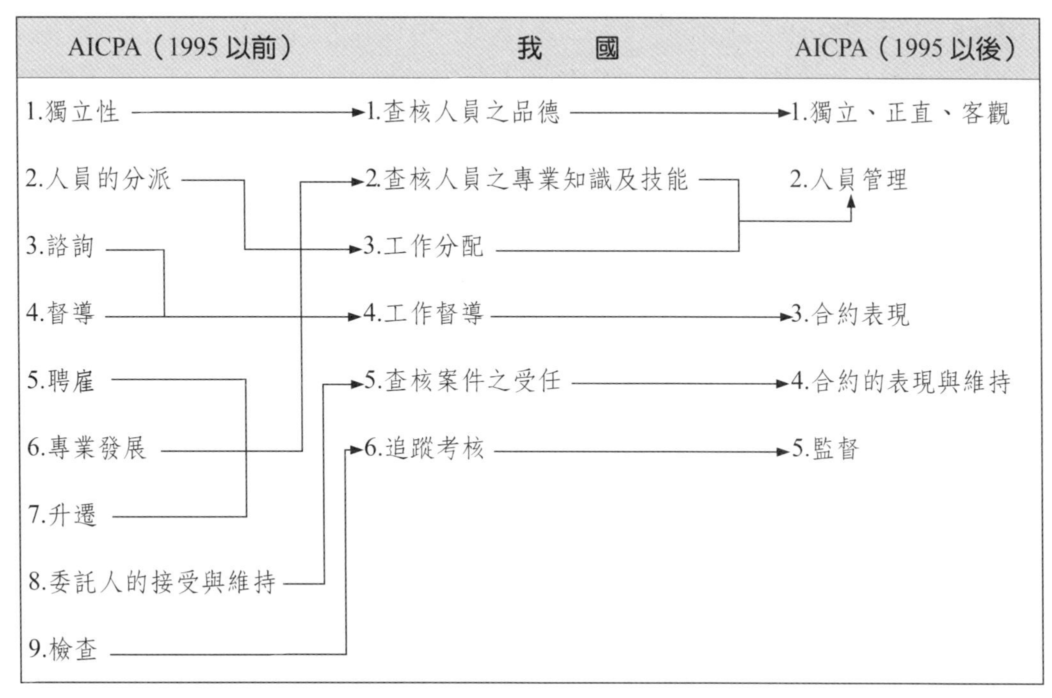

圖2-2　AICPA「品質控制準則」與我國「會計師事務所之品質管制」之比較

(一) 美國會計師協會（AICPA）品質控制

要　　素	基本目標	程序釋例
獨立性	事務所的人員必須符合AICPA執業行為規範的有關規定。	在接受新的委託人以前，應先調查事務所是否具獨立性。
人員的分派	審計工作需由具專業技術訓練的人員執行。	經理應定期開會，指派適當的人員執行未來工作。
諮詢	應尋求專家意見以解決複雜問題。	大型事務所設立「技術中心」，進行研究並提供各分事務所諮詢的服務。
督導	所有人員均應善加督導。	工作底稿應由高級審計員覆核，若發現任何缺陷應與編表者討論。
聘雇	應聘用能勝任的人。	聘用人員時，應由人事主管及審計部門合夥人就其工作範圍進行晤談。
專業發展	審計人員為了盡其責，必須不斷增進本身的專業知識。	每位專業人員，每年持續進修時數不得少於40小時。

（續前表）

升遷	晉升的人員必須有能力承擔新的工作與責任。	高級主管在每個審計合約結束後，都應對其人員進行評估，並將此結果納入人事檔案。
委託人的接受與維持	避免與不誠實的委託人扯上關係。	蒐集所有潛在委託人的背景資料，在接受委託人之前，合夥人應先開會討論。
檢查	對於所建立的品質控制程序應加以控制，以確保此項程序有效進行。	負責品質控制的合夥人應定期測試品質控制程序的運作。

(二)我國查核工作品質管制

項　目	政　策	程　序
查核人員之品質	查核人員應保持嚴謹公正之態度及超然獨立之精神	1.指派專人負責辦理有關超然獨立之事項，並解決相關之問題。 2.對本所同仁溝通超然獨立。 3.超然獨立政策及程序之執行及檢討，例如每年至少一次取得查核人員超然獨立聲明書。
查核人員之專業知識及技能	應指定專人或設置人事單位，負責甄選及任用具備必要專業知識及技能之查核人員。	1.針對業務現況，預期成長率和人員流動率，規劃各階層人力之需求。 2.建立各階層人員之甄選及任用標準。 3.採取適當方法使新進人員瞭解本所品質管制及程序。 4.建立專業人員持續進修辦法。 5.協助各級專業人員適時瞭解新頒法令及專業資訊之內容。 6.建立各級專業人員績效考核之標準。
工作分配	查核工作之分配應秉持超然獨立之精神外，並應視實際情況，由具備專業知識、技能及經驗，並經適當專業訓練之人員擔任之。	1.對查核工作所需人力之整體規劃，應兼顧各級人員之能力及個人發展。 2.指派適當人員，負責查核工作人力之調度。 3.查核工作進度及人員調配情形應呈送主管核准，必要時，應提出受指派人員之姓名及資格。

（續前表）

工作督導	對各級人員之工作應予以適當指導、監督及覆核。必要時，應洽詢具有適當專業技術之人員。	1.查核工作規劃。 2.對各級人員做適當之督導，與覆核查核工作。 3.提供各項諮詢。如新頒法令、專業圖書資料、專門知識之人員及外界專家。
查核案件之受任	接受新客户或繼續接受原有客户之委任前，應對該客户進行評估。決定接受或繼續接受委任時應考慮本身之超然獨立、服務客户之能力，客户內部控制制度及管理階層之品德。	評估新客户及受任之程序。 1.蒐集並瞭解新客户有關之財務資料，如年報、期中財務報表及所得稅申報書等。 2.向新客户之往來銀行、律師及其同業等查詢有關資料。 3.與前任會計師聯繫，查詢下列事項： (1)新客户管理階層之操守。 (2)管理階層與會計師對會計政策及查核程序或其他重大事項有無意見之不同。 (3)更換會計師之理由。 4.考慮是否存有特殊風險或須特殊注意之情況，應採取適當措施消弭該項影響，或將其降低至可接受之程度。必要時，終止或拒絕該案件之委任。 5.評估本所服務新客户之能力。評估時，應考慮所需之專業技術，對該行業之瞭解及其他有關規定。
追蹤考核	應追蹤考核查核人員品質管制政策及程序之執行成效。	1.訂定追蹤考核程序，例如項目、時間、步驟、選案標準。 2.建立擔任追蹤考核者之資格條件，包括職位、經歷及專業知識。 3.考核選查案件對本所查核品質管制政策及程序之遵循程度。 4.追蹤考核之事項應做成工作底稿，連同已採行或建議採行之改正措施向本所管理階層報告。 5.根據追蹤考核結果及其他相關事項，決定本所品質管制政策及程序是否應予修正。

(三)會計師事務所服務處

係美國會計師協會（AICPA）針對建立品質控制準則，於1977年設立的會計師事務所服務處。

1. 目的

加強會計師事務所之品質控制。

2. 成員

會計師事務所。

3. 分組

上市發行公司業務組	私人公司業務組
(1)遵守AICPA所發布的品質控制準則公報 (2)定期接受同業評鑑 (3)持續接受訓練 (4)每七年更換簽證會計師 (5)第二位合夥人冷靜覆核 (6)禁止特定管理諮詢服務，如： ①心理測試 ②公眾意見調查 ③購併企業協助 ④招募主管人員 ⑤保險公司的精算服務 (7)向上市發行公司董事會審計小組報導與管理當局在會計原則、程序上之爭議，所從事之管理諮詢服務種類及該項服務所收取之公費。	僅限左列之前三項規定

4. 公眾監督委員會

係由非會計師事業的知名人士擔任，監督SEC業務組之會員業務活動情形，是否損害公眾利益，並定期向SEC及美國國會報告。

(四) 同業評鑑

1. 方式

會員事務所的審計品質控制政策與程序，必須經由其他事務所，或由服務處之同業評鑑委員會評鑑，或指派之評鑑小組進行嚴密的查核。

2. 程序

(1) 覆核並評估被評價事務所之品質制度。

(2) 覆核事務所各部門或各職能，或案件本身符合遵行品管規定之程度。

(3) 覆核事務所是否具備各組會員資格維持條件。

3. 說明

(1) 本段討論了協會會計師事務所服務處的重要特色，那就是強制協會會員定期接受同業評鑑。事務所會員的業務，每三年應受同業評鑑一次。評鑑涉及事務所所定品質管制方針是否足夠的研討，以及查明事務所對於上述方針遵循程度的測試。大部分測試，包括檢討所選任任務中的工作底稿檔案和審計報告，並評估這些選定的任務是否遵行規定的品質管制方針和一般公認審計準則。

(2) 評鑑人也審核會計師事務所中許多內部記錄，而且特別注意有關職員晉升、事務所人員進修、指派人員出勤審計任務、接受客戶和聘雇專業人員的卷宗。根據品質控制的研討和測試，評鑑人簽發報告、內含被查事務所中品質管制制度是否足夠的意見。制度中應行改善的建議，常由評鑑人在致受評鑑事務所的意見書中概述要點。

(3) 除了強制性評鑑外，對未參加一組之事務所，可志願申請評鑑，惟迄無申請案。

(4) 對於評鑑結果不合格之事務所，各組之管理委員會得採行一系列之制裁措施，包括改進措施、加重持續進修要求、專家評鑑、警告、申誡、罰鍰、暫停執業、甚至自小組除名等。

習題與解答

一、選擇題

(　) 1. 不論一個會計師的能力有多好，他對財務報表的意見將對那些信賴他的人毫無價值，除非他能：(A) 出具無保留意見　(B) 繼續在職進修的計畫　(C) 為委託客户最大利益來盡專業注意的服務　(D) 維持其獨立超然的地位。

(　) 2. 倘若審計人員於查核公開發行公司期間，發現有非法行為時，則應：(A) 加強查核　(B) 通知主管機關　(C) 將實情告知委託人組織內高階層人員　(D) 決定誰該為此非法行為負責。

(　) 3. 會計師購買客户公司之股票，並將之放置於信託公司以做為小孩的教育基金。該信託證券對會計師而言並非重大，但對小孩之個人淨值則為重大。則會計師對此客户之獨立性是否受損？ (A) 是，因為該股票被視為直接財務利益，因此重要性並非考慮因素　(B) 是，因為該股票對會計師的孩子而言是重大的間接財務利益　(C) 不，因為會計師與客户間並無直接財務利益　(D) 不，因為會計師與客户間並無重大間接會計師財務利益。

(　) 4. 下列有關保管客户錢財的規定敘述，何者有誤？ (A) 客户錢財應依客户指定之用途使用　(B) 無須替客户設置專門銀行帳户　(C) 應隨時保持記錄　(D) 客户錢財明細表每年提供客户一次。

(　) 5. 當會計師發現受查客户有違法行為時，下列何者最可能導致會計師取消委任合約？ (A) 會計師無法合理估計違法事件對財務報表之影響　(B) 違法行為已影響會計師對管理當局聲明的信賴　(C) 違法行為對財務報表有重大影響　(D) 違法事件已被傳播媒體報導。

(　) 6. 獨立性是執業會計師非常重要的特性，下列何者在描述獨立性上，並不恰當？ (A) 審計人員在行動上應支持委託客户，並與外界第三者保持獨立性地位　(B) 審計人員在執行審計時，必須對其審核的財務報表保持無

偏見及不偏不倚態度 (C) 審計人員不得受他人意見左右其判斷 (D) 當管理當局想限制、指定或修正審計程序時，審計人員應避免受其影響。

( ) 7. 獨立審計人員對其所查核財務報表保持獨立，其目的在於： (A) 遵守政府機構法令規定 (B) 維持審計人員與委託人間外觀上的超然獨立 (C) 避免債務人或股東對會計師提起訴訟 (D) 確保表達意見時保持必要之公正。

( ) 8. 下列何種情況，違反會計師職業道德？ (A) 會計師於接受同業覆核時，揭露客户機密性資訊 (B) 財務報表之查核公費，依辦理所得稅申報時，所能節省的稅額而定 (C) 會計師將未予簽證之理由，告知後任會計師 (D) 會計師向客户提出公費請求，是依所完成的工作數量而定。

( ) 9. 下列何種情況，違反會計師職業道德？ (A) 會計師於接受同業覆核時，揭露客户機密性資訊 (B) 財務報表之查核公費，依辦理所得稅申報時，所能節省的稅額而定 (C) 會計師將未予簽證之理由，告知後任會計師 (D) 會計師向客户提出公費請求，是依所完成的工作數量而定。

( ) 10. 下列哪一項敘述，最能適當說明會計師專業為何需要頒布及遵守職業道德準則？ (A) 代表會計師接受對社會大眾的責任，並致力於提升社會大眾對會計師的公信力 (B) 可使會計師產生自我保護的功能，可降低法律責任 (C) 強調會計師對客户及同業的責任 (D) 維持會計師適當的品質控制。 〔103年高考三級〕

( ) 11. 一位獨立執業的會計師購買受查客户的股票，並以信託的方式成立未成年子女的教育基金。已交付信託的股票占會計師個人財富淨值的百分比並不重大，但占未成年子女財富淨值的百分比卻是重大。試問會計師對客户的獨立性是否受損？ (A) 是，因為股票屬於會計師之直接財務利益 (B) 是，因為股票對會計師未成年子女之財富淨值係屬重大，屬於會計師之間接財務利益 (C) 否，因為會計師與客户之間並無直接財務利益關係 (D) 否，因為會計師與客户之間並無重大間接財務利益關係。

〔103年高考三級〕

( ) 12. 下列哪項為會計師職業道德規範對於業務執行相關規定？ (A) 會計師接受其他會計師複委託業務時，如複委託人同意，得擴展複委託範圍以外

之業務 (B) 會計師設立分事務所，得委任資深經理主持業務 (C) 會計師可以與非會計師共同組織聯合會計師事務所 (D) 會計師有關業務之對外文件，在某些情況下可授權資深經理蓋章。〔102 年高考三級〕

( ) 13. 依我國職業道德規範，下列哪些情況對會計師獨立性影響最少？ ①張三會計師簽證某金融機構財務報表，張三會計師在該金融機構開立薪資存款帳户 ②丁會計師介紹某證券承銷商給審計客户，而丁會計師擔任該證券承銷商的獨立董事 ③戊會計師同時具有律師資格，同時擔任臺中公司的簽證會計師與法律顧問 ④甲會計師擔任乙公司之獨立董事，簽證丙公司財務報表，但乙、丙公司互為母子公司 ⑤李四會計師協助審計客户處理與稅務機關之爭議，不另收諮詢公費 (A) 僅①② (B) 僅③④⑤ (C) 僅①⑤ (D) 僅②③④。〔102 年高考三級〕

( ) 14. 下列所述情況，何者仍可接受該客户之審計委任？ (A) 代客户保管錢財 (B) 會計師或同事務所之其他共同執業會計師擁有客户之股票 (C) 代客户編製原始文件或資料，例如：採購單、銷售訂單等，以證實交易之發生 (D) 提供客户稅務服務。〔101 年會計師〕

( ) 15. 下列何種情況不會影響會計師的獨立性？ (A) 與客户間不重大的直接財務利益 (B) 同時提供審計及鑑價服務 (C) 為降低公費，受查者對會計師施壓，使其不當減少應執行之查核程序 (D) 協助審計客户處理與稅捐稽徵機關之爭議。〔101 年高考三級〕

( ) 16. 下列有關審計工作酬金之敘述，何項正確？ (A) 我國會計師公會訂有酬金下限 (B) 審計委任書中應納入酬金金額 (C) 酬金不是會計師與客户間之商業機密，會計師不必保密 (D) 會計師公會應訂有酬金的計算標準，以減少會計師間之惡性競爭。〔100 年會計師〕

( ) 17. 以下敘述何者錯誤？ (A) 會計師除開業、變更組織及遷移啓事，以及會計師公會為有關會計師業務、功能等活動項目所為之統一宣傳以外，不得利用廣告媒體刊登宣傳性廣告 (B) 會計師相互間介紹業務或由業外人士介紹業務，不得收受或支付佣金、手續費或其他報酬 (C) 會計師酬金之多寡，應以達成某種發現或結果為計算基礎 (D) 會計師不得以不實或

誇張之宣傳，詆毀同業或其他不正當方法延攬業務。〔101 年高考三級〕

( ) 18. 下列何者為財務報表需要獨立會計師查核之最佳理由？ (A) 公司可能發生管理階層舞弊，而會計師比較可能發現此種舞弊 (B) 內部控制制度的設計及執行很可能無效 (C) 財務報表之科目餘額可能存有錯誤，而會計師比較可能發現此種錯誤 (D) 財務報表使用者及編製者間存有資訊不對稱及利益衝突。〔99 年高考三級〕

( ) 19. 依我國會計師職業道德規範公報之規定，會計師不得利用廣告媒體刊登宣傳性廣告，下列何者違反此項規定： (A) 會計師事務所開業廣告 (B) 與其他會計師事務所合併成功的廣告 (C) 與其他廠商共同恭賀所輔導之公司上市成功的廣告 (D) 會計師公會統一刊登之廣告。

〔99 年高考三級〕

( ) 20. 根據會計師職業道德規範，下列何項行為是被禁止的？ (A) 為非查核客户代購記帳軟體 (B) 為媒體專欄「稅務幫手」寫稿，並集結出書 (C) 和會計軟體發展公司訂有契約，向其收取推薦查核客户軟體售價 4% 的佣金 (D) 為非查核客户從事稅務規劃業務，並收取或有酬金。

〔99 年會計師〕

( ) 21. 下列有關會計師保密義務的陳述，何者錯誤？ (A) 即使會計師不再繼續受託查核，其對原受查者之保密義務仍應繼續 (B) 前任會計師無論如何不得向繼任會計師透露客户之資料，以免違反保密義務 (C) 會計師在取得委託人同意後，得對外透露委辦案件之相關資料 (D) 主管機關向會計師查閱其承辦案件之有關資料時，會計師應先通知客户，然後才提供資料。〔99 年會計師〕

( ) 22. 根據我國會計師職業道德規範公報，下列敘述何者錯誤？ (A) 會計師經由業外人士介紹業務時，不得支付用金、手續費或其他報酬 (B) 會計師承辦財務報表查核業務時，其簽訂之合約不得以達成某種結果為條件 (C) 會計師不得以不正當的抑價方式延攬業務 (D) 會計師因其他會計師退休而概括承受其業務時，不得對其他會計師為任何給付。

〔99 年會計師〕

解答

1.(D) 2.(C) 3.(A) 4.(B) 5.(B) 6.(A) 7.(D) 8.(B) 9.(B) 10.(A)
11.(A) 12.(A) 13.(C) 14.(D) 15.(D) 16.(B) 17.(C) 18.(D) 19.(C) 20.(C)
21.(B) 22.(D)

二、問答題

1. 近年來各國會計師嘗試積極延伸審計功能至確認（Assurance）功能，以便對於資訊品質提出專業意見，包括對網際網路上之電子商務資訊加以認證。美國會計師協會（AICPA）倡導的 Web Trust 服務，即提供此類確信服務。此類確信服務並未要求執業者需有會計師證照，我國會計師若欲發展此類業務，試問我國職業道德規範：第十號：正直、公正客觀及獨立性；第三號：廣告、宣傳及業務延攬；第四號：專業知識技能，是否應適用於此類認證業務？

解答

仍適用，因為我國職業道德規範乃規定會計師執業的基本原則，在確保其超然獨立之精神，秉持專門學識、技能與公正、嚴謹立場提供專業服務，以確保職業榮譽，建立同業信譽，提升會計師社會形象。因此從事確認服務者雖然不需具備會計師執照，但因為會計師執行該項業務仍須使用到專業判斷，為決策者提供改善資訊品質或解讀分析資訊。為了避免會計師從事不同業務，存有不同之道德規範標準，肇致影響會計師同業信譽，及資訊使用者對會計師公信力產生質疑，故仍適用。

2. 會計師不僅形式上須超然獨立，實質上亦應超然獨立。試作：
(1) 就依賴財務報表的第三者而言，說明「會計師超然獨立」的概念。
(2) 何者決定會計師是否實質上或形式上超然獨立？
(3) 說明何以會計師可能在實質上超然獨立，而形式上卻非超然獨立？

解答

(1) 對依賴財務報表的第三者而言，審計人員的獨立性意指審計人員的專業判斷必須是出自本意，而且在實質上或形式上均不附和委託人的觀點。獨立性意指避免客觀性遭損害或因個人偏見，致影響審慎判斷，使理智第三者相信客觀性已遭損害之情況。本質上，獨立性是表達審計人員職業上的誠實、公正，並且主要是精神上、品格上及形式上的狀況。

(2) 實質上超然獨立係指審計人員其判斷不受私人利益、客户利益或其他特定團體利益之影響，則該審計人員實質上處於超然獨立。因此，審計人員若保持精神上之客觀，則表示其有實質上超然獨立。

而所謂形式上超然獨立，則是以外界第三人角度而言，審計人員與受查者之間是否存在利益衝突而定。若審計人員能保持形式上之超然獨立，則應無理由令人懷疑可能有影響審計人員之專業判斷因素存在。

(3) 審計人員可能於實質上超然獨立，但對第三者而言，形式上並不具超然獨立。此種情況係因有潛在的利益衝突存在，而動搖公眾對審計人員獨立性之信賴。

3. 目前我國會計師可否平時為其受查者辦理會計業務及編製財務報表，由於業務較熟悉，並於期末順便辦理財務簽證工作？

解答

我國會計師必須符合下列三條件，始可平時記帳期末又查核：

(1)財務報表是否允當乃由受查者管理階層負主要責任。

(2)會計師與受查者，並無不適當關係，尤其財務利害關係。

(3)會計師並非受查者職員或涉及管理決策之顧問。

4. 天天企業民國 99 年度之財務報表委任地地聯合會計師事務所進行查核，趙會計師為簽證會計師。以下 (1) ～ (7) 為查核過程中存在之各項獨立重大狀況：

(1) 錢會計師為地地聯合會計師事務所之合夥會計師，但並未參與天天企業民國

99年度之財務報表查核，錢會計師個人出資持股100%成立錢錢顧問公司。在無擔保品的情形下，錢錢顧問公司提供天天企業1,000萬元之信用融資，天天企業非為金融機構。

(2) 孫會計師為地地聯合會計師事務所之退休合夥會計師，迄今已卸任11個月。孫會計師於退休後立即應天天企業之邀，擔任會計長工作，惟孫會計師並無天天企業之任何持股。

(3) 天天企業為合法經營存放款業務之金融機構。趙會計師因購置新屋所需，以其配偶名義向天天企業申辦30年期，利率5%之優惠房屋貸款1,000萬元，並已獲核貸。

(4) 地地聯合會計師事務所同時亦為天天企業提供記帳服務。天天企業已確認會計記錄為其責任，且地地聯合會計師事務所並未參與天天企業之管理營運決策。趙會計師已執行必要之審計程序。

(5) 天天企業正辦理現金增資中，承銷券商為小小證券公司，而地地聯合會計師事務所握有小小證券公司2/3之董事席次。

(6) 天天企業擁有一項占總資產價值1/3的專利權。此專利權係向其他公司購買而得，之前並經地地聯合會計師事務所評定其此專利權價值後，始行簽約購買。

(7) 地地聯合會計師事務所同時為天天企業提供內部稽核服務。在地地聯合會計師事務所的服務下，天天企業充分瞭解內部稽核為其職責，設立了相當適切的內部稽核執行程序，並指派適任人員負責內部稽核工作，且瞭解須負起建立、維護及監督內部控制系統之責任。此外，地地聯合會計師事務所在內部稽核方面之發現與建議，均獲天天企業採納或執行，並已適當的向其董事會與監察人報告。

根據我國職業道德規範公報第十號「正直、公正客觀及獨立性」第七條，影響查核會計師獨立性的因素有五項。請針對以上七項狀況，依照我國職業道德規範公報第十號「正直、公正客觀及獨立性」之規定，說明在此項天天企業民國99年度財務報表之查核委任中，獨立性是否受到影響，並簡述理由。且就獨立性受影響之狀況，需註明係受五項因素中何者因素之影響；就獨立性未受影響者之狀況，

則註明「無」。

例如：某狀況下，查核會計師之獨立性未受影響，則表達為：

獨立性是否受影響（是或否）　影響獨立性之因素 － 理由

否　無　：

某狀況下，查核會計師之獨立性受影響，則表達為：

獨立性是否受影響（是或否）　影響獨立性之因素 － 理由

是　：　：

注意：請採橫書方式，依下列格式答題，否則不予計分

狀況　獨立性是否受影響（是或否）　影響獨立性之因素 － 理由

(1)　：　：　：

：　：　：　：

(7)　：　：　：

〔100 年會計師〕

解答

狀況	獨立性是否受影響	影響獨立性之因素	理由
(1)	是	利益衝突	與非金融機構之審計客户間有相互融資或保證行為時，影響其獨立性。
(2)	是	熟悉度	卸任一年以內之共同執業會計師，擔任審計客户董監事、經理人對審計案件有重大影響之職務。
(3)	否	無	
(4)	有條件否	自我評估實質獨立	若會計師未參與客户管理營運決策、執行審計時已執行必要審計程序，則可同時提供審計服務與記帳服務。
(5)	是	自我評估實質獨立	提供下列服務予審計客户 (1)推銷或買賣審計客户發行之股票。 (2)代審計客户承諾交易條件或代表客户完成交易。影響實質獨立性。

（續前表）

(6)	有條件否	自我評估實質獨立	若地地會計師事務所採用客觀評價方式，且評價小組與審計小組皆獨立作業 ⇨ 無
(7)	否	無	

5. 依據審計準則公報第四十六號「會計師事務所之品質管制」，會計師事務所應建立品質管制制度，以合理確信事務所及其人員已遵循專業準則及法令，且事務所或主辦會計師能於當時情況下出具適當之報告。試回答下列問題：
(1) 主辦會計師之職責為何？
(2) 簡述案件品質管制覆核之意義為何？
(3) 案件品質管制覆核人員應具備之條件為何？〔101 年會計師〕

解答

(1)主辦會計師為事務所內對案件之執行及對報告書負責。
(2)以客觀評估案件服務團隊所作之重大判斷及報告所依據之結論。
(3)案件品質管制人員需具備下列條件：
①對案件品質管制覆核具備足夠且適切之經驗、能力。
②未參與案件之會計師、事務所其他人員、適當專業知識或能力之外部人士。

6. 丙公司是一家生產重型機械的上市公司，由頂尖會計師事務所提供查核服務，頂尖會計師事務所共有八個合夥人，其中何會計師作為丙公司的主辦會計師達十年，非常熟悉該公司的管理和營運。近日，丙公司營運長要求何會計師於現任財務長申請產假期間尋找適當之代理人，何會計師決定推薦他的弟弟擔任此代理人。由於何會計師與丙公司之長期查核簽證關係，公司董事們已和何會計師成為好朋友，他們總是招待何會計師每年一同赴海外度假，因此何會計師已享受多年之海外免費旅遊。丙公司年度審計費用每年不斷增加，並已於近兩年占頂尖會計師事務所總收入超過 40%，審計費用包括評價服務（10%）、理財服務（25%）

及查核服務（65%）。

試問：就上述狀況，分析頂尖會計師事務所或何會計師獨立性受到何種因素的影響？並提出頂尖會計師事務所應採行哪些措施，以利降低該項影響至可接受程度？請依下列格式回答：

影響因素	狀況	可採取之措施

〔103 年高考三級〕

解答

影響因素	狀況	可採取之措施
熟悉度	何會計師作為丙公司的主辦會計師達十年	依據品質管制制度，定期輪調
獨立性	何會計師決定推薦他的弟弟擔任財務長代理人	何會計師不適宜參與該客戶之審計小組
利益衝突	招待何會計師每年一同赴海外度假，因此何會計師已享受多年之海外免費旅遊	何會計師不適宜參與該客戶之審計小組

Chapter 3

期望差距與查核人員的法律責任

會計師行業之所以存在，主要原因來自於會計師因爲具備了一般人所沒有的專業知識，而其在企業與股東之間所扮演之角色，著眼於保障股東以及廣大利害關係人，會計師憑藉其專業，爲利害關係人監督企業財務資訊是否允當表達經濟實質，加上會計師具備之獨立性，讓財務報表使用者對經過會計師簽證之財務資訊充滿信心。然而會計師所提供之確信並非絕對之保證，一旦因爲某些無法控制之因素造成企業失敗，所有利害關係人無可避免地會將矛頭指向會計師，因此跟隨而來的訴訟將對會計師造成相當大損失。之所以會發生如此頻繁的訴訟案件，利害關係人的會計師的期望差距（Expect Gap）是相當大的關鍵。因此本章將探討此一期望差距存在的原因以及會計師的法律責任。

■第一節　期望差距

期望差距的產生與會計師對於企業舞弊的揭發責任有相當大之關係，在過去，由於早期的公司規模較小，交易型態簡單，會計師較容易在執行查核工作當中發現錯誤或舞弊。但隨著公司規模及交易型態的複雜化，會計師發現錯誤及舞弊的機率降低，因此查核工作在著重發現錯誤及舞弊的查核目標逐漸動搖。Brink及Witt（1982）在發表的文章中提到，自1940年代後期開始，會計師界聲稱他們的查核工作不再以發現舞弊爲目標，主要爲避免因爲對舞弊偵測的責任而在訴訟中處於不利的地位。然而，此項對舞弊責任的減輕，並不符合社會大眾的期待，社會大眾認爲會計師應該對未發現的舞弊負起責任。Barron et al.（1977）針對商業界的人士發出一份問卷，以瞭解他們對下面二個問題的看法：

1. 會計師對偵測公司舞弊及非法行爲的責任。
2. 會計師揭露舞弊及非法行爲的責任。

調查結果顯示，會計師與商業界人士對此兩項議題有著兩極的看法，Barron et al.（1977）認爲這即存在所謂的「期望差距」。

期望差距的問題在美國審計史上不斷地重複發生，主要是因爲美國審計準則係由會計師自身所主導訂定，因此為了避免因為企業舞弊事件所帶來的訴訟糾紛，會計師專業在準則制訂上一直採取閃避的心態，盡量避免讓自身查核責任擴及對舞弊之發現。在公報訂定上從舞弊相關公報之名詞也可發現此一現象，在美國審計公報第五十三號中，關於舞弊用詞採「irregularity」，此一用詞並非法律上舞弊或詐欺之用詞，在法律上一般使用「fraud」一詞，由此可看出會計師專業在對於舞弊之責任乃採模糊籠統之態度看待。一直到1997年才發布第八十二號公報將其取代，惟該公報對於舞弊之考量仍略顯不足，因此在2002年，審計準則委員會再次將第八十二號公報以第九十九號取代，對於偵察舞弊考量規範更為詳細，這是會計專業對於縮短期望差距所做的努力。

■第二節　查核人員的法律責任

會計師所從事之專業服務，大部分須承擔對公眾的責任，亦涉及了公眾之利益。因此會計師在執行其業務時，若有未克盡專業上應有之注意，而導致公眾受有損失，極可能遭受害人控訴。在我國主要係依據民事責任與刑事責任來探討。

我國查核人員的法律責任

我國會計師的法律責任主要可分為：民事上的責任與刑事上的責任，在民事責任尚可分為對委託人的責任與對第三者的責任。民事上適用之法律主要有民法、會計師法及證券交易法；在刑事責任上適用的法律有刑法及證券交易法。有關會計師法之內容，將於本章第三節進行介紹。

一、*民事責任*

(一) 對委託人之責任

1. 民法

根據民法相關規定，受任人因處理委任事務有過失，或者是因爲逾越權限之行爲所生之損害，對於委任人應負賠償之責。

2. 會計師法

我國會計師法規定會計師不得對於委任事件，有不正當行爲或違反或廢弛其業務上應盡之義務。會計師有前述情事致委託人或利害關係人受有損害時，應負賠償責任。

(二) 對第三人責任

1. 民法

根據我國民法相關規定，因故意或過失，不法侵害他人權利者，負損害賠償責任。故意以違背善良風俗之方法，加損害於他人者亦同。違反保護他人之法律者，推定其有過失。

2. 會計師法

根據會計師法相關規定，會計師承辦財務報告之查核簽證，不得有下列之情事：

(1) 明知委託人之財務措施有直接損害利害關係人之權益，而予以隱飾或作不實、不當之簽證。

(2) 明知在財務報告上應予說明，方不致令人誤解之事項，而未予以說明。

(3) 明知財務報告內容有不實或錯誤之情事，而未予更正。

(4) 明知會計處理與一般會計原則或慣例不相一致，而未予以指明。

(5) 其他因不當意圖或職務上之廢弛，而致所簽證之財務報告損害委託人或利害關係人之權益。

3. 證券交易法

根據證券交易法相關規定，募集有價證券，應先向認股人或應募人交付公開說明書。違反前述規定者，對於善意之相對人因而所受之損害，應負賠償責任。

公開說明書，其應記載之主要內容有虛僞或隱匿之情事者，會計師、律師、工程師或其他專門職業技術人員，曾在公開說明書上簽章，以證實其所載內容之全部或一部，或陳述意見者，對於善意之相對人因而所受之損害，應就其所負責部分與公司負連帶賠償責任。

二、*刑事責任*

1. 根據刑法相關規定，從事業務之人，明知爲不實之事項，而登載於其業務上或做成之文書，足以損害於公眾或他人者，可處有期徒刑或罰金。
2. 根據證券交易法之規定，會計師有違反證券交易法相關規定者，可處有期徒刑或罰金。

■第三節　我國會計師法簡介

我國會計師法最早於民國34年由國民政府所頒布，歷經60年數次之修正，截至104年2月共有八十一條條文，全法共分爲總則、執業登記、會計師事務所、業務及責任、會計師公會、會計師之懲戒、罰則以及附則八章。此法將會計師的所有相關行爲從取得會計師資格開始，到會計師因過失遭懲戒相關規範做詳細之說明。本節僅就此八章做一扼要介紹，詳細內容讀者可自行參考會計師法。

一、*總　則*

本章主要規範會計師資格，爲會計師資格之取得賦予法源基礎。其中第一條開宗明義說明會計師資格取得必須是經過會計師考試及格且領有會計師證書者，方具有會計師資格，並於第四條規定會計師的消極資格限制。此外，在會計師考

試方面，會計師法第二條規定對於某些特定資格者，可賦予從事檢覈考之權利。所謂檢覈考，不同於一般會計師考試之處在於所應試內容較少，原因爲擁有該資格者通常已具備某些專業科目之背景，如會計教授或有外國會計師資格者。

二、執業登記

本章主要說明會計師欲執行業務必須先行向主管機關登錄，並規定登錄資格，會計師必須具備在公私立機構擔任會計職務或會計師事務所二年以上工作經驗方得登錄。且應持續專業進修；其持續專業進修最低進修時數、科目、辦理機構、收費、違反規定之處理程序及其他相關事項之辦法，由中華民國會計師公會全國聯合會擬訂，報請主管機關訂定發布。在本章中亦提及會計師在開業之後，欲聘請助理人員時，助理人員亦有資格上之限制，主要是必須具備商學背景者方得爲之。此點規範正與上節所提之事務所品質控制中，助理人員必須具備專業知識相呼應。

三、會計師事務所

會計師事務所之型態分爲下列四種：

1. 個人會計師事務所。
2. 合署會計師事務所。
3. 聯合會計師事務所。
4. 法人會計師事務所。

目前我國會計師僅存在前三種事務所型態，而不論是哪一種型態的負責人或股東，都應具備會計師執業登記資格且經合法設立登記。

四、業務及責任

本章主要規定會計師登錄後在執行業務上的範圍，第三十九條所列舉出會計師得從事之業務範圍包含了幾乎所有與公司有關之商業行爲，然而在會計師從事如此多業務種類之際，會計師法亦規定了會計師在從事各種業務時必須負法律上之責任，明訂了會計師對業務之忠實義務，以及違反忠實義務所須承擔之責任。

此外，在此章中第四十五條亦規定了關於會計師之旋轉門條款，規定由公務人員轉任會計師時，二年內不得在原任職之業務範圍內執行業務。本章中尙規定了會計師禁止從事之行爲以及執行查核和簽證業務時禁止從事之行爲。此二條條文是會計師法在實務援用上最多的條文，許多會計師遭到懲戒之原因多是違反此規定。

五、會計師公會

此章主要賦予會計師公會成立之法源基礎，並規定會計師在登錄後尙須加入會計師公會方得執行業務。根據會計師法所規定，我國目前有三個地方性公會，分別爲臺北市、高雄市及臺灣省會計師公會。而根據第五十二條規定，應由地方性會計師公會合組全國會計師公會聯合會。

六、會計師之懲戒

本章主要規定會計師在違反哪些情事時，會遭受會計師懲戒委員會之懲戒。目前我國在會計師中央主管機關財政部底下設有會計師懲戒委員會，當利害關係人或業務主管機關及會計師公會發現會計師有違法之情事時，得列舉事實及提出證據，報請所在地主管機關核轉中央主管機關交付懲戒。

七、罰　則

本章明確條列會計師相關業務之罰則，規範主體如下所述：

1. 未取得證照而執行會計師業務或開業聘雇有證照資格者。
2. 出租會計師章證或事務所標識與非會計師資格者。
3. 未取得會計師資格，卻以會計師、會計師事務所、會計事務所或其他易使人誤認爲會計師事務所之名義刊登廣告、招攬或執行會計師業務，經限期命其停止行爲，屆期不停止其行爲，或停止後再爲違反行爲者。
4. 領有會計師證書，未辦理執業登記或加入公會而執行會計師業務者及其他合法設立生效之事務所若違反本法規定之罰則。

八、附　則

附則中主要規定外國人在我國之應考資格及職業時應遵守之法律、章程及違反時應受之處罰。此外，規定非會計師而執行會計師業務者應受之處罰。

■第四節　會計師專業在好訟時代的自保之道

由於會計師在執行業務時所面臨之訴訟風險有逐漸增加之趨勢，會計師一旦疏於職責，將有可能因而付出鉅額之賠償代價。因此，如何降低會計師在面臨訴訟時所產生之風險，會計師應做好下列自保之道。

1. 必須遵守會計師界的一般公認審計準則及職業道德規範。
2. 聘任熟悉會計師法律責任的法律顧問。
3. 投保適當的責任險。
4. 對未來委託人做徹底調查。
5. 徹底瞭解委託人的行業。
6. 所有專業服務均應使用委託書。
7. 規劃合約時，謹慎地評估委託人之財務報表中存有錯誤及非法事件的可能性。
8. 應特別注意財務陷於困境之委託人的審查。

■第五節　案例分析

一、案例介紹

丸億公司於70年1月股票上市買賣後，經營發生大幅虧損。為求能夠順利向證管會申請增資發行新股，公司高層乃授意會計部經理高玉峰做不實之帳簿記載，69年8月為補辦股票之公開發行，依公司法第二百六十八條須編造66、67、68年之財務報告，遂找上虞舜會計師來做此工作。

↓

虞舜為會計師兼律師，經營臺北市大信法律會計事務所，於69年初擔任丸億公司的常年法律顧問兼製作各年度查帳報告書。虞舜基於69年會計師查核簽證公司財務報告規則的第三條第二款：會計師現受委託公司之聘請，擔任常年顧問者，不得承接委託公司之查核簽證工作（修正後之規則業已刪除），遂委託陳笠僧會計師進行查核簽證，但仍由大信事務所負責查核。

↓

陳笠僧會計師親率大信事務所職員何治亞、楊成志前往丸億公司查帳，並在66年至69年的查帳報告書上簽證。在71年2、3月間，陳笠僧會計師由於業務繁忙，遂委託正光會計師事務所高永哲會計師進行查核簽證。

↓

高永哲並未親自前往查帳，卻由大信事務所人員楊成志、何治亞前往丸億公司查帳，但兩人於71年2月間接受丸億會計部經理高玉峰款待且與其合謀，遂共同製作不實的查帳工作底稿，以配合丸億不實的財務報告及各項表冊，並據以編製查帳報告書，高永哲會計師竟仍在71年4月20日之查帳報告書上簽名蓋章及表達意見。此外，她也在丸億公司所提證管會申請核准增資之資金審查報告書上未加審查即簽名蓋章，而且查帳報告書及審查意見均刊載於丸億71年12月9日的公開說明書內，如此舉動對於證管會和投資大眾產生損害。

↓

由被害人陳德深、唐厚、徐崇雄及證管會告發，以及陳建昭會計師的查核證據，本案確定，由證管會函送偵辦。

↓

法院做出判決，楊成志處有期徒刑6個月，易科罰金9元折算1日；何治亞處有期徒刑5個月，易科罰金9元折算1日；虞舜及陳笠僧另行處分不起訴；高永哲歷經十年才定案，判有期徒刑6個月之後遭到除名，易科罰金9元折算1日，不負民事賠償責任。

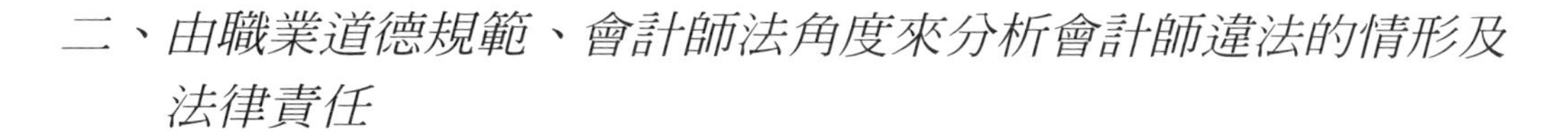

二、由職業道德規範、會計師法角度來分析會計師違法的情形及法律責任

按會計師法第四十條規定，會計師對於承辦業務所爲之行爲，負有法律責任。依據證管會及判決，將本案中違背會計師法和職業道德規範的事項及法律責任整理成下表：

(一)

違法事項	大信會計事務所何治亞、楊成志於前往丸億公司查帳時，接受了會計部經理高玉峰款待，與其共謀，為使丸億公司矇混證管會核准其增資發行新股。兩人竟共同製作虛偽不實且與丸億公司不實財務報告各項表冊相符之查核工作底稿，再據此做成查帳報告書。
會計師法	本法無相關規定，但於會計師法第十一條第二款中規定，會計師受託查核簽證財務報表須按查核簽證規則辦理。而會計師查核簽證財務報表規則第十三條規定：會計師及助理人員（以下簡稱查核人員）應持續進修，充實專業學識與實務經驗，恪遵職業道德規範。 第六十一條會計師有下列情事之一者，應付懲戒： 一、有犯罪行為受刑之宣告確定，依其罪名足認有損會計師信譽。 二、逃漏或幫助、教唆他人逃漏稅捐，經稅捐稽徵機關處分有案，情節重大。 三、對財務報告或營利事業所得稅相關申報之簽證發生錯誤或疏漏，情節重大。 四、違反其他有關法令，受有行政處分，情節重大，足以影響會計師信譽。 五、違背會計師公會章程之規定，情節重大。 六、其他違反本法規定者。
職業道德規範	第一號二十六條　會計師對其聘用人員，應予適當之指導及監督。 第十號五條三款　會計師應使其助理人員確守誠實、公正及獨立性。
法律責任及證期局規定	法院判決楊成志處有期徒刑6個月，易科罰金9元折算1日；何治亞處有期徒刑5個月，易科罰金9元折算1日。 本組認為按會計師法第四十六條第一項第八款來看，虞舜會計師違反了會計師法第十條中遵守職業道德規範的規定。 本組認為法院對助理人員判決過輕，較難達到嚇阻這類行為的效果。

(二)

違法事項	高永哲會計師並未前往查核，卻僅根據大信事務所職員楊成志、何治亞的工作底稿就逕行在查核報告書簽章。
會計師法	第十一條第二項　會計師受託查核簽證財務報告，除其他法律另有規定者外，依主管機關所定之查核簽證規則辦理。 第四十一條　會計師執行業務不得有不正當行為或違反或廢弛其業務上應盡之義務。 第四十二條第一項　會計師因前條情事致指定人、委託人、受查人或利害關係人受有損害者，負賠償責任。 第四十八條　會計師承辦財務報告或其他財務資訊之簽證，不得有下列情事： 一、明知受查人之財務報告或其他財務資訊直接損害利害關係人之權益，而予以隱飾或簽發不實、不當之報告。 二、委託人或受查人提供之財務報告或其他財務資訊未依有關法令、一般公認會計原則或慣例編製，致有令人誤解之重大事項，會計師因未盡專業上之注意義務而未予指明。 三、未依有關法令或一般公認審計準則規定執行，致對於財務報告或他財務資訊之內容存有重大不實或錯誤情事，而簽發不實或不當之報告。 四、未依有關法令或一般公認審計準則規定執行，並作成工作底稿，即簽發報告。 五、未依有關法令或一般公認審計準則規定簽發適當意見之報告。 六、其他因不當意圖或職務上之廢弛，致所簽證之財務報告或其他財務資訊，足以損害委託人、受查人或利害關係人之權益。 第四十九條　會計師承辦財務報告之簽證，有下列情事之一者，應拒絕簽證： 一、委託人或受查人意圖使其作不實或不當之簽證。 二、受查人故意不提供必要資料。 三、其他因受查人之隱瞞或欺騙，而致無法作公正詳實之簽證。 第六十一條　會計師有下列情事之一者，應付懲戒：之其中第三項 一、有犯罪行為受刑之宣告確定，依其罪名足認有損會計師信譽。 二、逃漏或幫助、教唆他人逃漏稅捐，經稅捐稽徵機關處分

（續前表）

	有案，情節重大。 三、對財務報告或營利事業所得稅相關申報之簽證發生錯誤或疏漏，情節重大。 四、違反其他有關法令，受有行政處分，情節重大，足以影響會計師信譽。 五、違背會計師公會章程之規定，情節重大。 六、其他違反本法規定，情節重大。
職業道德規範	第一號第十二條　財務報表或其他會計資訊，非經必要之查核、核閱、複核或審查程序，不得為之簽證、表示意見，或作成任何證明文件。 第一號第廿七條　會計師執行業務，必須恪遵會計師法及有關法令、會計師職業道德規範公報與會計師公會訂定之各項規章。 第六號第六條　前後任會計師應本於超然獨立之精神，對其查核案件，公正表示意見。 第十號第五條　會計師應以正直、公正客觀之立場，保持獨立性精神，服務社會。 1.正直： 會計師應以正直嚴謹之態度，執行專業之服務。會計師在專業及業務關係上，應真誠坦然及公正信實。 2.公正客觀： 會計師於執行專業服務時，應維持公正客觀立場，亦應避免偏見、利益衝突或利害關係而影響專業判斷。公正客觀立場包括應於資訊提供與使用者間，不偏不倚，並盡專業上應有之注意。 3.獨立性： 會計師於執行財務報表之查核、核閱、複核或專案審查並作成意見書，應於形式上及實質上維持獨立性立場，公正表示其意見。 實質上之獨立性係內在要求，必須以正直及公正客觀之精神，並盡專業上應有之注意，會計師除維持實質上之獨立性外，亦應維持形式上之獨立性。因此，審計服務小組成員、其他共同執業會計師或法人會計師事務所股東、會計師事務所、事務所關係企業及聯盟事務所，須對審計客戶維持獨立性，亦即就其係在客觀第三者之觀感而言，合理且可接受之程度下，維持公正客觀之獨立性。

（續前表）

<table>
<tr><td rowspan="1">法律責任及證期局規定</td><td>民事責任：
　　依證交法第三十二條規定，高會計師應對善意（係指對公開說明書應記載之主要內容有虛偽或隱匿知情事並不知情）相對人因而所受損害，應就其所負責部分與公司負連帶賠償責任。
　　高會計師由於有怠職守導致利害關係人受有損害，依會計師法第四十二條規定，應負賠償責任。
刑事責任：
　　高會計師由於不實簽證，應依證交法第一百七十四條第一項規定處5年以下有期徒刑、拘役或併科20萬元以下罰金。
　　高會計師明知為簽證不實之事項，卻登載於其業務上所做之查核報告書，足以對他人產生損害，依刑法第二百十五條規定，處3年以下有期徒刑、拘役或500元以下罰金。
行政責任：
　　高會計師由於未取得足夠且適切的證據就做查核簽證，導致產生疏漏，依證交法第三十七條第二項規定，會計師辦理查核簽證，發生錯誤或疏漏者，主管機關得視情節之輕重，為下列處分：一、警告。二、停止其二年內辦理本法所訂之簽證。三、撤銷簽證之核准。
懲戒：
　　高會計師因違反第六十一條第三項，應送懲戒。
判決結果：
　　高會計師前後歷經十年才遭法院裁定會計師須負刑事責任，有期徒刑6個月，易科罰金9元1日，之後本案由證管會移送經濟部辦理，經會計師懲戒委員會決議，該會計師予以除名處分。雖經高永哲申請複審及行政訴訟，但仍被認定除名處分無誤。
　　此外，本案經臺灣銀行控告高會計師做出不實簽證，導致臺灣銀行借錢給丸億公司，因此對臺灣銀行須負賠償責任，但高會計師最後判決仍不須負賠償之責，理由是法院認為會計師簽證是銀行融資的參考資料，不能代替徵信，但此判決與會計師須負之民事賠償責任不符，因此本組認為此案判決仍有可議空間。</td></tr>
</table>

習題與解答

一、選擇題

(　) 1. 會計師個人對會計師界之責任係規定於下列哪一種法令或規章內？(A) 會計師公會所制訂的職業道德規範　(B) 會計師法　(C) 審計準則公報　(D) 證券交易法。

(　) 2. 最能解釋何以審計人員無法合理的預測出管理當局所有的非法行為原因係：　(A) 管理當局常常超越內部控制制度從事非法行為　(B) 作業層面的非法行為較會計層面非法行為更多　(C) 由於委託人內部控制十分健全，致使審計人員減少證實測試　(D) 非法行為僅有同時負責資產保管及帳務處理的人士才會從事此類行為。

(　) 3. 假若特定資訊使審計人員注意到可能有重大非法行為的存在，但僅對財務報表有間接影響時，審計人員下一步應：　(A) 執行特定審計程序以確定非法行為是否業已發生　(B) 發函法律顧問以尋求對於或有負債事項之建議　(C) 尋求更高管理階層對此事項之報告　(D) 與董事會審計小組或相當階層人士討論有關證據。

(　) 4. 在審計準則公報中，下列何者被歸類為錯誤？　(A) 為管理當局的利益而盜用資產　(B) 編製財務報表時，錯誤解釋已存在的事實　(C) 員工偽造記錄以掩飾欺詐詭計　(D) 基於第三者利益而蓄意遺漏交易的記錄。

(　) 5. 下列何項有關客户非法的行為敘述是正確的？　(A) 查核人員觀察對財務報表有直接且重大影響的非法行為與偵察錯誤和舞弊的責任是一樣的　(B) 依據一般公認審計準則所執行的查核工作，通常包括特別設計一份查核程序以偵察對財務報表有間接但具重大影響的非法行為　(C) 查核人員應由管理當局聲明之可靠性角度來看客户行為是否非法，而非就該等聲明與財務報表之查核目標之關係來考慮　(D) 查核人員不具有偵察客户所為對財務報表有間接影響的非法行為。

( ) 6. 最能解釋何以查核人員無法合理的預測出管理當局所有的非法行為原因係： (A)管理當局常常超越內部控制制度從事非法行為 (B)作業層面的非法行為較會計層面非法行為更多 (C)由於委託人內部控制十分健全，致使查核人員減少證實測試 (D)非法行為僅有同時負責資產保管及帳務處理的人士才會從事此類行為。

( ) 7. 假若特定資訊使查核人員注意到可能有重大非法行為的存在，但僅對財務報表有間接影響時，查核人員下一步應： (A)執行特定審計程序以確定非法行為是否業已發生 (B)發函法律顧問以尋求對於或有負債事項之建議 (C)尋求更高管理階層對此事項之報告 (D)與董事會審計小組或相當階層人士討論有關證據。

( ) 8. 根據我國審計準則公報第二十九號「法令遵循之考量」之規定，所謂未遵循法令事項，係指： (A)受查者業務經營涉有違反法令規定之情事，且不論故意與否 (B)受查者業務經營涉有違反法令規定之情事，但以故意為限 (C)凡以受查者名義或以其管理階層之名義代表受查者所從事者均屬之，但不包括以員工之名義 (D)其型態僅包括應作為而不作為，而不包括不應作為而作為。

( ) 9. 下列哪一項有關受查客户非法行為之敘述是正確的： (A)查核人員偵查對財務報表有直接且重大影響之非法行為的責任，與偵查錯誤和舞弊的責任是一樣的 (B)依據一般公認審計準則所執行之查核工作，通常包括一份特別設計之查核程序，以查核對財務報表有間接且重大影響的非法行為 (C)查核人員有偵查客户所有對財務報表有間接影響非法行為之責任 (D)查核人員對受查客户未被發現之非法行為，不論原因為何，應負部分責任。

( ) 10. 我國審計準則公報，對於偵測受查者不法情事之責任，有下列哪種規定： (A)查核人員不負擔偵測未遵循法令事項之責任 (B)查核人員應負偵測未遵循法令事項之責任；受查者管理階層應負防範不法情事之責任 (C)查核人員應受專業訓練，俾能具備偵測違法之專業能力 (D)內部稽核人員應負偵測不法情事之最高責任。

(　) 11. 企業委託會計師查核財務報表之主要原因為： (A) 企業可能在編製財務報表時不夠客觀中立 (B) 若無會計師高度的專業協助，企業常難以編製允當之財務報表 (C) 提升財務報表的可靠性，以降低公司的代理成本及交易成本 (D) 為了保障投資大眾的利益。〔101 年高考三級〕

解答

1.(A)　2.(B)　3.(A)　4.(B)　5.(A)　6.(B)　7.(A)　8.(A)　9.(A)　10.(A)
11.(C)

二、問答題

1. 我國會計師法明文規定「會計師承辦財務報告之查核、簽證，不得有左列情事」，條文中所稱「左列情事」所指為何？

解答

根據會計師法相關規定，會計師承辦財務報告之查核簽證，不得有下列之情事：

(1)明知委託人之財務措施有直接損害利害關係人之權益，而予以隱飾或做不實、不當之簽證。

(2)明知在財務報告上應予說明，方不致令人誤解之事項，而未予以說明。

(3)明知財務報告內容有不實或錯誤之情事，而未予更正。

(4)明知會計處理與一般會計原則或慣例不相一致，而未予以指明。

(5)其他因不當意圖或職務上之廢弛，而致所簽證之財務報告損害委託人或利害關係人之權益。

2. 本章中最後之實際案例為我國主管機關給予會計師有史以來最嚴厲之處罰，試根據上述案件，提出您對此案件過程及結果的看法與主張。

解答

略。

3. 會計師不得教唆納稅義務人逃漏稅捐，但須承受偽證之法律責任。若客戶有隱匿收入，可否向國稅局檢舉？

解答

可以不用向國稅局檢舉，但須在財務報表上充分揭露，並讓客戶知道有此筆隱匿收入。

4. 會計師簽證不實，致據以放款的銀行遭受倒帳損失，銀行可否向會計師索賠？

解答

(1)對主要受益人之法律責任：主要指當會計師執行查核工作時對契約當事人及主要報告收受的責任。則如果銀行為主要受益人時，也就是客戶指名第三者，因會計師簽證不實而遭受倒帳損失，應控告會計師負有普通過失，可向會計師索賠。反之，若銀行非主要受益人，未指名第三者如要控告會計師，則要以重大過失，並蒐集相關之佐證，來控告會計師才有可能勝訴。

(2)對已預知之特定群體的法律責任：係將會計師因普通過失所須負責的責任範圍，推及至包括有限的已知第三人或已知審計財務報表的預定使用者，且不再限制所有特別指明的第三人，均得事先告知會計師。若會計師在委託書中得知該報告將被用來融資，則銀行可以用普通過失來控告會計師，並向會計師索賠。

(3)對可預知第三人的法律責任：確定會計師需要對可預知第三人負起法律責任，將會計師的責任推到最高點。則銀行為可預知之第三者，可以普通過失控告會計師，向會計師索賠。

5. 財務報表使用者和會計師之間一向存在著相當程度的「期望差距」，財務報表使用者對會計師有哪些期望？

解答

已審核財務報表的使用者期待查核人員能夠在技術上有足夠勝任的能力，以及具備正直、獨立和客觀的態度來執行查核工作，偵察故意或非故意的重大誤述，避免發布會誤導外界的財務報表。

「不實的財務報表」一詞是指公開發行公司發布會令人產生誤解的財務報表之程序。此外，使用者期待查核人員能告訴他們任何企業可能無法繼續經營的情況。

Chapter 4

查核目標、證據及工作底稿

■第一節　查核目標

財務報表審計之整體目標，乃在於對財務報表是否依照一般公認會計原則允當表達表示意見。為了滿足這個整體性目標，通常會確認財務報表中每個科目的特定查核目標。這些特定查核目標係由包含於財務報表中的管理當局聲明推論而得。

一、*管理當局的財務報表聲明*

財務報表上的所有組成要素，如：資產、負債、收入、費用等均有明示或暗示性的聲明，有關證據的事項（AU326.03），認定財務報表聲明有下列五大類聲明：

1. 存在或發生。
2. 完整性。
3. 權利或義務。
4. 評價或分攤。
5. 表達或揭露。

下列分別說明之：

表4-1　財務報表五大聲明之說明

查核目標	性　質	說　明
存在或發生	指在某一特定日，組織個體的資產、負債是否存在，以及已記錄的各項交易是否皆在某段特定期間內發生。	有關「存在」的管理當局聲明，其範圍涵蓋有實體之資產，如現金、存貨，以及無實體之科目，如應收帳款及應付帳款。且於此聲明下管理當局同時也說明了損益表上所列示的收入與費用項目，適於一特定報導期間內所發生的交易和事件產生的結果。審計人員之所以會關心此項聲明，主要與財務報表組成要素的高估有關，由於財務報表的組成項目中包含不存在項目或不會發生的交易事項，會產生高估的結果。

（續前表）

完整性	所有應在財務報表中所列示的交易和科目均已記錄。	對每個列示在財務報表中的財務報表科目，管理當局都暗示性地說明所有有關的交易和事件均已包括在內。審計人員會關心完整性聲明，主要與財務報表組成要素之低估（經由遺漏事件的存在，或遺漏已發生交易的結果）有關。
權利或義務	指某一特定時日，資產是否為公司的權利，以及負債是否屬於公司的義務。	該項聲明只與資產和負債有關，所以只會涉及資產負債表的部分，而其他各項聲明則涉及所有的報表。此項聲明通常是指所有權的權利和法定義務；權利和義務聲明同時也擴及於使用資產的權利以及並非法定義務的負債。
評價或分攤	是指資產、負債、收入和費用等組成要素是否已按適當的金額包含於財務報表內。	按適當之金額報導財務報表上的組成要素，其意義是指金額(1)依照一般公認會計原則而決定；(2)免於文書處理上或運算上的錯誤。 (1)符合一般公認會計原則 判斷金額是否依照一般公認會計原則，包含適當衡量資產、負債、收入和費用，如下所示： ①適當地應用評價原則，如：成本、淨變現價值、市價和現值。 ②適當地應用配合原則。 ③管理當局所做會計估計的合理性。 ④應用會計原則的一致性。 (2)文書處理上或運算上的錯誤 文書處理正確性乃指有關來源文件均詳細記錄，記入日記簿，過至分類帳，及保持統制帳和明細分類帳間相符的正確性。計算正確性係指有關發票、日記簿及帳戶餘額算術性地加總是否正確，和對於應計事項及折舊計算的正確性。
表達或揭露	指財務報表上的特定組成要素是否被適當地加以分類、說明並且揭露。	在財務報表上，管理當局會暗示性地聲稱所有內容都已適當表達，並充分揭露。

二、特定查核目標

於取得證據以支持對財務報表所簽發的意見時，審計人員對財務報表中的每個科目發展特定的查核目標。列示根據以上聲明，推論出以現金爲例的特定查核目標。

表4-2　現金特定查核之五大聲明之查核目標

聲明項目	特定查核目標
存在或發生	在資產負債表日，已存在的零用金基金、未寄存收入、支票存款和其他項目被列為現金。
完整性	所列報的現金，包括所有的零用金基金、未寄存收入、支票存款和其他庫存現金。
權利或義務	在資產負債表日，所有包括在現金項下的項目均為組織所有。
評價或分攤	組成現金的各項目，已被正確的合計。現金收入和支出日記簿的計算處理正確，並且被適當地過入總分類帳內。
表達或揭露	所有包括在現金內的項目皆未被限制使用，且供營運使用所需的揭露，例如：補償性餘額，已被適當地揭露。

應特別注意，某特定目標是針對客戶之情況而設計。審計人員須考量客戶之營運狀況、經濟活動之本質以及該產業之獨特會計做法等因素。在執行查核工作時，審計人員蒐集有關每個目標之證據。依據所累積之證據，審計人員才可以對管理當局之聲明是否有偏差下結論。然後對財務報表出具一個綜合性意見。

■第二節　查核證據

外勤準則第五條：運用檢查、觀察、函證、分析及比較等方法，以獲取足夠及適切之資料，俾對所查核財務報表表示意見時有合理之依據。

一、查核證據與足夠、適切性

(一) 查核證據之定義

我國第五十三號公報：係指查核人員爲財務報表表示意見，而基於其專業、判斷所蒐集之資料。

(二) 足夠及適切性

查核證據之足夠與適切，係基於查核人員之專業判斷。證據之足夠，係著重於所獲得證據之數量；證據之適切，則著重於證據之可靠性及相關性。

1. 足夠性

判斷問題：

(1) 性質：足夠性與審計人員取得證據數量有關。多少證據方可認爲足以支持審計人員的意見，是一個專業判斷的問題。

(2) 考慮因素：

①適切性。

②重要性。

③審計風險。

④經濟因素。

⑤母體大小與特性：

A.母體愈大，所需證據的數量愈大。

B.母體的特性乃指在母體中個別項目的同質性與變異性。對分散的母體查核人員可能對統一的母體要求較大的樣本及更多的佐證資訊。

2. 適切性

證據的適切性就是證據的可靠性或品質。適切的證據必須兼具可靠和相關兩大特性，不同特性，不同種類的證據，其相對適切性可能相差極大。

(1) 可靠性：（如表4-3）

表4-3　不同證據之效力比較

口　述	表達形成	書面文件
取得審計人員以外其他人所編製之資訊	取得方法	審計人員實際檢查、觀察計算、分析所取得之第一手資料
受查企業內部取得之證據	提供者	由外界獨立來源取得之證據
內部控制功能薄弱	產製過程	內部控制功能良好
非資產負債表日	取得時間	資產負債表日當天
低	可靠性	高

(2) 相關性：證據之相關性係指能否滿足查核目標存在或發生、完整、權利與義務、評價與分攤、表達與揭露。亦即若查核證據能驗證某查核項目之完整性，且其查核程序之目標亦是驗證其完整性，則此查核證據即具有相關性。

3. 二者之關係

足夠及適切二者具有相互關聯性，亦即證據之可靠性及相關性較高時，所需證據之數量可較少；否則所需證據之數量將較多。

4. 足夠與適切之區分

	足　夠	適　切
重點	獲得證據之數量	證據之可靠性及相關性。
決定因素	抽查範圍	採取何種查核程序、何時進行查核程序。

5. 審計人員在證據累積上的四個決策

(1) 使用何種查核程序。

(2) 對特定審計程序應選擇之樣本大小爲何。

(3) 決定抽查樣本。

(4) 決定查核程序的時間。

6. 影響查核人員判斷查核證據是否足夠與適切之因素

(1) 發生錯誤風險程度之高低：

①所查核項目之性質。

②內部控制之適當性。

③所從事行業之性質。

④對管理階層足以構成非常影響，如客戶發生錯誤或舞弊。

⑤財務狀況。

(2) 該項目對資訊報導即時性與重要性。

(3) 查核成本與效益之權衡。

(4) 可獲得資料之來源與類型。

二、*審計證據的種類*

審計人員藉由審計證據之蒐集：

1. 支持對財務報表所表達的意見有合理之依據。
2. 限制財務報表的查核風險在可接受的水準下。

(一) 實體證據

主要驗證實體的存在，但無法確定資產的所有權及價值。

(二) 文書憑證

書面的證明文件，取得文書憑證應依來源考慮文書憑證的可靠性。

種　類	例　如	可靠性
由查核人員直接取自專家之外來憑證	詢證函、律師函	高。因第三者與委託人獨立，且不易塗改。
由委託人自行保存之外來憑證	銀行對帳單、供應商發票、有價證券、合約、納稅憑證等。	須視其是否被委託人偽造、塗改。通常此類憑證為查核人員所廣泛使用。
內部憑證	銷貨發票、請購單、訂貨單、驗收單、出貨單等。	須視其內部控制是否良好而定。

(三) 會計記錄

驗證財務報表是否允當表達之日記簿、明細帳、總帳等會計記錄。審計人員爲了驗證財務報表是否允當表達時，通常會自財務報表之餘額核至總帳、明細帳、日記簿等會計記錄，因此會計記錄亦是審計人員的憑證之一。其會計記錄是否可信賴，須視其內部控制是否有效。

(四) 分析性覆核程序

關於分析性程序之目的、方法、時機及考量因素，於下一章詳細說明。分析性覆核程序：對財務報表聲明允當性提供推論的基礎。分析性覆核程序證據的可靠性，視比較資料間的攸關性。會計記錄之可靠性，須視內部控制的有效性而定。

(五) 計算

審計人員對委託人提供之資料重新驗證其正確性。

(六) 專家證據

查核人員雖具備會計及審計知識，但可能未必具備其他專業技術、知識及經驗，故查核人員可能需要專家報告，判斷財務報表是否允當。

(七) 口頭證據

直接詢問委任人組織內的主管或職員所取得證據，此類證據並不夠充分，必須再輔以其他程序加以驗證可信賴程度。

(八) 客戶聲明書

係由受查者負責人及會計主管，對財務報表表達之性質及基礎，表達管理當局之聲明。會計師出具查核報告前，應向受查者取得客戶聲明書，此係用以補充查核程序，爲次等級的審計憑證，不能取代其他必要之查核程序。

(九) 電子證據

審計人員使用電子媒體所產生或維持保存的資訊，以對某項聲明表示意見。電子證據憑證的可靠性，須視對該類資料之產生、修正及完整性的控制，及審計人員對委託人系統及控制的瞭解加以判斷。

三、查核證據之取得與評估

(一) 檢查

1. 實體審核

有形資產之檢查可對該等資產之存在提供可靠之查核證據。亦即查核資產的實體證據。例如：審計人員獲取以檢查實體的方式審核廠房設備和存貨中項目本身，俾取得這些實物是否存在、情況是否良好。

2. 順逆查

順查：按照一筆交易在會計記錄中的順流程序，以確定交易處理是否完整的過程；逆查：按照一筆交易在會計記錄中逆查程序，以確定已入帳交易是否正確的過程。例如：審計人員獲取從進貨日記簿中選取已記載的進貨交易，並查證其附件憑證。查證時的測試方向恰和追查時相反。

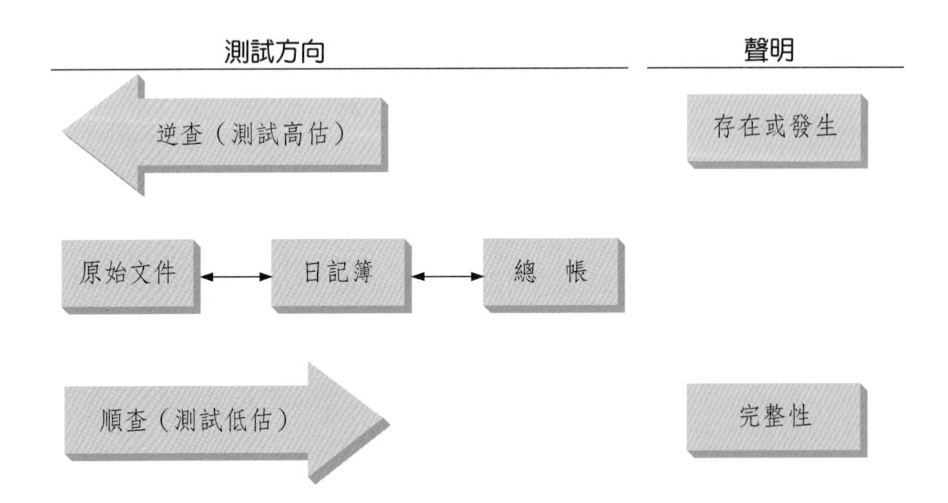

3. 文件檢視

指對紀錄及文件（無論來自受查者內部或外部，爲紙本、電子或其他媒介）之審查。某些文件可作爲資產存在之直接證據，例如股票或債券即可視爲金融工具存在之證明文件

(二) 函證

以書面直接和債務人、債權人或交易事項的其他當事人溝通而取得證據的方式。

(三) 觀察

查驗委託人作業的過程。例如：審計人員得觀察委託人內部控制程序的運用。

(四) 查詢

直接向委託機構中的適當人員提出問題。問題的答案得以口頭方式，也得以書面方式爲之。

(五) 調節

確定兩套分別獨立記載但互有關聯的記錄，彼此相符的程序。

(六) 分析性程序

研究財務和非財務數據間的預期關係而做成的財務資訊評估。

(七) 重新執行

重新執行係指查核人員獨立執行受查者已執行之內部控制程序。

另一方面，查核人員蒐集證據時，須考量「成本」與「效益」的問題。如何以最低成本達到最高的效益？一般在查核案件中，查核人員總是覺得時間不夠，在預算的時間中無法完成查核工作，往往是為了驗證某一事項所採取的查核程序不適宜所造成，或許有一個替代性查核程序且成本較低，同樣能夠達到查核目標，此時查核人員就必須考量其查核程序的適當性。但查核重要項目時，不應因困難或成本太高，而省略必要之查核程序。

四、客戶聲明書

(一) 依據第七號公報之要求

「會計師出具查核報告前，應向受查者取得客戶聲明書」。取得客戶聲明書係用以補充查核程序，但不得取代其他必要之查核程序。

(二) 查核人員要求受查者提出客戶聲明書之目的如下

1. 提醒受查者應對財務報表之允當性表達負責。
2. 印證已查得之資料。
3. 表明受查者對於投資、理財等重大事項之意向。
4. 避免查核人員誤解受查者之口頭聲明。

(三) 客戶聲明書之內容

客戶聲明書之內容應考慮委任事項、財務報表表達之性質及基礎。其聲明事項通常如下：

1. 確認財務報表之編製及允當表達為管理階層之責任。
2. 財務及會計記錄與有關資料業已全部提供。
3. 股東會及董事會記錄業已全部提供。
4. 所有交易皆已入帳。
5. 關係人名單、交易及其有關資料業已全部提供，與關係人之重大交易事項皆已揭露。
6. 期後事項業已全部提供，重大期後事項亦已調整或揭露。
7. 無任何因違反法令或契約規定之情事，如有，皆已調整或揭露。
8. 未發現管理階層或其他員工舞弊之情事，如有，皆已調整或揭露。

9. 未接獲主管機關通知調整或改進財務報表之情事，如有，皆已依規定辦理。
10. 無蓄意歪曲或虛飾財務報表各項目金額或分類之情事。
11. 補償性存款或現金運用所受之限制業已全部揭露。
12. 應收帳款等債權均屬實在，並已提列適當備抵呆帳。
13. 存貨均屬實在，其呆滯、陳舊、損壞或瑕疵者，業已提列適當損失。
14. 資產均具合法權利，其提倡擔保情形業已全部揭露。
15. 無重大未估列之負債。
16. 資產售後買回或租回之約定業已全部揭露。
17. 各項承諾如進貨、銷貨承諾等重大損失業已全部調整或揭露。
18. 無任何重大未估列或未揭露之或有損失，如可能之訴訟賠償、背書、承兌、保證等。

(四) 查核人員得視實際情況，要求將其他特定事項列入客戶聲明書

例如：

1. 受查者面臨財務危機時，其繼續經營之意向及能力。
2. 受查者財務困難時對債務重新安排之意向。
3. 會計變更之理由。
4. 持有或出售各項投資之意向。
5. 受查者將短期債務轉換爲長期債務之意向及能力。

(五) 客戶聲明書應由受查者負責人及會計主管簽署，以會計師或其事務所為受文者，並以查核報告之日期為客戶聲明書之日期。

(六) 客戶聲明書與查核報告

1. 受查者對必要事項拒絕聲明時，會計師應視爲查核範圍受限制，出具保留意見或無法表示意見之查核報告。
2. 會計師對某些事項無法執行必要之查核程序時，即使取得客戶聲明書，

仍應視爲查核範圍受限制，出具保留意見或無法表示意見之查核報告。

五、專家證據

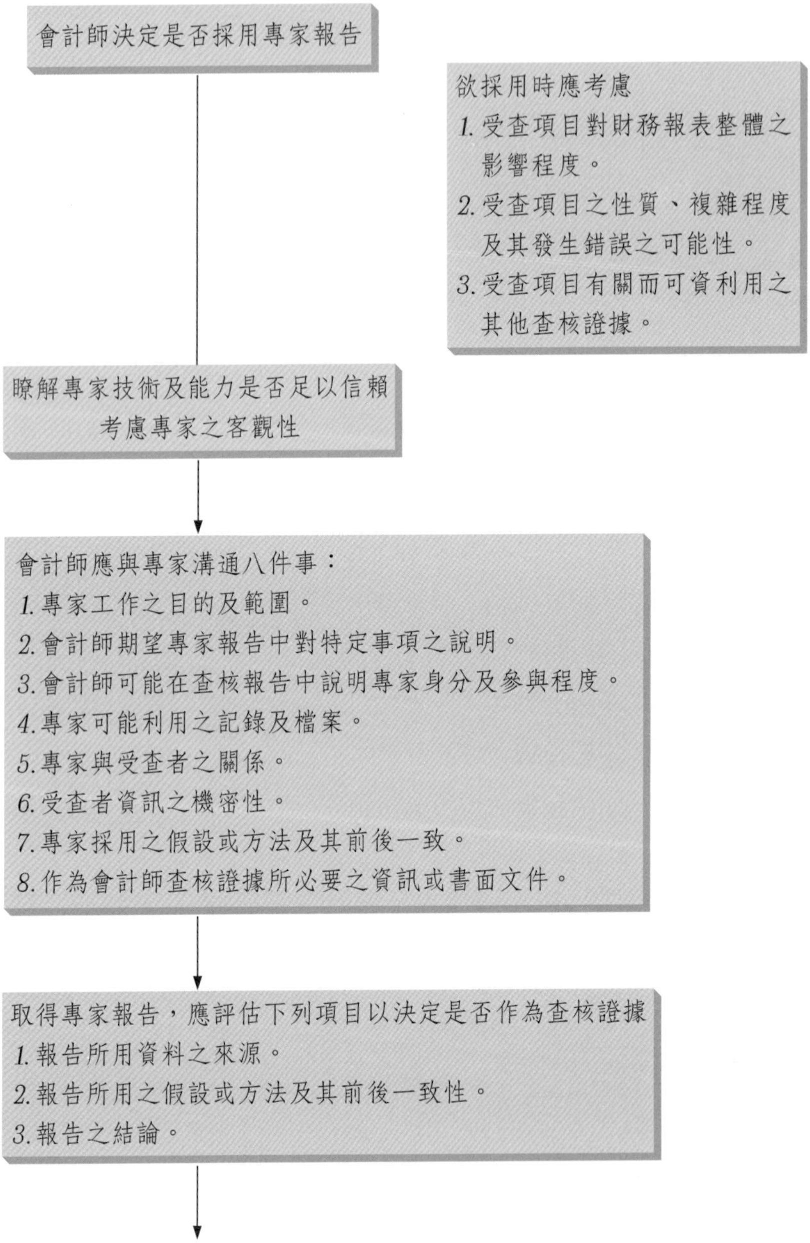

會計師決定是否採用專家報告

欲採用時應考慮
1. 受查項目對財務報表整體之影響程度。
2. 受查項目之性質、複雜程度及其發生錯誤之可能性。
3. 受查項目有關而可資利用之其他查核證據。

↓

瞭解專家技術及能力是否足以信賴
考慮專家之客觀性

↓

會計師應與專家溝通八件事：
1. 專家工作之目的及範圍。
2. 會計師期望專家報告中對特定事項之說明。
3. 會計師可能在查核報告中說明專家身分及參與程度。
4. 專家可能利用之記錄及檔案。
5. 專家與受查者之關係。
6. 受查者資訊之機密性。
7. 專家採用之假設或方法及其前後一致。
8. 作為會計師查核證據所必要之資訊或書面文件。

↓

取得專家報告，應評估下列項目以決定是否作為查核證據
1. 報告所用資料之來源。
2. 報告所用之假設或方法及其前後一致性。
3. 報告之結論。

↓

評估資料之適當性與評估專家假設或方法之適當性。

評估資料之適當性：

(1)測試受查者提供予專家之資料是否適當。

(2)會計師對專家報告所用資料攸關性及可靠性有疑慮時，應詢問該專家。

評估專家假設或方法之適當性：

(1)專家所用之假設或方法及其應用是否適當，係專家之責任。

(2)應依其對受查者業務之認識及查核之結果，瞭解此等假設或方法及其應用是否適當。

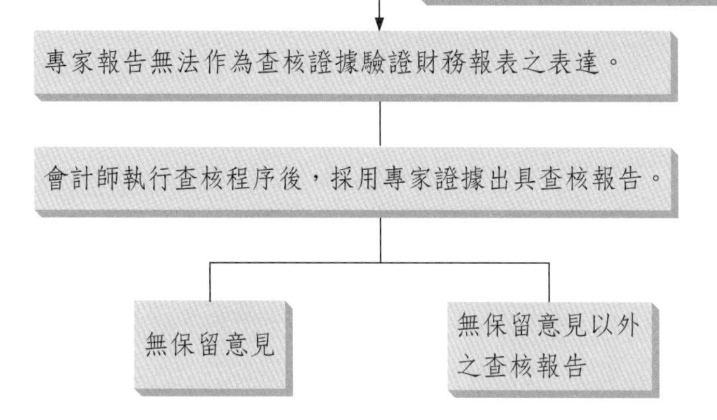
專家報告無法作為查核證據驗證財務報表之表達。
會計師執行查核程序後，採用專家證據出具查核報告。
無保留意見
無保留意見以外之查核報告

不宜在查核報告中提及專家報告，以免被誤解為會計師係出具修正式意見之查核報告或分攤責任予專家

專家報告與財務報表資訊相關項目不一致

專家報告無法做為充分與適切之證據

出具保留意見以外之查核報告時，應將所持理由或所發現之事實與溝通過程，於關鍵查核事項中適當揭露，必要時得經專家之同意，提及專家之身分、參與程度及報告之內容。

六、期後事項

(一) 期後事項定義

1. 財務報導期間結束日後至查核報告日間發生之事項。
2. 查核報告日後始獲悉之事實。

包括：

1. 資產負債表日後至查核報告日間發生之重大事項。
2. 查核報告日後至查核報告交付日間，查核人員獲悉之重大事項。
3. 查核報告日交付日後，查核人員獲悉之重大事項。

(二) 期後事項查核目的

期後事項之查核目的如下：

1. 驗證其對受查者資產負債表日資產負債評價有重大影響，是否業已適當調整。
2. 查明有助判斷受查者未來財務及經營情況之資訊，是否業已適當揭露。換言之，查核人員應就財務報導期間結束日後至查核報告日間所發生須於財務報表中調整或揭露之事項，應已依編製財務報表所依據之準則適當反映於財務報表，且取得足夠及適切之查核證據。以及適當因應其於查核報告日後始獲悉之事實，該等事實若查核人員於查核報告日即獲悉，可能導致其修改查核報告。

(三) 期後事項分類及其會計處理

期後事項依其財務報表之影響，可區分為以下類別：

1. 此種事項對存在於資產負債表日之狀況可提供進一步之證據，並影響資產負債表之評價。
2. 此種事項表徵在資產負債表日後發生之狀況，可提供判斷企業未來財務及經營情況之有用資訊。

(1)第一類期後事項，種因或存在於資產負債表日或以前，須調整財務報

表。

(2)第二類期後事項，非種因或存在於資產負債表日，於資產負債表日至財務報表提出以前所發生之事項，對資產負債評價有重大影響者，須附註揭露。

期後事項對企業未來財務狀況之判斷可能提供有用之資訊者，宜加以適當之揭露。例如：

1. 資產負債表日之應收帳款因債務人於資產負債表日之後遭意外事故，致無法收回。
2. 證券投資之市價於資產負債表日至財務報表提出日間大幅跌落。
3. 重大生產設備於資產負債表日之後因災害而毀損。
4. 於資產負債表日之後購得重要之新事業。
5. 於資產負債表日之後發行公司債或發行新股。

(四)擬制性報表之應用

1. 條件

第二期期後事項對企業的資產結構或資本結構有重大影響，例如：企業合併。

2. 方式

假設這些事項在決算日已經發生時將產生之影響，編入擬制性的資產負債表，可使用多欄性，與主要之財務報表並列。

(五) 查核程序

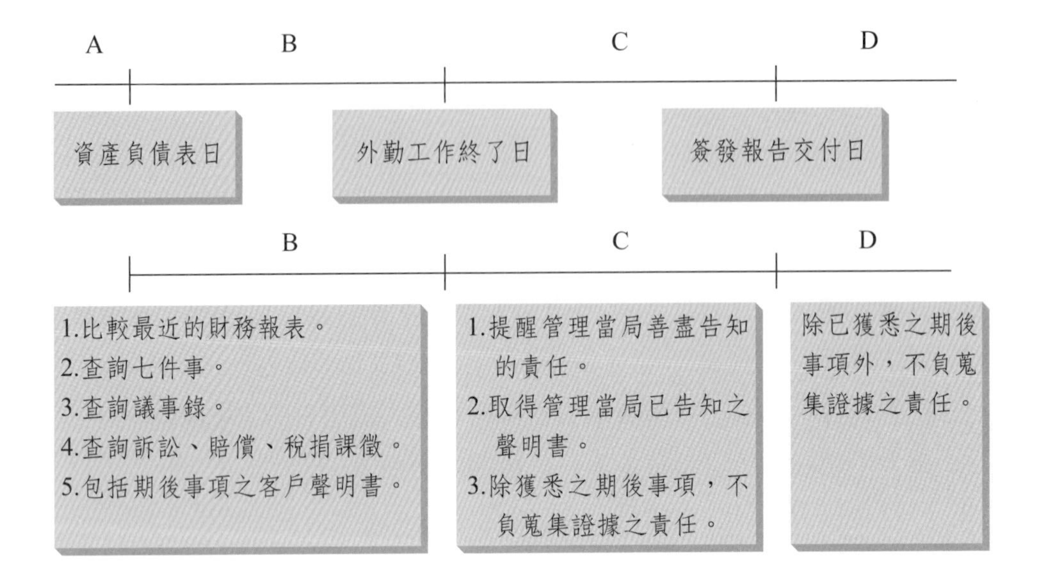
A
B
C
D
資產負債表日
外勤工作終了日
簽發報告交付日
B
C
D
1.比較最近的財務報表。
2.查詢七件事。
3.查詢議事錄。
4.查詢訴訟、賠償、稅捐課徵。
5.包括期後事項之客戶聲明書。
1.提醒管理當局善盡告知的責任。
2.取得管理當局已告知之聲明書。
3.除獲悉之期後事項，不負蒐集證據之責任。
除已獲悉之期後事項外，不負蒐集證據之責任。

B期間發生之期後事項，查核人員應盡量於接近查核報告之日期執行下列程序：

1. 將受查期間之財務報表與期後最近之財務報表比較分析，比較分析時應先查詢該等財務報表是否於先後一致之基礎上編製。
2. 向受查者查詢下列事項：
   (1)管理階層是否已設置用以辨認期後事項之程序。
   (2)資產負債表日後無重大或有事項或承諾。
   (3)資產負債表日後，資本、長期負債或營運資金等有無重大變動。
   (4)受查期間之財務報表，其會計處理所依據之估計或判斷基礎有無重大變動。
   (5)資產負債表日後，受查者帳上有無異常之調整事項。
   (6)資產負債表日後，有無辦理或發生損毀或被政府徵收等情事。
   (7)資產負債表日後，資產有無發生損毀或政府徵收等情事。
3. 查閱期後股東會、董事會等之議事錄；若該等議事錄尚未完成，應查詢其決議事項。

4. 查詢有關訴訟、賠償及稅捐課徵等事項。
5. 取得包括期後事項之客戶聲明書。

實施上列程序後，應視實際情況決定是否採取其他必要之程序。

資產負債表日後至查核報告日間，查核人員應執行必要之程序，以查明截至查核報告日所發生重大事項均於財務報表調整或揭露獲悉有重大期後事項。

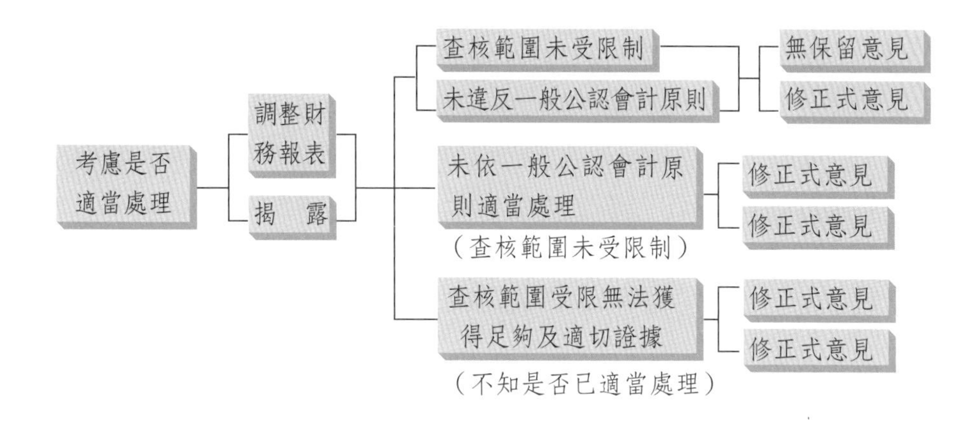

C期間發生之期後事項：

1. 受查者管理階層對查核報告日後至查核報告交付日間所發生任何可能影響財務報表之事項，有告知查核人員之責任。
2. 查核人員應提醒管理階層善盡前項告知之責任，並取得管理階層已告知聲明書，查核人員對查核報告日後所發生之期後事項，除第(3)條之規定外，不負蒐集證據之責任。
3. 若查核人員獲悉查核報告日至查核報告交付日間有對財務報告重大影響之事實，應與管理階層討論是否修正財務報表。所稱修正財務報表係包括揭露、調整，或二者並用。
4. 若管理階層因期後事項而修正財務報表，查核人員應執行必要之查核程序，以對修正後之財務報表提出查核報告，並以查核程序完成日為查核報告之日期。惟若期後事項僅須揭露而無須調整財務報表者，會計師得就下列二法，擇一載明查核報告之日期：

   (1)載明雙重日期。會計師修改查核報告以增列完成查核該修改事項之另一日期，而原查核報告日則維持不變，因該日期係告知財務報表使用者該等財務報表查核工作之完成日期。惟另一日期係告知財務報表使用者，查核人員於原查核報告日後之查核程序僅限於財務報表之後續修改部分。例如：〔原查核報告日〕（除附註Y所述事項之查核完成日期爲民國××年××月××日）。但若會計師查核採用國際財務報導準則編製之財務報表時，其查核報告日不得採用雙重日期，僅能以受查公司董事會通過日爲查核報告日期。

(2)完成增註期後事項查核之日，爲查核報告之日期。

5. 查核報告日期，如採前項第一款方式載明者，除增註事項外，其他期後事項之查核責任限於外勤工作完成之日；如採前項第二款方式載明者，對於所有期後事項之查核責任，均延伸至查核報告之日。

6. 查核人員認爲財務報表應修改，而管理階層未修改且未採取必要之步驟以確保所有接獲原發布財務報表及查核報告者已被及時告知財務報表須修改之事實時，查核人員應告知管理階層及治理單位（除非所有治理單位成員均參與受查者之管理）其將採取行動以避免財務報表使用者信賴原查核報告。若管理階層及治理單位已被告知而仍未採取必要之步驟，查核人員應採取適當行動，以避免財務報表使用者信賴原查核報告。如應視情況出具保留意見或否定意見之查核報告。

提醒管理善盡告知之責任，取得已告知之期後事項聲明書，獲悉有重大期後事項，應與管理當局討論是否修正財務報表（調整或揭露）。

- 修正財務報表，查核人員應執行必要之查核程序，對修正後之財務報表，提出查核報告，並以「查核程序完成日」為查核報告之日期。
- 若期後事項僅須揭露無須調整財務報表者，會計師得就下列二法載明查核報告日期
  (1)載明雙重日期
  (2)完成增註期後事項之日查核報告之日期。
- 財務報表應修正而未修正
  - 修正式意見
  - 修正式意見

D期間發生之期後事項：

1. 查核人員對查核報告交付日後所發生之期後事項，除第(2)條之規定，不負蒐集證據之責任。
2. 查核報告交付日後，會計師始獲悉存在於查核報告日前且可能須修正原查核報告之重大事實時，應考慮財務報表是否需要修正，並與管理階層討論後，視情況採取必要之行動。
3. 若管理階層修正財務報表，會計師應視其情況執行必要之查核程序，並對修正後之財務報表簽發更新之查核報告。此外，會計師尚應覆核管理階層所採取之步驟，以確保管理階層所採取之步驟，並確保管理階層已告知原發布財務報表之收受者。
4. 更新之查核報告增一說明段，強調原發布之財務報告及查核報告之修正理由，並提示財務報表使用者參閱附註之詳細說明。
5. 更新之查核報告日期準用前述之說明。
6. 若會計師認爲財務報表應修正而管理階層未修正，或管理階層對已修正之財務報表未採取必要之步驟，以確保原發布之財務報表及查核報告之收受者已被告知時，會計師應視其在法律上之權利義務採取必要之行動，以免原簽發之查核報告被信賴，並將所擬採取之行動告知受查者之最高管理階層。
7. 若查核報告交付日後發現重大事實之日，與下期財務報表之查核報告即將交付日期極爲接近，且管理階層同意在下期財務報表做適當修正，則原發布之財務報表及查核報表得不予修正。

(六) 期後發現被遺漏之查核程序

1. 與期後事項最大不同點爲期後事項的查核著重在財務報表的不當表達；期後發現被遺漏之查核程序則著重查核程序證據力。
2. 發生原因：

   (1)外界人士發現：同業評鑑。

   (2)內部人士發現：第二位會計師的冷靜覆核。

3. 當原查會計師發現遺漏，必要查核程序應採行動流程如下：

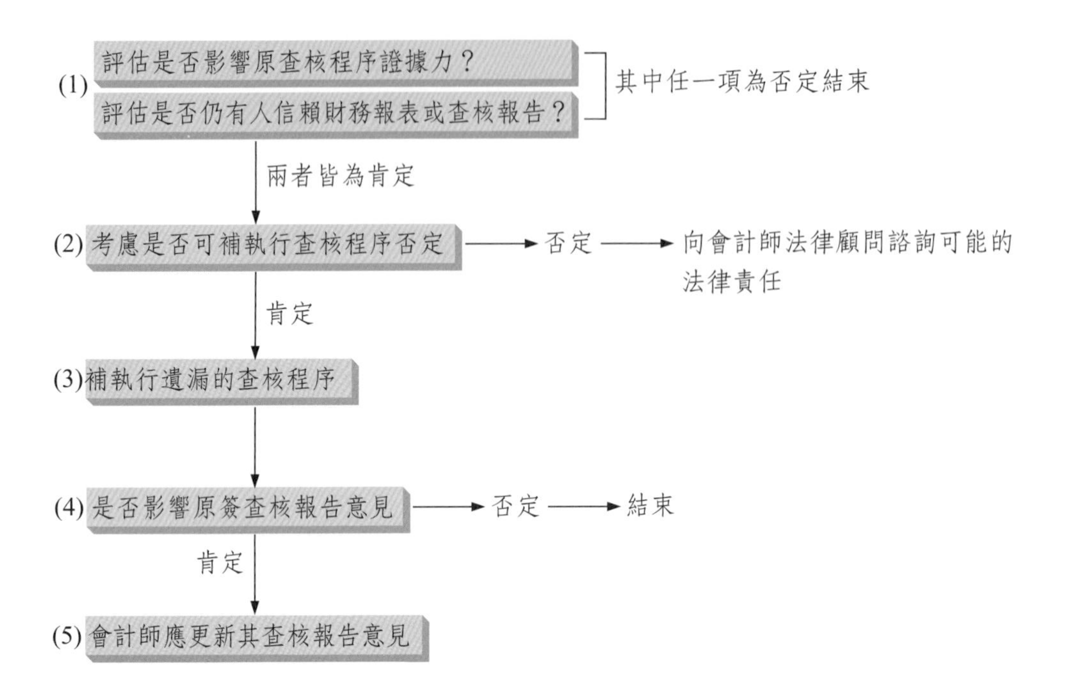

(1)
評估是否影響原查核程序證據力？
評估是否仍有人信賴財務報表或查核報告？
其中任一項為否定結束
兩者皆為肯定
(2) 考慮是否可補執行查核程序否定
否定
向會計師法律顧問諮詢可能的法律責任
肯定
(3)補執行遺漏的查核程序
(4) 是否影響原簽查核報告意見
否定
結束
肯定
(5) 會計師應更新其查核報告意見

七、關係人之交易及揭露（依審計準則公報第六號 94 年 11 月 8 日之修訂）

(一) 關係人意義

凡企業與其他個體（含機構與個人）之間，若一方對於他方具有控制能力或在經營、理財政策上具有重大影響力者，該雙方即互爲關係人；受同一個人或企業控制之各企業，亦互爲關係人。

(二) 構成關係人之情形

我國財務會計準則公報第六號規定如下：具有下列情形之一者，通常即爲企業關係人（但能證明不具控制能力或重大影響者，不在此限）。

1. 企業採權益法評價之被投資公司。
2. 對公司之投資採權益法評價之投資者。

3. 公司董事長或總經理與其他公司之董事長或總經理爲同一人，或具有配偶或二親等以內關係之他公司。
4. 受企業捐贈之金額達其實收基金總額三分之一以上之財團法人。
5. 公司之董事、監察人、總經理、副總經理、協理及直屬經理之部門主管。
6. 公司之董事、監察人、總經理之配偶。
7. 公司之董事長、總經理之二親等以內親屬。在判決是否爲關係人時，除注意其法律形式外，仍須考量其實質關係。

(三)關係人交易之意義

係指關係人間資源與義務之移轉，不論有無計收價金。查核人員最關切的是重大關係人交易是否已在委託人的財務報表或附註內適當揭露。關係人交易應揭露的事項大致上爲：

1. 關係人的性質。
2. 交易事項說明（包括金額）。
3. 應收與應付關係人之金額。
4. 償還之條件及方式。

我國財務會計準則第六號規定關係人交易應於財務報表附註中揭露之事項：

1. 關係人之名稱。
2. 與關係人之關係。
3. 與各關係人間之下列重大交易事項，暨其價格及付款期間，與其他有助於瞭解關係人交易對財務報表影響之有關資訊：
   (1)進貨金額或百分比。
   (2)銷貨金額或百分比。
   (3)財產交易金額及其所產生之損益數額。
   (4)應收票據與應收帳款之期末餘額或百分比。
   (5)應付票據與應付帳款之期末餘額或百分比。
   (6)資金融通（往來）之最高餘額、利率區間、期末餘額及當期利息總額。

(7)票據背書、保證或提供擔保品之期末餘額。

(8)其他對當期損益及財務狀況有重大影響之交易事項。例如：重大之代理事項、勞務之提供或收受、租賃事項、特許權授與、研究計畫之移轉、管理服務合約等。

關係人交易揭露除上段所述外，尚須注意：

1. 每一關係人之交易金額或餘額如達該企業當期各該交易總額或餘額10%以上者，應單獨列示，其餘得加總後彙列之。
2. 編製母子公司合併報表時，已消除之關係人交易事項，得不予揭露。

(四)關係人交易之查核

1. 有關完整性之聲明

受查者對財務報表有重大影響之關係人及關係人交易之辨認及揭露，查核人員應實施查核程序，以獲取足夠及適切之證據。但查核人員未必能發現受查者之全部關係人或關係人交易。有關完整性聲明，查核人員在某些情況下，可能因某些限制影響查核證據之說服力，而難以作成結論。民國94年11月新修訂的審計準則公報對完整性之聲明，提供基本之查核程序，查核人員於執行此等程序後，如未發現下列二種情況，即意謂查核人員業已獲得足夠與適切之查核證據。查核人員如發現下列情況之一，則應考量當時情況，修正、擴大或增加必要之查核程序：

(1)重大不實表達之風險增加，超過原先之預期。

(2)有跡象顯示與關係人及關係人交易有關之重大不實表達業已發生。

查核人員應覆核受查者治理單位及管理階層所提供全部關係人之資訊，並執行下列查核程序，以確定其所提供資訊之完整性：

(1)覆核上期工作底稿，查明已知之關係人。

(2)覆核受查者辨認關係人之程序。

(3)查閱股東名冊或向股務代理機構查詢，以確認主要股東。

(4)查閱股東會、董事會及治理單位會議記錄。

(5)查閱董事、監察人、治理單位成員及重要職員名單，並向管理階層查

詢其兼任其他機構職務之情況。

(6) 向其他會計師及前任會計師查詢，以辨認是否有未知之其他關係人存在。所稱其他會計師及前任會計師，依審計準則公報第十五號第二條及第十七號第二條之規定。

(7) 覆核受查者營利事務所得稅申報書及其他依法應向政府機關申報之資訊。

(8) 查核當期重大投資事項，以確定投資性質是否構成新關係人。

(9) 查核當期重大捐贈事項，以確定受贈者是否為關係人。

2. 查核關係人及關係人交易存在之原因

辨認及揭露關係人及關係人交易，係受查者管理階層之責任。管理階層應設計及執行適當之內部控制，以確保關係人及關係人交易得自資訊系統中被適當辨認，並於財務報表適當揭露。查核人員對於受查者之事業及所屬產業應有足夠之瞭解，以辨認對財務報表可能產生重大不實表達風險之關係人及關係人交易。關係人及關係人交易之存在縱屬營業常態，惟基於以下原因，查核人員仍應查核關係人及關係人交易：

(1) 依財務會計準則公報第六號「關係人交易之揭露」之規定，企業應於財務報表揭露關係人及關係人交易。

(2) 關係人交易可能影響財務報表，例如：稅捐稽徵機關對關係人交易有特別規定，可能影響受查者所得稅之估計。

(3) 查核證據之來源，影響查核人員對其可靠性之評估，來自非關係人之證據，可靠性通常較高。

(4) 關係人交易可能因利益輸送或舞弊而發生。

3. 較易發生關係人交易之情況

由於關係人交易並非公平交易，查核人員應瞭解這些交易的經濟實質或許與交易外表不相同。因此查核人員應克盡其專業應有之注意，委託人在何種情況下較易發生關係人交易：

(1) 缺乏可資運用之營運資金或信用額度。

(2) 管理階層有維持股價、獲取融資或其他之意圖。

(3) 預計盈餘偏高或偏低。

(4) 企業之營運結果繫於少數之商品、客戶或交易事項。

(5) 已發生危機之產業。

(6) 產能過剩。

(7) 重要訴訟案件，特別是股東與公司間之訴訟。

(8) 有科技淘汰風險之高科技產業。

4. 對交易對象的警覺

查核人員實施一般查核程序而發現下列情事時，應對其交易對象是否爲關係人保持警覺：

(1) 價格、利率、保證及收款等條件特殊之交易。

(2) 重大背書、保證。

(3) 交易之發生顯欠合理。

(4) 交易之事實與形式不符。

(5) 交易之處理程序異常。

(6) 交易之金額或數量相對重大，或性質特殊。

(7) 因無對價而未予記錄之交易，例如接受或提供無償之服務。

5. 關係人有無發生交易之查明

查核人員爲查明受查者與關係人有無發生交易，通常實施之查核程序列舉如下：

(1) 針對所抽查之各類交易及各科目餘額，檢查其詳細內容及組成。

(2) 查閱股東會、董事會及治理單位會議記錄。

(3) 覆核會計記錄，注意大額或不尋常之交易及餘額異常之科目，並特別注意會計期間終了前後數日才入帳之交易。

(4) 覆核金融機構詢證回函，注意其保證及擔保品等之內容是否存有關係人交易。

(5) 覆核投資交易，包括有價證券之取得或處分。

(6) 查核受查者帳列與非金融機構間之借貸交易。

(7) 查核帳列存出及存入保證票據之內容。

(8) 查核支付律師、公證人、土地代書等公費之內容。

6. 對已知關係人交易之查核

查核人員查核已知之關係人交易時，應獲取足夠及適切之證據，以確認該等關係人交易是否已適當記錄及揭露。由於受查者與關係人之關係，查核人員可能較難取得有關關係人交易之證據，例如，關係人所持有之存貨是否為寄銷，或母公司要求子公司所記錄之權利金費用是否屬實。查核人員為獲取足夠及適切之證據，應視實際情況實施下列程序：

(1) 瞭解交易事項之目的、價格及條件。

(2) 查驗發票、契約及其他有關之文件。

(3) 確認交易事項是否經董事或有關主管核准。

(4) 查核擔保品之所有權、價值及擔保之標的。

(5) 向關係人函證交易之內容及金額。

(6) 閱讀關係人之財務報表或其他財務資訊。

(7) 向與關係人交易有關之金融機構、律師、保證人或代理人函證或討論相關資訊。

7. 客戶聲明書之出具

會計師應請受查者出具客戶聲明書，聲明下列事項：

(1) 所有關係人及關係人交易之相關資訊已全部提供，確無遺漏。

(2) 關係人及關係人交易已於財務財表作適當之揭露。

八、函證（審計準則公報第三十八號）

(一)係指查核人員為驗證受查者特定項目是否確實，而直接向第三者發函詢證以獲取並評估查核證據之程序

查核人員決定函證之範圍與程度時，得考慮受查者營運環境之特性與受函證者處理直接函證之習慣。

(二)查核人員應考慮下列因素以決定是否需要採用函證獲取足夠及適切之查核證據，以支持財務報表之聲明：

1. 重大性標準。

2. 固有風險與控制風險之水準。
3. 已規劃之其他查核程序所獲取之證據，可否使查核風險降低至可接受之水準。惟應收帳款的函證是一般公認審計程序，除非：(1)應收帳款對財務報表不重要；(2)函證爲無效率之查核程序；(3)查核人員對於固有風險和控制風險或綜合評估很低，且此項評估連同預期分析性程序和其他細項測試所提供的證據，足以降低適用於財務報表聲明的查核風險至一可接受的低水準。在許多情形下，應收帳款的函證和其他細節的證實測試，對於降低適用於財務報表聲明的查核風險至一可接受的低水準是必要的。

(三) 查核證據可靠性來源及其性質

通常外來證據較內部證據可靠，書面證據較口頭證據可靠。因此無論是單獨考量，或與其他程序所獲取之查核證據合併考量，查核人員採用函證直接自第三者獲取書面證據，有助於使查核風險降低至可接受水準。

(四) 函證所獲取之證據是否可靠，係於查核人員採取下列程序時是否適當

1. 詢證函內容之設計。
2. 函證之實施。
3. 函證結果之評估。

前項程序是否適當亦受下列因素影響：

1. 發函與回函之控制。
2. 發函證者之特性。
3. 管理階層所加之限制。

(五) 函證程序與查核人員評估固有風險及控制風險之關係

1. 查核人員應評估固有風險及控制風險，據以決定證實程序之性質、時間及範圍，以降低偵查風險，俾使查核風險降至可接受水準。
2. 查核人員實施證實程序所獲取證據之性質與範圍，取決於固有風險與控

制風險之評估。

3. 查核人員所評估之固有風險與控制風險愈高，則須藉由實施證實程序以獲取之查核證據愈多。
4. 查核人員所評估之固有風險與控制風險水準愈低，則須藉由實施證實程序以獲取之查核證據愈少。
5. 不尋常或複雜交易之固有風險，或控制風險水準可能較簡單交易爲高。

(六) 函證與財務報表聲明之關係

1. 財務報表之聲明可分爲五類：存在或發生、完整性、權利與義務、評價或分攤、表達與揭露。函證可提供上述聲明有關之查核證據，惟其證據力因不同之特定聲明而異。
2. 函證對查核特定財務報表聲明之攸關性，亦受查核人員實施函證所欲達成目的之影響。
3. 財務報表聲明如無法經由函證獲取適當證據時，查核人員應考慮採行其他查核程序，以補函證程序之不足或用以替代函證程序。

(七) 函證內容的設計

1. 查核人員應設計符合特定查核目的之詢證函。設計時，查核人員應考慮相關之財務報表聲明與可能影響函證可靠性之因素。
2. 查核人員設計詢證函時尚須考慮資訊之類型，因其是否便於受函證者查證，可能影響回函率與所獲取證據之品質。
3. 詢證函應包括受查者管理階層允許受函證者對查核人員揭露相關資訊之授權。

(八) 函證之實施（方式）

1. 查核人員實施函證時，應以積極式爲原則，但符合特殊條件者得兼採消極式。
2. 積極式函證要求受函證者在任何情況下，均須函覆受函證內容是否相符，或依函證者要求填寫所須之資訊。積極式函證之函覆通常能提供較可靠之查核證據，但仍有受函證者未加查證資訊是否正確即予回函之風險。

3. 消極式函證要求受函證者僅於受函證內容不符時方須函覆。因此在未收到消極式函證回函的情形下，查核人員無法確定受函證者是否收到詢證函並驗證其內容之正確性。
4. 具備下列條件者，函證得兼採消極式：
   (1)評估受查者固有風險與控制風險很低。
   (2)餘額不大之帳戶眾多。
   (3)預期餘額發生錯誤之次數不多。
   (4)內容如有不符時，預期受函證者將會函覆。
5. 對金融機構之函證應採積極式。凡查核期間內受查者與金融機構有往來者，除查核人員所評估之固有風險與控制風險水準愈低，則須藉由實施證實程序以獲取之查核證據愈少外，無論期末是否仍有餘額，或雖已核閱該機構寄發之對帳單，查核人員仍應對受查者之往來金融機構發函詢證。

(九)管理階層之要求

1. 查核人員決定對特定項目餘額或其他資訊實施函證，而管理階層要求免予函證時，查核人員應考慮該項要求是否合理，並獲取證據以佐證其合理性。若查核人員同意管理階層之要求，則應採用其他替代查核程序，以獲取足夠與適切之證據。
2. 查核人員如認爲管理階層免予函證之要求並不合理且執行函證受其阻礙，則屬查核範圍受限制，查核人員應考慮該項限制對查核報告之影響。
3. 查核人員考慮管理階層要求免予函證之理由時，應保持專業上之警覺，考量管理階層之要求是否隱含可能存有舞弊及錯誤。

(十)受函證者之特性

1. 受函證者之適任性、獨立性、客觀性、函覆權限及函證內容之瞭解等因素，影響函證所獲取證據之可靠性。因此在必要及可行之情形下，查核人員應盡可能向適當之受函證者函證。
2. 查核人員須評估受函證者可能不回函，或提供不客觀或偏頗之回函。查核人員對詢證函之設計、函證結果之評估及是否須執行額外查核程序之決定，須考量受函證者之適任性、對函證內容之瞭解及其回函之動機、能力或意願。查核人員亦須考慮受函證者之回函是否可提供足夠及適切之證據，以支持函證之結果。

(十一)函證之程序

1. 查核人員於執行函證程序時，對受查者之選取、詢證函之準備與寄發程序、受函證者之回覆方式及回函之彙整、追蹤等均應加以控制，以提高函證之有效性。
2. 查核人員未收到積極式函證回函，應採取其他替代查核程序，該查核程序應能提供函證所欲支持財務報表聲明之證據。
3. 查核人員如未收到積極式函證之回函時，通常會與受函證者聯繫，請其回函。如仍無法獲得回函時，查核人員應採用其他替代查核程序。此替代查核程序須視科目與聲明之性質而定。
4. 查核人員須考慮是否有跡象顯示回函缺乏可靠性，亦即應考慮回函之真實性，並執行必要之程序，以消除任何疑慮。
5. 查核人員認為函證程序與其他替代程序並未能提供足夠與適切之查核證據，以支持某一財務報表聲明時，查核人員應採行其他查核程序，以獲取足夠與適切之查核證據。查核人員於評估是否須執行其他查核程序時，應考慮下列因素：
   (1)函證與替代查核程序之可靠性。
   (2)回函不符之性質與數量。
   (3)由其他查核程序所提供之證據。

6. 查核人員須考慮回函不符之原因與頻率。回函不符可能表示受查者財務資訊不實表達，查核人員須確認不實表達之原因並評估是否會對財務報表產生重大影響。

(十二) 函證之風險

1. 錯誤餘額之帳戶可能未包括在函證樣本。
2. 錯誤餘額之帳戶可能未回函。
3. 回函者未實際比較餘額與記錄是否相符。

(十三) 評估函證程序之結果

1. 查核人員應一併考慮函證與執行其他查核程序之結果，以評估對所查核財務報表聲明是否提供足夠與適切之查核證據。
2. 查核人員如須在資產負債表日後之短期間內完成查核工作，並經評估受查者之固有風險與控制風險水準較低時，得於資產負債表日前實施函證。

(十四) 查核人員如須於資產負債表日後之短期間內完成查核工作，並經評估受查者之固有風險與控制風險水準較低時，得於資產負債表日前實施函證

遇此情況，查核人員尚須考量是否有必要再取得函證基準日至資產負債表日間之查核證據。

■第三節　審計工作底稿

一、*工作底稿之意義及功能*

(一) 意義

我國一般公認審計準則第六條規定：「承辦查核案件應設置工作底稿。」工

作底稿主要係查核工作之記錄，審計人員運用各種查核程序以獲取足夠及適切之資料，將其工作予以書面化，作爲審計報告據以表示意見的基礎。

(二)工作底稿之功能

1. 分配與協調審計工作

通常一份審計計畫係由高級審計員（及領組）所規劃。高級審計員於審計計畫中列明各個查核項目，並分派助理人員於規定時間內完成，並就各個查核項目，再設計適當的查核程式，供助理人員作爲查核工作之依據。一份審計合約通常由數位助理人員所完成，助理人員除依高級審計員所分派之工作負責外，其查核項目可能與其他人查核之查核項目有關聯，因此可藉由工作底稿做爲其橋樑。

2. 監督及覆核助理人員的工作

工作底稿係助理人員查核之工作之書面化記錄。當查核工作完成後，高級審計人員必須覆核助理人員的工作底稿，檢討其查核工作是否有缺失，若有缺失，必須指明係哪一部分之工作底稿，再由助理人員予以查明或修正之；若高級審計員對於工作底稿滿意後，再交由經理覆核，直到工作底稿完整且徹底地記錄審計工作爲止。經理覆核完畢再由合夥人覆核。這種連續性的層層覆核的過程，在於確保所有審計人員的工作已被適當地覆核與監督。

3. 支持審計報告

合夥人藉由查核人員所編製的工作底稿，覆核其所蒐集的證據是否足夠且適切，以做爲審計報告表示意見之依據。

4. 遵照一般公認審計準則中外勤準則的書面憑證。

外勤準則	工作底稿內容
(1)查核工作應妥為規劃，其有助理人員者，須善加督導。	審計計畫、覆核工作底稿。
(2)對於受查者內部控制制度應作充分瞭解，藉以規劃查核工作，決定抽查之性質、時間及範圍。	內部控制問卷、書面說明或流程圖以及控制測試，並於審計計畫中評估風險，以決定查核程序及抽查範圍。

（續前表）

(3)運用檢查、觀察、函證、分析及比較等方法，以獲得足夠及適切之資料，俾對所查核財務報表表示意見時有合理之依據。	各種證實測試，例如截止測試、存貨觀察盤點、銀行存款及借款的函證、分析性覆核等。
(4)承辦查核案件應設置工作底稿。	係我國一般公認審計準則與美國GAAS不同之處，更明確指明須設置工作底稿。

5. 規劃與指導下次審計

(1)時間預算。

(2)瞭解客戶之內部控制及特殊問題，以設計查核程序。

(3)助理人員可參考去年的工作底稿，以節省查核時間。因上年度的工作底稿業經領組、經理、合夥人的覆核、證明此種查核方式尚令人滿意，但查核人員須注意客戶的制度是否已改變，此查核方式是否適用，另應積極尋找比以前年度更有效的程序進行查核。

6. 提供額外專業服務所需資訊

如：管理諮詢服務。

二、工作底稿與一般公認審計準則之關係

1. 一般準則

(1)專門學識及經驗、專業訓練。

(2)超然獨立：視查核人員達成之查核結論。

(3)專業上應有之注意：視工作底稿之適切性及內容。

2. 外勤準則

(1)規劃及督導。

(2)內容控制結構之瞭解與評估。

(3)獲取足夠及適切之證據。

3. 報告準則

(1)工作底稿便於查核報告之編製。

(2)工作底稿是查核人員意見之主要依據。

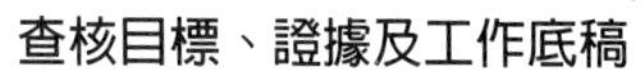

(3) 工作底稿應包含有關財務報表是否遵守GAAP，且先後一致地引用的證據。

三、工作底稿之種類

種　類	內　容
(一)管理性審計工作底稿	1.審計計畫、程式。 2.內部控制問卷、流程圖。 3.委任書。 4.時間預算表。 5.與客戶討論之記錄。 6.完成審計之各項檢討表。
(二)工作試算表及導引表	1.工作試算表 係工作底稿的中樞，包括資產負債表及損益表，按照各個科目內容排列，其表格包括： (1)工作底稿編號。 (2)會計科目名稱。 (3)上期查核數。 (4)本期查核數。 (5)調整分錄借貸金額。 (6)調整後餘額。 (7)重分類分錄借貸金額。 (8)本期查核數。 2.導引表 係將總分類帳上，性質相近的會計科目彙總在一起，再以單一會計額列示於工作試算表中。例如現金的導引表包括手存現金、銀行存款、零用金額等。
(三)調整分錄與重分類分錄	1.調整分錄 更正財務報表或會計記錄中發現的重大錯誤所做之分錄，並建議委託人將其列入會計記錄。 2.重分類分錄 為了使財務報表更能允當表達之分錄，不須記錄於委託人的會計記錄中，例如應收帳款發生鉅額貸款餘額時，將其重分類至負債科目。

（續前表）

(四)明細表、分析表、調整表及計算性工作底稿	1.明細表 係指某一特定日期或期間，某一帳戶餘額的元素。例如客戶戶別的應收帳款明細表，銀行別的銀行存款明細表及製造費用明細表。 2.分析表 係指某一帳戶在查核年度中所有變動情形。例如固定資產從期初餘額+本期增添－本期處分±本期重分類＝期末餘額 3.調整表 係指建立由不同來源所得到的兩個金額之間的關係的過程。 例如銀行調整表。 4.計算性工作底稿 即自行計算已設帳戶餘額或特殊數字。例如計算溢折價攤銷利息費用、折舊、所得稅和每股盈餘等。
(五)證實性文件	1.董事會、股東會會議記錄。 2.公司章程、組織沿革。 3.重要合約影本。 4.詢證函。 5.律師函。 6.客戶聲明書等。

四、工作底稿之組織

工作底稿根據資料之性質分為兩類：永久性檔案——對財務報表具有長期重要性之有關資料；及當期檔案——僅對當期財務報表有關之資料。

(一) 永久性檔案

1. 目的

(1) 提供今年仍適用的事項及資料，提醒審計人員以往的經驗記憶。

(2) 有助於新進人員迅速瞭解委託人的組織與政策。

(3) 對於變動不大或沒有變動的項目，可以保留於工作底稿，不必每年都

重新編製。

2. 內容

(1) 受查者之沿革及組織，例如：

A.公司之組織系統。

B.主要業務及產品。

(2) 重要合約及其他法律文件之摘要或影印本對查核工作有重大之意義者，例如：

A.公司成立及變更登記之有關文件。

B.公司章程及管理規章。

C.借款合約。

D.租賃合約。

E.業務合約。

F.重要員工之服務契約。

(3) 會計制度及程序之備忘記錄，例如：

A.重要會計人員。

B.授權簽名及核准之重要職員。

C.內部稽核制度。

D.會計政策及會計實務。

(4) 有關之會議記錄之摘要或影印本。

(5) 查核報告及建議函（亦可列入當期檔案，或單獨建檔）。

(6) 其他具有長期重要性之資料，例如：

A.連續數年之彙總比較資料。

B.其他分析用資料。

(二) 當期檔案

1.目的

提供適當完整之資料，以顯示當期查核工作之規劃情形及實際之查核結果，俾作爲撰寫報告之依據。

2. 內容

係由管理性審計工作底稿、工作試算表、導引表、調整分錄與重分類分錄、明細表、分析表、調整表、計算性工作底稿、證實性文件所組成。

五、工作底稿編製重點及覆核

(一) 查核工作底稿應適當記載下列有關事項

1. 查核工作之規劃。
2. 內部控制制度之評估。
3. 已實施之查核程序及所獲得之資料。
4. 達成之結論。
5. 查核工作底稿之覆核。

(二) 工作底稿編製重點

每個主要項目都應個別編製一份明確的工作底稿，每張工作底稿須包括下列事項：

1. 標題註明委託公司名稱。
2. 底稿資料名稱。
3. 相關日期或涵蓋的期間。
4. 工作底稿編號。
5. 與相關的工作底稿做交叉索引。
6. 說明查核工作之性質。
7. 查核記號之說明。
8. 結論：

   即彙總查核結果、表達其意見。查核人員應在有關之查核工作底稿上記載其結論，例如：

   (1)在抽查過程中發現的錯誤及不符合事項所作之記述及結論。

   (2)對不尋常事項及交易之記述及結論。

   (3)對執行查核程序後所表達之結論。

(4)會計師於完成查核工作後，對於查核工作底稿是否足以支持其查核報告之意見，所做之綜合性結論。

9. 編製者簽名及查核完成日期。
10. 覆核者簽名及日期。

(三)工作底稿覆核人員、時機與目的

覆核者	時　機	目　的
高級審計員	個別工作底稿完成後	偏重技術性。查看助理人員是否已正確執行審計程序，並明確表達在查核時發現的事件及結論。
經理及合夥人	審計合約接近「完成」時進行。	確實查核工作是否遵循一般公認審計準則實施，工作底稿是否足以支持其對財務報表所表示之意見。
事務所負責品質管制之高階管理單位	前述全部人覆核後	又稱為「冷靜覆核」，通常由與客户無任何關係的合夥人覆核。主要目的係確保事務所「品質控制政策」以確實執行，並對是否已遵照一般公認審計準則完成查核工作，提出其「第二次之意見」。

(四)覆核工作之執行，得以下列方式表示之

1. 在所有之工作底稿上簽名。
2. 僅在主表或下結論之工作底稿上簽名。
3. 另編備忘錄或查核工作底稿，敘述覆核工作或程序實施之情形並簽名。

六、工作底稿之所有權與會計師之責任

(一)工作底稿係會計師之資產，其所有權屬於會計師。會計師對於查核工作底稿，應盡保密及妥善保管責任

我國審計準則公報第四十五號規定除下列外界調閱外，不得洩露於第三者，但須先獲得受查者同意：

1. 法院或有關政府機關依法調閱查核工作底稿時，應將收據妥為保管，並於調閱期屆滿，即行收回。
2. 會計師與其他會計師同時被指定或委託為共同查核會計師時，可相互查核共同查核之工作底稿。
3. 基於查核合併財務報表需要，子公司查核會計師經委託人及受查者通知後，應允母公司查核會計師或其指定會計師借閱查核工作底稿，並供摘錄。
4. 年度查核工作轉由其他會計師繼任時，為其有助繼任會計師對於本期期初會計資料之信賴，辨明本期所採之會計原則是否與上期一致等，前任會計師於接獲受查者通知後，應同意繼任會計師借閱查核工作底稿，並在合理情況下，對於查核工作底稿中若干部分得允影印或摘錄。

   查核工作底稿中相關內部控制之評估、查核計畫與查核程序等依據會計師自己專業判斷而製成部分；或受查者原任會計師間尚有未解決之問題者（例如未清付之公費等）原任會計師得不借閱，惟應將理由以書面告知繼任會計師。
5. 在若干合理情形下，其他會計師亦得要求查閱工作底稿，例如受查者出售股權或財產，購主聘請會計師調整受查者股權或財產情形而要求原查核會計師借閱查核工作底稿等是，原查核會計師於接獲受查者通知後，得允借其他有關部分之查核工作底稿。

(二) 我國審計準則公報第四十五號規定

查核工作底稿自「查核報告」所載之日期起計，其最低保管年限如下：

1. 當期檔案（不包括查核報告及其附屬之財務報表部分）為七年。
2. 查核報告及其附屬之財務報表為十年。
3. 永久性檔案中尚有效用部分應繼續保存。
4. 已不再繼續查核之永久性檔案，其應續行保存之年限同最近一年之當期檔案。
5. 存貨、固定資產盤點單等重要性較次而數量眾多之附屬性資料，可與當期檔案分開歸檔，如查核程序及結論已列入當期檔案者，得縮短保管期間爲三年。

上列最低保管期間屆滿後，如決定廢棄，應徹底銷毀。查核人員於完成查核工作底稿之檔案彙整後，於查核工作底稿保管期限屆滿前，不得予以刪除或銷毀。查核工作底稿之保管年限，自查核報告日起算不短於五年，但如聯屬公司合併報表之查核報告日較晚，則自聯屬公司合併報表之查核報告日起算。

(三) 工作底稿與會計師之責任

工作底稿係查核工作之記錄。如果會計師被控告查核不實或疏忽，則其工作底稿就成爲證實或反駁此項控訴的主要證據。故在查核結束前必須謹愼地覆核相關工作底稿，注意是否有矛盾的辭句，是否存有與結論不一致的證據，以免成爲日後被提出控訴的弱點。

若不同的審計人員對於某個複雜的審計或會計問題發生歧見，產生了「意見不同」，其解決方式如下：

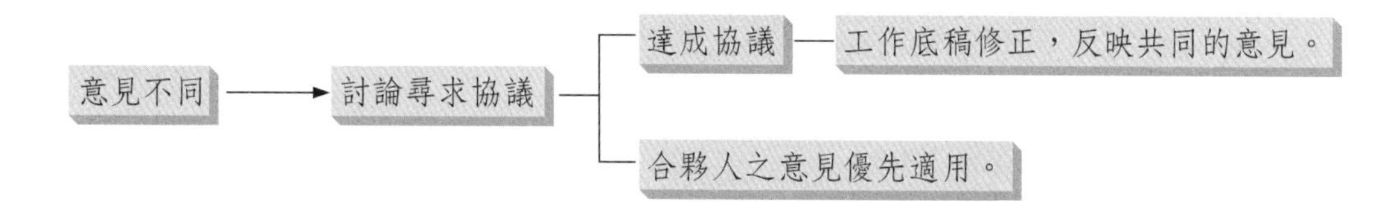

＊審計人員可在工作底稿中表示不同意之討論。
＊合夥人應在工作底稿中詳細說明做成最後討論之理由。

習題與解答

一、選擇題

( ) 1. 當會計師繼續查核一家上期已經查核過的客户時，針對關係人交易，會計師最重視的是： (A) 向被查公司查詢所有關係人之姓名（或名稱）及其關係，以確定本期之關係人是否與上期相同 (B) 評估有關關係人交易的揭露是否適當 (C) 確定本期新增之關係人（關係企業）是否虛設行號 (D) 驗證關係人交易的評價是否依據財務會計準則公報六號之規定辦理 (E) 確定關係人間的權利及義務是否適當。

( ) 2. 下列何者非關係人？ (A) 公司之協理 (B) 公司總經理之二親等以內親屬 (C) 公司副總經理之配偶 (D) 公司監察人之配偶。

( ) 3. 下列哪一種比較屬於「分析性覆核程序」？ (A) 財務資訊與非財務資訊 (B) 帳載重大支出與相關憑證 (C) 統計抽樣樣本平均值與母體期望值 (D) 電腦化資訊系統產製資訊，與人工作業系統產製資訊。

( ) 4. 下列何者不適當或不正確？ (A) 可能存有爭執之交易應作消極式函證 (B) 詢證函經受查者簽章後，交由查核人員寄發 (C) 可能存有舞弊之交易應作積極式函證 (D) 應收帳款函證相符，並不代表評價允當。

( ) 5. 蒐集充分及適切之證據為外勤準則之要求，所謂適切主要是指： (A) 證據之一致性 (B) 證據之可靠性 (C) 證據之衡量性 (D) 證據之相關性。

( ) 6. 外勤工作準則第三條所要求的憑證可能部分得自： (A) 分析性程序 (B) 查核人員工作底稿 (C) 內部控制結構之覆核 (D) 對查核委任的事適當規劃。

( ) 7. 下列何者是查核人員在期後事項覆核中，通常會執行的程序： (A) 覆核年終以後至本期截止點之銀行報表 (B) 向委託人律師查詢有關訴訟案件 (C) 調查以前與委託人溝通過的可報導情況 (D) 分析關係人交易已發現可能的舞弊。

(　) 8. 查核人員關心在資產負債表日之後所完成的不同階段之覆核，則此「期後期間」延伸至： (A) 查核報告日期 (B) 查核工作底稿之最終覆核 (C) 財務報表之公開發行日 (D) 查帳報告書寄送給客户之日。

(　) 9. 客户在年底之後、查核人員完成外勤工作之前，取得自己公司 25% 流通在外股票，則查核人員應該： (A) 建議管理當局調整資產負債表因該項取得 (B) 發出擬制性財務報表 (C) 建議管理當局於報表附註中揭露該項取得 (D) 於查核報告書意見段中揭露該項取得。

(　) 10. 在某一特定審計委任，審計人員決定觀察委託人薪資支票的發放過程是重要且必須的，由於委託人組織規模過於龐大，觀察全公司之發薪過程勢必將造成不便，在此情況下審計人員應： (A) 觀察應可接受在某一特定或少數特定部門發薪情況 (B) 無論是否造成不便，觀察應執行全公司發薪情況 (C) 觀察發薪之查核程序可由其他查核程序替代之 (D) 觀察應選定在容易觀察部門。

(　) 11. 審計人員測試委託人會計估計的方法，下列何者較不具有效性： (A) 測試委託人做成估計的過程 (B) 審計人員自行做成獨立的估計 (C) 取得客户聲明書 (D) 覆核期後事項或交易。

(　) 12. 審計人員於查核關係人交易時，必須對與企業整體相關聯的子公司進行瞭解，其理由是： (A) 公司部門間的內部交易可能在條件上與關係人交易相同 (B) 查核交易的對象如該關係人間關係不存在時，特定交易是否仍會發生 (C) 企業整體可能十分小心地掩飾關係人交易，使審計人員在外觀上無法發現此類交易 (D) 關係人交易是非法交易。

(　) 13. 假設關係人交易業已偵測出時，審計人員於查核時尚應：（選擇最佳答案） (A) 向各關係人寄發詢證函 (B) 瞭解交易的目的 (C) 通知 S.E.C (D) 決定如該交易對象非為關係人時，該交易是否仍會發生。

(　) 14. 帳户上客户所列示之餘額通常代表： (A) 帳户被高估之最低限度金額 (B) 帳户被低估之最低限度金額 (C) 帳户被高估之最高限度金額 (D) 帳户被低估之最高限度金額。

(　) 15. 所謂「計算」這項查核程序，是指查核人員對客户的下列哪些資料進行驗

算或另行計算？ (A) 會計記錄 (B) 財務報表 (C) 原始憑證 (D) (A) + (B) (E) (A) + (C)。

( ) 16. 下列哪一項關於專家證據之使用的陳述是正確的？ (A) 與客戶有關係之專家，其提供之證據在某些情況下是可接受的 (B) 假設查核人員認為專家所做的判斷是不合理，則別無他途，只可能簽發保留意見 (C) 假設專家工作的結果與財務報表中的聲明間存有重大差異，則查核人員只能簽發否定意見 (D) 查核人員在確認存貨的物質特性時，可能另尋求專家的協助。

( ) 17. 查核工作底稿係用以記錄查核人員蒐集的證據，其作用在： (A) 連接受查者之帳簿記錄與其財務報表 (B) 支持查核報告的意見 (C) 支持財務報表的內容 (D) 當不再接受某客戶時，可將工作底稿毀損，以免留下對查核人員不利之證據。

( ) 18. 下列何者為不影響獨立查核人員判斷工作底稿的數量、種類及內容之因素？ (A) 查核報告的性質 (B) 監督合約進行的需要 (C) 查核人員據以撰寫報告之財務報表、明細表及其他資料的性質 (D) 分派合約的時間和人員。

( ) 19. 負責某項合約之助理人員與高級審計人員對審核工作某部分之會計與審計處理意見，經過適當諮詢，助理人員要求不再參與事項之解決，則工作底稿上可能： (A) 不予提及，因這是會計師事務所的內部事件
(B) 註明該助理人員對審計人員之意見完全不予負責 (C) 書面說明額外所需之工作，因為所有此類型之意見不同，均須擴大證實程序 (D) 書面說明助理人員之立場，及該意見不同如何予以解決。

( ) 20. 下列關於工作底稿的敘述，何者是不正確的？ (A) 審計人員可利用工作底稿以外的其他方法，支持其所表示的意見 (B) 工作底稿的形式是因特定環境而異 (C) 工作底稿不得作為委託客戶索引提及之資料來源
(D) 工作底稿應陳述業已對控制風險評估的說明。

( ) 21. 執行審計任務的過程中，會計師編製和彙集審計工作底稿。這種底稿的主要目的在： (A) 協助審計人員適當地規劃工作 (B) 提供將來審計任

務的一點參考 (C) 佐證編製基本財務報表時所包括的各項基本觀念 (D) 支持會計師的意見。

( ) 22. 能反映出財務報表所報告之金額的主要組成份子之工作底稿為： (A) 導引表 (B) 支持性科目明細表 (C) 查核控制帳户 (D) 工作試算表。

( ) 23. 工作底稿不應： (A) 包括委託人編製的文件，但會計師及其助理員編製者例外 (B) 在審核工作結束及覆核後由會計師管理，但所得稅申報書或永久性檔案不在此限 (C) 送交委託人作為證實財務報告或會計師執行工作的情形 (D) 用作充分證明會計師的意見。

( ) 24. 下列何者不是影響獨立審計人員判斷工作底稿數量、形式及內容的因素？ (A) 由助理人員所做的工作底稿須經由督導及覆核 (B) 委託人記錄及控制結構的本質及狀況 (C) 被稱為專家的委託人職員 (D) 財務報表的形式，及審計人員所要報導的其他資訊。

( ) 25. 下列哪一項不屬於審計人員的工作底稿？ (A) 審計工作的時間表 (B) 以前年度的審計結果 (C) 內部控制的敘述性資訊 (D) 會計科目。

( ) 26. 審計人員工作底稿中最大部分包含： (A) 明細表 (B) 調整及重分類分錄 (C) 導引表 (D) 工作試算表。

( ) 27. 工作底稿應該： (A) 被認為是財務報表已經查核的主要支持 (B) 被做是日記簿帳户與財務報表之間的連接 (C) 設計以滿足不同委任的特殊需要 (D) 被銷毀當客户終止委任時。

( ) 28. 審計人員在審核下列何種報告時，最注重比率及趨勢分析？ (A) 保留盈餘表 (B) 損益表 (C) 資產負債表 (D) 現金流量表。

( ) 29. 下列諸帳户中，得以函證查核者為： (A) 應付款項 (B) 擔保抵押及或有損失事項 (C) 長期股權投資（對方已發行股票總額及股利派發情形） (D) 預收款項 (E) 以上四者皆得以函證方式查核 (F) 以上四者中，有一種或兩種不能以函證方式查核，其餘皆得以函證方式查核。

( ) 30. 為查證明細分類帳中之記錄是否虛構，其查核之起點為何？ (A) 日記簿統制帳 (B) 總分類帳 (C) 原始憑證黏貼簿 (D) 明細分類帳。

( ) 31. 下列四種蒐集證據的型態，何者成本最低？ (A) 分析性覆核程序

(B) 內部控制制度的瞭解與測試程序 (C) 交易之證實程序 (D) 帳戶餘額的詳細測試。

( ) 32. 在下列諸情況或帳款中，查核人員在函證應收帳款時，何者不應採用消極式函證？ (A) 詢證函內容如有不符時，查核人員預期受函證者將會函覆的帳款 (B) 有關的內容控制制度為良好的應收帳款 (C) 有很多小額帳戶的應收帳款 (D) 對政府機關之應收帳款 (E) 對小規模營利事業之應收帳款 (F) 與關係人交易有關之應收帳款。

( ) 33. 消極式函證（Negative Confirmation）係指： (A) 詢證函的措辭、內容為消極性的 (B) 受查者內部控制成效不彰時所採用的函證方式 (C) 要受函者在函證內容不符時，方須回覆的詢證函 (D) 由查核人員署名發出、查核人員投郵、寄回給查核人員的函證 (E) 由受查者署名發出、查核人員投郵、寄回給查核人員的函證 (F) 由受查者署名發出、受查者職員投郵、寄回給查核人員的函證。

( ) 34. 審計人員在查核過程中運用種種方法，以蒐集足夠且適切的憑證，其目的在於： (A) 發現舞弊、錯誤之情節 (B) 證實會計記錄之正確性，以防止逃漏稅捐 (C) 研究評估內部控制制度的強弱 (D) 作為表示意見之依據 (E) 分配與監督助理人員之工作。

( ) 35. 查核證據應： (A) 足夠 (B) 適切 (C) 足夠或適切 (D) 足夠且適切 (E) 簡要 (F) 詳盡。

( ) 36. 下列何者為非？ (A) 審計人員驗證急速變動的負債，宜在決算日後立即進行最為有效 (B) 處理股票委託獨立的機構辦理，可充分達成職權劃分的內部控制 (C) 審核股本時通常不需要做遵行測試 (D) 負債聲明書可減輕審計人員的責任。

( ) 37. 下列有關憑證適切性聲明，何者通常為正確？ (A) 查核人員自觀察與檢查所獲得的直接瞭解比自獨立的外界來源所間接得來之資訊更具說服力 (B) 為具適切性，憑證必須真確或攸關，但無須兩者兼備 (C) 僅有會計資料，乃可將之視為充分適切的證據，而足以對財務報表表示無保留意見 (D) 憑證的適切性乃指所獲得輔助證據的數量。

( ) 38. 審計證據因種類不同而有不同程度的說服力，下列何者證據最具說服力？(A) 進貨發票 (B) 預先編號之銷貨發票 (C) 按序編號之採購訂單副本 (D) 受查客户所編製之實地存貨盤點明細表。

( ) 39. 審計人員主要仰賴下列哪一項，來降低其未能將財務報表中重大錯誤偵察出來的風險？ (A) 證實程序 (B) 遵行測試 (C) 統計分析 (D) 內部控制。

( ) 40. 對於所有依一般公認審計準則進行的查核而言，分析性程序可運用於：

	規劃階段	證實程序	覆核階段
(A)	是	否	是
(B)	否	是	否
(C)	是	是	是
(D)	是	否	否

( ) 41. 函證應收帳款與下列何種聲明有關？ (A) 評價與完整性 (B) 存在與權利義務 (C) 存在與完整性 (D) 評價與權利義務。〔103 年會計師〕

( ) 42. 查核人員在下列哪一種情況下，通常不會採用專家報告作為查核證據？(A) 評估上市公司股票之公允價值 (B) 評估不動產之公允價值 (C) 評估衍生性金融商品之公允價值 (D) 評估專利權之公允價值。

〔103 年會計師〕

( ) 43. 查核人員欲蒐集證據來測試管理階層的下列聲明：「租賃設備資產的資本化金額，經適當評價。」在下列證據中，何者最具說服力？ (A) 直接觀察租賃設備 (B) 檢視租賃合約，並重新計算資本化的金額和當期攤銷的部分 (C) 向供應商發函詢證類似設備的當期購買價格 (D) 向出租人發函詢證設備的原始成本。〔103 年會計師〕

( ) 44. 關於客户聲明書之敘述，下列何者正確？①客户聲明書可以取代必要之查核程序 ②依公司法之規定，合併財務報表尚非法定報表，故會計師對合併財務報表表示意見時，不必取得客户聲明書 ③客户聲明書之日期應與查核報告之日期相同： (A) ①和②正確，③不正確 (B) ②和③正確，①不正確 (C) ①和②不正確，③正確 (D) ②和③不正確，①正確。

〔103 年會計師〕

( ) 45. 甲會計師受託查核臺北公司102年度（102年1月1日至12月31日）財務報表，於103年3月1日結束外勤工作，返回事務所。在撰寫查核報告期間，臺北公司之客戶高雄公司於103年3月8日發生倒閉，導致臺北公司之應收帳款無法收回，因此，甲會計師乃重新評估臺北公司102年12月31日之應收帳款備抵呆帳是否提列足額，並於103年3月20日完成查核程序，再於同月25日完成查核報告草稿，3月31日臺北公司財務報表經董事會通過。以下何日期最可能作為查核報告之日期？
(A) 103年3月31日 (B) 103年3月1日 (C) 103年3月20日
(D) 103年3月。〔103年會計師〕

( ) 46. 下列何項查核程序可用來確定交易類別之查核目標是否達成？ (A) 控制測試 (B) 風險評估程序 (C) 交易類別的細項測試 (D) 規劃階段的分析性程序。〔103年高考三級〕

( ) 47. 查核報告日後，如發生查核人員須增加查核程序或達成新查核結論之特殊情況，下列何者不是查核人員最需記錄者？ (A) 所發生之情況
(B) 執行及覆核之人員及日期 (C) 之前已辨認錯誤或例外之性質及範圍
(D) 新增之查核程序、取得之查核證據、達成之查核結論及對查核報告之影響。〔103年高考三級〕

( ) 48. 財務報表可能受財務報導期間結束日後發生之事項所影響。有關「期後事項」，下列敘述何項錯誤？ (A) 財務報表發布日通常視受查者之規範環境而定 (B) 查核報告日不得早於查核人員取得足夠及適切查核證據並據以表示查核意見之日期 (C) 會計師查核採用國際財務報導準則編製之財務報表時，其查核報告日得採用雙重日期 (D) 查核人員對期後事項所須執行之查核程序，取決於其可取得之資訊及財務報導期間結束日後會計記錄編製之程度。〔103年高考三級〕

( ) 49. 查核工作底稿之檔案彙整及歸檔應及時為之，通常於查核報告日後〔甲〕天內完成。查核工作底稿之保管年限，自查核報告日起算不短於〔乙〕年，但如聯屬公司合併報表之查核報告日較晚，則自聯屬公司合併報表之查核報告日起算。上項敘述中，〔甲〕與〔乙〕應為： (A) 十；一

(B) 二十；二　(C) 三十；三　(D) 六十；五。　〔103 年高考三級〕

(　) 50. 張會計師接受 A 公司的委託查核 X1 年度的財務報表，A 公司於 X2 年 2 月 13 日完成 X1 年度財務報表的編製（財務報導結束日為 12 月 31 日），張會計師於 X2 年 2 月 17 日開始外勤工作，董事會核准財務報表日為 X2 年 3 月 20 日，X2 年 3 月 25 日張會計師結束外勤工作，最後於 X2 年 3 月 28 日完成查核報告，在此情況下，客户聲明書的日期通常是：(A)X2 年 2 月 13 日　(B) X2 年 3 月 20 日　(C) X2 年 3 月 25 日　(D) X2 年 3 月 28 日。　〔103 年高考三級〕

(　) 51. 受查者對於關係人交易如未能於財務報表中充分揭露，依審計準則公報第六號之規定，會計師應：(A) 出具修正式無保留意見　(B) 出具保留意見或否定意見　(C) 出具無法表示意見　(D) 終止委任合約。

〔103 年高考三級〕

(　) 52. 查核人員一旦確認受查者發生關係人交易時，即應：(A) 在查核報告中增加說明段，說明關係人交易的情況　(B) 執行分析性程序，以證實是否有類似的交易未入帳　(C) 瞭解關係人交易之性質、目的與交易條件　(D) 判定相關之內部控制不予信賴。　〔103 年高考三級〕

(　) 53. 順查通常用來測試下列哪一項聲明：(A) 存在或發生　(B) 完整性　(C) 分類　(D) 評價或分攤。　〔103 年高考三級〕

(　) 54. 下列事項均發生於資產負債表日後，哪一事項不屬於期後事項？ (A) 受查者的工廠失火，損失鉅大　(B) 受查者的主要經銷商，突然倒閉　(C) 金融危機導致市況不佳，全球經濟不景氣　(D) 受查者競爭對手取得法院同意，限制受查者侵權的產品銷售，該產品為受查者主要產品。

〔102 年會計師〕

(　) 55. 下列關於客户聲明書的敘述，何者錯誤？ (A) 客户聲明書應由受查者負責人及會計主管簽署　(B) 客户聲明書應以會計師或其事務所為受文者　(C) 客户聲明書應以查核報告之日期為日期　(D) 受查者若拒絕出具客户聲明書，會計師得採取其他替代查核程序以避免查核範圍受限。

〔102 年高考三級〕

(　) 56. 查核人員發函詢證受查者之銷貨對象，以確定帳上應收帳款是否屬實，這是測試財務報表哪一項聲明？ (A) 表達與揭露 (B) 所有權或權利義務 (C) 完整性 (D) 存在性。 〔102 年高考三級〕

(　) 57. 以下有關查核證據之敘述，何者錯誤？ (A) 查核人員所評估之風險越高，所需之查核證據數量可能越多 (B) 查核證據的品質越高，所需之查核證據數量可能越少 (C) 由受查者所提供之查核證據，可靠性低於查核人員所自行獲得者 (D) 由查核人員口頭詢問而來之查核證據，可靠性高於書面文件之證據。 〔102 年高考三級〕

(　) 58. 查核人員對發生在哪個時段的期後事項，應執行必要的查核程序以查明其均已於財務報表調整或揭露？ (A) 資產負債表日至查核報告日間 (B) 資產負債表日至查核報告交付日間 (C) 查核報告日至查核報告交付日間 (D) 查核報告交付日後。 〔102 年高考三級〕

(　) 59. 有關查核證據之敘述，下列何者正確？①查核證據之足夠性係指查核證據品質之衡量 ②查核證據之適切性係指會計記錄 ③查核證據係指查核人員做成查核結論時所使用之資訊 ④查核證據之適切性係為查核人員做成查核結論時，所使用查核證據之攸關性及可靠性 ⑤查核證據必須足夠及適切，此兩項特質可以相互替代 (A) 僅①②⑤ (B) 僅③④ (C) 僅③⑤ (D) 僅②④。 〔102 年高考三級〕

(　) 60. 會計師受委查核甲公司 100 年度財務報表，於查核報告日後至查核報告交付日間獲悉甲公司一件多年訴訟案件判決敗訴，需賠償對方五千萬元，甲公司已於 100 年度財務報表附註揭露此或有事項。請問會計師應採取的處理方式為何？ (A) 要求甲公司作調整分錄修正 100 年度財務報表 (B) 要求甲公司 100 年度財務報表做適當揭露 (C) 要求甲公司 100 年度財務報表附註作適當揭露，並重新發送 100 年度修正後財務報表 (D) 不必另作處理。 〔102 年高考三級〕

(　) 61. 下列有關查核工作底稿之敘述何者有誤？ (A) 查核工作底稿可能以紙本、電子檔或其他方式記錄 (B) 查核工作底稿之格式、內容及範圍會受到受查者之規模及複雜程度所影響 (C) 每一查核案件應單獨建立查核檔

案 (D) 查核工作底稿之記錄應僅限於查核人員所記載之事項。

〔101 年會計師〕

( ) 62. 查核人員實施函證時，多採積極式。所謂積極式函證，其意義為何？ (A) 寄出之詢證函不得填上金額 (B) 詢證函附有回郵信封 (C) 對所有母體項目均予函證 (D) 要求受函證者在任何情況下均須函覆。

〔101 年會計師〕

( ) 63. A 會計師聯合事務所於 2012 年 1 月 3 日接受 B 公司之委任，查核 2012 年度之財務報表於 2013 年 2 月 7 日完成查核報告，並於 2013 年 3 月 15 日寄達 B 公司。請問會計師取得客户之聲明書日期應為何？ (A)2012 年 1 月 3 日 (B)2012 年 12 月 31 日 (C)2013 年 2 月 7 日 (D)2013 年 3 月 15 日。 〔101 年高考三級〕

( ) 64. 下列何項需列為查核工作底稿？ (A) 初步或不完整看法之註記 (B) 更正錯誤前之文稿及重複之文件 (C) 作廢之工作底稿及財務報表草稿 (D) 查核人員與受查者管理階層、治理單位及其他人員對重大事項之討論。 〔101 年高考三級〕

( ) 65. 下列何者係最具攸關性之查核證據？ (A) 查核人員決定實體檢查有價證券以代替函證 (B) 除函證應收帳款外，查核人員執行應收帳款之帳齡分析，以評估應收帳款收現性 (C) 內部控制較差之下，查核人員之應收帳款詢證函寄發數量多於去年 2 倍 (D) 年底有大量交易，查核人員決定應收帳款之函證於期末執行而非期中。 〔101 年高考三級〕

( ) 66. 會計師對查核工作底稿之保管年限，自查核報告日起算應不短於： (A)3 年 (B)5 年 (C)7 年 (D)10 年。 〔101 年高考三級〕

( ) 67. 在查核關係人交易時，依據財務會計準則公報第六號之定義，下列何者非企業之關係人？ (A) 企業採權益法評價之被投資公司 (B) 公司之董事、監察人、總經理、副總經理、協理及直屬總經理之部門主管 (C) 公司之董事長、總經理之三親等以內親屬 (D) 若受企業捐贈之金額達其實收基金總額三分之一以上之財團法人。 〔101 年高考三級〕

( ) 68. 關於客户聲明書，下列哪一項敘述不適當？ (A) 取得客户聲明書為必要

之查核程序 (B) 客户聲明書之簽發日期應為資產負債表日 (C) 客户聲明書不能取代其他必要之查核程序 (D) 若無法取得客户聲明書，不宜出具無保留意 。〔101年高考三級〕

( ) 69. 客户聲明書之日期通常為以下哪個日期？ (A) 資產負債表日 (B) 查核報告日 (C) 簽定審計委任書日 (D) 會計師實施盤點日。〔101年高考三級〕

( ) 70. 盤點是查核人員獲取查核證據方法之一。查核人員在查核下列哪一科目時，若執行盤點之程序，通常較無法發現被盤點之資產是否有提供質押保證之情事？ (A) 定存單 (B) 未上市股票 (C) 應收票據 (D) 存貨。〔100年會計師〕

( ) 71. 查核人員從送貨單檔案中抽樣，測試是否每一張送貨單皆附有銷貨發票。此項測試主要在滿足下列哪一項查核目的？ (A) 評價 (B) 存在性 (C) 表達及揭露 (D) 完整性。〔100年會計師〕

( ) 72..查核人員執行職能分工及沒有交易軌跡的交易控制程序測試時，最可能使用下列哪一項查核程序？ (A) 檢查 (B) 觀察 (C) 調節 (D) 重新執行。〔99年高考三級〕

( ) 73. 根據我國審計準則公報第三十八號規定，下列何者科目或事項通常以函證進行查核？①金融機構往來 ②質押有買證券 ③存出保證金 ④預收款項 ⑤或有損失事項 (A) 僅①③⑤ (B) 僅①②③⑤ (C) 僅①②④⑤ (D) ①②③④⑤。〔99年高考三級〕

( ) 74. 下列何項科目最不可能使用函證的方式進行查核？ (A) 存出保證金 (B) 長期負債 (C) 固定資產 (D) 股東權益。〔99年高考三級〕

( ) 75. 有關查核工作底稿之敘述，下列何者正確？ (A) 會計師對於查核工作底稿，應盡保密及善良保管之責任，故無論在何種情形下，外界皆不得調閱 (B) 會計師係由受查公司所聘任，故受查公司如欲借閱查核工作底稿，會計師均不得拒絕 (C) 基於查核合併財務報表之需要，子公司查核會計師經子公司通知後，應允許母公司之查核會計師借閱子公司之查核工作底稿 (D) 受查公司之股東為保障其權益，得向該公司之簽證會計師

借閱查核工作底稿，會計師不得拒絕。〔99年會計師〕

解答

1.(B)	2.(C)	3.(A)	4.(A)	5.(B)	6.(A)	7.(B)	8.(A)	9.(C)	10.(A)
11.(C)	12.(C)	13.(B)	14.(C)	15.(E)	16.(A)	17.(B)	18.(D)	19.(D)	20.(C)
21.(D)	22.(A)	23.(C)	24.(C)	25.(D)	26.(A)	27.(C)	28.(B)	29.(E)	30.(B)
31.(A)	32.(F)	33.(C)	34.(D)	35.(D)	36.(D)	37.(A)	38.(A)	39.(A)	40.(C)
41.(B)	42.(A)	43.(B)	44.(C)	45.(A)	46.(C)	47.(C)	48.(C)	49.(D)	50.(C)
51.(B)	52.(C)	53.(B)	54.(C)	55.(D)	56.(D)	57.(D)	58.(A)	59.(B)	60.(A)
61.(D)	62.(D)	63.(C)	64.(D)	65.(B)	66.(B)	67.(C)	68.(B)	69.(B)	70.(D)
71.(D)	72.(B)	73.(D)	74.(C)	75.(C)					

二、問答題

1. 阿輝公司為一上市公司，其高雄大寮廠於民國92年3月10日發生火災，遭受嚴重毀損，財產損失之帳面價值約新臺幣1億5千萬元。據阿輝公司主管階層聲稱，該項財產損失可獲全額保險賠償，為修復期間因營業中斷而發生之損失，未在理賠範圍內，其金額無法估計。公司堅持不願在民國91年度財務報表提及此事項。若會計師外勤工作完成日為92年2月15日，交付查核報告日為3月15日。

   試問：

   (1) 會計師最可能出具之查核意見類型？

   (2) 會計師查核報告日期應如何載明？

解答

(1)對重大期後事項未適當充分揭露，會計師最可能出具的查核意見類型為保留意見。

(2)本題公司位於財務報表附註中予以揭露，CPA應於查核報告中加具說明段，說明此一事實並出具雙重日期之查核報告（期後事項日期為92年3月10日）。

2. 關係人交易之揭露係公司財務報表附註之重要事項，請說明：

(1) 依據我國一般公認會計原則規定，具有哪些情形通常認定公司之關係人？

(2) 審計人員為查明受查公司與關係人是否發生交易，應實施哪些查核程序？

(3) 企業可能透過哪些關係人交易之不當安排，以虛飾財務報表。

解答

(1)我國財務會計準則公報第六號規定如下：具有下列情形之一者，通常即為企業關係人（但能證明不具控制能力或重大影響者，不在此限）。

①企業採權益法評價之被投資公司。

②對公司之投資採權益法評價之投資者。

③公司董事長或總經理與其他公司之董事長或總經理為同一人，或具有配偶或二親等以內關係之他公司。

④受企業捐贈之金額達其實收基金總額三分之一以上之財團法人。

⑤公司之董事、監察人、總經理、副總經理、協理及直屬經理之部門主管。

⑥公司之董事、監察人、總經理之配偶。

⑦公司之董事長、總經理之二親等以內親屬。在判決是否為關係人時，除注意其法律形式外，仍須考量其實質關係。

(2)查明受查者與關係人是否發生交易之查核程序：

①查閱股東會及董事會會議記錄，注意重要交易事項之討論。

②查核大額或非常性之交易，及餘額異常之會計記錄，並特別注意會計期間終了前後數日之交易。

③查核受查者帳列與非金融機構間之借貸交易。

④查核金融機構詢證回函，注意其保證及擔保品等之內容。

⑤查核帳列存出及存入保證票據之內容。

⑥查核投資交易。

⑦查核受查者與主要客戶、供應商、金融機構交易之額度及性質。

⑧查核受查者與關係人間有無資源或義務之移轉，而未計列適當價金者。

⑨查核支付律師、土地代書費等公費之內容。

(3)企業可能透過下列之關係人交易之不當安排，以虛飾財務報表：

①關係人間的進貨或銷貨方式以虛飾財務報表上之收入。

②關係人間的借貸，例如，關係人銀行貸款給關係人其他企業。

③關係人間的固定資產交易，例如：低價或高價出售公司固定資產給關係人。

④將無法出售之過時存貨予關係人，創造利潤，帳列應收款，即使知道回收性低，也不提列呆帳。

3. 在審查財務報表時，審計人員必須判斷他們所獲得之審計憑證的有效性。

試作：

假設審計人員已評估內部控制且非常滿意。

(1)在何過程中，審計人員詢問委託人的主管及員工許多問題。

①試列舉審計人員在評估由委託人的主管及提供的口頭證據時應考慮的因素。

②試討論口頭證據之有效性及限制。

(2)分析性覆核程序包括各種資產負債表及營業比率的計算，俾與以前年度及同業平均數相比較。試討論以比率分析作為憑證之有效性及限制。

(3)有審查某製造業之財務報表時，審計人員實地監盤製成品存貨，其中包括價格昂貴且十分複雜的電子設備。試討論由此程序所得到之審計憑證的有效性及限制。

解答

(1)①評估口頭證據應考慮的因素：

A. 被詢問人員對該問題的瞭解情形。

B. 被詢問人員的相對獨立性。

C. 若內部控制良好，對該員工的回答可置以較高之信賴。

D. 回答之邏輯性與合理性。

②雖然審計人員對委託人員工所作的答覆甚為滿意，但他們必須考慮此項口頭證據缺乏可靠性，因此必須蒐集額外的證據證實此口頭證據，及要求委

託人之代表書立聲明書予以證實。

(2)比率分析所提供的證據通常被視為間接證據，其可靠性及有效性均較直接證據（如函證、實地觀察、檢視原始憑單）為低。然而，比率分析對審計人員的查核工作具有重要補充功能。特別是在查核大型工作時，僅能驗證其中的一小部分直接證據，則使用比率分析可提供廣泛瞭解，並使審計人員察覺不尋常變動之處，而進一步調查之。

(3)審計人員實地監盤存貨及電子設備，雖可提供存在之確切證據，但仍有其限制，必須輔以其他程序證實其完整、所有權及評價，例如：

①覆核契約與銷售程序。

②取得客戶聲明書。

③覆核存貨成本之累積。

④確定存貨係委託人所產生，並建立生產成本與市價之關係。

4. 審計工作底稿之內容，應使任何具專業水準之查核人員，即使未參與查核，初次核閱底稿便能瞭解哪些查核工作業經執行，以及審計決策形成之依據。依此原則，對於必須運用專業判斷之重大事項，試以「重大索賠訴訟之或有損失」為例，說明查核人員應於當期檔案中記錄哪些查核資料，並述其故？

解答

(1)公司名稱（受查者名稱）：審計工作底稿內應有公司名稱。

(2)相關日期及涵蓋期間。

(3)底稿資料名稱（內容或目的之標題）。

(4)工作底稿之編號。

(5)查核工作性質之說明。

(6)索引號碼：以便辨認重大索賠訴訟之或有損失。

(7)交叉索引：瞭解重大索賠訴訟之或有損失資料的來源及可能之情況。

(8)核對符號之說明：用以指引工作底稿上對重大索賠訴訟之或有損失的書面說明。

(9)編製者及覆核者的姓名、簽名及日期：建立查核工作與覆核的責任歸屬。

(10)結論：對重大索賠的會計處理提出專業性之意見，以做為簽發審計報告意見之參考。

5. 編製審計工作底稿是審計人員執行查核工作時，所引用各項程序範圍及所蒐集各種證據之重要記錄。請就編製工作底稿與依據我國審計準則總綱中，每一條外勤準則之關係逐一述明之。

解答

外勤準則	與工作底稿之關係
1.查核工作應妥為規劃，其有助理者，須善加督導。	(1)工作底稿應含審計計畫。 (2)工作底稿須由高級審計員、經理、合夥人覆核。
2.對受查者內部控制制度應作適當之研究及評估，以衡量其可資信賴程度，藉以釐定查核程序、決定抽查範圍。	年度的內控覆核是重要的。此種覆核應納入當期或永久工作底稿檔案內，應隨時作備忘錄更新，當內控制度改變時，應對其對帳範圍的影響作評註。
3.運用檢查、觀察、函證、分析及比較等方法，以獲得足夠與適切之資料，俾對所查核F/S表示意見時有合理之依據。	須將所有查核證據記錄於工作底稿中，並就查核工作做成結論。
4.承辦查核案件應設置工作底稿。	每項審計合約須設置工作底稿，包括當期及永久性檔案，並應依保管年限保存之。

6. 衡量審計證據力之三要點，試申述之。

解答

衡量證據力，應求質量並重，其要點有三：

(1)相對之重要性：所謂相對之重要性，乃指兩相對立之事項予以比較，而具有重要性者也。一般在金額與內容上，認為重要之項目，需較強之證據，非重要項目則僅需較弱證據。

(2)相對之危險：需要證據數量之多寡，得視相對之危險性而決定之。審計人員如被聘查帳之原因，係出於受查單位合夥人發生糾紛，或者部分股東對現行管理階層之財務處理有所不滿，甚至被提示受查單位有舞弊跡象，會計記錄中偽造或變造之可能等情形下，審計人員進行查帳時應較平常格外謹慎，更須蒐集較多之證據，藉作申述意見之依據。

(3)經濟之限界性：凡用以考量為取得證據所付費用及時間之代價與其所得效能之比較，以供抉擇之界限。蓋獲取審計證據依據之憑證，成本常為考慮之重大因素。因希望之證據力愈強，其所付出成本可能愈高。如過分苛求證據品質，其結果所費可能較諸本身價值為貴，顯然不合經濟原則，實無必要。

7. 編製工作底稿是審計人員審核財務報表時不可缺少的部分；執行經常性的查核工作時，參閱以前年度的工作底稿，將有助於本期查核工作的規劃。試作：

(1) ①工作底稿的目的或作用何在？

②工作底稿可能包含審計人員哪些記錄？

(2) 審計人員在判斷某合約應使用之工作底稿的形式與內容時，受什麼影響？

解答

(1)工作底稿的功能在：

①做為分派及協調查核工作的工具。

②幫助覆核者監督及評估助理人員的工作。

③作為審計報告的支持。

④作為審計人員遵循外勤準則的書面證明。

⑤幫助規劃及指引未來合約。

⑥提供額外專業服務所需資訊。

(2)影響審計人員判斷工作底稿形式及內容因素：

①審計人員報告的性質。

②客戶經營行業的性質。

③財務報表、附表或其他會計師報告之資訊性質，及其中包括項目的重要性。

④客戶內部控制及記錄的性質與情況。

⑤監督及評估助理人員執行工作之需要。

8. 何謂分析性覆核（Analytical Review）？試述其於審計之計畫階段、工作中，及結束時之工作重點？並列舉常用之幾種比較分析方法。

解答

(1)所謂分析性覆核係就重要比率或金額及其趨勢加以研究，並對異常變動及異常項目予以調查之證實查核程序。

①審計規劃階段可協助查核人員：

A. 瞭解受查者之業務經營狀況。

B. 發現具潛在風險之事項。

②審計工作中可協助查核人員：

A. 評量交易及各科目應抽查之程度。

B. 發現須進一步查核之事項。

③審計工作結束時可協助查核人員：

A. 印證各項目之查核結論。

B. 實施財務資訊之全盤覆核。

(2)分析性覆核之方法通常如下：

①比較本期與上期或前數期之財務資訊。

②比較實際數與預計數。

③分析財務報表各重要項目間之關係。例如，毛利率、存貨週轉率及應收帳款週轉率等。

④比較財務資訊與非財務資訊之關係。例如，薪資與員工人數之關係。

9. 在任一審計委任（Audit Engagement）中，審計人員均須利用不同之查核程序（Audit Procedures），以蒐集和分析審計證據（Audit Evidence）。請列出六種審計人員經常採用之查核程序，並各舉一例說明其實際運用之情形。

解答

查核人員獲取審計證據之方法，依SAS之規定有下列幾種：

(1)檢查：係指查核人員對受查者會計記錄、書面文件或有形資產之查核。其中會計記錄之可靠性，視其處理過程中內部控制之有效性而定；而書面文件之可靠性，則視其來源及特性而定，外來憑證由會計師取得者（例如，詢證函之回函），較保存於受查單位者（例如，進貨發票、對帳單）來得可靠，而外來憑證又較內部憑證（例如，驗收報告、出貨單）可靠，例如，查核人員檢查進貨發票等是。

(2)觀察：係指查核人員以實際視察方式執行查核程序。例如，受查者盤點存貨時，查帳人員在場觀察。

(3)查詢：查詢係指向受查者內部或外界具有知識之人士覓求適當之資料，其實施方式包括口頭或書面查詢。查詢結果可供查核人員得到前所未曾獲得之資料，或與已獲得之證據相印證後，以增加其可靠性與相關性。例如，查核人員向專家詢問特定事項。

(4)函證則係指查核人員為印證受查者會計記錄所載事項，而向第三者發函詢證。例如，查核人員為驗證受查者之應收帳款而向債務人發函請求其加以確認。

(5)計算：指查核人員對受查者之原始文件、會計記錄、財務報表及其附表等數字之正確性，加以驗算或另行計算即稱之。例如，對受查者所開立發票數字之正確性加以驗算。

(6)分析及比較：指就重要比率或金額及其趨勢加以研究，並對非常變動情況及其項目予以查核。例如，會計師利用分析性覆核程序以取得備抵呆帳期末餘額全面合理性之證據。

10. 試以應收帳款餘額之證實程序為例，說明「科目餘額之核對與調節」、「分析性覆核程序」、「交易流程之證實測試」、「餘額之證實測試」及「科目之表達與揭露」等五種類型之查核程序之成本與效益。

解答

(1)科目餘額之核對與調節：

①效益：審計人員可以藉由科目餘額之核對與調節，以證實應收帳款簿記記錄之正確性（亦即滿足「簿記正確性」或「正確無訛」之審計目標）。決定明細總金額或應收款主檔總金額及總帳金額是否相符。測試客戶編製之明細表上之顧客金額是否包含於應收帳款明細帳或主檔中。

②成本：取得客户所編製之清單後，查核人員僅彙總比較，故審計之成本較低。

(2)分析性覆核程序：

①效益：有助於蒐集應收帳款存在或發生、完整性和評價或分攤等聲明的證據，通常為測驗被測項目（或科目）餘額整體之合理性。驗證應收帳款週轉率、對流動資產總額比率、銷貨淨額報酬率、壞帳費用對賒銷淨額等比率之合理性。將各比率與以前年度、預期結果及同業資料等進行分析比較。

②成本：由查核人員就委託人提供的資料進行各項比率計算及分析，所以審計之成本較低。

(3)交易流程之證實測試：

①效益：審計人員由帳目逆查至銷貨之相關原始文件可獲得存在性聲明之相關證據。審計人員由帳目順查至現金收入可得完整性的聲明。此外，審計人員執行交易流程之證實測試後，還可獲得應收帳款權利或義務及評價與分攤的聲明。審計人員執行截止測試，可取得與完整性有關的管理當局聲明之可信度。

②成本：查核委託人相關原始交易資料、文化，花費時間較久。審計之成本較科目餘額之核對與調節及分析性覆核程序為大。

(4)科目餘額之證實測試：

①效益：函證應收帳款可使審計人員獲得除表達與揭露外的其他聲明之證據，並且於審計人員評量備抵壞帳的合理性，以獲得適當評價與分攤時亦應使用科目餘額之證實測試之審計程序。

②成本：函證計畫的設計需花費相當多的人力準備，其未回函或回函不符之追蹤、回覆時間拖延太長、耗費郵資、需耗費時間及其與徵信部經理討論

重大壞帳的收現情況，以及查詢其催收情形及收現的可能性等原因皆會令科目餘額之證實測試，成本花費較多。

(5)科目之表達與揭露：

①效益：科目餘額之證實測試主要是要決定應收帳款的表達與揭露是否正確、是否歸屬在正確期間、是否有重大的貸方金額應重分類至負債及質押、轉讓、出售和關係人交易是否適當及充分揭露之審計程序。

②成本：查核人員充分瞭解後加以評估，故所花費成本不大。

11. 會計師對其查核工作須經覆核，以合理確保查核工作品質之適當可靠。請問覆核工作通常應在哪些查核階段中執行？

解答

根據我國審計準則公報第四十八號之規定，覆核之工作通常於下列各階段中執行：

(1)擬定查核計畫及查核程式。

(2) 評估內部控制。

(3) 取得查核證據及做成查核結論。

(4) 撰擬查核報告。

12. 請以領組的身分覆核助理人員查核美花公司民國 84 年 12 月 31 日財務報表而編成的查核工作底稿，並指出其缺失。

美花公司現金		E-2
銀行帳		$44,874.50
在途存款		837.50
銀行手續費		2.80
		$45,714.80
未兌現支票	$46.40	
	10.00	
	30.00	
	1,013.60	
	1,200.00	
	10.00	
	25.00	
	15.00	
	50.00	
	1,002.00	3,402.00
公司分類帳餘額		□$42,312.80
□已驗證		

洪瑞美 1/15/85

解答

有關工作底稿之缺失如下：

(1)底稿資料名稱不妥：現金改為現金調節表或銀行往來調節表。

(2)為註明涵蓋期間或編製截止日期（即增註民國84年12月31日）。代號未明示：如E2。

(3)交叉索引碼未註明：如該2代號與工作底稿之工作試算表之關聯。

(4)至於未有「□」記號，是否未驗證，未加以說明是否驗證，但結果與所載記錄不同或者是查無證據等。

(5)核對記號僅「□」一種，似有含括範圍欠明確之缺失。

(6)助理人員未對查核結果加以表達結論如下：

①是否查核中發現不符之記載。

②對不尋常交易之說明。

③所作之結論。

(7) 領組未對助理人員之結論表達是否相同之意見。

(8) 工作底稿之簽名與日期未註明是助理人員與領組之簽名與日期。

(9) 表列未兌現支票宜註明其支票編號。

(10) 應加或減之項目宜予載明。

13. 何謂管理工作底稿（Administrative Working Papers）？會計師覆核一般審計工作底稿之目的為何？

解答

(1)管理性工作底稿係指：

①查核計畫：查核程式。

②審計委任書。

③時間預算表。

④與客戶討論之記錄。

⑤完成審計之各項檢查表（例如，揭露檢查表）。

(2)工作底稿之覆核，需有下列三個階段：

①高級審計人員於助理人員完成個別工作底稿後，其較為偏重技術性，目的係確定助理人員是否有正確執行相關之審計程序及有否明確表示其結論。

②經理或合夥人（會計師）於審計合約接近完成時，其覆核之目的有二：

A. 確定查核工作之執行是否有依據 GAAS。

B. 工作底稿是否足以支持查核報告之意見。

③第二位合夥人（會計師）於上述人員皆覆核後執行工作底稿之最終覆核，其目的係為確保事務所之「品質控制政策及程序」以切實執行，並對其財務報表之查核表示「第二意見」。

14. B 查帳人員被指派對 A 公司之財務報表，進行銷貨收款循環之查核測試，首先進

行 A 公司之銷貨收款循環有關內部控制之瞭解，再進行評估，以決定執行銷貨收款循環證實程序之時間、性質與範圍。

試問：

(1) 查帳人員評估公司之內部控制有效與否，對於其執行應收帳款函證之方式，有何影響？

(2) 請根據我國審計準則公報第三十八號「函證」之規範，當應收帳款執行積極式函證，而未取得顧客之回函時，可採哪些替代查核程序？〔103 年會計師〕

解答

(1)內部控制有效性測試結果，將影響處理應收帳款函證的方式。若公司控制風險評估在最高水準，表示查核人員不擬信賴受查者內部控制有效性，顯示受查者控制風險較高，宜使用積極式函證方式較佳。反之，若控制風險評估在低於最高水準，擬信賴受查者內部控制運作有效性，可採消極式函證。

(2)與受函者聯繫，請其回函，如仍無法獲得回函，查核人員可採下列之替代查核程序：

①驗證期後收款、出貨單或其他證明文件，驗證截止日前的應收帳款存在聲明。

②針對銷貨收入執行銷售截止測試，以提供驗證應收帳款完整性聲明。

15. 陳會計師受託查核揚昇公司 100 年度之財務報表，但陳會計師初步詢問揚昇公司管理階層時，發現該公司所實施之員工退休金計畫相當複雜，其中所涉及之精算假設及計算，其複雜程度超過一般會計師應具備之專業能力。因此，陳會計師想要委託李精算師來協助有關退休金費用及負債之查核。請回答下列問題：

(1) 陳會計師於考量是否委託李精算師時，應考量哪些因素？

(2) 陳會計師如欲採用李精算師之專家報告，陳會計師應與李精算師溝通哪些事項？〔102 年會計師〕

解答

(1)①受查項目對財務報表整體之影響程度。

②受查項目之性質、複雜程度及其發生錯誤之可能性。

③李精算師之合適性。

(2)①李精算師（專家）工作之目的及範圍。

②查核報告可能須揭露專家身分及參與程度。

③專家與受查者之關係及資訊保密性。

16.查核人員實施函證以獲取查核證據。請問：

(1) 查核人員決定函證之範圍與程度時，得考慮什麼？

(2) 查核人員應考慮哪些因素以決定是否需要採用函證獲取足夠與適切之查核證據，以支持財務報表之聲明？

(3) 有關詢證函內容之設計，需考慮的因素為何？〔103年高考三級〕

解答

(1)查核人員於決定函證之範圍與程度時，得考慮固有風險與控制風險之評估。固有風險與控制風險水準愈高，查核人員設計證實測試以獲取與財務報表聲明有關之證據須更多或更廣泛，因此，採用函證可有效蒐集足夠與適切之查核證據。查核人員所評估之固有風險與控制風險水準愈低，則須藉由實施證實測試以獲取之查核證據愈少。採用函證的科目範圍可斟酌並以消極式處理。

(2)查核人員應考慮下列因素以決定是否需要採用函證獲取足夠與適切之查核證據：

①重大性標準。

②固有風險與控制風險之水準。

③已規劃之其他查核程序所獲取之證據，可不使查核風險低至可接受之水準。

(3)查核人員於設計詢證函內容時，應考量下列之事項：

設計符合特定查核目的之詢證函，即函證程序所獲得證據之可靠性。

17. 我國審計準則公報第五十三號規範「查核證據」之「可靠性」，試就證據之來源、取得方式及證據形式，分析何種「可靠性」較高。〔102年高考三級〕

解答

作為查核證據之資訊及查核證據本身之可靠性，受其來源及性質之影響，且與查核證據取得時之情況（包括與其編製及維護攸關之控制）有關。不同種類查核證據之可靠性雖有原則可循，但仍應考量重要例外情況之存在。作為查核證據之資訊即使取自受查者外部，仍可能存在影響其可靠性之情況。例如，當外部受查詢者未具備相關知識或管理階層專家缺乏客觀性時，取自外部獨立來源之資訊可能不具可靠性。

查核證據之可靠性可歸納出下列原則：

(1)查核證據取自受查者外部獨立來源時，其可靠性較高。

(2)當查核證據來自受查者內部時，若受查者相關控制（包括對其編製及維護之控制）有效，其可靠性較高。

(3)查核人員直接取得之查核證據（例如觀察控制之執行情形），較間接或透過推論取得之查核證據（例如查詢有關控制之執行情形）更為可靠。

(4)書面形式（不論係紙本、電子或其他媒介）之查核證據，較口頭取得之證據更為可靠（例如會議記錄較事後對討論事項之口頭聲明更為可靠）。

(5)檢查原始文件而取得之查核證據，較檢查影印、傳真與縮影、數位化或以其他方式轉換為電子式之文件而取得之查核證據更為可靠，後者之可靠性取決於對該等證據編製及維護控制之有效性。

Chapter 5

接受委託及規劃查核

■第一節　財務報表審計流程

查核委託可分爲四個獨立階段：

1. 接受查核委任（Accepting the Audit Engagement）。
2. 規劃查核工作（Planning the Audit）。
3. 執行查核測試（Performing Audit Tests）。
4. 報告所發現的事實（Reporting the Finding）。

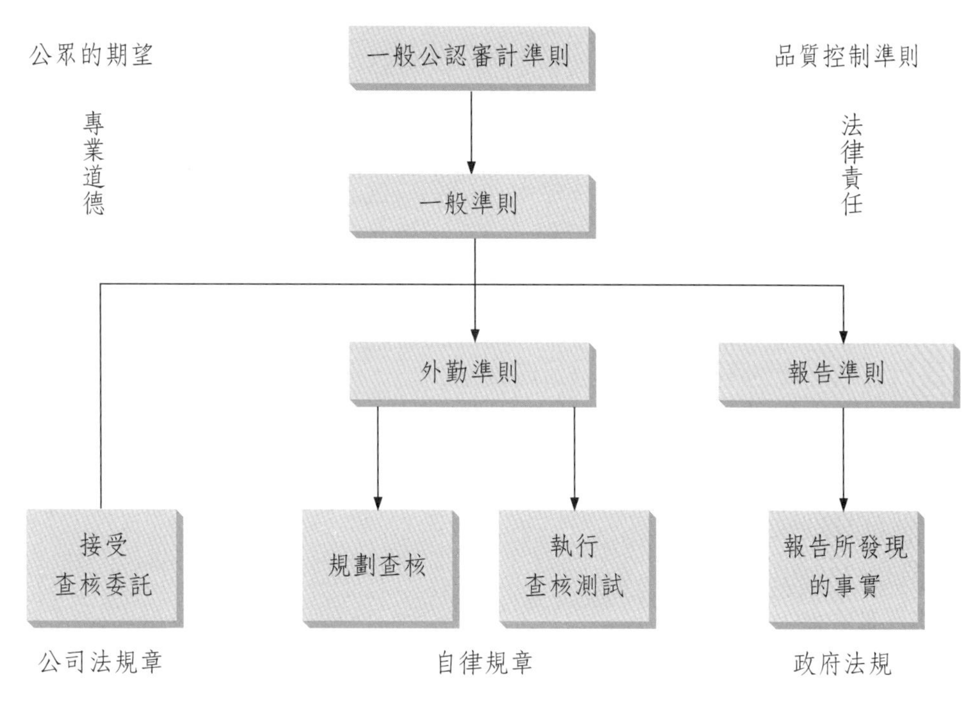

圖5-1　查核各階段及查核環境

一、*接受查核委任（Accepting the Audit Engagement）*

財務報表查核的第一個階段要決定是否接受新客戶或是繼續保留原有客戶。審計人員應依一般公認審計準則之一般準則，決定是否接受一新委託客戶或舊委託客戶之審計合約。

二、規劃查核工作（Planning the Audit）

查核的第二個階段是發展一個指導查核和決定查核範圍的策略。查核規劃對於一個成功的查核委託而言是十分重要，由圖5-1可看出，一般準則及外勤準則皆適用於此階段。查核規劃通常在客戶財務年度結束前的三至六個月做成。

三、執行查核測試（Performing Audit Tests）

查核的第三階段是執行查核測試，此階段稱爲執行查核外勤工作，因爲這些測試通常是在客戶處執行的。此階段主要目的在於獲取有關客戶內部控制結構的有效性及其財務報表是否允當表達的證據。如圖5-1所示，一般準則及外勤準則均適用於此階段。此階段是查核工作的主要部分。查核測試的執行，傳統上是由客戶財務年度結束前的三至四個月開始，而至客戶財務年度結束後的一至三個月截止。

四、報告所發現的事實（Reporting the Findings）

此乃查核工作的第四階段（也是最後階段）。查核報告通常於外勤工作完成後的一至三星期內發出。根據查核所發現的事實，查核人員必須在一般準則至報表準則的規範，依據查核人員專業判斷，出具查核報告，查核報告可能是標準式無保留意見或以外的報告類型。

■第二節　接受審計委任

審計人員應依一般公認審計準則之一般準則，決定是否接受一新委託客戶或舊委託客戶之審計合約。

接受審計委任應執行步驟流程圖如下：

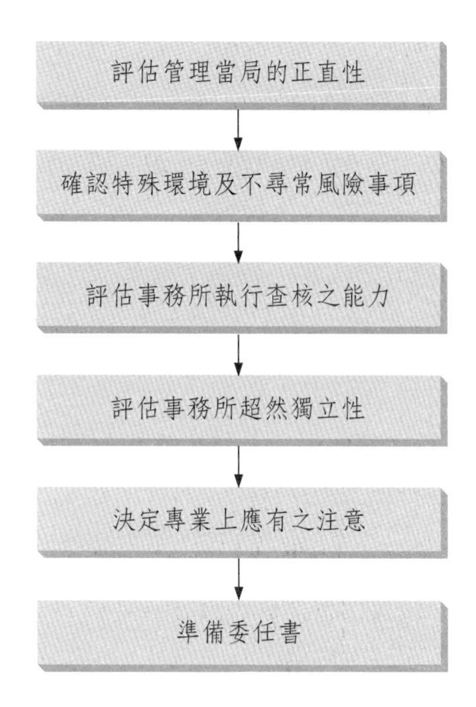

一、*評估管理當局的正直性*

財務報表查核的主要目的是對管理當局的財務報表表示意見，所以只有在管理當局是可以信賴的情況下，才可接受查核委託。若管理當局缺乏正直性，則編製財務報表所運用的會計程序很有可能發生重大錯誤及舞弊，結果可能增加對誤述的財務報表表示無保留意見的風險。依審計準則公報第十七號說明如下：

1. 委託客戶通常可分為新委託客戶與舊客戶兩種

查核人員根據委託客戶之特性與委託客戶之間的溝通內涵則會有不同：

客戶種類	溝通方式
舊客戶	根據過去經驗是否適任
新客戶	(1)與前任會計師溝通（SAS No.7；AU 315.02）
	(2)由第三者獲知新客戶管理當局的資訊。

(1) 前任會計師，係指因故與委託人停止財務報表查核工作之會計師；所稱繼任會計師，係指已接受委任人之委任，以接替財務報表查核工作之會計師。

(2) 繼任會計師應主動與前任會計師聯繫，其方式可採口頭或書面爲之，雙方因聯繫而獲取有關委任人之資訊均應予保密，繼任會計師如未接受委任，仍應履行保密之義務。

(3) 依照會計師職業道德規範公報第五號規定，會計師未經委任人同意或有正當理由，不得洩漏其在查核過程中獲得有關委任人之資訊。因而，繼任會計師與前任會計師聯繫前，應先經委任人同意，請前任會計師答覆。如委任人不表同意或限制前任會計師答覆時，繼任會計師應詢問其理由，以決定是否接受委任。

(4) 繼任會計師應向前任會計師詢問有關委任人之資訊，供作是否接受委任之參考。查詢事項通常包括：

①管理階層之品德。

②前任會計師與管理當局對會計原則、查核程序及其他有關事項是否存有歧見。

③委任人更換會計師之原因。

(5) 一般而言，更換會計師的原因包括有：

①公司的合併，而各公司之原簽證會計師並非同一人。

②另需專業服務。

③對原來會計師事務所不滿意。

④查帳公費過高。

⑤會計師事務所合併。

(6) 事務所之品質管制制度對首次受託查核案件所要求之其他程序，例如要求另一位會計師或資深人員，於開始執行重要查核程序前，須複核整體查核策略或於出具查核報告前，執行複核。

2. 繼任會計師與前任會計師之其他聯繫

(1) 繼任會計師爲對本期財務報表表示意見及查明本期財務報表所採用之會計原則是否與上期一致，應蒐集足夠適切之證據，其蒐集方式通常如下：

①對重要之期初科目餘額及上期交易採行適當之查核程序。

②向前任會計師詢問有關事項。

③借閱前任會計師之工作底稿。

(2) 繼任會計師借閱前任會計師之工作底稿時，通常前任會計師同意繼任會計師借閱或複印具有繼續性重要會計事項之工作底稿，如資產負債表科目及或有事項等。

(3) 繼任會計師如認為前任會計師所查核之財務資訊有修正之必要時，得要求委任人安排三方面會商解決。如委任人或前任會計師拒絕會商或繼任會計師對會商結果不滿意時，繼任會計師應採取適當對策，例如：查核報告揭露此事實。

3. 向外界第三者查詢

有關新委託客戶管理當局的資料，可以由詢問社會上博識的人而得，如律師、銀行家及其他在財務或業務上和客戶往來的人。有時候向當地的商會詢問亦有幫助。其他可能資料來源尚包括：(1)核閱有關高層管理當局改組的消息；(2)如果是以往曾受查核的客戶，而未來可能上市時，則應核閱委託人交給證期局有關審計人員變動的報告。

4. 回顧以往與委託客戶交往的經驗

在決定是否繼續接受查核委託前，會計師必須小心地回顧以往和委託客戶管理當局交往的經驗。例如：會計師可考慮以往查核時所發現的重大錯誤、舞弊及不法行為。在查核時，會計師可以詢問管理當局有關或有事項的存在，所有董事會之會議記錄的完整性，或政策是否被遵循等事項。在評估管理當局正直性時，應小心地考慮以往查核中管理當局回答問題的眞實性。

二、*確認特殊環境及不尋常風險事項*

此步驟包括確認對已查核財務報表的預期使用者，對未來顧客的法律及財務穩定性做初步的評估，並衡量個體的受查性（Audit Ability）。

(一) 確認已查核報表的預期使用者

審計人員的法律責任會隨著預期報表使用者的不同而有所變化。因此，審計人員必須考慮未來客戶是公開或非公開發行公司，是否有信託受益人或是在一般法律之下有可預見會對其負有潛在責任的第三者。審計人員亦應考慮所查核的財務報表是因應所有預期使用者的需要而編製或只是特殊報告。

(二) 對未來客戶的法律及財務穩定性作評估

審計人員通常會拒絕有高度訴訟風險的客戶，包括當公司的營運或主要產品受到有關管理當局的調查或是處於重大訴訟案中，而事件的結果可能會嚴重衝擊公司生存能力的客戶。此外亦包括遭遇無法償債或無法籌措所需資金的客戶，以及財務處於不穩定狀態的客戶。

(三) 衡量個體的受查性

在接受委託之前，審計人員必須評估是否有影響客戶受查性之情況存在。這些情況包括重要會計記錄的遺漏或品質不佳，管理當局忽視維持良好的內部控制結構要素、瞭解客戶與財務報導攸關之資訊系統是否過於複雜而影響控制風險、與受查客戶溝通是否順暢，查核範圍是否受到限制，即辨認客戶對查核工作所強加的限制。倘若，客戶設有內部稽核職能運作，查核人員應瞭解下列事項，以決定內部稽核職能是否與查核攸關：

1. 內部稽核之職責及其在組織中之定位。
2. 已執行及計畫執行之內部稽核工作。

三、*評估事務所執行查核之能力*

因此，在接受查核委託之前，會計師須先衡量本身的專業能力是否足以完成一般公認審計準則的要求。而這些通常包含確認查核工作小組的主要成員，以及考慮向外界顧問或專家尋求協助的要求。

(一)確認查核工作小組

指派專業人員負責查核委託是品質控制的九大因素之一。此要素的目的乃在確定查核工作小組的技術及經驗足以符合此查核委託的需求。在指派人員時，應考量督導的性質和範圍。一般說來，愈具備能力及經驗的職員應指派特別的委託；反之，較不具能力及經驗的職員則須直接加以監督。

(二)考慮向外界顧問及專家尋求協助之需要

在決定是否接受委託時，最好先考慮使用顧問及專家協助執行查核的需要。事實上，在品質控制「工作監督」要素中便指出，公司應採用政策及程序，以合理保證審計人員會向具有適當能力、知識、判斷力及權力人士尋求協助。

相同地，某些特定事件須使用外界專家的協助，我們不能期待一個受過專業訓練且合格的審計人員同時具有其他行業的專門知識。審計準則公報指出，可藉助專家之工作以取得適切的憑證。這方面的例子，如下：

1. 對藝術品類的資產提供評價資訊的估價專家。
2. 決定礦藏數量的工程師。
3. 決定退休金計畫會計處理適用金額的精算師。
4. 評估未決訴訟可能結果之律師。
5. 環境影響評估之環保顧問。

於使用專家之前，審計人員必須對專家的專業資格、名聲及客觀性覺得滿意。審計人員必須考慮專家是否已在其專業領域內取得執照，詢問其同業有關他的聲譽，並決定專家是否和客戶有任何損及其客觀性的關係。

四、評估事務所超然獨立性

獨立性是美國會計師協會職業道德規範中規則101所需求的，並且在接受新客戶之前，必須先評估是否有任何損及獨立性的情況存在。如果無法達到獨立性的要求，則須拒絕委託或通知委託客戶，並明白告知其無法對財務報表表示意見。除此之外，事務所須確定接受新客戶不會與其他客戶產生利益上的衝突。保持獨立性分爲實質上——精神上保持超然獨立；及形式上——第三者視其關係是超然獨立。

五、決定專業上應有之注意

1. 審計人員所執行之審計工作與做成之判斷，須經較高階人員適當督導。
2. 決定是否能盡專業上應有注意的兩項要素：

(1) 評估未來委託客戶委任時間：

接受委任理想時間應自會計年度結束前6～9個月，在某些情況，接受委任恰可在會計年度結束前後及早指定委任，審計人員在外勤工作上可獲較大彈性；反之，如因時間及範圍限制，審計人員可能通知受查公司無法出具無保留意見查核報告。

(2) 考慮外勤工作時間表：

期中查核：通常於會計年度結束前3～4個月執行，主要執行控制測試或雙重測試，審計人員可利用期中查核方式，使對曆年制客戶工作平均分配至全年。期後查核：會計年度結束後執行，主要執行證實測試。

①期中查核：

A.資產負債表日以前所執行的查核工作。

B.工作重點：

(A)研究和評估內部控制。

(B)簽發建議書。

(C)期中交易事項的證實測試。

②期末查核：資產負債表日至外勤工作截止日之間的查核工作。

查核工作一般日程的安排，如圖5-2所示：

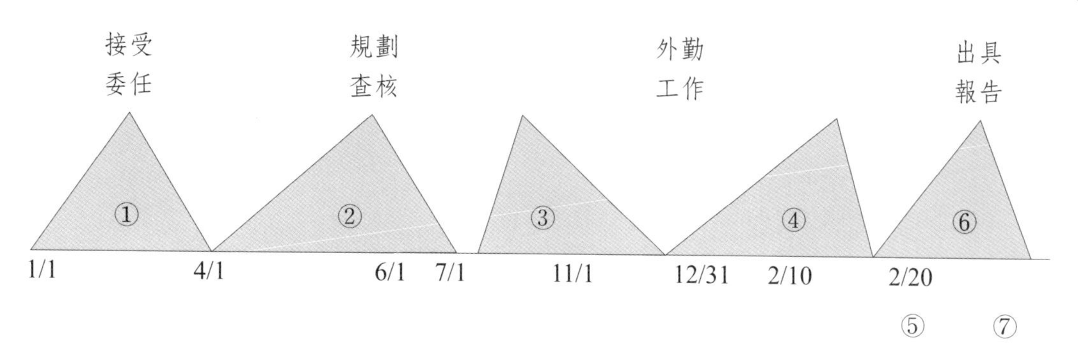

＊說明
①完成接受委託的三項步驟。
②完成規劃查核之各要素。
③評估內部控制。
④證實測試。
⑤外勤工作結束日和查核報告日。
⑥決定財務報表允當性、形成意見及撰寫報告。
⑦發出報告日期。

圖5-2　查核規劃時程

六、準備委任書

決定接受查核委託後，必須準備委託書，主要係述明查核人員審核之性質及其所負之責任。

內容：

1. 委託之性質。
2. 審計範圍之任何限制。
3. 由客戶協助之資料——PBC。
4. 審計人員執行之工作。
5. 審計過程時間表。
6. 公費計算基礎。
7. 審計人員偵察舞弊責任。
8. 審計人員將提出致經理人函。

我國審計準則公報第二十七號規定

(一) 審計委任書的意義

審計委任書係指會計師與委任人所簽訂之書面約定，以確認查核之目的及範圍，會計師與委任人雙方的責任及查核報告的形式等。

(二) 審計委任書取得時點

會計師進行查核前，宜先取得審計委任書，以免雙方對委任之內容產生誤解。

(三) 審計委任書訂定的目的

在協助會計師撰擬有關財務資訊查核之委任書。會計師提供之其他服務，財務資訊查核之委任書。會計師提供之其他服務，如財務報表核閱、稅務、會計、管理諮詢等，得參考公報之規定辦理。

(四) 審計委任書之內容

審計委任書之內容應包括下列各款：

1. 查核之目的。
2. 查核之範圍，包括所依據之法令或審計準則。
3. 管理階層對財務資訊之責任。
4. 查核結果應提出之報告或其他文件。
5. 說明查核採抽查方式進行，且受固有風險與控制風險之影響，致仍存有重大不實表達無法被發現之可能。
6. 說明受查者應提供與查核有關的記錄、文件及其他資訊。
7. 說明受查者應出具客戶聲明書。
8. 酬金。
9. 會計師與委任人之簽章及日期。

下列與查核有關之事項亦得視需要列入審計委任書：

1. 與查核規劃有關之安排。
2. 會計師擬出具之內部控制建議書或其他報告之說明。
3. 酬金之計算基礎及收款方式。
4. 委任關係終止之情況。

下列事項亦可列入審計委任書：

1. 首次受任查核而涉及前任會計師，須受查者協助之事項。
2. 須採用其他會計師之查核工作或專家報告時應有之安排。
3. 須受查者內部稽核人員及其他職員參與查核之情況及配合方式。
4. 在必要情況下對會計師責任之限制。
5. 會計師與委任人間之其他約定。

(五) 對子公司或分支機構之查核

母公司或總公司委任之會計師若同時擔任其子公司或分支機構財務資訊之查核工作時，應考慮下列因素以決定是否與子公司或分支機構另行簽訂審計委任書：

1. 有權決定此項委任者是否相同。
2. 是否須另行單獨簽發查核報告。
3. 由其他會計師執行查核之程度。
4. 母公司持有股權之百分比。
5. 法令規定。

■第三節　審計規劃

外勤準則第一條規定：「查核工作應妥為規劃，其有助理人員者，須善加督導。」查核規劃包括針對所有查核的範圍及預期將遭遇狀況，做好全盤的策略計畫。又依據審計準則公報第五十四號，集團查核團隊應訂定集團查核計畫。

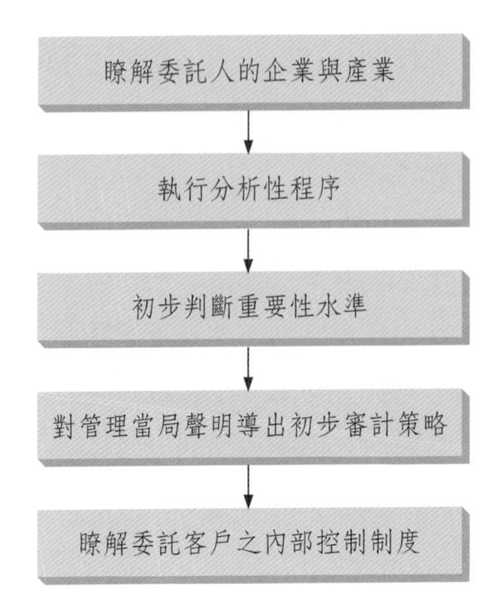

一、瞭解委託人的企業與產業

審計人員如欲對委託人財務報表的允當性表示意見，無論新舊客戶，都需對其經營和產業環境有充分的瞭解，具備良好的工作知識，以獲知客戶財務資訊有重大影響之交易及事項。瞭解的方法如下：

(一) 查閱去年工作底稿或借閱前任會計師之工作底稿

(二) 查閱行業及公司資料

1. 公司章程、證照、規章制度。
2. 重要會議記錄。
3. 年度決算書表。
4. 有關財務、營運狀況之最新資料。
5. 內部管理用之財務資訊。
6. 報章、雜誌、書籍。

7. 相關政府之法令。
8. 正進行中的重要合約。

(三) 參觀客戶之營運

訪問工廠及辦公處所，其目的：

1. 瞭解客戶之經營特徵。
2. 製造流程。
3. 各類表單之流程。
4. 設備之運用及位置。
5. 有關人員之工作情形。
6. 特殊問題。

(四) 與審計小組溝通

由於審計小組對於該企業及其行業有特別認識，查核人員可從審計小組得知企業內部控制之情形、重大財務資訊、有關企業管理階層和組織結構之重大異動等。

(五) 詢問管理當局

1. 客戶之事業發展。
2. 影響公司之新產業及政府法規。
3. 管理當局可協助查核人員之範圍。

二、執行分析性程序（審計準則公報第五十號）

(一) 分析性程序意義

係就重要比率或金額及其趨勢加以研究，並對異常變動及異常項目調查之證實查核程序。

(二) 分析性程序之目的

1. 瞭解受查者之業務經營狀況。
2. 發現具潛在風險之事項。
3. 評量交易及各科目應抽查之程度。
4. 發現進一步查核之證據。
5. 印證各項目之查核證據。
6. 實施財務資訊之全盤覆核。

(三) 分析性程序時機

分析性程序可於下列時機實施：

1. 初步規劃時

協助查核人員決定其他證實查核程序之性質、時間與範圍。

2. 查核過程中

與其他證實查核程序配合運用。

3. 作成查核結論時

協助查核人員印證查核結論。

(四) 分析性程序方式

分析性程序之方式通常如下：

1. 比較本期與上期或前期之財務資訊。
2. 比較實際數與預計數：

   預計數可以是受查者的財測數或預算數，也可以是查核人員對於查核規劃決定可接受之差異金額，當帳載實際金額與預計數呈現異常，應詢問管理階層並取得與管理階層回應攸關之適切查核證據，或執行其他必要之查核程序。至於查核人員決定的預計數，可能受到查核規劃重大性標準、欲達成之確信程度、發生不實表達之可能性之影響。
3. 分析財務報表各重要項目間之關係。例如：毛利率、存貨週轉率及應收帳款週轉率等。

4. 比較財務資訊與非財務資訊之關係。例如：薪資與員工人數。

查核人員得以多種方法執行分析性程序，該等方法包括從執行簡單之比較至採用統計技術進行複雜分析。

(五) 執行分析性程序，考慮因素

查核人員於規劃分析性程序時，宜考慮下列因素：

1. 分析性程序之目的及對分析性程序結果擬信賴的程度。
2. 分析性程序之對象，例如：查核多角化經營企業時，將分析性程序用於其個別事業單位之財務資訊，較用於企業整體之財務資訊爲有效。
3. 可取得之財務資訊與非財務資訊。
4. 取得資訊之可靠性。
5. 取得資訊之可比較性。
6. 查核人員對受查者內部會計制度之瞭解及以往查核經驗。

查核人員對分析性程序結果擬信賴之程度，受下列因素影響：

1. 分析性程序之目的

例如：在查核工作初步規劃時運用分析性程序，有助於決定其他證實查核程序之性質、時間及範圍；在做成查核結論時運用分析性覆核，有助於印證查核之結論。

2. 個別項目對整體財務資訊之重要性

例如：存貨餘額鉅大時，查核人員不宜僅依分析性程序結果做成結論；至於小額費用項目，查核人員對其分析性程序結果，通常可給予較高之信賴。

3. 具有相同查核目的之其他證實查核程序

例如取得與應收帳款餘額之評價聲明有關之查核證據時，查核人員除對期後收款執行細項測試外，亦可針對帳齡執行分析性程序，以判斷應收帳款之收現性。

4.預期分析性程序結果之正確性

例如：比較數期損益表，通常銷貨毛利之可比較性得由管理階層彈性決定之廣告費之可比較性為高。亦或是不同種類之分析性程序提供不同之確信程度。例如，查核人員可利用分析性程序，經考量租金、公寓數量及空屋率後，推估出租公寓之總租金收入；若推估所需之要素已經適當驗證，則此分析性程序可提供具說服力之證據，且能降低對總租金收入進一步執行細項測試之必要性。相對而言，以計算及比較毛利率之方式確認收入金額，其所提供之證據可能較不具說服力，但若與其他查核程序併同使用時，則可能提供有用之佐證。

5. 對內部控制評估之結果

例如：查核人員對受查者銷貨內部控制未能滿意，則對銷貨分析性程序之信賴程度較其他證實查核程序為低。

(六) 應進一步調查之情形

查核人員實施分析性程序，如發現下列情況對財務報表有重大影響者，應調查其原因：

1. 發生未預期之變動。
2. 預期之變動未發生。
3. 其他異常項目。

初步判斷重要性水準與內部控制將於第六、八章說明。

習題與解答

一、選擇題

( ) 1. 下列何者是可以預防誤解，並增進審計人員之效率的審計規劃及控制程序？ (A) 將經審計人員查核過的客户支持文件影印之後，收入工作底稿中 (B) 安排提供一份本委託中所採用的審計程式給審計參考 (C) 在查核正式開始前與客户會談，以討論查核之目標、公費、時間及其他相關資訊 (D) 安排由審計人員在正式結帳前提供調整及重分類分錄。

( ) 2. 對於關係人交易必須審慎查核，除了因其容易被隱匿外，主要因為：(A) 交易的實質與其形式往往不一致 (B) 此類交易往往不是正常的營業活動 (C) 此類交易須依其法律行事而非實質狀況揭露，往往不易確認 (D) 財務報表依法須針對其法律行事表達，往往未能充分揭露。

( ) 3. 外勤準則中對審計人員與客户間之初步晤談，因為有許多優點，下列幾項中，以何者為最差？ (A) 審計人員得以及早完成審計計畫並付實施 (B) 以較少時間完成審計工作 (C) 將可有較佳之計畫以觀察存貨時地盤點 (D) 將可實施更有效之檢查，俾在年終較早之日期內完成。

( ) 4. 會計師提出消極保證是基於： (A) 缺乏使其無效之保證 (B) 有證實性的證據 (C) 依一般公認審計準則所做的客觀檢查 (D) 依美國會計師協會公布的指導原則所做之判斷決定。

( ) 5. 當審計人員正值計畫查核一家其未曾查核過產業之財務報表時，在初步計畫階段，審計人員想瞭解可能面對之審計問題時，下列何者提供最佳資訊？ (A) 委託人使用會計帳户手冊及流程圖 (B)AICPA 產業查核指引 (C) 前期會計師的工作底稿 (D) 委託人最近一年或一期財務報表。

( ) 6. 關於繼任會計師與前任會計師有關未來委託人之溝通，下列何者是繼任會計師的責任？ (A) 繼任會計師沒有義務與前任會計師溝通 (B) 繼任會計師與前任會計師的接觸應由委託人同意始得為之 (C) 不論委託人的同意與否，不影響繼任與前任之面談 (D) 如果繼任會計師注意到可獲得的所有相關資訊，是否與前任會計師溝通已不重要。

( ) 7. 在執行資產負債科目餘額及細節測試之前，審計人員應： (A) 評估控制增額審計風險的困難度 (B) 調查過去一年度資產負債帳户的顯著變動 (C) 選擇那些在年底有效抽樣的科目 (D) 考慮須在資產負債表日執行的控制測試，以延續期中的審計討論。

( ) 8. 在審計工作完成前發現可能存在重大舞弊時，查核人員的責任為：(A) 通知適當的司法機關 (B) 調查涉案人員、舞弊性質及牽涉金額 (C) 與適當的客户代表共同討論將執行的審計工作性質與範圍 (D) 繼續執行原來的審計工作，並在審計報告中提及懷疑有重大舞弊發生。

( ) 9. 於查核今年流華電子公司的過程中，王會計師發現該公司犯下一項金額並非重大（Material）的不法事件（Illegal Ad），在王會計師提醒董事會及管理當局注意，而管理當局及董事會均未採取任何行動後，王會計師辭去查核會計師之職務。流華公司支付的查帳公費一向優厚，王會計師的查核已有數年，以前雙方一向合作愉快。王會計師的行為屬： (A) 反應過當，王會計師應繼續與流華公司溝通 (B) 反應過當，王會計師應視其報表的表達方式，再決定是否簽發否定意見的查核報告 (C) 適當，否則王會計師違反證券交易法的規定 (D) 適當，因為客户不理睬已造成查核範圍之限制 (E) 適當，因為王會計師不敢再信賴客户所做的聲明。

( ) 10. 下列哪個有關客户非法的行為敘述是正確的？ (A) 審計人員偵查對財務報表有直接且重大影響的非法行為與偵察錯誤和舞弊的責任是一樣的 (B) 依據一般公認審計準則所執行的查核工作，通常包括特別設計一份查核程序，以偵查對財務報表有間接但具重大影響的非法行為 (C) 審計人員應由管理當局聲明之可靠性角度來看客户行為是否非法，而非就該等聲明與財務報表之查核目標之關係來考慮 (D) 審計人員不具有偵查客户所為對財務報表有間接影響的非法行為。

( ) 11. 在審計準則公報中，下列何者被歸類為錯誤？ (A) 為管理當局的利益而盜用資產 (B) 編製財務報表時，錯誤解釋已存在的事實 (C) 員工偽造

記錄以掩飾欺詐詭計 (D) 基於第三者利益而蓄意遺漏交易的記錄。

( ) 12. 當會計師發現受查客户有違法行為時，下列何者最可能導致會計師取消委託合約？ (A) 會計師無法合理估計違法事件對財務報表之影響 (B) 違法行為已影響會計師對管理當局聲明的信賴 (C) 違法行為對財務報表有重大影響 (D) 違法事件已被傳播媒體報導。

( ) 13. 當查核人員發現有重大錯誤（Errors）及舞弊（Irregularities）的嫌疑時，他（她）應： (A) 考量（Consider）錯誤及舞弊事項的涵義及影響，並與適當層級的管理階層商量 (B) 盡到專業上應盡之注意力，自己進一步調查，以確定重大錯誤及舞弊是否確已發生 (C) 要求管理階層調查，由管理階層確定重大舞弊及錯誤是否確已發生 (D) 不再信賴受查者內部稽核部門的功能，全面擴大查核範圍。

( ) 14. 關於錯誤與舞弊事項，下列敘述何者是正確的？ (A) 會計師對於委託公司之財務資訊應負防止或發現舞弊與錯誤之責任 (B) 會計師的查核工作之規劃執行，應專為發現對財務報表有重大影響的舞弊或錯誤而設計 (C) 會計師設計查核程序以合理保證：查核時能發現因舞弊或錯誤可能導致財務報表重大不實之情事 (D) 會計師發現重大舞弊事件，以致財務報表重大不實表達時，應向政府機關提出檢舉。

( ) 15. 若查核人員發現一個對委託人財務報表影響不大，但確實不合法之行為，通常應如何處置？ (A) 要求在財務報表附註中揭露，因為其性質太特殊 (B) 向適當的執法單位或主管機關報告該非法行為 (C) 在查核報告中，另設一段報導該非法行為 (D) 將此事告訴受查單位之適當高階主管。

( ) 16. 會計師對重大錯誤及舞弊之責任，下列敘述何者較適當？ (A) 若因客户未採行一般公認會計原則，以致查核人員未發現重大錯誤及舞弊，則會計師須對「未發現重大錯誤及舞弊」一事負責 (B) 若查核中發覺重大錯誤及舞弊可能存在，則應擴大查核程序 (C) 除非會計師未曾函證應收款項監盤存貨，否則會計師不必對「未發現重大錯誤及舞弊」一事負責 (D) 即使沒有證據顯示可能有重大錯誤及舞弊，會計師也必須擴大查核程序來偵查未入帳的交易。

( ) 17. 怡肥公司新任董事長上任一個月後，即在總經理未換人的情況下修改公司章程，將「總經理秉持董事會決定處理公司業務」改為「總經理秉持董事會方針及董事長之命令處理公司業務」。以下諸陳述中，何者為非？ (A) 上述改變使怡肥公司的財務報表不實 (B) 上述改變影響怡肥公司的內部控制 (C) 上述改變使怡肥公司的營運效率改變 (D) 上述改變使怡肥公司遵循法令的程度改變 (E) 上述改變使怡肥公司違法。

( ) 18. 下列何種事項，通常在初步規劃審計工作時，不是工作的重點？ (A) 決定是否接受或繼續接受客户之委託 (B) 獲取客户有關法律責任之資訊 (C) 選擇適當之審計人員進行該工作 (D) 取得委託書。

( ) 19. 當會計師執行第一次審計時，他應該向前任會計師查詢，這是一項必要的審計程序，因為前任會計師可提供給後任會計師有關資訊以助其決定：(A) 是否利用前任會計師的工作 (B) 公司是否遵循其輪換會計師之政策 (C) 前任會計師是否曾注意到內部控制之任何缺失 (D) 是否接受此項委託。

( ) 20. 若擬繼任之會計師在接受委託前要求與前會計師聯繫並借閱工作底稿，但委任人不表同意，則該擬受委託之會計師可能修正其對下列何者之態度或判斷？ (A) 原構想中之查核計畫是否適當 (B) 委託人可能有繼續經營方面之危機 (C) 委託人可能限制查核範圍 (D) 委託人之品德。

( ) 21. 下列有關繼任會計師決定接受委任前之行動，何者較適當？ (A) 在不告知客户的情況下，直接與前任會計師聯絡，並在承諾保密後，取得有關前任會計師對於終止委任的完整說明 (B) 無須聯絡前任會計師而逕行接受委任，因為會計師可以採取查核程序來驗證客户對更換會計師之原因所做之解釋 (C) 不與前任會計師聯絡，因為這會使前任會計師違反保守業務機密的義務 (D) 告訴客户欲與前任會計師聯絡，並取得其同意後才進行聯繫。

( ) 22. 以下之查核程序，何者最後才進行？ (A) 取得客户聲明書 (B) 盤點現金 (C) 閱讀董事會議記錄 (D) 函證應付帳款。

( ) 23. 下列何者可以說明為何一個適當設計與執行的查核程序，可能還是無法

發現重大舞弊？ (A) 能有效發現非故意的錯誤，但不能有效發現因串謀而發生之舞弊 (B) 在評估控制風險時，故意的錯誤會增加風險，但對於財務報表非故意的錯誤，其評估的風險水準通常很低 (C) 查核程序是設計用來偵查重大錯誤提供合理的保證，但查核人員對重大舞弊的偵測並無責任 (D) 考慮查核程序設計與執行的成本 。

( ) 24. 分析性覆核之基本假設： (A) 就財務比率所做的分析，可作為異常變動深入查核的替代方法 (B) 分析性覆核程序不能替代對交易及科目餘額之證實查核程序 (C) 對財務資訊做比率分析，可發現財務報表上的重大錯誤 (D) 在沒有反證時，可合理預期原本存在於資料間之關係將存在。

( ) 25. 查核人員不可能請求專家協助評估下列哪一項？ (A) 藝術品存貨之價值 (B) 固定資產之估價 (C) 礦產之蘊藏量 (D) 未上市證券之價值。

( ) 26. 在查核規劃階段，固有風險與偵查風險之關係，以及固有風險與查核證據量的關係分別為： (A) 正向、負向 (B) 正向、正向 (C) 負向、負向 (D) 負向、正向。 〔103 年高考三級〕

( ) 27. 下列哪一程序，可提供查核人員對受查者內部控制運作有效性之最佳確信？ (A) 重新執行（reperform）控制程序 (B) 詢問受查者員工 (C) 觀察受查者員工之作息 (D) 函證外部人士。 〔102 年會計師〕

( ) 28. 關於專家報告之採用，下列敘述何者正確？ (A) 受查者職員不得作為專家而提供專家報告 (B) 查核人員須對專家報告所用之資料及結論進行評估 (C) 在任何情況下查核報告中均不得提及專家報告，以避免被誤解為分攤責任予專家 (D) 專家報告所用之假設或方法是否適當係專家責任，不具專業知識的查核人員無須加以評估。 〔102 年高考三級〕

( ) 29. 根據我國審計準則公報第五十一號規定，查核人員於執行下列哪些工作時皆會應用重大性觀念？①規劃及執行查核工作 ②決定風險評估程序之性質、時間及範圍 ③評估所辨認不實表達對查核之影響 ④評估未更正不實表達對財務報表之影響 ⑤辨認及評估重大不實表達風險 ⑥形成查核意見 (A) 僅①②③⑥ (B) 僅①③④⑥ (C) 僅①③⑤ (D) 僅②④⑥。

〔102 年高考三級〕

(　) 30. 分析性覆核可以在下列哪些時機實施？①初步規劃時 ②查核過程中 ③作成查核結論時 (A) 僅①② (B) 僅②③ (C) 僅①③ (D) ①②③

〔100 年會計師〕

(　) 31. 當繼任會計師接受邀請實施初次審計時，常常要求前任會計師提供各項資料，據以協助決定： (A) 前任會計師的工作底稿應否利用 (B) 公司是否沿用輪調會計人員的方針 (C) 前任會計師是否瞭解內部控制的弱點 (D) 應否接受委任。〔99 年高考三級〕

(　) 32. 下列何者為分析性程序的基本假設？ (A) 不能取代交易的測試工作 (B) 可能導致發現財務報表的重大錯誤 (C) 可取代對異常波動的調查 (D) 除非發生相反的情況，否則資料間關係的預期會繼續保持。

〔99 年高考三級〕

(　) 33. 會計師採用專家報告作為查核證據時，下列敘述何者錯誤？ (A) 會計師應評估專家之身分是否客觀 (B) 會計師應評估專家報告所用之假設或方法及其應用是否適當 (C) 會計師應評估專家報告所用資料是否適當 (D) 會計師如認為必要，得於查核報告中提及專家報告。〔99 年會計師〕

(　) 34. 會計師首次受託查核財務報表，有關期初餘額之查核，其範圍不包括下列何項？ (A) 前期結轉本期之金額 (B) 受查者前期所採用之會計原則 (C) 前期期末已存在之或有事項及承諾 (D) 前期損益表之金額。

〔99 年會計師〕

解答

1.(C)	2.(A)	3.(B)	4.(A)	5.(B)	6.(B)	7.(A)	8.(C)	9.(E)	10.(A)
11.(B)	12.(B)	13.(A)	14.(C)	15.(D)	16.(B)	17.(A)	18.(C)	19.(D)	20.(D)
21.(D)	22.(A)	23.(A)	24.(D)	25.(D)	26.(B)	27.(A)	28.(B)	29.(B)	30.(D)
31.(D)	32.(D)	33.(D)	34.(D)						

二、問答題

1. 試請就行為和目標二方面說明經理人與非經理人舞弊的區別。並說明查核人員對此種舞弊，應採行的策略為何？

解答

	經理人舞弊（管理舞弊）	非經理人舞弊（員工舞弊）
定義	(1)管理舞弊係指財務報導不實。 (2)財務報導不實有二種可能： ①遺漏：即有應予揭露之事項卻不予揭露。 ②錯誤：即雖揭露了但所揭露之資訊乃是錯誤的。 (3)此乃根據美國審計準則公報第五十三之定義，其稱不實財務報導為管理舞弊。最高行政主管意圖欺騙股東、債權人、會計師。	係指企業資產被員工侵占或偷竊，此等員工可能是管理階層或一般員工。針對員工舞弊，管理當局雖極力防範，但仍於公司內部發生之詐欺行為。
行為	發布誇大公司盈餘及財務能力而令人誤解財務報表。	利用內部控制缺點，達成偷竊資產目的。
目標	謀求更高之薪資、紅利與偷竊資料。	偷竊資產。
所生影響	大。	小。
是否可依內部控制加以防止	不能依賴。	健全內部控制可以防止。

2. 投資人認為會計師應查明一切重大的錯誤、舞弊和非法行為，以保障其使用外部財務資訊作為決策的擔保人，但會計專業界認為管理當局對本身所報導的財務資訊負有責任。試問：

(1) 列示查核人員懷疑企業財務報表中，可能存有錯誤或舞弊時，應採取之程序。

(2) 列舉非法行為比錯誤和舞弊更難偵查的情況。

(3) 列舉查核人員應予以注意造成管理當局編製不實財務報導的情境（即潛在的壓力）。

解答

(1)①評估影響，修正程序：具有舞弊或錯誤跡象時，若查核人員認為該舞弊或錯誤對財務資訊可能發生重大之影響，則應考慮下列因素而修正查核程序：

A. 可能發生之舞弊或錯誤之型態。

B. 可能發生之舞弊或錯誤對財務資訊之影響。

②重估制度，修正程序：舞弊或錯誤為內部控制制度所可防止或發現者，查核人員應再檢討以前對內部控制制度所做之評估，必要時修改證實查核程序。

③確定存在，調整揭露：若確定舞弊或錯誤存在時，則查核人員應確認舞弊之影響，已於財務資訊適當反映或錯誤均已更正。

④與管理當局討論：

A. 查核人員遇有下列情況，應盡速與適當之管理階層商討：

(A) 舞弊很有可能存在。

(B) 舞弊或重大錯誤確實存在。

B. 若涉及管理舞弊：

(A) 對於管理階層涉嫌之舞弊案，宜向職位比該涉案者更高之管理階層報告。

(B) 若受查者之最高負責人亦涉嫌舞弊時，查核人員應經審慎考量後，決定須採行之查核程序或取消委任合約。

(2)非法行為比錯誤和舞弊更難偵查的情況為：

①非法行為所涉及的法令主要與受查者的業務經營有關。

②查核人員所取得的大部分證據，僅具說服力，而不具結論性，受查者所涉及之行為非法與否，必須由法院或行政機關決定。

(3)造成管理當局編製不實財務報導的情境如下：

①產業景氣愈趨衰退。

②因擴充過速導致營運資金不足。

③業績欠佳。

④企業有維持獲利成長趨勢之必要。

⑤大量投資於風險甚高之產品或行業。

⑥企業之經營集中於單一或少數之產品或客户。

3. 國寶實業公司董事長謝君接任現職後，瞭解公司近年來各方面均有進步，殊為滿意。唯獨對會計部門之工作品質未能與其他部門之成就相配合，而耿耿於懷，遂決定委聘葉會計師提供專業服務及辦理初次之年度帳務查核工作。該公司會計採曆年制，10月1日謝董事長致會計師委託書中附帶説明會計之輔助分户帳尚未與統馭帳軋平，約有2個月之交易未曾過帳，及銀行結單尚有多月未曾調節等事項。葉會計師接受委託後，經擬定下列六項方案：

(1) 要求管理當局採取一切必要步驟軋平帳户，並於年底前按現行基礎記載所有交易，俾審計工作能於規定日期開始及在合理時間內完成。

(2) 向管理當局説明會計室業務上缺點殊為嚴重，並解釋會計師執行審計優點之一，即在軋平帳户與清結積壓之過帳工作。

(3) 建議立即分析各帳户情況，然後在彼此早已同意之年度審計前，另行簽約以辦理各項必要之改正工作。

(4) 提供即刻分析各項會計記錄並檢討會計室人事之服務，俾可做成襄助委託人內部職員改善會計記錄至可接受程度之建議。

(5) 通知委託人非待年度審計工作後，一切改正工作均不宜採行；並説明實施這次審計後，將提供會計缺點之性質及原因等資料，俾加強未來之作業效率。

(6) 通知委託人不能接受委任合約，由於會計記錄殊欠健全，致無法對公司財務報表表示意見。

請逐一評述上列六項方案，選擇其中認為可行之最好方案，並説明原委。如認為並無一案適合，亦可另行擬訂並加其理由。

解答

(1)由於委託書係委託會計師就年度帳務加以查核，但因該公司聲明會計之明細帳與總帳未軋平且尚有兩個多月交易未曾過帳，另外亦有數月未編銀行存款調節表，因此會計師建議受查者先採取一切必要步驟軋平帳户，並於年底前按現行基礎記載所有交易，此時會計師係站在管理顧問之地位提出此一合理之帳務處理建議案，待受查者之帳目軋平之後，會計師可於查核報告出具後發出致經理人函，說明其相關帳務處理之內部控制缺點及其改進意見。

(2)站在接受審計委任之角度而言，同管理當局說明會計室業務上缺點，係可有可無之動作，不曾重大影響審計之工作，但說明會計師執行審計優點之一，即在軋平帳户與清結積壓之過帳工作，乃是葉會計師十分嚴重之錯誤，因為審計工作之執行主要在於降低資訊風險而非對帳，且管理當局對於其所編製之財務報表負責，而會計師之責任乃對該報表是否允當表達予以表示意見，因此會計師不得對管理當局表示審計之優點在於軋平帳户。

(3)若彼此同意於年度審計前另行簽約辦理各項必要之改正工作時，表示客户同意會計師為其執行帳務之處理並編製其財務報表，此舉將嚴重影響會計師之超然獨立性，故會計師不得對客户（受查者）提出此一建議案。

(4)若由會計師提供即刻分析各項會計記錄，並檢討會計室人事之服務，俾可做成襄助委託人內部職員改善會計記錄至可接受程度之建議，可使受查者因有效的職能分配得宜而提高會計工作效率，且增加會計資訊提供之品質、會計師未來查核工作之進行亦得以較為順利，此乃會計師先站在管理顧問之地位提供受查者有關之諮詢，原則上此方案乃是一個最佳之方案，但會計師應注意不得有涉及受查者（委託人）決策及人事任用之權利。

(5)通知委託人須等待至審計工作後才能有改正工作之行動，此乃錯誤之方案。因財務報表於會計期間與會計期間內均具有關聯性，本期之錯誤不加以改正而延至次期再改正，則會影響本期財務報表之正確性，因此此方案之建議乃是錯誤的。

(6)通知委託人不能接受委託合約，由於會計記錄殊欠健全，至無法對公司財務報表表示意見，此方案乃是錯誤之處理方案。因會計師係10月1日接到合約書，離年度結束尚有三個月，而且受查者已明白告知，該公司之會計缺點只是帳務未予以軋平，若能給予好的建議，提高職員之工作效率即可使財務報表適時產生。會計師在未試著執行合約之前即欲取消合約，如此事務所將會時常喪失客户之來源，通常只有在會計師對受查者之管理階層品德有疑慮或其財務資訊根本無法執行審計工作，致會計師很有可能表示無法表示意見，才會拒絕接受審計委任合約，故此方案乃唯一錯誤之抉擇。

4. 馬會計師已查核簽證甲股份有限公司民國90年度之財務報表，91年10月2日，甲公司通知馬會計師擬更換會計師，91年11月1日正式委任陳會計師查核簽證91年度財務報表。回答下列問題：

(1) 陳會計師於91年11月1日前，應向馬會計師查詢何資訊供做是否接受委任之參考？

(2) 依審計準則公報規定，馬會計師可否拒絕陳會計師之查詢？

(3) 陳會計師首次查核甲公司91年度之財務報表，因未能觀察90年底存貨之盤點且金額重大，若陳會計師對91年存貨盤點之觀察獲得滿意結論時，陳會計師對90年底存貨，可採何查核程序替代之？

解答

(1)查詢事項：

①管理階層之品德。

②前任會計師與管理階層間對會計原則、查核程序及其他有關重要事項是否有歧見。

③委任人更換會計師之原因。

(2)除有特殊情況下，只要委任人同意，馬會計師即應對陳會計師合理之詢問迅速詳細答覆。

(3)可採取下列一項或多項程序代替之：

①參閱前任會計師之查核工作底稿。

②核閱上期存貨盤點記錄及文件。

③抽查上期存貨交易記錄。

④運用毛利百分比法分析比較。

5. (1) 查核過程是一套明確訂定的方法，以確保查核中能蒐集到充分與適切之證據，並且建立與達成適當之審計目標。查核過程一般可分為四大階段，簡述此四大階段之內容。

(2) 會計師查核財務報表所採用的查核測試可區分為五類，在查核過程中不同階段實施。試述這五類查核測試包括哪些。並說明各類查核測試在查核過程之哪些階段實施。

(3) 對會計師而言，哪一種查核測試的成本最低？哪一種查核測試的成本最高。

解答

(1)查核過程之四大階段：

①接受委任：評估及接受新客戶之委任或繼續保留原有客戶。

②規劃審計：包括判斷、重要性水準、考慮審計風險、分派工作人員及設計審計程式等。

③執行審計：

A. 研究及評估客戶之內部控制結構。

B. 獲得並評估有關財務報表允當表達之憑證。

④出具審計報告：依據查核結果，出具審計報告表示意見。

(2)

查核測試種類	實施之查核過程
檢查	執行審計
觀察	規劃審計、執行審計
查詢及函證	接受委任、規劃審計、執行審計
計算	執行審計
分析及比較	規劃審計、執行審計

(3)①查核測試成本最低：分析及比較。

②查核測試成本最高：函證。

6. 您正會見偉達公司管理者，以約定您的事務所要查核該公司 19X3 年度的財務報表之有關事宜。有一委託客户主管建議查核工作要分給三個查核人員，一個查核資產帳户，另一個查核負債帳户，第三個查核收入費用帳户，這樣可使查核時間極小化，避免查核人員工作重複，以及縮減對公司營運的干擾。

(1) 會計師從事查核時，可依照委託客户的建議到何種程度？請討論之。

(2) 列舉及討論為何查核工作不能只根據資產負債表及收入費用的範圍來設計分配。

解答

(1)會計師的專業地位及聲譽不容許他遵從其委託客户有關查核進行之建議，除非此建議的本質很清楚地與他的專業能力、判斷力、誠實性、超然獨立或道德準則沒有衝突。會計師在考慮委託客户的建議時，必須記住他是對其報表表示意見負責，而不是對報表負責，因為報表是委託客户的聲明。當有關所達成之結果並無一致，但委託客户卻提出不同意見的達成方法之建議時，會計師應根據其專業訓練、精通性及專業態度，以權衡使用其自己方法之好處，而不是但求維持與客户間良好關係和方便委託客户，而去採用其建議。會計師不應任意同意委託客户之意見，而使得他的查核約定違反了一般公認審計準則或職業道德規範，但有時由於實務上的因素，他卻必須以一個連他自己都不相信是最適當、最方便及最有效之方法去進行查核。

(2)查核工作不能只根據資產、負債、收入及費用來分配之原因有：

①給人員分配工作時，要考慮工作的困難程度和個別人員之技術能力，能否和經驗配合。

②查核工作之履行順序須根據全面性的查核計畫。

③由於各帳户間經常有很密切的關係，不只限於某一範圍內，因此不能以主要標題來劃分查核工作。例如：收入以資產為基礎或費用以負債為基礎。

④通常單一查核工作底稿，可證實各類型帳户之餘額。例如：一項保險分析可支持保費支出、費用部分及預付餘額之證實。

⑤若人員分配以此為基礎，則很可能發生人員工作重複的現象。

⑥有時關於某一帳户工作範圍，需要很多人員同時參與。例如：存貨之觀察。

⑦很多查核作業不容許以範疇來區分。例如：調查內部控制、測試交易及撰寫報告。

⑧所建議之三段式分割通常無法使查核時數的分配結果大約相等，因資產之查核通常是最花時間的。

7. 甲會計師事務所主要服務之客户包括電信、媒體及電子等當紅產業之龍頭企業，並擁有陣容堅強之專業會計審計研究團隊。甲會計師事務所為拓展其服務客户之領域，在經過經營階層審慎評估後，決定爭取國內大型金融控股公司之財務簽證業務。

試問：甲會計師事務所擬承接或爭取此類新客户時，應考量之事項為何？

〔102年會計師〕

解答

決定查核案件之承接時，應考量下列事項：

(1)潛在客户治理單位之品德。

(2)查核團隊是否具備執行查核案件之能力，及足夠時間與人力。

(3)查核團隊是否具備獨立與客觀。

Chapter 6

重大性、風險及初步查核策略

■第一節　重大性

重大性觀念指引一般公認審計準則的應用，尤其是外勤準則及報告準則。於查核財務報表中，重大性具廣泛的影響。審計人員於規劃查核工作及評估財務報表整體是否依一般公認會計原則允當表達，須考慮重大性（審計準則公報第五十一號）。

一、*重大性觀念*

重大性意指會計資訊之遺漏或不當表達的程度，以周遭環境的觀點考量之，足以使理性決策者受此遺漏資訊，而改變或影響其決策。換言之，該項資訊的重要性大到足以影響決策。公報所稱重大性，係指財務報表中錯誤（不實表達）之程度很有可能影響使用該財務報表人士之判斷者。此所指的「財務報表中不實表達」，爲金額或性質或兩者關聯之事件，其中性質包含錯誤或舞弊、金額包含個別金額或彙總金額。

二、*重大性的初步判斷*

審計人員於規劃查核之初，必須對重大性水準做一初步的判斷。依據審計準則公報第五十四號，集團主要審計團隊除針對個體查核報告書定應查核策略與財務報表重大性之外，應於訂定集團整體的查核策略，並決定集團財務報表整體重大性（包括執行重大性）。由於周遭環境可能改變及於查核過程中可能會獲得委託客戶的額外資訊，因而規劃時的重大性水準最後可能會不同於評估查核發現結果時所用的重大性。規劃一項查核時，審計人員須從三方面評估重大性：

(一) 財務報表整體方面

審計人員考量財務報表整體，出具允當性查核意見。

財務報表重大性指財務報表整體的最小錯誤，重大到足以令財務報表無法依一般公認會計原則允當表達。對重大性進行初步判斷時，審計人員應該先確定每張報表之重大性總和整體水準，且使用各財務報表中有重大影響的誤述金額最低爲最小重大性金額。

(二) 科目餘額方面

審計人員驗證帳戶餘額以對財務報表允當性做整體性結論。

科目餘額的重大性水準是指科目在被認爲有重大不當表達的情形前，可容許的最大誤述，亦稱爲可容忍的誤述。科目餘額的重大性不可和「重大的科目餘額」相混淆。後者乃指以記錄會計科目餘額大小，而重大性的觀念是指影響到使用者決策的誤述金額。

(三) 將財務報表的重大性分配至各會計科目

將審計人員初步判斷財務報表重大性之後，分配其至各科目之間，便可得到科目餘額的重大性。這項分配包括分配至資產負債表及損益表的科目。然而，因爲大部分損益表的誤述會影響資產負債表且資產負債表的科目較少，因爲許多審計人員以資產負債表科目作爲分配的基礎。在做分配時，審計人員必須考量：(1)此科目誤述的可能性及；(2)驗證此科目的可能性。

三、*重大性之特性*

1. 某些事項對財務報表之允當表達較重要，而其他事項則相對較不重要。
2. 查核人員在決定錯誤是否重大時，通常應考量錯誤之性質與金額，及其與受查財務報表之關係。適用於某一企業財務報表之重大性標準未必適用於另一企業。上期重大性金額未必與本期相同。
3. 重大性金額判斷須綜合考量金額與性質，金額不大之錯誤仍可能對財務報表產生重大影響。
4. 同一企業同一期間不同報表之重大性標準可能不同，惟財務報表互有關聯性，查核人員於規劃查核工作時所須考慮重大性標準，通常係以各財務報表重大性標準之金額最低者爲準。
5. 查核人員於規劃查核工作時，如受查者財務報表尚未編製完成，或所編製之財務報表尚須做重大修正時，查核人員得根據期中財務報表換算年

度，根據上年度財務報表，並參考受查者經營情況變動、整體經濟及產業環境之相關變動等之影響，做必要之修正，據以做成重大性標準之初步判斷。

6. 查核人員擬定各科目或交易之查核程序時，應將可接受之重大性標準之金額分攤至各科目餘額或各類交易。查核人員得依其各科目或交易所預期可能發生之錯誤予以分攤，亦得依其專業與經驗判斷而逕行分攤。
7. 當財務報表中一項或多項特定交易類別、科目餘額或揭露事項之不實表達雖低於財務報表整體重大性時，該等重大不實表達仍有可能將影響財務報表使用者所作之經濟決策，如：財務報表所依據之準則或法令，是否影響財務報表使用者對某些項目（例如，關係人交易及管理階層與治理單位之酬勞）衡量及揭露之預期、與受查者產業有關之重要揭露（例如，製藥公司之研究發展支出）、財務報表使用者是否特別關注財務報表中單獨揭露之受查者業務特定層面（例如，新收購之業務）。

四、方　法

當重大性水準數量化時，某些會計師喜好單獨評估各帳戶的重要性金額再加總視其整體影響可能性的查核Bottom-Up法；而某些會計師則偏愛先評估財務報表之重大性水準，再分配給各會計科目，俾以決定審計工作重大水準的Top-Down法。後法較優，可避免在評估財務報表整體重大水準時會因超過適當水準而感到吃驚。然而，重大性之決定涉及專業判斷。查核人員通常以所選用基準之某一百分比作爲決定財務報表整體重大性之起點。適當基準可能受以下因素所影響：

1. 財務報表組成要素。
2. 財務報表使用者是否有較爲注重之項目。
3. 受查者產業性質與經濟環境。
4. 受查者之股權結構及籌資方式等。

五、步　驟

審計人員在查核過程中，應用「重大性水準」的步驟如下：

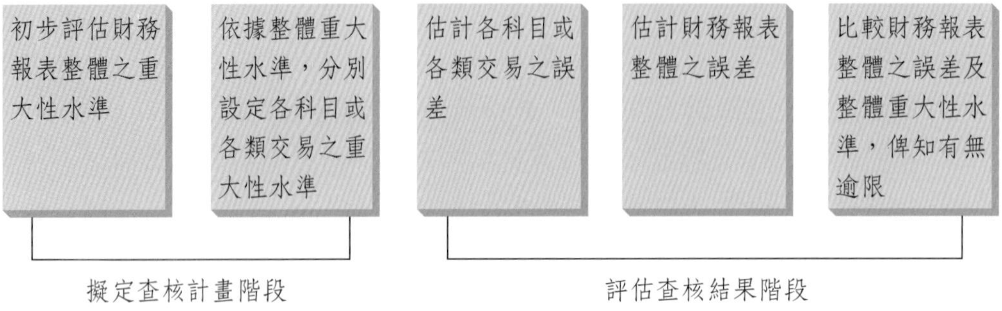

初步評估財務報表整體之重大性水準	依據整體重大性水準，分別設定各科目或各類交易之重大性水準	估計各科目或各類交易之誤差	估計財務報表整體之誤差	比較財務報表整體之誤差及整體重大性水準，俾知有無逾限
擬定查核計畫階段		評估查核結果階段		

六、結　論

審計人員有必要衡量財務報表整體的重大性水準，即財務報表整體的可容忍誤差，俾作爲專業判斷的標準。當財務報表整體之誤差在可容忍程度內，因不致使財務報表閱表人誤導，審計人員尚無須修改查核意見。但當財務報表整體之誤差超越可容忍程度時，財務報表閱表人有受誤導之虞，審計人員應要求受查者做調整更正，或在調整分錄被拒的情況下，尋求法律專家的意見及其他法律程序，或者簽證修正式意見。

■第二節　審計風險

一、考慮審計風險（審計準則第五十一號）

審計風險是指，會計師簽發不當意見之可能性：

1. 查核人於規劃查核工作時，應根據對受查者事業之瞭解，評估整體查核風險，以擬定查核策略及人員配置，並作爲評估各科目餘額各類交易之重大性標準及查核風險之參考。

2. 評核整體查核風險時，亦應考量同時影響若干科目餘額或交易類別之事項，如繼續經營能力等。查核人員應根據整體查核風險之評核結果，進一步考量各科目餘額或交易之查核風險，以擬定其查核程式。

(一) 財務報表之查核風險要素

1. 管理當局的特徵

(1) 管理當局的運作及財務決策由一個人支配。

(2) 管理當局對財務報導所持的態度。

(3) 管理當局的人員異動（特別是高級會計人員）頻繁。

(4) 管理當局過分強調盈餘計畫的達成。

(5) 管理當局在會計業界的聲譽不好。

2. 營運的特徵

(1) 企業的獲利能力相對於本身而言，並不適當或不協調。

(2) 營運成果對於經濟因素（如通貨膨脹、利率、失業等）的敏感性偏高。

(3) 該個體所屬行業的變動速度快速。

(4) 該個體所屬行業之發展因許多企業的失敗而減緩。

(5) 分權化的組織缺乏適當的監督與協調溝通。

(6) 內在或外在事項顯示出對個體繼續經營能力的懷疑。

3. 合約的特徵

(1) 存在多具爭議性或困難的會計問題。

(2) 重大交易或餘額之查核有困難。

(3) 新承接非主要產品之訂單、非常規或不尋常之交易。

(4) 前財務報表的查核中所偵知的可能錯誤不實，其性質與原因（若爲已知的話）或金額爲重大時。

(5) 以前未曾接受過查核或無法由前任查核人員取得充分資訊的新委託客戶。

(二)組成因素的定義

各科目餘額獲各類交易之風險可分為固有風險，控制風險及偵知風險。

1. 固有風險

係指在不考慮內部控制狀況下，某科目餘額或某類交易發生重大錯誤之風險。固有風險與企業之業務性質、經營環境及科目或交易之性質有關。某些科目或交易之固有風險較高，例如存貨計算繁複較易發生錯誤、現金較易遭竊、會計估計較不易準確。

2. 控制風險

係指內部控制制度未能預防或查出重大錯誤之風險。內部控制先天即受控制，故控制風險永遠存在。控制風險之大小繫於內部控制程序達成控制目標之程度。

3. 偵知風險

係指查核人員執行查核程序後仍未能查出既存重大錯誤之風險。查核人員因選用不當查核程序、執行偏差、誤解查核結果、採用抽查等，均可能造成偵知風險。偵知風險之大小繫於查核所採用之查核程序及其執行情形，惟查核人員可藉適當之規劃與督導、實施查核工作之品質管制等，以降低偵知風險。

要　素	意　義	影　響
固有風險 (Inherent Risk)	係指在沒有相關內部控制，帳戶發生重大誤述的可能性。	委託人及其環境
控制風險 (Control Risk)	係指重大的錯誤或不實，未能適時地由公司的內部控制結構予以避免或偵查出的風險。	委託人及其環境
偵知風險 (Detection Risk)	當帳户餘額存有重大錯誤時，而查核程序卻導致查核人員作出帳户餘額並未存在重大的錯誤的結論。	查核程序的有效性

(三)組成因素的內容

1. 固有風險

是獨立於財務報表的查核而存在的。因此，查核人員無法改變固有風險的眞實水準，然而查核人員可以改變固有風險的評估水準（Assessed Level）。例如查核人員可能會選擇固有風險爲最大水準，即設定固有風險爲一：

(1) 固有風險難評估，通常與控制風險合併者考慮。

(2) 當查核人員在去年查核時發現有重大誤述時，固有風險評估水準提高；委託客戶會計人員誤解會計人員原則與有較複雜會計處理及計算（如存貨、不動產估計、特許權、石油開採等）亦同。

(3) 固有風險在某些科目中發生的機會較大，例如複雜的租賃、退休金之計算，比起直線法，折舊之計算更容易發生錯誤。有些科目較易遭受損失、舞弊或偷竊，例如現金比廠房資產易於被偷竊。

(4) 查核人員對固有風險評估主要是在規劃查核期間完成。

2. 控制風險

查核人員對控制風險完全基於內部控制結構的有效性而定，基於內部控制的先天性限制存在，控制風險永遠存在，控制風險不得評估低至完全信賴內部控制結構，而不執行其他查核程序，正如先天性風險，控制風險的眞實水準不能由查核人員加以改變，然而，查核人員可以藉由：

(1) 瞭解與財務報表主張有關之內部控制結構的程序。

(2) 執行控制測試之程序。

一般而言，當查核人員希望能支持較低的控制風險時，須廣泛地使用這些程序。查核人員在查核規劃階段，必須爲每一個重大的財務報表主張決定一個控制風險的計畫評估水準。

3. 偵知風險

通常利用證實程序進行查核。證實程序通常可分爲三類：

(1) 有關帳戶餘額的分析性覆核。

(2) 交易型態的詳細測試。

(3) 科目餘額的詳細測試。

固有風險與控制風險不因查核人員之查核而改變，偵知風險則受查核人員所採用查核程序及其執行情形之影響。

二、查核風險

1. 就整體觀點而言，查核風險係會計師對財務報表簽發不適當意見的可能性，而其中最糟的現象：因會計師未能發現重大誤述情況而對令人誤解的財務報表簽發無保留意見查核報告，此類風險永遠存在，即使會計師妥善規劃及執行查核時，風險也只是較低而已。
2. 查核專業並未明定查核風險的可接受水準標準爲何。僅要求「在可接受較低的水準之下」，在觀念上應低於1%。
3. 在其他情況不變之下，提高重大性水準將使查核風險降低。
4. 風險組成要素之間的關係：

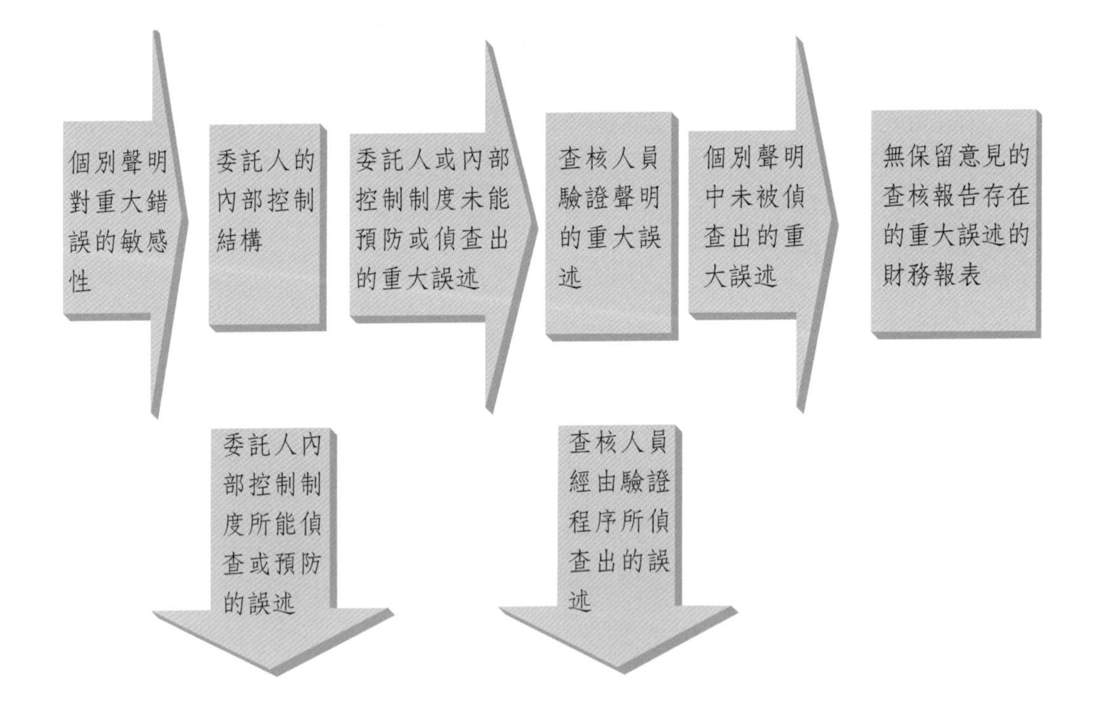

三、*查核風險模型*

查核風險模型顯示查核風險的組成因素關係如下：

1. 查核風險＝固有風險 × 控制風險 × 偵知風險

$$AR = IR \times CR \times DR$$

上述查核風險模式之解釋：在既定的查核風險水準下，會計師須先評估固有與控制風險，再調整偵知風險，因偵知風險係查核人員本身可控制的依據其評估後之偵知風險，再設計其查核程序。查核人員應根據財務報表聲明之固有風險及控制風險水準，決定可接受之偵知風險水準，並據以決定證實程序之性質、時間及範圍。當固有風險較低時，查核人員可接受較高之偵知風險；反之，查核人員僅能接受較低之偵知風險。

固有風險、控制風險與偵知風險均得以數量化或非數量化之方式表達，如百分比或高、中、低等級。

當可接受之偵知風險水準較低時，正式測試所須提供之確信程度應相對提高，因此查核人員至少須採行下列程序之一：

(1)改變證實程序之性質，採用更有效之查核程序。例如：對受查者外部獨立之第三者直接進行測試，以取代對受查者內部人員或文件之測試。

(2)改變證實程序之時間，於更接近資產負債表日執行測試。

(3)擴大證實程序之範圍，增加某項查核程序之樣本做成工作底稿。

固有風險（IR）= 50%；控制風險（CR）= 50%

再者，假設審計人員指明整體查核風險（AR）為5%，則偵知風險如下：

$$\text{偵知風險} = \frac{\text{查核風險}}{\text{固有風險} \times \text{控制風險}}$$

$$DR = AR/(IR \times CR) = 0.05/(0.5 \times 0.5) = 20\%$$

2. 修正的公式

$$AR = CR \times AP \times TD$$

AP：是指利用分析性程序，仍無法偵知錯誤的風險。

TD：是指利用詳細證實測試，仍無法偵知錯誤的風險。

修正公式之過程：

(1) 以保守的觀點衡量固有風險，假設固有風險 = 1

$$AR = CR \times DR$$

(2) 將偵知風險分爲AP與TD，即 $DR = AP \times TD$

故修正的查核風險模式爲 $AR = CR \times AP \times TD$

四、查核工作之規劃及執行與重大性，查核風險間之關係

1. 查核人員於規劃查核工作時，應對可接受之查核風險及重大性標準做成初步判斷，必能在此條件下取得足夠與適切的證據。查核人員以專業判斷決定對重大性標準，通常該判斷會考量財務報表使用者對資訊需求的影響，因此查核人員合理假設財務報表使用者：
   (1) 對商業與經濟活動及會計具有合理認知，並願意用心研讀財務報表資訊。
   (2) 瞭解財務報表之編製、表達及查核均隱含對重大性之考量。
   (3) 瞭解某些財務報表金額之衡量因使用估計、判斷及對未來事件之考量而存有先天之不確定性。
   (4) 能以財務報表資訊作成適當之經濟決策。
2. 查核人員擬定查核程序時，應考量查核前期財務報表所發生錯誤之性質、原因與金額。
3. 同一企業同一期間不同報表之重大性標準可能不同，爲財務報表互有關聯，查核人員於規劃查核工作時考量之重大標準，通常係以各財務報表重大性標準之金額最低者爲準。

4. 查核人員據訂各科目或交易之查核程序時，應將可接受之重大性標準之金額分攤至各科目餘額或各類交易。查核人員得依其對各科目或交易所預期可能發生之錯誤予以分攤，亦得依其專業經驗與知識判斷而逕行分攤。
5. 會計師在規劃查核工作時，應依其專業判斷，訂定適當水準之查核風險，此一水準應低至足以對財務報表出具適當之查核意見。
6. 查核人員應對各科目餘額或各類交易分別考量其查核風險，以擬定各科目餘額或各類交易之查核程序。查核人員應對各科目餘額或各類交易訂定較低之查核風險，俾使會計師在查核工作完成時能於較低之整體查核風險下，對財務報表表示意見。

當可接受重大性標準之金額降低時，查核風險相對提高。查核人員認爲須降低某科目餘額或交易之重大性標準或查核風險時，可採取下列一項或多項方法以降低偵知風險：

1. 採用更有效之查核程序。
2. 擴大某項查核程序之範圍。
3. 於更接近資產負債表日執行查核。
   (1) 查核人員應根據所願接受之查核風險上限、所評估之各科目餘額或各類交易固有風險與控制風險，訂定可接受之偵知風險上限，以擬定查核程序。
   (2) 查核人員所評估之固有風險與控制風險愈低，則可接受之偵知風險愈高。但查核人員不得因將固有風險或控制風險上限設定在較低水準，而不執行證實查核程序。

五、查核結果之評估與重大性及查核風險間之關係

1. 查核人員之查核係在累積查核證據。查核人員可能因：
   (1) 執行原訂之查核程序，或
   (2) 從其他來源取得與預期不同之查核證據，而須修正其原訂之查核程

序。

例如：查核人員實際偵得之錯誤可能使查核人員修正其對固有風險與控制風險原有之判斷；而查核人員所取得與財務報表有關之資訊可能使查核人員修正對重大性標準之原有判斷。在此情況下，查核人員須重新考慮部分或全部科目或交易之查核風險及重大標準，並依據修正後之查核風險及重大性標準重新評估原訂之查核程序。

2. 查核人員規劃查核工作與評估查核結果，本應採用相同之重大性標準。惟查核人員規劃查核工作時，無法預知評估查核結果時可能影響其重大性標準判斷之所有因素，故規劃查核工作時，查核人員對重大性標準所作之初步判斷通常不同於評估查核結果所採用之重大性標準。若評估查核結果時所採用之重大性標準，遠低於規劃查核工作時所採用之重大性標準，則查核人員應重新評估所執行查核程序是否充分。
3. 查核人員評估受查者財務報表是否依照一般公認會計原則允當表達時，應彙總財務報表尚未更正之錯誤，以考量其金額與性質是否造成財務報表整體之重大錯誤。
4. 查核人員彙總受查者財務報表尚未更正之錯誤，應包括可能錯誤，而非僅含已知錯誤。所謂已知錯誤係指查核人員已查得之錯誤；所謂可能錯誤係指查核人員推估所查核某科目餘額或某類交易可能發生之全部錯誤總數，含已知錯誤。
5. 查核人員對某科目餘額或某類交易運用審計抽樣執行查核時，應根據樣本中之已知錯誤推估該科目餘額或該類交易之錯誤，再根據推估結果及其他證實查核之結果，評估其可能錯誤之金額。
6. 可能錯誤之彙總數接近重大性標準時，查核人員應考慮執行額外查核程序，或要求管理階層更正已知錯誤，以降低風險。若管理階層拒絕針對查核人員與其溝通之某些或所有不實表達給予更正，查核人員應瞭解管理階層拒絕更正之理由，並於評估財務報表整體有無重大不實表達時，將其納入考量。可能錯誤之彙總數雖未接近重大性標準時，查核人員仍應注意對未來財務報表之可能影響，假若查核人員認為管理階層未更正不實表達（個別金額或彙總數）對財務報表整體之影響屬重大一事，應

請客戶將該事項列入客戶聲明書。

7. 對前期財務報表未來有重大影響之前期可能錯誤，若可能會影響本期財務報表時，查核人員應將錯誤與本期發生之可能錯誤一併考慮。財務報表存有重大錯誤之風險如超過可接受上限，則彙總錯誤時應將該前期可能錯誤計入。

重大性標準之金額與查核風險水準存有反向關係。例如，某科目餘額之查核中，若重大性標準之金額高，則該科目餘額錯誤接受之查核風險較低；反之，重大性標準之金額低，則其被錯誤接受之查核風險較高。此敘述乃適用於查核規劃人員的考量。查核人員在實際查核前，也就是做查核規劃時，須設定可容忍的錯誤即重大性標準，以及設定願意接受的查核風險，其目的乃決定證據蒐集的數量。如何讓審計結果有效果並具效率乃是主要的考量。如果蒐集的證據超過實際需要，則會使查核成本過高，造成無效率；若蒐集過少，則造成會計師可能出具錯誤的查核意見，造成無效果，即審計失敗（Audit Failure）。

因此，如果在低查核風險下，則須蒐集的證據量要大，在此情形下重大性標準訂高，所須蒐集的證據是可以較少，如此使得查核人員在考量查核風險及重大性標準之後所須蒐集的證據適中，不僅考量了查核效果也考慮了查核效率。故在查核規劃階段，設定查核風險與重大性標準時，會計師即須考量使其成反向變動的關係。

查核程序執行後之評估是：

IF 推動的實際母體錯誤＜可容忍重大性錯誤標準 (1)
Then 查核結論為「母體未發生錯誤」

雖然由樣本推估結果是母體無錯誤，若實際上母體卻存在錯誤，則審計人員出具的是一個錯誤的結論，也就是審計程序未能確實偵查之母體實際上存有錯誤，此乃所謂「審計失敗」。

因此，就查核風險而言，也只有在當第(1)情況是成立的情況下，才會產生實際的查核風險，因為查核風險是做成錯誤結論的機率，這是會計師比較擔心的風險，我們稱此種風險為型二風險，也就是β風險。以下嘗試分析風險與重大性標準成反向關係為何適用在查核規劃，而不是適用在查核程序執行後之評估。

評估查核結果

執行函證200個應收帳款細帳戶及其他查核程序後，由樣本中發現的錯誤推估母體2,000個應收帳款帳戶的錯誤為$800,000。

實際查核風險是指從樣本推估母體錯誤（$800,000）超過可容忍錯誤（TM）的機率。

情境一：會計師認為財務報表應收帳款數字相當可靠，故在規劃時設定

$$TM_1 = \$1,600,000$$

情境二：會計師認為財務報表上應收帳款數字較不可靠，故在規劃時設定

$$TM_2 = \$16,000,000$$

因為$800,000與$1,600,000的差距對於$800,000與$16,000,000差距小很多，因此$800,000的母體推估錯誤 > $1,600,000的可能性

（$=\frac{1}{1,600,000-800,000}$）比$800,000 > $16,000,000 的可能性。

（$=\frac{1}{16,000,000-800,000}$）大，因此情境二的查核風險比情境一為小。

如果以上樣本執行查核程序後，由樣本中發現的錯誤去推估母體錯誤不是$800,000，而是為1,200萬，則因為1,200萬與160萬差距比1,200萬與1,600萬的差距少，故情境二被錯誤接受之查核風險較大。

由以上案例分析可清楚瞭解到，如果推估的母體錯誤與可容忍錯誤差距愈

大，則實際查核風險愈小。雖然$TM_2 > TM_1$，在評估證據做成結論時，查核風險與重大性標準之間是否成反向關係，須另加考量推估的母體錯誤金額與重大性標準金額之相差數而定。

■第三節　初步查核策略

審計人員規劃及執行查核的最終目的，是將查核風險降低到一適當的水準，以支持財務報表在所有重大方面皆已允當表達的意見。而此可藉由蒐集與財務報表聲明有關證據，並加評估來達成。因爲證據、重大性及查核風險間有相關性，審計人員在規劃查核時，必須自各種不同的初步查核策略加以選擇。初步查核策略並非完成查核之查核程序的詳細說明，它代表審計人員對管理當局查核方式（Audit Approach）的初步判斷。

一、*初步查核策略的組成要素*

在發展對特定聲明的初步查核策略時，審計人員須考慮以下四個組成要素：

1. 計畫的評估控制風險水準。
2. 瞭解內部控制結構的範圍。
3. 評量控制風險時所須執行的控制測試。
4. 爲減少查核風險所須執行的證實程序。

審計人員確認四要素的過程將由以下二種策略來說明，這二種策略分別是基本證實法（Primarily Substantive Approach）及較低控制風險評估水準法（Lower Assessed Level of Control Risk Approach）。圖6-1對第一個要素的說明及不同策略下強調後三個要素的不同程序作一圖示概觀，表的底部指出設定較低控制風險水準法下不可能有潛在的成本節省。

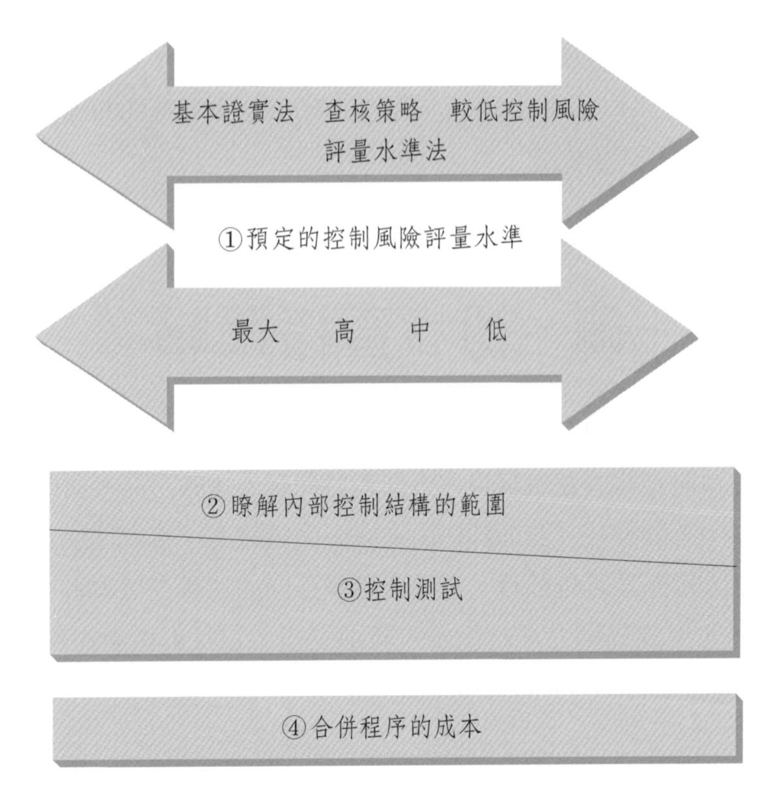

圖6-1　重要財務報表聲明的初步查核策略

(一) 基本證實法

在此法之下，審計人員確認上述四要素如下：

1. 將預定的評量控制風險水準設於最大水準（或稍低於最大水準）
2. 對內部控制結構的相關部分取得較少的瞭解。
3. 計畫極少的控制測試。
4. 依較低的預定可接受偵知風險水準，擴大證實測試。

當審計人員覺得對內部控制結構取得瞭解及執行控制測試的成本超過擴大執行證實測試的成本時，採用此法。基本證實法多於初次接受查核委託時使用。

(二) 設定較低的查核風險評量水準法

在此法之下，審計人員確定上述四要素如下：

1. 使用中度或低度的計畫評量控制風險水準。
2. 對內部控制結構的相關部分擴大進行瞭解。
3. 擴大進行控制測試。
4. 依中度或高度的預計可接受偵知風險，執行有限度的證實程序。

依審計人員相信與聲明相關之控制程序已良好設計並有效執行時，可採此法。此外，此法亦適用於當審計人員相信執行擴大瞭解程序及控制測試的成本，將會被減少的證實程序所節省的成本抵銷時。此種方法通常運用於大量的例行交易，相較於初次接受查核委託，此法多用於例行性的許多聲明查核委託。

二、*執行審計測試*

(一) 指明查核目標

財務報表查核之目的係在於對財務報表是否依國際會計準則允當表達，此查核目標亦是管理當局於財務報表之聲明。

1. **存在或發生**

   反映於財務報表中之資產、負債及業主權益確實存在，所記錄之交易確已發生。

2. **完整**

   所有應在財務報表中允當表達之交易、資產、負債及業主權益皆已包含在內。

3. **權利與義務**

   委託人對包含於財務報表中之資產具有權利，對負債有償付之義務。

4. **評價或分配**

   資產、負債、業主權益、收益及費用均係依照國際會計準則所計算之金額表達。

5. **表達與揭露**

帳戶均依照國際會計準則於財務報表中分類與說明，而所有重要的揭露均已提供。

(二) 設計審計程式

1. 查核計畫

(1) 意義：查核任務概括之書面綱要，於合約之規劃階段擬定。

(2) 內容：

①受查者組織、人事財務及業務概況。

②受查者委託查核之目的。

③預計查核進度及報告提出日期。

④查核風險之評估。

⑤重要性原則之訂定。

⑥查核人員之安排。

⑦查核工作之時間預算。

⑧擬由受查者準備之資料。

⑨特殊會計及審計問題。

2. 查核程式

(1) 意義：爲各項查核程序之彙總，通常於規劃階段會先擬定一份暫時性的審計程式，會計師在審計進行中，慮及委託人內部控制的強、弱，和其他特別需要考慮的問題時，將有所修改。

(2) 內容：

①每一項目將遵循的程序。

②查核估計每一步程序所需要的時間。

③每一步程序實際所耗的時間。

④審計人員的簡名簽署。

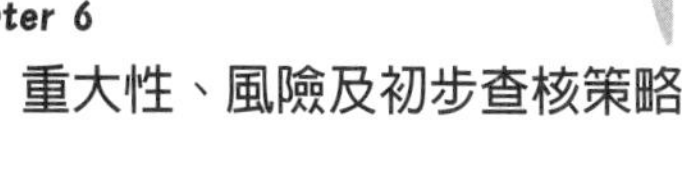

(三) 執行審計過程

1. 充分瞭解內部控制，以便規劃審計

(1) 資料來源：

①與委託公司之職員面談。

②以前年度之工作底稿。

③訪查廠房及辦公室。

④核閱作業手冊。例如：流程圖、工作說明、問卷。

2. 評估控制風險並設計額外的控制測試

審計人員利用審計風險模式來評估控制風險。

內部控制：

(1) 不健全：依賴證實測試將審計風險降至可接受水準，與委託人溝通（重大缺失則與審計小組聯繫），簽發致經理人函。

(2) 健全：必須決定有哪些額外控制能被有效地測試。

3.執行額外的控制測試

亦即對於客戶各循環之流程，抽查樣本予以查核其是否依照既定之控制程序一致遵行，以做爲決定證實測試查核性質、時間、範圍的參考。

4. 重估控制風險並設計證實測試

審計人員依控制測試的結果再評估測試風險，並決定證實程序的性質、時間及範圍，以完成審計。

5. 執行證實測試及完成審計

即驗證財務報表各項目的餘額是否允當表達。

6. 做成意見並簽發審計報告

由合夥人覆核審計工作底稿後，決定報告類型，再撰寫審計報告。

三、*出具審計報告*

詳第二十章〈財務報表之查核報告〉。

四、首次受託——期初餘額之查核（審計準則公報第二十一號）

(一) 首次受託查核

1. 受查者前期財務報表未經會計師查核。
2. 受查者前期財務報表係由其他會計師查核。

(二) 受託對期初餘額之責任

財務報表金額，除反映受查者本期之交易外，亦受期初餘額之影響。會計師依前條受託查核財務報表時，應獲取足夠及適切之證據，以驗證：

1. 期初餘額未含使本期財務報表遭受重大影響之錯誤。
2. 前期期末餘額經正確結轉本期，必要時亦經適當調整重編。
3. 前期所採用之會計原則適當，且與本期一致。

(三) 期初餘額查核之範圍

本公報所稱期初餘額之查核，其範圍包括：

1. 前期結轉本期之金額。
2. 前期所採用之會計原則。
3. 前期期末已存在之或有事項及承諾。

(四) 查核期初餘額所採用之程序與範圍受下列因素影響

1. 受查者所採用之會計原則。
2. 前期財務報表是否經會計師查核，且其查核報告是否爲無保留意見。
3. 前期財務報表之編製，是否依照一般公認會計原則。
4. 科目之性質及其發生錯誤之風險。

(五) 前期財務報表經其他會計師查核

1. 繼任會計師考慮前任會計師之專業能力及獨立性
2. 必要時借閱前任會計師工作底稿。

前期財務報表未經其他會計師查核
- 流動資產及流動負債（除存貨外），可由查核本期各類科目交易，如期後收現或期末付款。
- 存貨(1)核閱受查者上期存貨盤點記錄文件。
  (2)期初存貨評價。
  (3)運用毛利百分比法。
- 非流動資產及流動負債——對應其構成內容有關紀錄加以查核，可向第三人函證或另採其他查核程序。

3. 前期財務報表出具無保留意見以外報告，對本期財務報表之影響。

(六) 查核報告

查核人員執行必要查核程序：

1. 仍無法取得有關期初餘額足夠及適切證據：
   出具修正式意見書。
2. 發生期初餘額重大錯誤，足以影響本期財務報表允當表達且未做更正。
   出具修正式意見書。
3. 前任會計師對前期財務報表出具無保留意見以外的報告，繼任會計師經考慮其原因後，認爲對本期仍有重大影響者，出具修正式意見報告書。

習題與解答

一、選擇題

( ) 1. 下列何者最有可能影響審計人員對重要性水準的初步判斷？ (A) 證實測試的預估樣本量 (B) 客户的期中報表 (C) 內部控制問卷 (D) 客户聲明書的內容。

( ) 2. 下列哪一項通常不被認為是查核財務報表風險因素？ (A) 管理財務決策操縱於核心人物 (B) 新客户 (C) 產業快速變動 (D) 獲利情形不穩定。

( ) 3. 審計風險模型是： (A) 一個規劃、測試、評估的模型 (B) 在規劃階段有用，但在評估結果時則用途有限 (C) 評估結果時有用，但在規劃時用途有限 (D) 在執行餘額測試時有用，但在規劃及評估時則用途有限。

( ) 4. 假設查核人員願意接受 5% 的委託人應收帳款錯誤超過可容忍錯誤的風險，他們相信此科目固有風險 75%，在考慮銷貨和現金收入交易的內部控制後，他們決定控制風險是 70%，偵測風險可接受水準是：(A)0.095238 (B)0.04025 (C)1.866667 (D)21.4285。

( ) 5. 審計人員主要仰賴下列哪一項，來降低其未能將財務報表中重大錯誤偵察出來的風險？ (A) 證實程序 (B) 遵行測試 (C) 統計分析 (D) 內部控制。

( ) 6. 以下有關重大性水準與風險的觀念，何者為非？ (A) 可容忍誤差是指會計科目層次的重大性水準 (B) 重大性水準訂的愈高，查核證據應蒐集愈多 (C) 偵測風險可因採用有效的查核程序而降低 (D) 控制風險絕不可能是零。

( ) 7. 下列何者最有可能影響審計人員對重大性水準的初步判斷？ (A) 證實程序的預估樣本數 (B) 客户的期中報表 (C) 內部控制問卷的結果 (D) 客户聲明書的內容。

( ) 8. 新客户的調查與現存客户的再評估，在決定下列何者時是最基本步驟？(A) 固有風險 (B) 可接受查核風險 (C) 統計風險 (D) 財務風險。

(　) 9. 審計委任書通常不包括： (A) 說明審計人員對偵查錯誤與非法事件的責任 (B) 審計人員與管理階層執行審計工作所需的時間 (C) 聲明如有需要即可提供管理諮詢服務 (D) 聲明客戶須發出客戶聲明書。

(　) 10. 當從事重大性之初步判斷時： (A) 設定較低金額水準所需的證據量將較高金額水準為多 (B) 設定較低金額水準所需的證據量將較高金額水準為少 (C) 設定金額小，高低所需的證據量相同 (D) 二者並無任何關係。

(　) 11. 針對會計師需要合理保證之最大風險，為二項分別之風險組合，其一，在編製財務報表時，其所為之會計處理過程不能發現重大錯誤，其二為：(A) 企業之內部控制系統無法偵查錯誤與異常事項 (B) 此等錯誤非會計師在查帳時所能察覺 (C) 管理當局可能缺乏正直的態度 (D) 無足夠之證據，能使會計師基於合理保證下表示意見。

(　) 12. 讓客戶瞭解查核人員並不負責偵查所有舞弊的方式之一為： (A) 審計委任書 (B) 客戶聲明書 (C) 責任書 (D) 致管理當局函。

(　) 13. 下列哪一項資料會被查核人員用來做重大性標準（Materiality）之初步判斷： (A) 證實測試之樣本數 (B) 當年度之期中財務報表 (C) 內部控制問卷調查之結果 (D) 客戶聲明書。

(　) 14. 重大不實表達風險係指： (A) 控制風險與可接受查核風險 (B) 固有風險 (C) 固有風險與控制風險 (D) 固有風險與查核風險。

〔103 年高考三級〕

(　) 15. 查核人員在評估受查公司之內部控制時應考慮合理確信的觀念（concept of reasonable assurance）。下列何者是此種觀念的具體實現？ (A) 為確保內部控制之有效性，將不相容的職能予以分開是屬必要 (B) 不計高薪聘用稱職的員工以確保控制目的之達成 (C) 建立並維繫良好的內部控制係管理當局而非查核人員之責任 (D) 建立並維繫內部控制之成本不應大於因此可獲得之效益。 〔102 年會計師〕

(　) 16. 查核人員須辨認並評估財務報表重大不實表達風險，其目的為： (A) 決定出具何種查核意見 (B) 設計及執行進一步查核程序 (C) 決定財務報表之重大性 (D) 決定財務報表之執行重大性。 〔102 年高考三級〕

(　) 17. 下列關於顯著風險之敘述何者錯誤？ (A) 查核人員對顯著風險執行之證實程序須包括細項測試 (B) 查核人員應瞭解顯著風險相關之整體內部控制，尤其是控制作業 (C) 查核人員辨認顯著風險時，不應考慮與該項風險相關之控制所能降低風險之效果 (D) 查核人員需作特殊考量之已辨認及已評估之重大不實表達風險，即為顯著風險。〔102年高考三級〕

(　) 18. 查核人員應如何因應所評估整體財務報表之重大不實表達風險？ (A) 設定較低之重大性 (B) 設定較低之執行重大性 (C) 設計與執行整體查核策略 (D) 設計與執行進一步查核程序。〔102年高考三級〕

(　) 19. 會計師應對財務報表無重大錯誤取得合理確信，以下有關重大性之敘述何者錯誤？ (A) 重大性之判斷應考量錯誤之性質 (B) 重大性之判斷應考量面臨之情況 (C) 重大性標準訂得愈低，查核人員須蒐集的證據數量愈少 (D) 重大性之判斷應考量錯誤之金額大小。〔102年高考三級〕

(　) 20. 有關固有風險之敘述何者錯誤？ (A) 查核人員可藉由適當規劃與督導降低固有風險 (B) 固有風險與企業之行業特性有關 (C) 固有風險與企業交易之性質有關 (D) 固有風險指不考慮內部控制情況下，某科目餘額發生重大錯誤之風險。〔102年高考三級〕

(　) 21. 新的查核策略稱為風險基礎審計（risk-based audit），與傳統查核方式比較下，新的查核策略有何特徵？ (A) 強調證實測試 (B) 強調對受查者要有充分瞭解 (C) 查核工作由合夥人在旁持續監督 (D) 查核工作有期間上之明顯劃分。〔102年高考三級〕

(　) 22. 根據我國審計準則公報第四十八號規定，下列何者非查核人員對受查者及其環境應瞭解之事項？①相關產業、規範及其他外部考量因素 ②受查者之性質 ③受查者會計政策之選擇、應用及會計政策變動之原因 ④訂定可接受之查核風險 ⑤決定證實程序之性質、時間及範圍 ⑥受查者財務績效之衡量及考核 (A) 僅①②⑤ (B) 僅③④⑥ (C) 僅②③ (D) 僅④⑤。〔修102年高考三級〕

(　) 23. 查核人員決定可接受之差異金額，作為當帳載金額與預期值不同而無須進行進一步調查之基礎時，下列何項非其主要的考量？ (A) 重大性標準

(B) 欲達成之確信程度 (C) 發生不實表達之可能性 (D) 可取得資訊之性質與攸關性。〔101 年高考三級〕

( ) 24. 查核人員於查核案件開始前，應先執行下列哪項程序（通常於前期查核完成後進行），始得執行其他重要程序？ (A) 決定主辦會計師及經理執行覆核之地點 (B) 指派具備適當經驗之團隊成員負責高風險項目 (C) 觀察重要據點之存貨盤點時所須指派團隊成員之人數 (D) 關於續任之程序及評估是否符合會計師職業道德規範（包括獨立性）。〔101 年高考三級〕

( ) 25. 財務報導目標達成之可能性受內部控制先天限制之影響，這些先天限制並不包括： (A) 國際經濟景氣之變化 (B) 控制之執行可能並非有效 (C) 控制之設計或改變可能發生錯誤 (D) 負責覆核例外報告之人員如不瞭解其用途或未採取適當行動，將導致該報告未能發揮效用。

〔101 年高考三級〕

( ) 26. 有關重大性標準之敘述，下列何者較為正確？ (A) 重大性標準參考一般公認審計準則即可決定 (B) 重大性標準取決於各帳户相對於財務報表其他帳户之金額大小 (C) 重大性標準取決於帳户之性質而非金額 (D) 重大性標準的決定，應站在財務報表使用者的立場考量，需要會計師的專業判斷。〔101 年高考三級〕

( ) 27. 有關重大性標準之觀念，下列何者錯誤？ (A) 重大性標準之金額與查核風險存有反向關係 (B) 重大性標準之金額與各科目的可容忍誤述存有正向關係 (C) 重大性標準之金額與所需之審計證據數量存有正向關係 (D) 重大性標準之金額通常與公司規模存有正向關係。〔101 年高考三級〕

( ) 28. 有關財務報告重大不實表達風險之敘述，下列何者較不適當？ (A) 查核人員必須對財務報告重大不實表達風險加以評估，才能對進一步查核程序之性質、時間及範圍進行規劃 (B) 財務報告重大不實表達風險即由固有風險及控制風險所構成 (C) 財務報告重大不實表達風險通常與查核人員可接受之偵知風險（detection risk）有負相關 (D) 為了成本效益的考量，查核人員可不用評估財務報告重大不實表達風險，直接將該風險設定為 100%。〔修 101 年高考三級〕

( ) 29. 重大性原則在查核人員決定下列何種決策時，是最不重要的？ (A) 揭露特定事件或交易的需要 (B) 決定使用積極式或消極式函證時 (C) 決定使用分析性程序或詳細查核程序時 (D) 判斷與客戶間之直接財務利益是否會影響會計師之獨立性。〔99年高考三級〕

( ) 30. 下列查核程序中，相對而言通常最後才執行者為： (A) 閱讀董事會會議記錄 (B) 函證應付帳款 (C) 取得客戶聲明書 (D) 查核現金。〔99年高考三級〕

( ) 31. 當查核人員執行查核程序得到的結論為「某一聲明未有重大不實表達」，但事實上，卻確實存在不實表達，該風險稱之為： (A) 查核風險 (B) 固有風險 (C) 控制風險 (D) 偵查風險。〔99年高考三級〕

( ) 32. 審計人員在決定以下事項時，重大性原則對哪一項目而言是最不重要的？ (A) 揭露特定事件或交易之需要 (B) 有關各帳戶查核程序之範圍 (C) 與客戶有直接財務利益對會計師獨立之影響 (D) 應覆核的交易。〔99年高考三級〕

( ) 33. 查核人員若發現受查者之管理階層涉及重大違法行為時，下列何者是其最不宜採取之行動？ (A) 與受查者之治理單位溝通該等違法情事 (B) 考慮尋求法律專家之意見 (C) 考慮終止委任合約之可能 (D) 主動向主管機關報告查核發現。〔99年會計師〕

解答

1.(B) 2.(A) 3.(B) 4.(A) 5.(A) 6.(B) 7.(B) 8.(B) 9.(C) 10.(A)
11.(B) 12.(A) 13.(B) 14.(C) 15.(D) 16.(B) 17.(A) 18.(C) 19.(C) 20.(A)
21.(B) 22.(D) 23.(D) 24.(D) 25.(A) 26.(D) 27.(C) 28.(D) 29.(D) 30.(C)
31.(D) 32.(C) 33.(D)

二、問答題

1. 會計師查核財務報表面對各種風險，查核規劃時常採用查核風險模型，以判斷所

要求查核證據數量的多寡。查核風險模型表達各種風險之關係，且可以用百分比表示。其中偵知風險指查核證據未能偵測已超越可容忍錯誤的風險。

依據下列所列四種情況，請回答：

(1) 分別計算其偵知風險，並以百分比表示。

(2) 說明哪一情況下所要求的查核證據應該最多。

(3) 簡述偵知風險與查核證據之關係。

	狀況一	狀況二	狀況三	狀況四
可接受之查核風險	5%	5%	2%	2%
固有風險	100%	50%	100%	50%
控制風險	100%	50%	100%	50%
偵知風險	?	?	?	?

解答

(1)AR = IR × CR × DR

狀況一 $\frac{5\%}{100\% \times 100\%} = 5\%$

狀況二 $\frac{5\%}{50\% \times 50\%} = 20\%$

狀況三 $\frac{2\%}{100\% \times 100\%} = 2\%$

狀況四 $\frac{2\%}{50\% \times 50\%} = 8\%$

(2)狀況三需最多證據。

(3)查核風險與查核證據成反向關係，即願意接受的查核風險愈高，所須查核證據愈少，反之亦然。

2. 會計師的營業風險與審計風險有何不同？會計師受託查核時應考量的風險是什麼風險？若王會計師應考慮審計風險的話，則會計師所考量審計風險是否會受營業風險影響？請逐一說明。

解答

(1)營業風險與審計風險之不同：審計風險係指會計師對財務報表表示意見，但未能適當修正其意見的可能性，而營業風險則為營業經營失敗的可能性，會計師此行業與一般行業相同也具有企業風險，而出具不當意見之審計風險常導致事務所的營業風險，惟即使會計師的查核意見適當，會計師仍有可能成為被告，因而會計師所冒營業風險不同於審計風險。

(2)審計風險。

(3)當審計風險已維持在一個夠低的水準之下時，會計師不妨對將來涉訟可能性較高的個案，訂定更低的審計風險。如此一來，查帳員會蒐集較多的查帳證據。自短期看來，這種做法的查核成本提高，但是就長期而言，是比較划得來的做法。所以當會計師承接規模大、股東人數多、股權分散、股票上市、債權人多的公司來查核時，應進一步降低審計風險，以便在查核過程中蒐集質更佳、量更多的查核證據，因為這些公司的財務報表受閱表人倚重的程度高，會計師將來涉訟的可能性也較高。

3. 會計師於開始查核時所訂定的重大標準初步判斷，可不可以因為後續的查核發現而增大當初所設定的重大性標準？

解答

查核人員規劃查核工作時，無法預知評估查核結果可能影響其重大性標準判斷之所有因素，故規劃查核工作時，查核人員對重大性標準所做之初步判斷通常不同於評估查核結果所採用之重大性標準。若評估查核結果時所採用之重大性標準，遠低於規劃查核工作時所採用之重大性標準，則查核人員應重新評估所執行查核程序是否充分。會計師若已發現不尋常交易時，是可能因為後續的查核而降低重大性標準，但絕不可能因而增大重大性標準以致於省略了若干查核程序。

4. 依我國審計準則公報之規定，簡答下列問題：

(1) 查核人員認為須降低某科目餘額或交易之重大性標準或查核風險時，可採取哪些方法以降低偵知風險？

(2) 查核人員對或有事項之查核，在何種情形下，應出具保留意見或無法表示意見之查核報告。

(3) 查核人員對會計估計之查核時，執行比較前期所做估計數與其實際數之查核程序，請說明執行此程序之目的。

(4) 會計師首次受託查核財務報表，有關流動資產各科目期初餘額是否適當，如何證實？

(5) 會計師決定是否採用專家報告時，應考慮哪些事項？

(6) 會計師所核閱之財務預測，如附歷史性之財務資訊者，應於核閱報告中說明哪些事項？

解答

(1)查核人員為降低偵知風險所採用的方法，依據我國審計準則公報第五十一號規定：

①採用更有效的查核程序。

②擴大某項查核程序的範圍。

③於更接近資產負債表日執行。

(2)依據我國審計準則公報第二十三號規定，查核人員對或有事項出具保留或無法表示意見情況包括：

①對或有事項無法獲取足夠適切憑證。

②無法確定或有事項對財務報表可能影響時。

(3)依據我國審計準則公報第五十六號規定，查核人員比較前期估計數與實際數之查核程序目的在於：

①取得關於估計程序可靠性的證據。

②調整會計估計的計算方式。

③確定實際數與估計數之差異，應注意受查者是否已做適當之會計處理。

(4)會計師首次受託查核財務報表，對於流動資產期初餘額的證實所採用的程序，依據審計準則公報第二十一號規定，流動資產或流動負債各科目期初餘額是否適當，除視實際狀況須另採其他查核程序外，通常可藉查核各該科目本期交易得知。例如應收帳款或應付帳款之期初餘額，通常於本期內即可收現或支付，則此項期後收現或支付之事實即可視為該應收帳款或應付帳款期初餘額係屬適當之證據。惟就存貨而言，查核本期交易仍難獲取期初餘額是否適當之證據。因此，查核人員通常必須採用其他查核程序，例如核閱受查者上期存貨盤點記錄及文件、抽查期初存貨之評價或運用毛利百分比法比較等。

(5)會計師是否採用專家報告考慮因素，依據審計準則公報第二十號規定，會計師決定是否採用專家報告時，應考慮下列事項：

①受查項目對財務報表整體之影響程序。

②受查項目之性質、複雜程度及其發生錯誤之可能性。

③與受查項目有關而可資利用之其他查核證據。

(6)依據審計準則公報第十九號規定：

會計師所核閱之財務預測如附有歷史性之財務資訊者，應於核閱報告中說明該等資訊之來源，即該等資訊曾否經過會計師核閱，並應說明所出具之查核意見或核閱結果。

5. (1)何謂審計風險？何謂重要性金額？

(2)審計風險與查核證據的關係如何？重要性金額與查核證據之關係如何？

(3)上述三者之間的關係如何？如以三角形表示此三者間關係的話，此一三角形是否如下圖所示？如果下圖能代表三者間的關係，請說明其意義；如果不能代表三者的關係，請繪製正確的圖表。

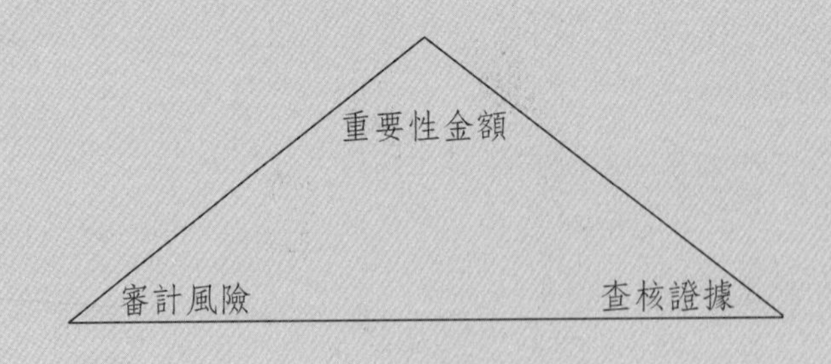

解答

(1)①審計風險

審計風險係指審計人員對重大不實財務報表表示意見，而卻未能適當修正其意見的可能性，其構成三要素為固有風險、控制風險及偵知風險。

A. 固有風險

在沒有相關的內部控制時，帳户發生重大錯誤的可能性。

B. 控制風險

重大的錯誤未能適時由公司內部控制予以避免或偵查出之可能性。

C. 偵知風險

帳户餘額事實上是存有重大錯誤，而審計程序卻導致審計人員做出帳户並未存有重大錯誤之結論。

②重要性金額

審計人員對可能影響理性財務報表使用者判斷最小金額所做的估計，其金額大小視科目性質及公司資本大小而定。

(2)依據審計風險模式，「審計風險」＝固有風險 × 控制風險 × 偵知風險。查核人員於評估固有風險及控制風險後，在一既定審計風險下，決定偵知風險可接受水準，調整證實程序本質、時間、範圍，因此：

①「審計風險」降低時，在既定重大性水準下，應增加查核證據數量，反之亦真；同理，審計查核證據數量減少時，在既定重大性水準下，當增加審計風險水準。

②「重大性水準」降低時，代表財務報表可能存在重大錯誤，舞弊增加，在維持既定審計風險水準下，查核人員當增加查核證據數量，反之亦真；同理，當查核證據數量減少時，在維持相同審計水準下，當提高重大性水準權數。

(3)由 (2) 可知：

①當維持審計風險水準時，查核證據與重大性水準成反向變動。

②當維持查核證據數量不變時，審計風險與重大性水準成反向變動。

③當維持重大性水準不變時，審計風險與查核證據數量成反向變動。亦即

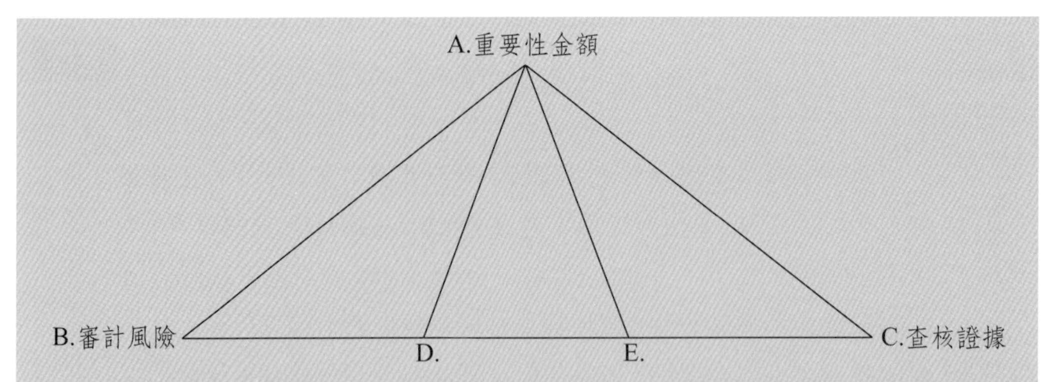

三角形三內角總和為 180 度，當Δ ABC 與Δ ABD 比較時，BAC > BAD，代表重大性水準降低時，在 ABC 不變下，ACB < ADB，亦即在維持相同審計風險水準時，查核證據數量應增加；依相同方法，亦可證明前述 1.2.3. 的正確性，且圖形中重大性水準，審計風險及查核證據無論位置為何，皆不影響圖形正確性。

6. (1) 試述影響決定重大性之因素。
(2) 說明規劃查核工作時與查核結果時所採用重大性標準之關係。

解答

(1)由於重大性是一個相對而非絕對之概念，故無法訂出客觀之量化標準，而一般查核人員在做重大性判斷時，常用之指標如下：

①數量性
- A. 絕對之金額：非良好之指標，常須併用其他指標。
- B. 相對之金額：即規定超過某一基數的某一百分比為重大，此百分比之基礎可為損益科目或資產負債表科目。

②非數量性
- C. 錯誤之性質：例如：此項估計是否非法、是否屬作假性支出、是否涉及不確定性、有無涉及關係人等。
- D. 受查人之情況：例如：受查人是否為公開發行公司。

(2)在規劃查核與評估查核時所採用之重大性標準不盡相同，原因有二，如下：

①一般在做查核規劃時，重大性之決定僅考慮數量性之因素；因而在評估查核結果時，才會同時考慮錯誤之金額及非數量化因素。因而這兩個階段所用之重要性原則可能不同。

②在規劃時，查核人員須先決定財務報表整體之重大性水準，再依此分別設定各科目或各交易類別之重要性原則上，以決定適當之查核程序。而在評估查核結果時，查核人員之重心是放在財務報表整體重大性水準上，比較財務報表整體之誤差與整體之重大性水準，俾對財務報表整體是否允當表達提出意見。

7. State whether each of the following statements is true or false, and given your reasons:

(1) A CPA firm should decrease acceptable audit risk for audit clients when external users rely heavily on the financial statements.

(2) Audit assurance is the complement of planned detection risk, that is one minus planned detection risk.

(3) A materiality level of $1,000 would require less audit evidence than would a materiality level of $10,000.

(4) Most practitioners allocate the preliminary judgment about materiality to every account in financial statement.

(5) If acceptable audit risk is the same for two different clients, the audit evidence for the two clients should be approximately the same.

解答

(1)此敘述為真，因為當外部使用者愈信賴財務報表，表示審計風險相對風險愈高，可審計風險應該要合理降低。

(2)此敘述為偽，審計人員所能提供之擔保程度應該和審計風險成反向變動關係，亦即信賴度等於審計風險之補數。

(3)此敘述為偽，因為重大性水準金額與審計證據數量成反比，可接受之重大性金額愈大，則查核人員判斷或評估查核結果所需之樣本或證據數愈少。

(4)此敘述為真，因為審計人員將整張財務報表之重大性水準金額分配至各會計科目餘額或各類交易循環之金額（稱可容忍誤述金額或科目餘額之重大性水準），可以引導審計人員規劃其查核工作，決定抽查之性質、時間及範圍。

(5)此敘述為偽，因為審計人員可接受之審計風險並非用以決定審計證據數量之唯一因素，其尚須考慮重大性及固有風險、控制風險與偵知風險，方能決定最適當之樣本量。

8. 請說明下列各對項目間的關係：

(1)規劃階段的重大性標準（Materiality）與規劃的查核風險（Planned Audit Risk）

(2)財務報表層級的重大性標準與可容忍誤述（Tolerable Misstatement）

(3)可容忍誤述與控制風險（Control Risk）

(4)控制風險與評估控制風險過低風險（Risk Assessing Control Risk too Low）

(5)重大性標準與已知誤述（Known Misstatement）、可能誤述（Likely Misstatement），以及未偵出進一步誤述（Further Misstate Remaining Undetected）之和。

解答

(1)規劃階段的重大性標準與規劃的查核風險兩者間呈反向變動的關係，兩者共同決定了審計證據蒐集的數量與品質。

(2)正向。

(3)無關。

(4)無關。

(5)已知誤述＋可能誤述＋未偵出進一步誤述，不應超過重大性標準。

9. 財務會計上所稱的重要性原則與查核人員所謂的可容忍錯誤（Tolerable Error）之間有何關係？可容忍錯誤與查核證據、查核程序間的關係又如何？請申論之。

解答

(1)我國財務會計準則公報第一號中規定會計上對於無損公正表達之事項，得為權宜之處理，此為財務會計上對於重要性原則之規定，主要是財務會計區分收益支出與資本支出之判斷準則。

(2)查核人員所謂之可容忍錯誤，係指查核人員認為抽樣結果仍可達成其查核目的，而願意接受母體之最大誤差而言。查核人員所謂之可容忍錯誤，係指查核人員將整張財務報表之重大性標準金額，經由其專業判斷而分配給個別會計科目餘額或各類交易循環之數額，稱為可容忍錯誤。因此，就整張財務報表而言，影響理性使用者判斷的金額稱為「重大性水準」，就個別會計科目餘額或各類交易循環而言，影響理性報表使用者判斷的金額稱為「可容忍錯誤」，或稱「科目餘額（或交易循環）之重大性水準」。

(3)可容認錯誤與查核證據之數量間呈反向變動之關係，亦即當可容忍錯誤較低時，表示查核人員須取得較多之證據以考量財務報表整體是否能夠允當表達其受查者之實際情況。

10.阿依、阿鄂及阿姍三人感情甚篤，均為曾勤會計師事務所的新進查核人員，只要未赴客户查帳，常相約一齊聚餐。最近地雷公司頻傳，曾會計師所擔負之風險大增。三人甚為關切，中午進餐亦不忘公務，以下為三人之對話。

阿依說：「查核風險（Audit Risk）包括固有風險（Inherent Risk）、控制風險（Control Risk）及偵知風險（Detection Risk）。在地雷公司案頻傳的時候，如果我是我們事務所的老闆，我一定先辨識客户的固有風險是否夠低，如果不合格，我根本不要承接其財務報表的查核，刀口舔血的錢，我不要賺，否則，不是我們送牢飯給老闆吃，就是他送牢飯給我們吃，或者，更慘，我們大家一起吃別人送的牢飯。我們是否現在就應該去結交會送牢飯的朋友？噯，今天有點煩。」

阿鄂說：「烏鴉嘴！我寧願自己花錢吃飯，也不要吃不花錢的飯。自己花錢買的比較香，吃了才會飽。我認為，地雷既名 Landmine，地雷股就會像礦藏一樣埋在那裡，而且，源源不斷。所以，我們應該去說服老闆，不要再管查核風險或固有風險。該管的風險，是事務所的業務風險（Business Risk）。只要客户的業務風險低，事務所的業務風險自然也會低。我們應該只接業務風險低的客戶來查，業務風險高的客戶讓別人去查好了。地雷公司實在太可怕了，除了注意客戶的業務風險以外，事務所還應該多買保險。保險費的錢絕對不能省，要不然，真的要去吃免錢飯了！」

阿姍說：「阿依與阿鄂講的都對，不過，我不覺得老闆會把上門的客戶推走。所以，我認為，客戶講的話，我們絕對不可以太相信：換句話說，我們所能接受的過度信賴風險一定要訂得很低，低到接近零的地步。控制風險包括評估控制風險過高風險與評估控制風險過低風險，前者就是我所說的過度信賴風險，後者又稱信賴不足風險。在地雷公司案頻傳的時候，我們寧願冒較大的信賴不足風險，也絕不可冒過度信賴風險。」

上述對話中涉及風險，請先辨認，並予列示，讓每句陳述只涉及一個風險觀念，然後再回答下列三小題。回答時只須討論風險，談話內容除非與風險有關，否則不要討論。

(1) 阿依的風險陳述是否正確？請陳述理由。

(2) 阿鄂的風險陳述是否正確？請陳述理由。

(3) 阿姍的風險陳述是否正確？請陳述理由。

解答

三位查核人員之陳述均不符合一般公認審計準則（GAAS）之觀念及定義，以下分別陳述其錯誤並導正其觀念：

(1)阿依部分：科目餘額或交易循環之查核風險係由固有風險（IR）、控制風險（CR）和偵知風險（DR）三者綜合計算所構成。即使受查者的固有風險較高，因而導致其財務整體之真實查核風險較高，只要藉由謹慎地評估其固有風險及控制風險，妥善規劃審計工作並實施嚴密之監督及覆核，小心謹慎地執行抽樣工作，一樣可將審計風險降至可接受的水準（會計師願提供合理保證的程度）。所以即使受查者之固有風險很高，會計師或查核人員依然可以將審計風險降至可接受的水準。

(2)阿鄂部分：客戶的業務風險係指客戶不能達成其營運目標，甚而導致經營失敗

的可能性，而會計師事務所的業務風險則為因與客户存在委任關係以致遭受外界控訴，致令自身發生聲譽金錢損失的可能性。通常當客户的業務風險變高時，財務報表使用者較易遷怒於事務所，致使其業務風險隨同提高（亦即深口袋理論）。然而，倘若事務所能適當地掌握查核風險，即使被提為訴訟之被告，只要能舉證已善盡專業上應有之注意責任，盡職業道德規範並遵守一般公認審計準則之規定，則不必然必須承擔會計師事務所業務失敗的訴訟後果。

(3)阿姍部分：過度信賴風險係為會計師或查核人員將控制風險評估的太低之可能性，其直接與查核之效率有關。信賴不足風險係指會計師或查核人員將控制風險評估太高之可能性，其直接與查核效果有關。上述二風險的定義恰與阿姍所述者相反。查核人員在執行查核工作時，應秉持與管理當局相互信賴，且抱持專業上應有之懷疑的態度，慎重評估會影響查核效果之過度信賴風險，以決定可接受的偵查風險水準。

11.查核人員執行財務報導查核之際，應擬定重大性，以作為評估證據蒐集數量多寡等事項之依據。請依我國審計準則公報第五十一號「查核規劃及執行之重大性」之規範，回答下列問題：

(1) 何謂重大性？

(2) 何謂執行重大性（Performance Materiality）？ 〔101 年會計師〕

解答

(1)① 不實表達個別金額或彙總數，可合理預期將影響財務報表使用者所作之經濟決策。

② 對於重大性所作之判斷受查核人員所面對之情況影響，受不實表達之金額或性質或二者之影響。

(2)為查核人員所設定低於財務報表整體重大性金額之單一或多個金額，使未更正及未偵出不實表達之彙總數大於財務報表整體重大性之可能性降低至一適當水準。

12.在整個查核過程中，查核人員應考量重大性與查核風險，特別是在哪些時機？請依審計準則第五十一號公報「查核規劃及執行之重大性」規定予以說明。

〔101年高考三級〕

解答

於整個查核過程中，查核人員應考量重大性及查核風險，特別是於下列時機：

(1)期初評估及辨認受查客户，重大不實表達風險。

(2)依據評估結果，規劃查核程序之性質、時間及範圍。

(3)事後將執行查核程序後的結果，評估未更正不實表達對財務報表之影響。

(4)形成查核意見。

13.審計準則第五十二號公報「查核過程中所辨認不實表達之評估」中明確指出：查核人員應決定未更正不實表達（個別金額或彙總數）是否重大。請問查核人員作此決定時，應考量的事項有哪些？〔101年高考三級〕

解答

(1)特定交易類別、科目餘額或揭露事項及財務報表整體，不實表達之金額大小及性質。

(2)不實表達發生之情況。

(3)前期未更正不實表達之攸關交易類別、科目餘額或揭露事項及財務報表整體之影響。

14.查核人員須評估所辨認不實表達對查核之影響，以及未更正不實表達對財務報表之影響。請依序回答下列問題：

(1)將不實表達分類為實際不實表達（Factual misstatements）、判斷性不實表達（Judgemental misstatements）及推估不實表達（Projected misstatements），可能有助於查核人員評估查核過程中所累計不實表達之影響及與管理階層及治

理單位溝通該等不實表達。請分別說明實際不實表達、判斷性不實表達及推估不實表達之意義。

(2) 查核人員應決定未更正不實表達（個別金額或彙總數）是否重大。查核人員作此決定時，應考量哪些事項？

(3) 查核人員對未更正不實表達作成書面記錄時，須考量哪些事項？

〔101 年高考三級〕

解答

(1)

實際不實表達	明確之不實表達
判斷性不實表達	管理階層之會計估計不合理、會計政策之選擇或應用不適當。
推估不實表達	依樣本中所辨認之不實表達，推估母體中存在不實表達之最適估計數。

(2)應考量下列事項：

①經考量特定交易類別、科目餘額或揭露事項及財務報表整體後，不實表達之金額大小及性質。

②不實表達發生之特定情況。

③以前期間未更正不實表達對攸關交易類別、科目餘額或揭露事項及財務報表整體之影響。

(3)應列入查核工作底稿之事項包括：

①未更正不實表達之累計影響。

②是否超過特定交易類別、科目餘額或揭露事項之重大性之評估。

③對關鍵比率或趨勢、法令與合約規定遵循之影響。

15.(1)「查核性水準」及「可容忍誤差」之意義及其相互間之關係為何？

(2) 查核人員如何判斷財務報表是否允當表達（Presented Fairly）？

(3) 查核證據係指查核人員為對財務報表表示意見，而基於其專業判斷所蒐集之資料，與法律上對證據之各項規定未盡相同。請列舉五項查核人員獲取查核證據之方法。

〔100 年高考三級〕

解答

(1)①所謂查核性水準，係指財務報表中不實表達之程度很有可能影響使用該財務報表人士之判斷者。查核人員於規劃查核工作時，得以依據前期財務報表，並參考受查者經營情況變動、產業整體經濟及產業環境之相關變動等之影響，評估本期查核性水準之初步判斷。

②查核人員擬訂各科目或交易之查核程序時，應將可接受之重大性標準之金額分攤至各科目餘額或各類交易，此重大性水準稱為「可容忍誤差」。

(2)允當表達即財務報告書足以代表企業經營成效，其涵義大致符合下列：

①依據該產業一般接受的會計原則編製。

②會影響使用、瞭解、解釋事項的告知。

③反映合理範圍內之交易事項。

(3)查核人員獲取查核證據之方法，例舉如下：

①檢查：包括對會計記錄、書面文件或有形資產之查核。

②觀察：指查核人員以實際察視方式執行查核程序。

③查詢：指向受查者內部或外界具有相關知識之人士覓求適當之資料。

④函證：指查核人員為印證受查者會計記錄所載事項，而向第三者發函詢證。

⑤計算：指查核人員對受查者之原始文件及會計記錄中數字之正確性加以驗算。

⑥分析及比較：就重要比率或金額及其趨勢加以研究，並對非常變動情況及其項目予以查核之證實查核程序。

Chapter 7

舞弊的查核

■第一節　舞弊的種類

財務報表的查核中，舞弊被定義爲故意的誤述或遺漏，造成對財務報表爲不實表達，例如：會計記錄之造假或故意錯誤應用會計原則。其不同於錯誤，錯誤是指無意的誤述或遺漏而造成對財務報表的不實表達。而舞弊可分爲二種，一種是虛飾財務報表；另一種則爲挪用資產。

一、*虛飾財務報表（fraudulent financial reporting）*

虛飾財務報表是指蓄意對財務報表上的金額或應有的揭露做出錯誤的陳述或是故意遺漏，意圖欺瞞財務報表使用者，又稱管理舞弊。大部分舞弊的個案是故意對財務報表上的金額做錯誤的陳述，而非故意遺漏應揭露的事項。公司可以藉由下列方式達到虛飾財務報表的不同目的：

(一) 高估淨利

大部分虛飾財務報表的舞弊，其目的在於高估淨利，進而獲得股票市場上較佳的預期，提抬股價；又或者是爲了向股東提出其經營績效。其可以藉由高估資產和收入或低估負債和費用的手法來達成此目的。

(二) 低估淨利

較少部分虛飾財務報表的舞弊是爲了低估淨利，其目的可能是爲了節省稅務負擔，或者管理當局對當年盈餘有「洗大澡」的心態。所謂洗大澡是指，當管理當局對當年盈餘有著悲觀的預期或是心理準備，則很可能將損失或是費用一次提前於當年認列，目的在於以當年度的低估淨利換取未來年度較佳的淨利基礎。這樣的情形通常會發生在管理階層交替的當年度。

(三) 盈餘管理

盈餘管理（earnings management）是指採取一些行動，使得盈餘符合管理當局的期望。盈餘平穩化（income smoothing）就是盈餘管理的一種形式。藉由對收入及費用的操縱而降低每段期間盈餘的波動。例如，當某一年度盈餘較高，管理當局若希望盈餘趨於平穩，很可能將靠近資產負債表日之收入遞延至下期才認列。若此收入認列之標準違反一般公認會計原則，則爲一種財務報表舞弊的行爲。

雖然不適當揭露的財務報表舞弊方法較少，但是近年來美國所出現的舞弊案中，恩隆公司即是一個不適當揭露的舞弊個案。在恩隆（Enron）的個案中，模糊對於特殊目的個體的揭露義務，即是一項舞弊的方式。

二、*挪用資產（misappropriation of assets）*

挪用資產的舞弊包括竊取企業個體的資產。在許多的案例中，被竊取的金額占公司整體財務報表的比例並非重大，但是縱使金額並不重大，這項公司資產的損失仍是主管機關必須關切的重要項目。

挪用資產通常與員工或組織內部人員有關，多半是組織內較低的層級，又稱爲員工舞弊。然而，仍有部分個案是高階主管進行挪用資產的舞弊，這樣的舞弊型態通常是金額非常重大的。

接下來我們將虛飾財務報表與挪用資產此二種舞弊型態做比較，分述如下：

	管理舞弊（虛飾財務報表）	員工舞弊（挪用資產）
定義	故意對財務報表為不實的表達，以意圖欺騙股東、債權人、會計師	受查者內部人員為掩飾其盜竊資產所為之不實財務表達的行為，此係管理當局欲極力防範，但仍於公司內部發生之舞弊行為
行為	偽造財務報表以達到所欲達成的目標	違反雇主利益，侵占財物之行為
目標	1.籌集公司所需資金 2.操縱股票價格 3.逃漏稅捐 4.美化經營績效 5.經理人員為謀求更高之個人薪資、紅利	竊取公司財物，違反公司的內部規定
影響	大	小
防止	加強內部控制，仍無法防範	加強內部控制可以減少其發生，但不能完全防止

■第二節　舞弊的必要條件

SAS99指出，當下列三項條件同時存在時，則虛飾財務報表及挪用資產的舞弊，將很可能發生。這三項條件又稱爲舞弊三角形（fraud triangle），此三要素若同時存在，僅表示舞弊有可能發生的機會，但不表示舞弊一定會發生。分述如下：

1. 動機／壓力：管理當局或其他員工有動機或是壓力進行舞弊。
2. 機會：環境提供管理當局或其他員工有機會去進行舞弊。
3. 態度／對行爲的合理化：態度、環境特徵或道德感允許管理當局或其他員工去接受或合理化不誠實的舞弊行爲。

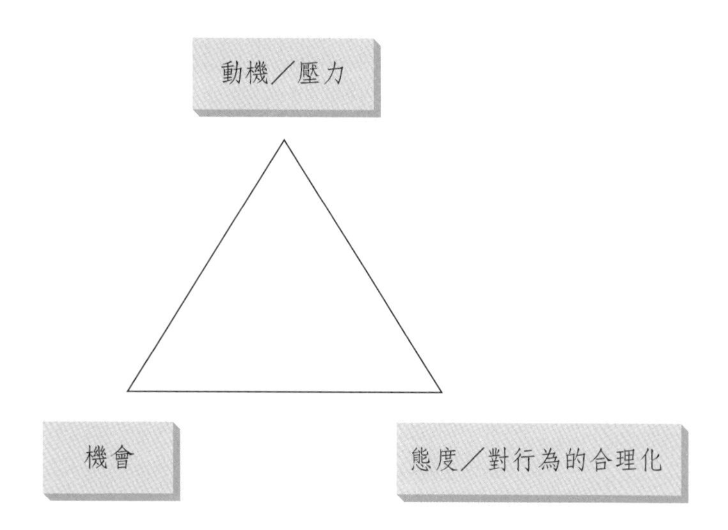

一、*虛飾財務報表的風險因子*

1. 動機／壓力：管理當局或其他員工可能有動機或壓力想虛飾財務報表。
   例如：管理當局對於財務報表的態度過分積極，或是管理當局或員工的薪資決定於財務報表的某項金額。
2. 機會：環境提供管理當局或其他員工有一定的機會可以去虛飾財務報表。
   例如：管理當局的業務及財務決策由一個人支配，或財務報表的發布與修改並無設置特定的權限。

3. 態度／對行爲的合理化：態度、性格或道德感允許管理當局或員工故意同意他們不誠實的行爲，或是他們所處的環境足以說服自己合理化他們對財務報表的虛飾。

   例如：存在不適當或無效率的溝通，且受到個人價值的支持。

二、*挪用資產的風險因子*

1. 動機／壓力：管理當局或其他員工可能有動機或壓力想挪用公司資產。

   例如：高階管理人員或是其他員工，因爲個人財務壓力而有動機想去挪用公司現金。

2. 機會：環境提供管理當局或其他員工有一定的機會可以去挪用公司資產。

   例如：公司的內部控制制度鬆散、權限設置或職能分工不當，使高階主管或是其他員工有機會挪用公司資產。

3. 態度／對行爲的合理化：態度、性格或道德感允許管理當局或員工故意同意他們挪用公司資產，或是他們所處的環境足以說服自己合理化他們對於自己挪用公司資產的行爲。

   例如：該高階主管或其他員工說服自己只是短暫挪用，等過了難關立刻歸還。

■第三節　對舞弊的責任

一般來說，查核人員查核舞核較困難，因爲舞弊會被蓄意隱藏，但查核人員對查核舞弊的責任並不因查核的困難而有所減輕。

一、*管理當局對舞弊的責任*

管理階層應採用穩定的會計政策、維持良好的內部控制、促使財務報表允當表達，以負起防止或發現舞弊或錯誤之責任。然而，舞弊或錯誤雖然可藉由內部控制制度的設置及實施，以防止或減少其發生的可能性，但仍無法完全免除。

二、查核人員對舞弊的責任

依據我國審計準則公報，查核人員對偵查錯誤與舞弊之責任如下：

1. 會計師受託查核財務報表，目的在財務報表是否允當表達表示意見，因此除專案審查外，查核工作之規劃與執行，非專為發現錯誤和舞弊而設計，但仍應保持專業上應有之注意，以期發現影響財務報表重大不實的錯誤與舞弊。
2. 會計師應依照一般公認審計準則執行查核工作，由於查核工作通常係採抽查方式，因此，依照一般公認審計準則執行查核工作，並不保證定能發現由於舞弊或錯誤所導致財務資訊之不實表達。因此，未偵察出財務報表的重大誤述，應不表示查核工作未依一般公認審計準則施行。
3. 會計師未依一般公認審計準則執行審計工作，致無法發現影響財務報表的重大錯誤、舞弊情事，會計師應負責。

根據SAS No.1: “Responsibilities and Functions of the Independents Auditor ”指出，查核人員有責任規劃並執行查核工作，以合理確信財務報表免於重大誤述。查核人員必須規劃與執行查核工作，並對因舞弊或錯誤所引起的財務報表重大誤述之查核提供合理確信。查核人員應保持專業上的懷疑，設計、執行必要的查核程序，以查核是否存在舞弊的風險。其中意義分述如下：

1. **「重大誤述」**

   其中「重大」係指：倘若錯誤及舞弊之總誤述，會影響或改變理性財務報表使用者做決策，則屬重大。且由於會計師僅提供「合理」的確信，故僅對「重大」誤述負有查核責任。

2. **「合理的確信」**

   其中「合理」係指會計師依照一般公認審計準則執行查核工作，即表示提供了合理的確信。會計師僅提供「合理確信」而非「絕對確信」，有以下理由：

   (1)許多法令主要與受查者之業務經營有關，在一般情況下，此等法令對財務報表並無重大影響。而受查者之內部控制亦未能適當反映其影響。

(2) 受查者的內部控制受先天限制。

(3) 受查者故意隱瞞未遵循法令事項，包括員工共謀勾結、僞造文書、故意漏記交易、管理階層不遵循內部控制或故意提供不實資訊予查核人員等。

(4) 查核人員採用抽查方式查核。

(5) 查核人員所取得之大部分證據，其性質通常僅具說服力，而不具結論性。

3. **「專業上的懷疑」**

所謂專業上的懷疑（professional skepticism），亦即在查核案件上應保持專業懷疑的態度，此並非指假設管理當局不誠實，但是不排除管理當局不誠實的可能性。專業上的懷疑包括懷疑的態度及小心評估證據，分述如下：

(1) 懷疑的態度（questioning mind）

在每一次的查核期間，查核人員均應保持專業懷疑的態度，以辨認舞弊風險並且小心評估所蒐集的證據。爲了保持專業懷疑的態度，查核人員應該注意任何有關之前管理當局正直及誠實的資訊，且應該考慮管理當局逾越內部控制的可能性，考慮舞弊發生的可能性。

(2) 小心評估查核證據

查核人員應該詳細調查管理當局所提供的證據，必要時應取得額外的證據或取得其他專業團體的建議，以評估舞弊發生的可能性。

4. **「舞弊風險」**

查核人員欲評估受查者舞弊的風險，可以使用下列查核程序：

(1) 與審計小組溝通。

(2) 詢問管理當局。

(3) 觀察風險三要素是否存在。

(4) 執行分析性程序。

(5) 蒐集其他可能之資訊。

第四節　察覺舞弊風險後的因應之道

具有錯誤與舞弊跡象時，查核人員認爲該項錯誤或舞弊對財務資訊可能發生重大之影響，則應考慮下列查核程序：

一、評估影響，修正程序

具有舞弊或錯誤跡象時，若查核人員認爲該項舞弊或錯誤對財務資訊可能發生重大之影響，則應考慮下列因素而修正查核程序：

1. 可能發生之舞弊或錯誤之型態。
2. 可能發生之舞弊或錯誤對財務資訊之影響。

二、重估制度，修正程序

舞弊或錯誤爲內部控制制度所可防止或發現者，查核人員應再檢討以前對內部控制制度所做之評估，必要時修改證實查核程序。

三、確定存在，調整揭露

執行修正後查核程序通常可使查核人員確定錯誤或舞弊之存在，或澄清對錯誤或舞弊之疑慮。若確定舞弊或錯誤存在時，則查核人員應確認舞弊之影響，並已於財務資訊適當反映或錯誤均已更正。

四、與管理當局討論

1. 查核人員遇有下列情況時，應盡速與適當之管理階層商討

(1) 舞弊很有可能存在。

(2) 舞弊或重大錯誤確實存在。

2. 若涉及管理舞弊時

(1) 錯誤或舞弊涉及管理階層時，查核人員應再考慮其所做解釋或聲明之可靠性。

(2) 查核人員在與管理當局討論時，須考慮所有情況，並衡量管理階層涉案之可能。

(3) 對於管理階層涉嫌之舞弊案，宜向職位比該涉案者更高之管理階層報告。

(4) 若受查者之最高負責人亦涉嫌舞弊時，查核人員應經審慎考量後，決定須採行之查核程序或取消委任合約。

五、查核報告之出具

修正式意見報告書

(1) 如無法獲取足夠證據以確定某項舞弊是否存在時。

(2) 查核結果顯示舞弊或錯誤確已存在，但無法確定其對財務資訊之影響時。

(3) 查核結果顯示舞弊或錯誤確已存在，且能確定其財務資訊之影響時，而受查者不予更正時。

(4) 或尋求其他法律方式，並要求客戶將該事件記錄於客戶聲明書。

■第五節　個案研究

【個案研究一】

一、博達科技背景介紹

博達科技股份有限公司成立於民國80年2月25日，博達的董事長葉素菲於1989年以五百萬元創業，一直到1992年才確定博達的整個雛形，不過當時只是單純的貿易商，主要從事電腦周邊產品的進出口貿易，及委託匈牙利的研發團隊設計SCSI控制晶片，再請其他公司代工、外銷到國外，現在聲名大噪的日本軟體銀行總裁孫正義，當時只是博達在日本的經銷商而已。隨著愈來愈多廠商出現，博達慢慢轉為製造業，1994年開始跨足多媒體，生產視訊、音效卡，1996年又進入主機板的領域。

1995年，博達決定進入無線通訊產業。葉素菲認為博達在產業中沒有特色，也沒有資金，進入市場也太晚，因此需要再轉型。時常出國的葉素菲，當時看到美國連續虧了五、六年的無線通訊產業開始賺錢，認為台灣大有機會，才決定跨進這塊潛力無窮的處女地。只不過下游產品代工，其他開發中國家也能做，中游的 IC 設計掌握在先進國家的大廠裡，但上游原料市場雖然困難度高、技術複雜，卻是最有利基的地方，一旦占有市場後，可以維持很長久的地位，而且國內還沒有廠商做，因此，博達就選了砷化鎵微波元件磊晶片作為公司轉型的目標。

透過朋友的介紹，葉素菲找到中科院的彭進坤博士。彭進坤是當時砷化鎵領域的專家，已經在這個領域發表了近六十篇的論文，但由於以往通訊產業掌握在軍方手裡，彭進坤研究了數十年，仍沒受到太多人的重視，直到葉素菲找上門來，當天兩個人談到深夜兩點多。葉素菲跟他說：「這個市場風險很大，我們只能成功，不許失敗。我願意拿博達跟你賭，你願意拿未來跟我賭嗎？」這番話感動了彭進坤，他還從電信所挖人，決定與葉素菲一起奮鬥。

1996年上半年，中共發射導彈，國內電子股重挫，市場資金緊俏，葉素菲在確定李登輝當選總統後，才開始動工。由於博達是先向科學園區申請進駐後，才找資金，這才是艱辛的開始。增資前，博達的資本額只有六千萬元，每年營業額兩億元，為了增資，葉素菲帶著技術團隊與北部的創投接觸，但創投們認為博達的風險高，而且葉素菲沒有科技背景，彭進坤也沒有實際量產經驗，不敢投入，所以當時博達不但沒有資金，已經向法國訂的機器也沒錢付款。葉素菲與彭進坤只好轉戰中南部，找到了在高雄的投資家方啓三。方啓三投資時從不看財務報表，只評估經營團隊。他十分欣賞博達的組合，他說，葉素菲與彭進坤兩人「像乞丐，從北部乞討到南部，還是硬要做這個事業，這麼艱苦得到的錢，一定會相當珍惜，並善用股東的錢。」有了方啓三資金的挹注後，博達的光電事業正式起步。

博達於1996年開始生產銷售主機板，並於同年成立光電事業處，同時在購入第一套化合物半導體生產設備後，正式朝微波通訊科技領域進軍，更與日本住友電工簽訂OEM及技術合作合約，成為國內第一家微波元件磊晶片製造商。由於取得MBE（分子束磊晶）及MOVCD（有機金屬化學氣相沉積）磊晶技術，成為全球少數擁有二種磊晶技術的廠商。除了可降低營運風險之外，也可研發手機以外的應用，例如衛星通訊、光纖、倒車雷達、LD等相關應用。

不過，博達起初還是很拮据，雖然1996年10月拿到進駐竹科園區許可，該年12月廠房已蓋好，1997年1月機器也到了，但工廠外的鷹架還未折，電力系統也沒有架設完畢。就這樣，博達有將近半年的時間使用發電機發電，在黑摸摸的環境中趕製晶片。

1997年4月，博達的產品已經問世，但生產線的機器因跳電而受損，有一台設備因為沒有不斷電系統而受損，因此又從國外購買機器，直到7月，才有產品問世。當時博達還為此開了說明會，這也是博達第一次正式與國內媒體見面。

過去，這些技術都掌握在國外大廠中，他們並不認為台灣可以開發先進製程。兩年前三菱商社的新加坡、香港，甚至是日本總公司總經理，還親自飛來台灣見葉素菲，三個月後，三菱商社決定投資博達，這是三菱第一個海外投資案，也是日本公認投資速度最快的一件案子。另外，日本住友電工也與博達接觸，花了兩年瞭解博達後，也讓博達成為住友電工的原廠委託製造代工廠，博達也因為這項策略結盟，得以大幅提高良率及品質。從此之後，許多日本公司跟進，加入博達的投資行列，在所有法人股東中，日本股東就占了21%，比本國法人還多，博達也因此建立在這個市場的國際地位。

雖說博達有這些風光的過去，但隨著砷化鎵產業泡沫化，其他同業都當機立斷轉型到LED磊晶片上，算是忍痛割捨求變，藉以開創新的紀元。但葉素菲卻到近期才作決策轉型，腳步比同業慢了一大截，導致其他同業已在LED產業上賺錢，而博達還沉浸在國內砷化鎵微波晶片元件國際大廠的迷思當中。

民國93年6月15日，博達科技因即將到期可轉換公司債無法償還，宣告聲請重整後，金管局進行調查發現，博達從剛上市時股價高達363元，在股票下跌時，為了護盤，涉嫌虛增業績，美化財務報表，還涉嫌透過國外交易安排，套取公司現金，問題癥結在於博達找的可能是根本不存在的銷貨。而且檢調單位發現博達案上市後即有多次內線交易的情形，這些人已經把投資人的錢給訛詐走了，並把錢轉到海外的户頭。從此，博達科技便從國內砷化鎵第一大廠成為坑殺投資人的罪魁禍首。

二、博達案爆發點

博達於民國90年3月發行可轉換公司債，總計發行近30億元的可轉債，當時博達股價表現亮麗，因此可轉債順利發行，然而，博達在92年下半年傳出營運告急的現象，當時證交所就把博達列為特案管理，93年1月9日，博達更換簽證會計師，3月9日又更換會計師事務所，由原來的安侯建業改為勤業眾信，勤業眾信要求博達提列286億元的備抵呆帳，因此博達的每股盈餘下降到每股虧損近8元，再加上股價大幅滑落，當初認購可轉債的投資人向公司要求贖回，因此博達於6月17日面臨近29億元的資金不足，為籌措還債資金，博達向證期會申請發行GDR，希望募集38億元的資金，為了讓GDR能順利募集，葉素菲的先生（國票金控董事長林華德）還向外資推銷博達的GDR，不過外資投資銀行反應冷淡，原定1億美元的發行額度，最後募集狀況僅約5千萬美元，無法補足資金缺口，因此公司決定進行重整。

若非此次未能順利募集GDR，博達案可能還不會爆發，該公司可能持續運用以債養債方式募集資金，使投資人及金融機構的損失更加慘重。

三、博達科技股份有限公司操作手法

根據現有公開資料顯示，本組認為有關博達科技股份有限公司掏空公司資產的主要操作手法共有三項：

一、利用發行海外可轉換公司債。

二、設立不實經銷商，創造虛假銷貨交易，出售應收帳款，利用複雜的衍生性金融商品及勾結金融機構來虛增帳上現金。

三、利用做買賣，掏空公司資產之手法。

將博達之手法分述如下：

(一) 利用發行海外可轉換公司債

博達於海外發行無擔保可轉換公司債，金額計美金5千萬元美金。購買博達ECB的人，只有A、B兩家公司，這兩家公司都設在英屬威京群島(BVI)，很可能是博達的實質關係人。這兩家公司先分別向甲、乙兩海外銀行借錢，再用所得資金買入博達發行的ECB。A、B兩公司能從銀行借到錢是因博達與其先簽訂契約，擔保其將償債之故。博達在A、B兩公司借到錢之後，拿ECB這張紙與A、B兩公司交換美金。博達收到錢後，就依約把錢存放於甲、乙這兩家海外銀行，作為替A、B公司借款之擔保，並未匯回國內。在博達的帳上，這筆現金列在流動資產項下的現金，不是其他資產，也未註明其動用受到限制，報表揭露不實；另一方面，博達向A、B公司保證，是博達的或有負債，但博達未揭露，報表也再次不實。博達的經營者未說實話，會計師也未發現，查核報告本應保留而未保留，查核報告也不實。

民國92年10月，博達因發行ECB而負債大增，持有人的債權如不馬上轉換成股權，即對博達年底的財務狀況產生不利影響，因此，博達又安排A、B兩公司在二十天內把全部的ECB轉換為普通股。因本次轉換而增加的股數甚多，占博達當時市場流通量的三分之一，博達的股本也從35億增至46億，每一個股東的股權被稀釋的程度，達32%。

另一方面，A、B兩公司也進行自己的財務操作，它知道，如用博達的ECB轉換成博達的股票，則價格較低，乃一方面借錢、付現買入博達的ECB，另一方面又融券借入博達的股票，打算將來用ECB換來的股票償還現在借來的股票，進行套利，賺取差額。當時，市場上融券放空博達的餘額激增，由平日每天的1、2百張增至5千張，且集中在特定大型券商。

博達發行ECB，並未要求閉鎖期，不過，一般的ECB通常設有六個月內不得轉換的限制。因博達未要求閉鎖期，故A、B兩公司買入博達的ECB，馬上就可轉換為股票，並在市場賣出，變成現金，幾乎全無風險。後來，A、B兩公司果然用換來的股票在市場上賣出。收到的現金，不但用來償還先前之融券，手上還可以保留部分現金。

A、B兩家關係公司的財務操作，包括要在市場上賣出股票。A、B要賣博達股票，博達自然助一臂之力，其方法是A、B賣出，自己買入。因為A、B公司不能直接賣給博達，交易須透過市場，故博達即透過市場買入庫藏股。固然博達買入的庫藏股才3億元（約2萬張），比A、B兩公司要賣的0.5億美金股票少得多，但發行公司買入自家的股票，可製造交投熱絡的假象，一方面便利A、B兩公司倒貨，另一方面亦可藉此舉動而發布好消息，提高股價。

博達為提高股價，不但自己買入庫藏股，而且還延遲公告調降財務預測的時間。博達的董事會早在92年11月19日即已決定要調降財務預測，但拖了一個多月，到12月26日才宣布。到宣布的當天，博達已買進庫藏股16,785張，離得買入之上限只差3千多張。到93年1月16日，博達買滿2萬張，耗資3億，平均每股$16.09。四個月之後，博達拿出這些股票要賣給員工，此項動作還以推行員工認股權計畫為名。

A、B兩家公司從未想要自己償還債務。到了93年6月中，甲、乙兩銀行遂依約一手把對A、B兩家公司的債權移轉給博達，另一手則解除博達在其銀行的存款合約。博達雖拿到債權，但因債權毫無價值，故發生損失，而存款合約被銀行解除，存款即不能使用。接下來，博達即以其存款被限制動用為由聲請重整。因此引爆這次震驚電子業的博達掏空案。相關流程如圖7-1所示：

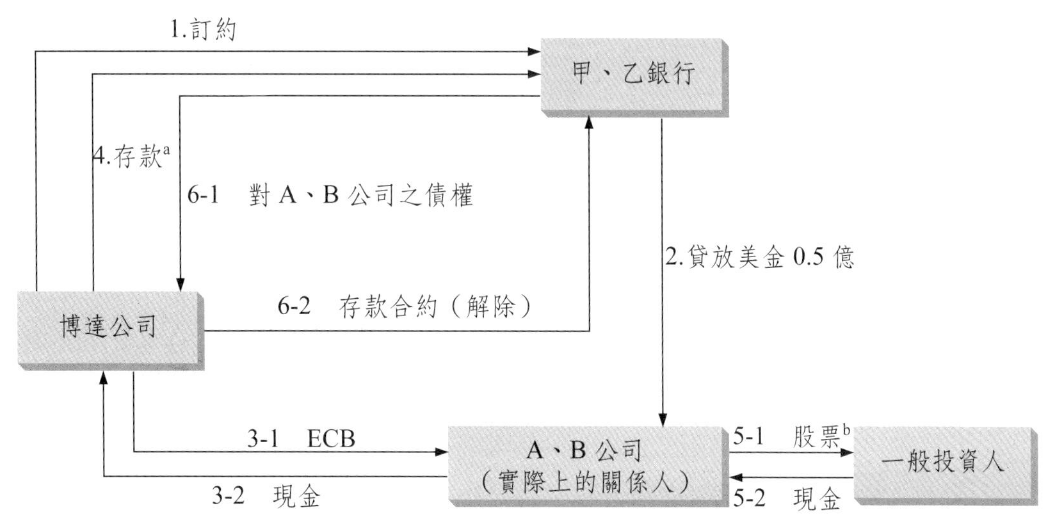

a：博達的存款用途受限，但財務報表未揭露。
b：股票來自ECB的轉換。

圖7-1 博達ECB之發行

(二) 虛增銷貨業績，利用出售應收帳款、回存條款虛增帳上現金

博達利用虛增銷貨收入及出售應收帳款，藉以增加營收，造成窗飾財報之效果，其流程說明如下：

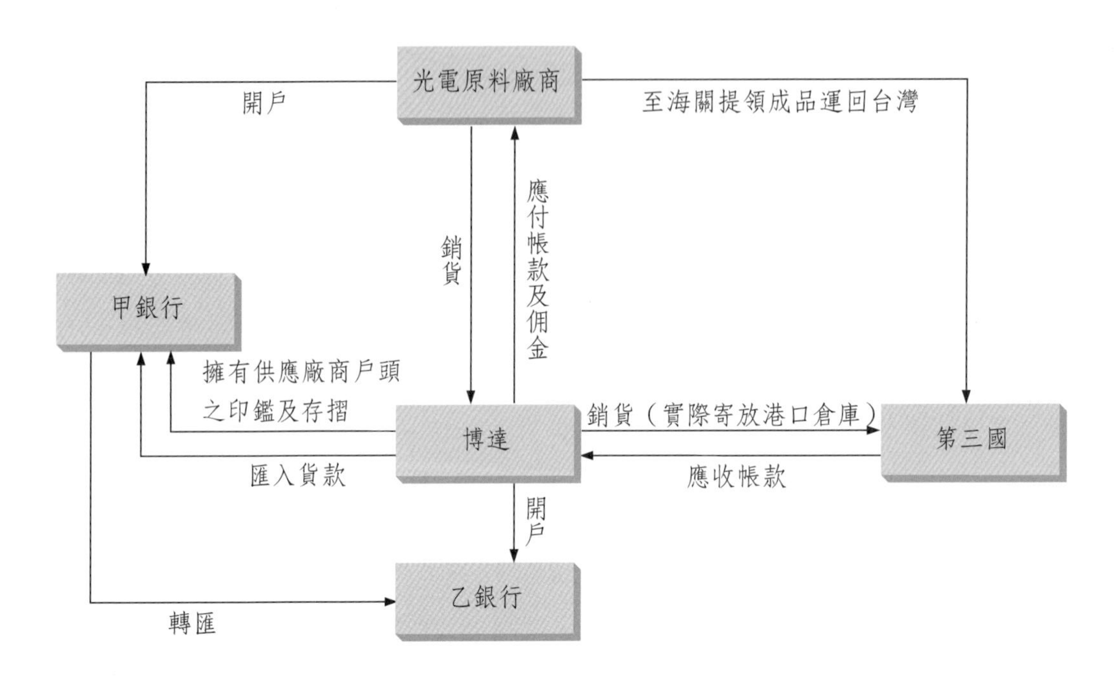

(三) 利用假買賣，掏空公司資產之手法

國內有十餘家光電的原料廠商幫助博達作假帳賺取佣金。博達作假銷貨的手法為先將光電成品銷售到第三國，但實際上僅是將貨物寄放於港口倉庫，製造假的應收帳款。之後再由博達的上游原料廠商將此批成品報關提領並運回台灣，再賣給博達，讓博達製造假進貨而付款。博達更進一步要求其供應商之銀行戶頭的存摺及印鑑交由博達保管，供應商僅賺取與博達合作的佣金，日後博達再將此戶頭中的金錢轉到其他帳戶，如此一來，博達不僅可以製造進貨、銷貨熱絡的假象，更可以進行五鬼搬運的手法掏空其公司資產。

四、博達之法律責任

事　　件	違反法令	相關處罰
博達發行ECB，收到美金0.5億元，將該存款存放於銀行，做為子公司擔保用。	公司法第十六條 公司除依其他法律或公司章程規定得為保證者外，不得為任何保證人。 公司負責人違反前項規定時，應自負保證責任，如公司受有損害時，亦應負賠償責任。	公司法第十六條 公司除依其他法律或公司章程規定得為保證者外，不得為任何保證人。 公司負責人違反前項規定時，應自負保證責任，如公司受有損害時，亦應負賠償責任。
博達的GDR在93年6月1日獲證期會通過募集案後，6月2日當天，博達的融券餘額單日暴增0.6萬張，隨後融券餘額一路走高，6月9日融券張數高達3.15萬張，6月15日下午博達無預警申請重整。	證券交易法（簡稱證交法）第一百五十七條之一 左列各款之人，獲悉發行股票公司有重大影響其股票價格之消息時，在該消息未公開前，不得對該公司之上市或在證券商營業處所買賣之股票或其他具有股權性質之有價證券，買入或賣出： 一、該公司之董事、監察人及經理人。 二、持有該公司股份超過百分之十之股東。 三、基於職業或控制關係獲悉消息之人。 四、從前三款所列之人獲悉消息者。 違反前項規定者，應就消息未公開前其買入或賣出該證券之價格，與消息公開後十個營業日收盤平均價格之差額限度內，對善意從事相反買賣之人負損害賠償責任；其情節重大者，法院得依善意從事相反買賣之人之請	證交法第一百七十一條 有下列情事之一者，處三年以上十年以下有期徒刑，得併科新臺幣一千萬元以上二億元以下罰金： 一、違反第二十條第一項、第二項、第一百五十五條第一項、第二項或第一百五十七條之一第一項之規定者。 二、已依本法發行有價證券公司之董事、監察人、經理人或受雇人，以直接或間接方式，使公司為不利益之交易，且不合營業常規，致公司遭受重大損害者。 三、已依本法發行有價證券公司之董事、監察人或經理人，意圖為自己或第三人之利益，而為違背其職務之行為或侵占公司資產。 犯前項之罪，其犯罪所得金額達新臺幣一億元以上者，

（續前表）

	求，將責任限額提高至三倍。	處七年以上有期徒刑，得併科新臺幣二千五百萬元以上五億元以下罰金。 商業會計法（簡稱商會法）第七十一條 商業負責人、主辦及經辦會計人員或依法受託代他人處理會計事務之人員有左列情事之一者，處五年以下有期徒刑、拘役或科或併科新臺幣十五萬元以下罰金： 一、以明知為不實之事項，而填製會計憑證或記入帳冊者。 二、故意使應保存之會計憑證、帳簿報表滅失毀損者。 三、意圖不法之利益而偽造、變造會計憑證、帳簿報表內容或撕毀其頁數者。 四、故意遺漏會計事項不為記錄，致使財務報表發生不實之結果者。 五、其他利用不正當方法，致使會計事項或財務報表發生不實之結果者。 商會法第七十二條 使用電子計算機處理會計資料之商業，其前條所列人員或處理該電子計算機有關人員有左列情事之一者，處五年以下有期徒刑、拘役或科或併科新臺幣十五萬元以下罰金：

（續前表）

		一、故意登錄或輸入不實資料者。 二、故意毀損、滅失、塗改貯存體之會計資料，致使財務報表發生不實之結果者。 三、故意遺漏會計事項不為登錄，致使財務報表發生不實之結果者。 四、其他利用不正當方法，致使會計事項或財務報表發生不實之結果者。
若63億元屬於衍生性金融商品，則應歸屬資產負債表中長期投資項目，葉素菲將之歸類於現金中，有虛飾財務報表之虞。	證交法第二十條第二項 發行人申報或公告之財務報告及其他有關業務文件，其內容不得有虛偽或隱匿之情事。	證交法第一百七十一條 有下列情事之一者，處三年以上十年以下有期徒刑，得併科新臺幣一千萬元以上二億元以下罰金： 一、違反第二十條第一項、第二項、第一百五十五條第一項、第二項或第一百五十七條之一第一項之規定者。 二、已依本法發行有價證券公司之董事、監察人、經理人或受雇人，以直接或間接方式，使公司為不利益之交易，且不合營業常規，致公司遭受重大損害者。 三、已依本法發行有價證券公司之董事、監察人或經理人，意圖為自己或第三人之利益，而為違背其職務之行為或侵占公司資產。

（續前表）

		犯前項之罪，其犯罪所得金額達新臺幣一億元以上者，處七年以上有期徒刑，得併科新臺幣二千五百萬元以上五億元以下罰金。
葉素菲為提高股價，於92年11月買入庫藏股，此外博達早在11月19日，即決定要調降財測，卻拖到12月26日才宣布，有操縱股價之虞。	證交法第一百五十五條 對於在證券交易所上市之有價證券，不得有左列各款之行為： 一、在集中交易市場報價，業經有人承諾接受而不實際成交或不履行交割，足以影響市場秩序者。 二、（刪除） 三、意圖抬高或壓低集中交易市場某種有價證券之交易價格，與他人通謀，以約定價格於自己出售，或購買有價證券時，使約定人同時為購買或出售之相對行為者。 四、意圖抬高或壓低集中交易市場某種有價證券之交易價格，自行或以他人名義，對該有價證券，連續以高價買入或以低價賣出者。 五、意圖影響集中交易市場有價證券交易價格，而散布流言或不實資料者。 六、直接或間接從事其他影響集中交易市場某種有價證券交易價格之操縱行為者。	證交法第一百七十一條 有下列情事之一者，處三年以上十年以下有期徒刑，得併科新臺幣一千萬元以上二億元以下罰金： 一、違反第二十條第一項、第二項、第一百五十五條第一項、第二項或第一百五十七條之一第一項之規定者。 二、已依本法發行有價證券公司之董事、監察人、經理人或受雇人，以直接或間接方式，使公司為不利益之交易，且不合營業常規，致公司遭受重大損害者。 三、已依本法發行有價證券公司之董事、監察人或經理人，意圖為自己或第三人之利益，而為違背其職務之行為或侵占公司資產。 犯前項之罪，其犯罪所得金額達新臺幣一億元以上者，處七年以上有期徒刑，得併科新臺幣二千五百萬元以上五億元以下罰金。

（續前表）

博達於6月13日向法院聲請重整，但並未在13日當天公布，而是在法律規定二天內公告。	有違反證交法第三十六條之嫌 已依本法發行有價證券之公司有左列情事之一者，應於事實發生之日起二日內公告並向主管機關申報： 一、股東常會承認之年度財務報告與公告並向主管機關申報之年度財務報告不一致者。 二、發生對股東權益或證券價格有重大影響之事項。	沒有罰則。
葉素菲利用ECB掏空公司資產，嚴重損害公司價值，造成股價下跌，並未盡到善良管理人之義務。	公司法第二十三條 公司負責人應忠實執行業務並盡善良管理人之注意義務，如有違反致公司受有損害者，負損害賠償責任。 公司負責人對於公司業務之執行，如有違反法令致他人受有損害時，對他人應與公司負連帶賠償之責。	公司法第二十三條 公司負責人應忠實執行業務並盡善良管理人之注意義務，如有違反致公司受有損害者，負損害賠償責任。 公司負責人對於公司業務之執行，如有違反法令致他人受有損害時，對他人應與公司負連帶賠償之責。

五、會計師之查核責任

事　　件	違反公報	本應採取行動
1.博達科技股份有限公司之會計師未盡專業上應有之注意。	審計準則公報第一號第二條 執行查核工作及撰寫報告時，應保持嚴謹公正之態度及超然獨立之精神，並盡專業上應有之注意。	盡專業上應有之注意。
2.92年度，勤業眾信會計師事務所，未收取銀行回函即出具報告，產生重大疏失。	審計準則公報第三十八號第二十三條 對金融機構之函證應採積極式。凡所查核財務報表涵蓋	當銀行未回函時，會計師應先要求委託人，由委託人出面要求銀行盡速回函。對金融機構函證應百分之百回

（續前表）

	之期間內，受查者與金融機構有往來者，無論期末是否仍有餘額，或雖已核閱該機構寄發之對帳單，查核人員仍應對受查者之往來金融機構發函詢證。 審計準則公報第三十八號第二十條 積極式函證要求受函證者在任何情況下，均須函復受函證內容是否相符，或依函證者要求填寫所需之資訊。積極式函證之函復，通常能提供較可靠之查核證據，但仍有受函證者未加查證資訊是否正確即予回函之風險。查核人員通常無法偵測上述風險之情況是否發生，但仍可藉由空白式詢證函不填寫金額或其他資訊，而要求受函證者填寫並回函以降低此種風險，惟採用空白式詢證函可能降低回函率。 審計準則公報第三十八號附錄三實施金融機構往來函證注意事項 6.凡有重要往來之金融機構未回函者，查核人員是否與受函證者聯繫，請其回函；如仍未獲回函，查核人員是否採取其他替代查核程序。	函，故會計師應完全取得回函後，才能稱為有足夠證據而據此表示意見。
3.未確實詢問公司為什麼要把錢存在國外，不匯回來，發行ECB的目的是什麼？為什麼不把應收帳款	審計準則公報第五十三號第二十四條至三十五條 查核人員獲取查核證據之方法，列舉如下：	詢問公司為什麼要把錢存在國外，不匯回來，發行ECB的目的是什麼？為什麼不把應收帳款賣給國內factoring

（續前表）

賣給國內factoring的公司，國內不買，那賣給國外，為什麼不把錢匯回來？	1.檢查； 2.觀察； 3.查詢及函證； 4.計算； 5.分析及比較。 審計準則公報第五十三號第三十二條至三十五條 查詢係指向受查者內部或外界具有相關知識之人士覓求適當之資料。其實施方式包括書面或口頭查詢。查詢結果可提供查核人員前所未曾獲有之資料，或與已獲得之證據相印證後增加其可靠性與相關性。	的公司，國內不買，那賣給國外，為什麼不把錢匯回來？

【個案研究二】

一、*訊碟科技背景介紹*

民國84年4月，訊碟科技設立於台北市南京東路，成立時，其資本額共新臺幣6,000萬元，到了11月中和市工廠建築物落成後，引進第一套射出成型機、音樂過帶系統、彩印機及網印機進廠，成立工廠初步規模，民國85年1月中和市工廠開幕，到了同年4月，工廠正式開始二十四小時進行量產。而後為了因應工廠需求，從英國引進第一套刻版設備。

為了趕上國際光儲存系統腳步，於85年12月DVD研發工作正式開始，同時將資本額增資為新臺幣12,000萬元以因應製片的需求。直到86年10月DVD5、10正式量產，而中和廠第二期工廠擴建工程也於同時完工。

87年3月向證管會申請增資暨補辦公開發行，同期間加入DVD Forum會員、與美國Macrovision Corporation正式簽約，使用DVD版權保護系統，並與日本CSS正式簽約使用DVD版權保護系統。同年8月與Warner Advanced Media Operations簽訂聯名合約，為亞洲授權指定的唯一DVD代工廠商。

於89年2月訊碟公司正式上櫃掛牌，剛上櫃時，股價飆漲至500多元，使得呂學仁成為最有身價的科技新貴，訊碟科技的產能到了4月已經成為全球最大DVD壓片廠商。

而90年1月簽約以美金8,000萬元購買美國Mediacopy公司，也使訊碟科技埋下財務危機的引爆線。此外，到了92年12月將空白媒體部門分割，成立浩瀚數位股份有限公司。

訊碟科技看似風光，然早已暗藏危機，到了93年8月31日，引發跳票1,000萬元，無法償付，使得該公司打入全額交割股，帳上資金26億去向不明，使得呂學仁不再意氣風發，更使得一代股王就此隕落。

二、*訊碟爆發點*

93年8月31日會計師出具訊碟93年半年報，報表中顯示採取權益法認列投資損失42億元，其中包括：Mediacopy上半年營業損失2.6億元、三年前購買的Mediacopy商譽全數提列損失27億元及母公司和海外控股公司對Mediacopy資金貸放10億元預估短期回收不易，提列損失及出售轉投資尚未收回資金，保守提列部分損失1.6億元，共計42億元。

此外，訊碟在半年報截止前夕當天突然主動發布重大訊息取得Gold Target Fund基金高達26.2億元，加上半年報公布帳列轉投資Mediacopy，虧損高達42億元，總計有近70億元的資金變化，且訊碟在財報公布前爆出3萬餘融券放空。

再加上，8月31日訊碟跳票1,500萬元，讓證交所提高警戒，決定主動出擊，並啓動例外管理機制，派員查核。訊碟案於是爆發。

三、訊碟疑點彙總說明流程圖

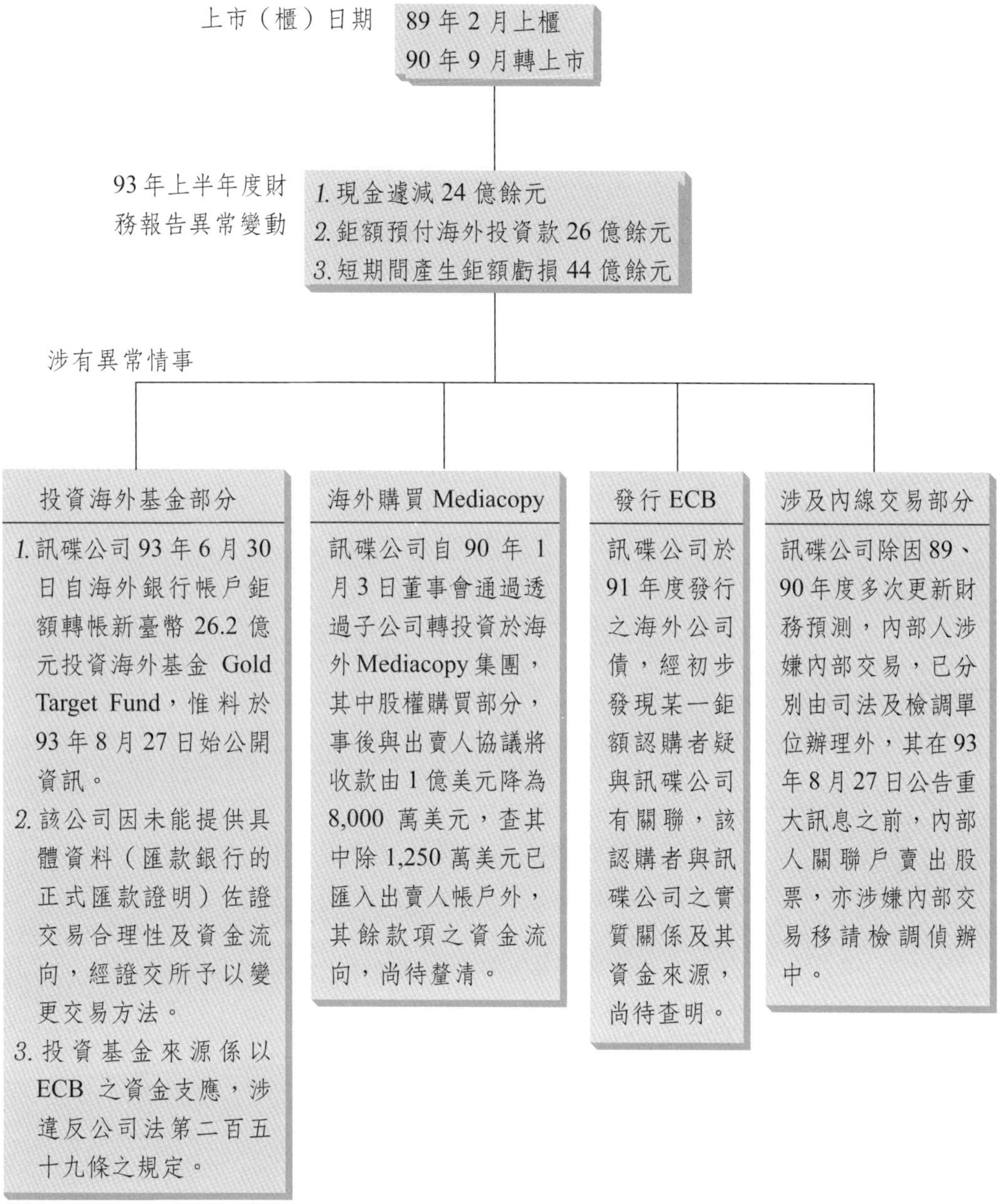

上市（櫃）日期：89 年 2 月上櫃
90 年 9 月轉上市

93 年上半年度財務報告異常變動：
1. 現金遽減 24 億餘元
2. 鉅額預付海外投資款 26 億餘元
3. 短期間產生鉅額虧損 44 億餘元

涉有異常情事

投資海外基金部分

1. 訊碟公司 93 年 6 月 30 日自海外銀行帳戶鉅額轉帳新臺幣 26.2 億元投資海外基金 Gold Target Fund，惟料於 93 年 8 月 27 日始公開資訊。
2. 該公司因未能提供具體資料（匯款銀行的正式匯款證明）佐證交易合理性及資金流向，經證交所予以變更交易方法。
3. 投資基金來源係以 ECB 之資金支應，涉違反公司法第二百五十九條之規定。

海外購買 Mediacopy

訊碟公司自 90 年 1 月 3 日董事會通過透過子公司轉投資於海外 Mediacopy 集團，其中股權購買部分，事後與出賣人協議將收款由 1 億美元降為 8,000 萬美元，查其中除 1,250 萬美元已匯入出賣人帳戶外，其餘款項之資金流向，尚待釐清。

發行 ECB

訊碟公司於 91 年度發行之海外公司債，經初步發現某一鉅額認購者疑與訊碟公司有關聯，該認購者與訊碟公司之實質關係及其資金來源，尚待查明。

涉及內線交易部分

訊碟公司除因 89、90 年度多次更新財務預測，內部人涉嫌內部交易，已分別由司法及檢調單位辦理外，其在 93 年 8 月 27 日公告重大訊息之前，內部人關聯戶賣出股票，亦涉嫌內部交易移請檢調偵辦中。

四、訊碟之法律責任

事　　件	違反法令	相關處罰
訊碟93年6月30日自海外銀行帳户鉅額轉帳新臺幣26億元投資海外基金（Gold Target Fund），但在8月27日才公開資訊。	證券交易法第三十六條第二項 已依本法發行有價證券之公司，應於每營業年度終了後四個月內公告，並向主管機關申報經會計師查核簽證、董事會通過及監察人承認之年度財務報告。其除經主管機關核准者外，並依左列規定辦理： 一、於每半營業年度終了後二個月內，公告並申報經會計師查核簽證、董事會通過及監察人承認之財務報告。 二、於每營業年度第一季及第三季終了後一個月內，公告並申報經會計師核閱之財務報告。 三、於每月十日以前，公告並申報上月份營運情形。 前項公司有左列情事之一者，應於事實發生之日起二日內公告並向主管機關申報： 一、股東常會承認之年度財務報告與公告，並向主管機關申報之年度財務報告不一致者。 二、發生對股東權益或證券價格有重大影響之事項。	沒有罰則。

（續前表）

	第一項之公司，應編製年報，於股東常會分送股東；其應記載之事項，由主管機關定之。 第一項及第二項公告、申報事項暨前項年報，有價證券已在證券交易所上市買賣者，應以抄本送證券交易所及證券商同業公會；有價證券已在證券商營業處所買賣者，應以抄本送證券商同業公會供公眾閱覽。 第二項第一款及第三項之股東常會，應於每營業年度終了後六個月內召集之。 公司在重整期間，第一項所定董事會及監察人之職權，由重整人及重整監督人行使。	
金管會指出，訊碟所購買海外基金的資金中，有部分是以海外可轉換公司債所得資金支付，而其ECB投資計畫中並未載明購買海外基金，且訊碟也未申請變更計畫項目。		公司法第二百五十九條 公司募集公司債款後，未經申請核准變更，而用於規定事項以外者，處公司負責人一年以下有期徒刑、拘役或科或併科新臺幣六萬元以下罰金，如公司因此受有損害時，對於公司並負賠償責任。
金管會的初步調查報告指出訊碟公司在93年8月27日公告重大訊息前，內部人的關聯户賣出股票，涉及內部交易。	證券交易法第一百五十七條之一 左列各款之人，獲悉發行股票公司有重大影響其股票價格之消息時，在該消息未公開前，不得對該公司之上市或在證券商營業處所買賣之	證券交易法第一百七十一條 有下列情事之一者，處三年以上十年以下有期徒刑，得併科新臺幣一千萬元以上二億元以下罰金： 一、違反第二十條第一項、第二項、第一百五十五

（續前表）

	股票或其他具有股權性質之有價證券，買入或賣出： 一、該公司之董事、監察人及經理人。 二、持有該公司股份超過百分之十之股東。 三、基於職業或控制關係獲悉消息之人。 四、從前三款所列之人獲悉消息者。 違反前項規定者，應就消息未公開前其買入或賣出該證券之價格，與消息公開後十個營業日收盤平均價格之差額限度內，對善意從事相反買賣之人負損害賠償責任；其情節重大者，法院得依善意從事相反買賣之人之請求，將責任限額提高至三倍。 第一項第四款之人，對於前項損害賠償，應與第一項第一款至第三款提供消息之人，負連帶賠償責任。但第一項第一款至第三款提供消息之人有正當理由相信消息已公開者，不負賠償責任。 第一項所稱有重大影響其股票價格之消息，指涉及公司之財務、業務或該證券之市場供求、公開收購，對其股票價格有重大影響，或對正當投資人之投資決定有重要影響之消息。 第二十二條之二第三項之規	條第一項、第二項或第一百五十七條之一第一項之規定者。 二、已依本法發行有價證券公司之董事、監察人、經理人或受雇人，以直接或間接方式，使公司為不利益之交易，且不合營業常規，致公司遭受重大損害者。 三、已依本法發行有價證券公司之董事、監察人或經理人，意圖為自己或第三人之利益，而為違背其職務之行為或侵占公司資產。 犯前項之罪，其犯罪所得金額達新臺幣1億元以上者，處七年以上有期徒刑，得併科新臺幣二千五百萬元以上五億元以下罰金。 犯第一項或第二項之罪，於犯罪後自首，如有犯罪所得並自動繳交全部所得財物者，減輕或免除其刑；並因而查獲其他共犯者，免除其刑。 犯第一項或第二項之罪，在偵查中自白，如有犯罪所得並自動繳交全部所得財物者，減輕其刑；並因而查獲其他共犯者，減輕其刑至二分之一。 犯第一項或第二項之罪，其犯罪所得利益超過罰金最高

（續前表）

	定，於第一項第一款、第二款準用之；第二十條第四項之規定，於第二項從事相反買賣之人準用之。	額時，得於所得利益之範圍內加重罰金；如損及證券市場穩定者，加重其刑至二分之一。 犯第一項或第二項之罪者，其因犯罪所得財物或財產上利益，除應發還被害人、第三人或應負損害賠償金額者外，以屬於犯人者為限，沒收之。如全部或一部不能沒收時，追徵其價額或以其財產抵償之。

習題與解答

一、 選擇題

( ) 1. 下列哪一項因素，與造成財務報表舞弊的機會無關？ (A) 重大會計估計涉及主觀判斷 (B) 董事會監督財務報導的功能不佳 (C) 管理階層作出的預測過度樂觀 (D) 會計、內部稽核及電腦資訊人員的流動率過高。〔103 年會計師〕

( ) 2. 查核人員查核財務報表時，對因舞弊而導致財務報表重大不實表達需加以考量。有關「查核財務報表對舞弊之考量」，下列敘述何項錯誤？(A) 管理舞弊係指僅有受查者員工所涉入之舞弊 (B) 防止及偵查舞弊主要係受查者治理單位與管理階層之責任 (C) 造成舞弊發生之因素有：誘因或壓力、機會、態度或行為合理化等 (D) 舞弊與錯誤之區分，在於導致財務報表不實表達之動機是否係屬故意。〔103 年高考三級〕

( ) 3. 下列何者並非資產挪用的機會因子？ (A) 資產的內部控制不適當 (B) 某位員工手中持有大量現金 (C) 職能分工或獨立檢查績效未能落實 (D) 管理階層與員工處於對立關係。〔103 年高考三級〕

( ) 4. 在查核財務報表時，查核人員應對舞弊進行考量。以下有關舞弊之敘述何者正確？ (A) 審計學上所謂之管理舞弊係指企業資產被員工侵占或偷竊 (B) 查核人員經常接觸文件，因此被預期為辨認文件真實性之專家 (C) 舞弊三角指：意識到壓力（pressure）、意識到機會（opportunity）與行為合理化（rationalization） (D) 審計準則規定會計師應對發現舞弊負責。〔102 年高考三級〕

( ) 5. 有關查核財務報表對舞弊之考量，下列敘述何者正確？①查核人員對於舞弊是否確實發生須負法律判定之責任 ②防止及偵查舞弊主要係受查者公司治理單位與管理階層之責任 ③會計師進行查核工作，必能發現所有的錯誤及舞弊 ④查核人員對於尋找影響財務報告之舞弊與錯誤的責任相同

(A) 僅①②　(B) 僅③④　(C) 僅①③　(D) 僅②④。〔102 年高考三級〕

( ) 6. 彩運公司因接獲客訴，發現已完賽且早已停止下注之大二元彩券仍可購得，經查發現公司作業管理部督導甲君在得知運動賽事結果時，進入系統重啓已停售之賽事投注，並委託第三人為其下注，藉此不法獲得鉅額獎金。試問，下列何項控制作業之執行最難及時遏止上述之舞弊行為？
(A) 賽事開打後，立即執行「關閉彩池」程序，並經高階主管確認
(B) 對於開賣、停賣與派彩程序，均安排不同人負責，並經過雙人核可
(C) 採用控制程序限制未經授權之人不得使用電腦程式　(D) 定期覆核所有資料之修改。〔102 年高考三級〕

( ) 7. 近幾年許多公司利用第三地紙上公司之方式達成假銷貨之目的。試問，此做法是屬何種舞弊風險因子？ (A) 誘因或壓力　(B) 機會　(C) 行為合理化　(D) 倫理環境。〔102 年高考三級〕

( ) 8. 下列哪一項僅屬於「財務報導舞弊」而非「挪用資產之舞弊」？ (A) 一位員工偷走了公司的一批存貨，並將該批存貨的減少記錄為「銷貨成本」(B) 財務主管將客戶支付公司應收帳款之貨款，轉移用來償還他私人的債務，並且借記某個費用科目，以隱藏這項行為　(C) 公司管理階層更改存貨盤點標籤（inventory tags）並高估期末存貨，同時低估銷貨成本
(D) 一位員工從公司偷拿了小工具並且沒有歸還，相關的成本則以「其他營業費用」來記錄。〔101 年會計師〕

( ) 9. 下列有關媒體之報導，何者最可能使公司查帳會計師懷疑其董事長有舞弊的動機？ (A) 公司董事長私人投資房地產慘遭套牢　(B) 公司董事長與影星出遊，傳出緋聞　(C) 公司董事長酒醉駕車，遭警方處罰　(D) 公司董事長當選執政黨中央常務委員。〔101 年會計師〕

( ) 10. 下列有關遏止員工間串通舞弊之敘述，何者最為正確？ (A) 將管理資產與記錄交易之職能分開，即可遏止串通舞弊　(B) 將授權交易與記錄交易之職能分開，即可遏止串通舞弊　(C) 將管理資產、授權交易與記錄交易之職能分開，即可遏止串通舞弊　(D) 任何方式的分工皆無法完全遏止串通舞弊之發生。〔101 年會計師〕

( ) 11. 下列哪一項特徵最有可能會加深查核人員對「有心操弄財務報表」之風險的懷疑？ (A) 高階會計人員的流動率很低 (B) 公司內部員工最近購買公司之股票 (C) 管理階層相當強調要達成盈餘預測 (D) 該公司所處產業的變化速度緩慢。〔101 年會計師〕

( ) 12. 依據我國審計準則公報第四十三號，下列何者非造成舞弊發生之因素？(A) 社會風氣 (B) 態度或行為合理化 (C) 誘因或壓力 (D) 機會。〔101 年高考三級〕

( ) 13. 會計師考量舞弊對財務報表查核之影響時，下列何者不屬會計師應考量之事項？ (A) 公司高階主管是否經常進出股市，從事股票交易 (B) 採購主管是否住豪宅、開名車及戴名錶 (C) 各項表單是否為經辦人本人親自簽名而非蓋章 (D) 高階主管是否擔任公司借款之保證人。〔100 年會計師〕

( ) 14. 查核團隊應討論受查者財務報表易因舞弊而導致重大不實表達之各種狀況。下列敘述均與查核團隊之討論有關，其中何者錯誤？ (A) 通常只須由團隊中較有經驗之查核人員參與 (B) 討論時，不須提及尚未被證實之舞弊傳聞 (C) 團隊成員須討論，是因一旦經過討論，少數關鍵團隊成員與受查者管理階層串通，為其護航之可能性即降低 (D) 團隊成員對管理階層及治理單位之誠實與正直，於討論的過程中，須保持專業上之懷疑態度。〔99 年會計師〕

( ) 15. 下列何者不是財務報導舞弊（fraudulent financial reporting）？ (A) 將公司資產挪作私人使用 (B) 偽造或竄改會計記錄或相關文件 (C) 故意漏列或虛列交易事項 (D) 蓄意誤用會計原則。〔99 年會計師〕

( ) 16. 下列何者乃會計師最容易經由查核程序查出舞弊行為之會計事項？(A) 為他人（公司）背書保證 (B) 提供不動產，供他人作為借款之擔保品 (C) 從事衍生性金融商品交易 (D) 提供無記名可轉讓定存單，供他人借款之擔保品。〔99 年會計師〕

解 答

1.(C) 2.(A) 3.(D) 4.(C) 5.(D) 6.(D) 7.(B) 8.(C) 9.(A) 10.(D)
11.(C) 12.(A) 13.(C) 14.(B) 15.(A) 16.(B)

二、 問答題

1. 何謂誤述？何謂遺漏？何謂錯誤？何謂舞弊？上列四項之間的關係如何？

解答

茲以下表說明：

項目	定　義
誤述	係指財務報表未能反映經濟實質，以致未能依一般公認會計原則允當表達。
遺漏	係指財務報表未包括應行包括在報表中的項目。
錯誤	係指無意的過失造成財務資訊為不實的表達，如計算錯誤、筆誤、誤解或誤用會計原則。
舞弊	係指故意使財務資訊為不實表達，如偽造竄改記錄文件、虛列、漏列交易、故意誤用會計原則、挪用資產等。
上述四者之關係	上述四者由定義可知，誤述為廣泛不允當表達經濟現象名詞，遺漏則是造成誤述的原因之一，而是否蓄意則為判斷錯誤與舞弊的標準，依美國審計準則規定： (1)錯誤為財務報表金額或揭露非蓄意的誤述或遺漏。 (2)舞弊為財務報表金額或揭露蓄意的誤述或遺漏。

2. 會計師對於發現錯誤及舞弊的責任如何？

解答

會計師對於發現錯誤與舞弊的責任：

(1)應保持專業上之警覺：會計師查核財務資訊所設計查核程序，係為取得查核證

據，俾對財務資訊是否允當表達表示意見。因此除受託專案查核外，查核工作之規範與執行，非專為發現舞弊或錯誤而設計。但仍應保持專業上之警覺，以期望查核時得能發現因錯誤或舞弊可能導致財務資訊重大不實表達之情事。

(2)無法提供絕對保證：會計師應依照一般公認審計準則執行查核工作，亦即應依當時情況採行適當查核程序，並依據查核結果出具適當查核報告。由於查核工作通常係採抽查方式，因此，依照一般公認審計準則執行查核工作，並不保證一定能發現由於錯誤或舞弊所導致財務資訊之不實。

3. 哪些情事會提高錯誤及舞弊的可能？

解答

有下列情事時，會提高錯誤及舞弊的可能：

(1)管理階層之品德或能力有疑慮：

①管理階層由一人或少數人所把持，且內部缺乏有效之監督。

②公司組織結構複雜，且其複雜程度顯不合理。

③對內部控制制度之重大缺失，無正當理由而遲遲不加以改正。

(2)企業遭受不尋常之壓力：

①產業景氣愈趨衰退。

②因擴充過速而導致營運資金不足。

③業績欠佳。

(3)不尋常之交易：

①期末發生對盈餘有重大影響之交易。

②重大關係人之交易。

③支付之酬金顯著偏高或偏低。

(4)難以獲取足夠適切之查核證據：

①證明交易之文件不適當。

②會計處理不適當。

③管理階層對查核人員之詢問，無法說明理由或理由未盡適當。

4. 近年來所爆發的經濟案件，其舞弊手法複雜，且常以不實財務報告或公開說明書的方式詐欺，此類財報舞弊對證券市場運作秩序有著極大的影響。法院在審理此類案件，已非單純由法律觀點即可解決，而融合法律、審計，會計及犯罪學的「鑑識會計」可以提供協助司法訴訟。

試問：

(1)請說明鑑識會計的意義何在？

(2)我國針對會計師偵查因舞弊而導致重大不實表達之責任為何？

〔100年高考三級〕

解答

(1)鑑識會計的意義：鑑識會計以絕對超然獨立的態度，受託查核公司企業的財報數字，同時執行評估公司政策、組織、記錄與績效。所謂鑑識會計員在訴訟案件進行時，即等同如民事訴訟或刑事訴訟所規定的鑑定證人一般，其鑑定意見具有高度證據力，為法定證據之一種。

(2)會計師主要依一般公認審計準則執行查核工作，以合理確信財務報表整體允當表達，而非偵查企業舞弊事實。基於下列原因仍無法絕對確信必能發現財務報表之重大不實表達：

①查核工作依賴專業判斷。

②查核工作以抽查方式實施。

③受查者內部控制受先天限制。

④查核人員所取得之大部分查核證據，其性質通常僅具說服力，而不具結論性。

Chapter 8

瞭解內部控制結構

■第一節　內部控制概說

一、*內部控制之意義*

內部控制係一種管理過程，由管理階層設計並由董事會（或相當之決策單位，以下皆同）核准，藉以合理確保下列目標之達成：

1. 可靠之報導。
2. 有效率及有效果之營運。
3. 相關法令之遵循。

目標能否達成繫於內部控制設計之良窳及董事會、管理階層與員工之有效監督與執行。

根據美國發起組織委員會（COSO）報告，內部控制結構強調下列的基本概念：

1. 內部控制是一種過程（Process）：它是達到終點的方法，而不是終點，它包含了一系列的廣泛性與整合性的行動，建築在企業的基礎架構上，而不是強加上去的一種模式。
2. 內部控制受人影響（Effected by Persons）：它不僅是一種政策手冊與格式，也包括在一個組織的所有階層人員，例如：董事會、管理當局及其他人事。
3. 內部控制對管理當局及董事會而言，能提供合理保證，而非絕對保證。因爲所有內部控制系統都有先天限制，且建立過程中須考量成本效益問題。
4. 內部控制用以達成財務報告、遵循法令及營運目標。

COSO確立了五個交互相關的內部控制要素：

1. 控制環境。
2. 風險評估。
3. 資訊與溝通。

4. 控制活動。
5. 監督。

二、五大控制要素與財務報表審計的關係（審計準則公報第四十八號）

1. 受查者（可爲受查者之整體、個別營運單位或個別營運功能）與其所欲達成之目標及內部控制之組成要素間互有關聯，三者關係如下圖所示：

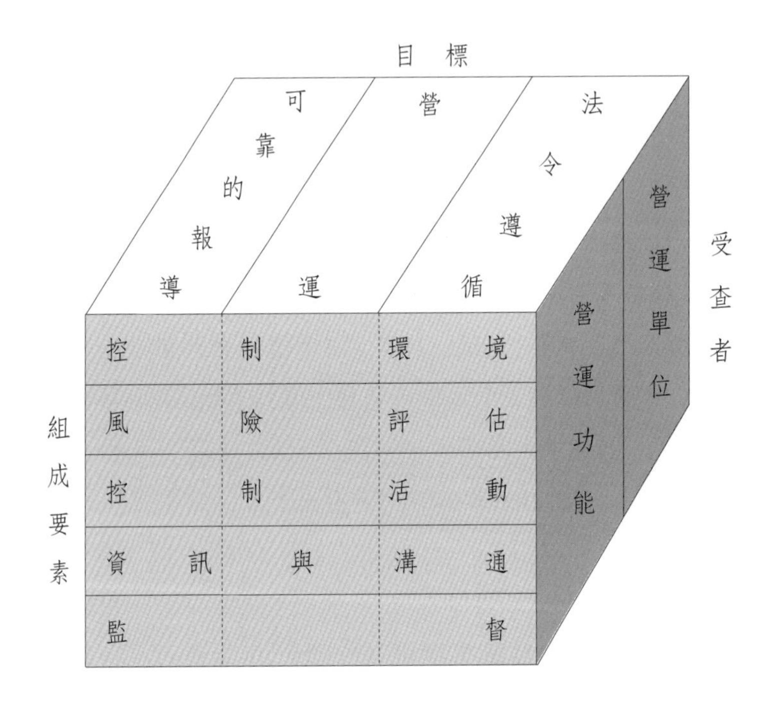

2. 內部控制固可協助受查者目標之達成，惟三項內部控制目標及其相關控制並非均與財務報表查核有關，故查核人員並不須對各個營運單位及各個營運功能之所有內部控制進行瞭解。
3. 查核人員於查核財務報表時，對內部控制之考量通常僅限於與財務報導目標有關之內部控制。財務報導之目標係爲確保受查者財務報表在重大方面已依一般公認會計原則或其他綜合會計基礎編製，足以允當表達。
4. 查核人員執行查核程序所使用之資料，除了財務資料外，尚有非財務資料，如與營運目標或法令遵循目標之內部控制有關，由於財務資料與非財務資料往往互相影響，查核人員於查核財務報表時，應對非財務性質及財務性質資料與內部控制加以衡量評估。

5. 為保障資產安全，防止資產在未經授權之情況下被取得、使用或處分之內部控制，可能同時達成財務報導目標及營運目標。其關係如下圖：

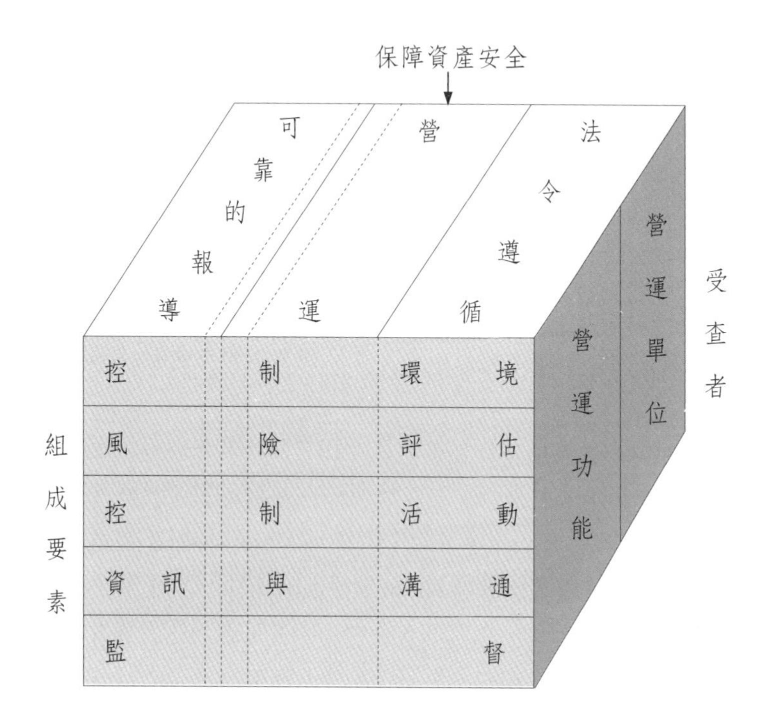

查核人員在瞭解內部控制各組成要素以規劃查核工作時，對於與保障資產安全有關內部控制之考量，通常僅以與財務報導之可靠性有關為限。

三、內部控制制度有效性自我評估結果

受查者公司出具	使用者	會計師出具
1.公司內部控制報告書	一般大眾	會計師審查報告書
2.公司內部控制聲明書	特定人	內部控制建議書

內部控制報告書，是公司針對其內部控制之有效性，對大眾所出具之聲明。

公司在這份文件中所聲明之內部控制，得涵蓋三種內部控制，或僅涵蓋其中之一部分。這份文件如未限制分發或使用之對象，任何非特定人皆可取得。

內部控制聲明書，係指公司針對其內部控制之有效性，對會計師所出具之聲明。公司藉此項文件對會計師或其他人士表達自己承擔自己內部控制的責任。此聲明書亦是會計師審查內部控制制度時須蒐集之一項證據，惟此項證據之證據力相當低，當聲明書之內容與會計師蒐集到之其他證據相一致時，會計師可信賴聲明書；反之，當聲明書之內容與會計師蒐集證據不一致時，則不可信賴聲明書。

會計師之內部控制審查制度報告是會計師在審查公開發行公司之內部控制，蒐集證據之後，根據證據針對受查公司內部控制聲明之允當性，所表示之意見。

四、其　他

1. 建立並維持一適當的內部控制制度是公司管理當局的責任。
2. 外勤準則第四條規定：「對於受查者內部控制制度應作充分之瞭解，藉以規劃查核工作，決定抽查之性質、時間及範圍。」
3. AU 320.02基於遵行外勤準則中對內部控制研究評估之規定，企業界要求會計師提供增進管理資訊制度之特殊服務有日益增加之趨勢，此趨勢之發展使會計師出具管理階層或外界管制機構所需報告，惟此報告非爲一般公認審計準則所要求。
4. 目前美國財務報表審計之專業準則，不再將會計控制及管理控制予以劃分，其僅指出審計人員須注意用以防止或偵察財務報表誤述之內部控制。

■第二節　內部控制制度五要素

一、控制環境

控制環境用以塑造受查者之紀律及內部控制之架構，係其他四項組成要素之基礎，可影響受查者文化及組織成員對內部控制之認知。而受查者之控制環境受組織或其成員下列因素之影響：

項　目	說　明
1.操守及價值觀念	(1)為了強調企業所有人員正直及道德觀念的重要性，高階管理人員應 ①以身作則。 ②溝通。 ③提供道德指引。 ④降低或消除任何使人們不誠實、不法或不道德的誘因或漏洞。 (2)內部控制標準 ①員工行為守則及其他行為規範之訂定及實行。員工守則規定該企業可接受之商業行為、遭遇利益衝突時之處理方式或期望員工之行為。 ②與員工、顧客、供應商、投資人、債權人、競爭對手及查核人員交往時的方式。 ③對達成某些不切實際目標（尤其是某些短期目標）之壓力，及報酬係依據目標達成的程度而訂定之程度。
2.能力	(1)意義 為了達成企業的目標，每一位員工都應具備有效執行工作之必要知識。 (2)內部控制標準 ①職務說明書或其他定義員工如何執行工作之方式。 ②對某些特定工作所需具備知識及技能之分析。
3.董事會及監察人之參與	(1)意義 董事會及審計小組的成員及其執行治理與監督責任的態度，對於控制環境有很大的影響。 (2)內部控制標準 ①董事會及監督委員會是否獨立於管理階層之外，亦即，董事會及監督委員會在遇有困難的時候，是否仍會提出質疑，或是否會提出試探性之質疑。 ②對須深度注意或指引方向的特定事項，是否請董事會下的小組參與。 ③董事的經驗及知識。 ④董事會、監察人與財務主管及主辦會計、內部稽核及外部審計人員開會商談之頻率及時效。 ⑤提供給董事及監察委員會資訊之充分性及適時性；能夠讓董事及監察委員會監督管理階層之目標及策略、企業之財務狀況及經營成果及重大合約條款的程度。 ⑥董事會及監督委員會評估被告知的敏感資訊、調查結果及不適當活動

（續前表）

	等資訊之及時性及充分性。上項資訊，如高階主管之差旅費、重大訴訟案、盜用公款、侵吞或濫用公司資產及非法行為等。 (3)審計小組 三至五位非兼任公司主管及職員之非執行業務董事所組成，其工作包括： ①聘任及解任會計師。 ②決定審計範圍。 ③討論審計結果。 ④解決會計師與管理當局之間的爭執。
4.管理哲學與經營風格	(1)在組織中建立一個最佳的控制環境，管理當局扮演一個關鍵性的角色。 (2)內部控制標準 ①企業所接受風險之性質。例如：管理階層是經常進行高風險之交易，還是對承接風險採取極端保守的態度。 ②資深主管與營業主管間之互動及其頻率。當營業主管所負責之營業地點與總公司在地理位置上相隔甚遠時。 ③管理階層對於財務報導之態度及行為，包括選用會計處理之態度。
5.組織結構	(1)組織結構可藉著提供規劃、執行、控制及監督活動的全部架構而促使企業達成其目標。發展企業的組織結構包括確定權利與義務的主要範圍及報告的適當流程——須視企業規模與活動的性質而定，通常係在組織圖中正確地描述授權及報告關係的流程。 (2)內部控制標準 ①組織結構的適當性，及組織結構提供管理其活動所需資訊的能力。 ②各重要主管所擔負責任之適切性，及主管對其責任之瞭解。 ③重要主管用以履行其責任所具備之知識及經驗的適當性。
6.權責劃分	(1)組織機構內的人員，對於本身的職責和約束本身行動的規章，均須清清楚楚的瞭解。因而，管理當局備有職員的職務說明和電腦系統文件，以及明明白白地界定了企業內授權和職責的範圍，俾可強化控制環境；或許也訂立了有關可以接受的經營實務、利害衝突和行為規範等的方針。 (2)內部控制標準 ①依組織之目標、經營之功能及政府機關之規定而劃分職責；所劃分之職責中，包括對資訊系統之責任，及授權改變系統之權力。 ②與控制有關之準則及程序之適當性，前述準則及程序包括員工的職務說明。 ③擁有適當技能員工的人數，尤其是負責資訊處理及會計處理員工的人數。適當員工人數的決定，繫於企業的規模、作業及系統的性質及複雜程度。

（續前表）

7.人力資源政策	(1)控制環境是否有效，受企業組織內人員特質的影響，有效人事管理方法，常能彌補控制環境的弱點。但不能保證可避免不誠實員工所引起的損失。 (2)人事管理方法通常包括： 雇用、訓練、評核、升遷及獎勵。 (3)忠誠險 ①忠誠險是保險的一種，保險公司同意在一定限額內賠償雇主因故投保員工偷竊或侵占公款所引起的損失。 ②忠誠險不是內部控制的一部分，也不是內部控制的替代品。內部控制不健全，可能發生偷竊及虧空事件，公司在向保險公司索賠之前須先證明損失的存在，且內部控制的不健全可能使管理當局利用錯誤的會計資訊做決策。 (4)內部控制標準 ①設置聘雇、訓練、升遷及俸給政策及程序的程度。 ②當員工違反訂定政策及程序時，補救措施的適當性。 ③員工背景調查的適當性，尤其是針對員工曾從事不當行為之調查。 ④員工留任與晉升之標準、蒐集資訊技術的適當性，及其與行為守則或其他行為指引間的關係。

1. 查核人員對控制環境應獲取足夠之資訊，以瞭解管理階層及董事會對控制環境之態度、認知及作爲。查核人員應重視控制之實質而非其形式，因爲受查者可能設有控制，而未確實執行。
2. 查核人員於瞭解控制環境時，宜就影響控制環境之各項因素考量其對控制環境之綜合影響，其中管理階層對內部控制之影響尤爲重大。

二、風險評估

1. 意義：風險係指受查者目標不能達成之可能性。風險評估即指受查者辨認及分析風險之過程，以做爲該風險應如何管理之依據。
2. 受查者應評估提供有資訊報導是否可靠的風險，並是否能有效辨認攸關目標的重大風險因子且加以分析財務或非財務因素。例如：受查者如何考慮其交易未入帳之可能性，或如何辨認及分析財務報表所認列之重大會計估計項目。

3. 與可靠資訊報導有關之風險，包括對受查者營運資料之記錄、處理、彙總及報導可能產生不利影響之內部或外部情事。上述事項一旦發生，將使實際報導的資訊所隱含之聲明不相一致。

   前項風險可能因下列情事而產生改變：

   (1) 經營環境之改變。

   (2) 新會計準則之發布。

   (3) 新技術之開發及採用。

   (4) 任用新人。

   (5) 資訊系統之設置或修訂。

   (6) 業務快速成長。

   (7) 設置新生產線、推出新產品或開拓新業務。

   (8) 受查者改組。

   (9) 新設國外營運機構。

4. 查核人員應充分瞭解受查者評估風險之過程，包括管理階層如何辨認風險、如何估計其發生之可能性與嚴重程度及其與財務報導之關聯，藉以瞭解管理階層如何考量與財務報導目標有關之風險及其因應對策。

5. 受查者所評估之風險與查核人員查核財務報表所考量之查核風險，兩者之目的不同。前者在辨認及分析受查者目標未能達成之可能性；後者係查核人員藉對固有風險和控制風險之評估，以判斷財務報表發生重大不實表達之可能性。

6. 內部控制標準：

   (1) 企業整體目標之訂定：

   ①訂定之企業整體目標能說明該企業欲達成的概括性目標及指引企業之程度。惟此目標雖概括，但仍具特定性，可與該企業相連接。

   ②員工及董事會知悉企業整體目標的程度。

   ③策略與整體目標相一致的程度。

   ④企業計畫、預算與整體目標及策略和目前情況間相一致的程度。

⑤對達成整體目標而言，何者爲重要目標之辨認。

⑥在設定目標時，所有管理階層參與之程度；及其承諾致力達成目標之程度。

(2) 風險分析：

①辨認因外在因素而引發風險之制度的適當性。

②辨認因內在因素而引發風險之制度的適當性。

③就每個重大的作業層級目標，逐一辨認無法達成之重大風險。

④風險分析程序之周延性及相關性。風險分析程序包括估計重大風險、評估其發生之可能性及決定應採行之行動。

(3) 對改變的管理：

①有些企業的例行活動影響企業整體目標或作業目標之能否達成，預期、辨認該等作業及對其做出回應機制之設置。其設置通常由外界環境改變影響所及作業之管理階層負責。

②能夠辨認對其企業產生急遽及重大影響之改變的制度，讓企業作出回應的制度，及辨認可能需要高階主管注意之制度的設置。

三、資訊與溝通

資訊與溝通係指將有關之資訊以適時有效之方式，予以辨識、蒐集、傳遞予相關人士，使其有效履行責任。

要素	說明
資訊	(1)意義 與可靠資訊報導目標有關之資訊系統，含會計制度在內，其內容包括處理下列事項之方法與記錄： ①記錄、處理、彙整及報告受查者之交易事項。 ②表明相關資產、負債及股東權益記錄之責任。 資訊系統所產生資訊之品質，影響管理階層在控制受查者活動時訂定適當決策及編製可靠財務報表之能力。 (2)內部控制標準

（續前表）

	①內、外部資訊之取得，及達成既定目標之績效資訊對管理階層的提供。 ②對適當人員及時、詳細資訊之提供，使他們能有效率、有效果地執行任務。 ③資訊系統之制訂或修正，是否基於資訊系統之策略規劃，亦即是否聯結企業的整體目標及作業層級目標。 ④管理階層對設置必要資訊系統的支持。前述支持，包括投入之適當資源。
溝　通	(1)意義 與可靠資訊報導目標有關之溝通，係告知受查者內部人員其在與可靠資訊報導有關內部及確保提供外部資訊使用者有效且可靠的資訊參考控制所扮演之角色及責任。 (2)內部控制標準 ①把員工的任務和其控制責任傳達給員工之有效性。 ②用已報導疑似不當行為的溝通管道之建立。 ③管理階層接納員工提出提高生產力、品質和其他改善建議的能力。 ④組織內跨部門間溝通之適當性、資訊的完整性與及時性，及該資訊能使員工有效履行責任之充分性。 ⑤與顧客、供應性及其他外部人士得知顧客的需求是否已改變的溝通管道，其開放性與有效性。 ⑥外界知悉本企業道德標準的程度。 ⑦管理階層在接獲顧客、供應商、政府機關和其他外界人士的資訊後，及時和適當的追查行動。

(一) 查核人員應充分瞭解與可靠資訊報導有關之資訊系統，俾瞭解

1. 對提供報導資訊有重大影響之交易類別。
2. 此等交易如何發生。
3. 處理及報導此等交易所使用之會計記錄、輔助資訊及會計科目。
4. 自交易發生至納入財務報表爲止之會計處理過程，包括使用電子設備以傳輸、處理、維護及存取資訊之過程。
5. 財務報表之編製過程，包括重大會計估計及揭露之處理。

(二) 查核人員亦應對下列事項取得充分瞭解

1. 受查者如何告知內部人員於財務報導所扮演之角色與責任。
2. 受查者如何告知內部人員與財務報導有關之重大事項。

四、控制活動

(一) 定義

控制活動係指用以確保組織成員確實執行管理階層指令之政策及程序。

(二) 控制活動之組成

控制活動可協助管理階層確保其規定業經執行，以利受查者目標之達成。受查者應考量組織層級及職能之不同，分別依其目標設置適當之控制活動，並予以執行。一般而言，與查核有關之控制活動可歸類如下：

1. 交易之授權。
2. 職能分工。
3. 執行結果之覆核。
4. 資料處理之控制。
5. 實體控制。

要素	說明
1.交易之授權	對交易活動應作適當授權。 (1)授權：一般授權即交易被核准的一般情況。特別授權及非例行性交易在個別基礎認可之授權。 (2)確定交易經過適當管理人員之授權。
2.職能分工	(1)適當的職能分工 分配一項交易的責任，使得一人的工作可自動檢查另一人或多人工作，目的在預防與及時發現錯誤與舞弊。每項交易應分為五個步驟：

（續前表）

	交易步驟　　程　序　說　明 ①授權　高級主管授權賒銷商品給符合條件的顧客。 ②主辦　來自顧客的訂單由銷貨部門主辦。 ③核准　信用部門覆核此交易，並決定核准授信與否。 ④執行　運貨部門向倉儲部門領取商品，運交顧客，並執行此交易。 ⑤記錄　會計部門開單和開立發票，送交客户，並即入帳。 (2)職務分工有助於專業分工提升效率。
3.執行結果之覆核	(1)管理當局對下列事項的覆核 彙總詳細科目餘額的報告。 比較實際數與預算數以前年度金額。 比較財務與非財務資料。 (2)財務預測 ①定義：係指企業管理當局依其計畫及經營環境，對未來財務狀況，經營成果及現金流量所做之最適估計。 ②有關金額之表達：財務預測通常按單一金額表達，但亦得按上下限金額表達，上下限幅度反映企業管理當局對預測結果之不確定程度，不確定程度愈高，則上下限幅度愈大，企業管理當局應考慮幅度過大時，可能對使用者不具意義。 ③期間：通常為一年，亦得考慮對使用者的有用性及管理當局的預測能力而延長或縮短。 ④通常普遍使用現金預測。 ⑤結論： A.預測是一項建立整個企業績效明確標準的控制工具。 B.預測可作為編製公司預算的基礎。 (3)公司中個別職員的工作是否正確？或須經由獨立查核其工作績效方式加以驗證。例如在會計處和保管部門相對獨立時，每一部門的工作就在驗證其他部門工作之正確性。會計記錄應當和所存實體資產定期相互比較。稽查任何差異的原因，可發現不是資產保防程序方面的缺失，就是相關會計記錄方面的疏失。
4.資訊處理之控制	(1)資訊處理控制係置於交易事項有關核准、完整性及正確性風險之處。 (2)資訊處理控制，包括： ①一般控制：屬於整體資訊運作中心的一部分。 ②應用控制：屬於特定型態交易事項的處理。

（續前表）

5.實體控制	(1)實體控制係直接接近實體（資產及重要文件、記錄）或透過編製、處理授權資產使用與處分之文件而間接接近實體。 (2)實體控制主要是資產、文件、記錄、電腦程式與檔案的安全設施及衡量。 (3)與管理當局聲明的關係 方　法：①安全措施，如防火設施……等　②電子資料處理的安全控制　③定期比較帳列與實存資產 管理當局聲明：①存在或發生　②存在或發生完整性 評價與分攤　③存在或發生完整性 評價與分攤

(三) 查核人員應瞭解與查核規劃有關之控制活動

惟於查核規劃時通常無須逐項瞭解與每個會計科目餘額、各類交易、各財務報表揭露事項及相關聲明有關之控制活動。

(四) 查核人員對某些控制活動之瞭解，可能再對其他組成要素瞭解同時取得

例如：查核人員在瞭解財務報導資訊系統中與現金有關之憑證、記錄及處理步驟，很可能即可知悉銀行帳戶是否業經調節。查核人員如經由對其他組成要素之瞭解而知悉某項控制活動是否存在，應再考量此等資訊，以決定於進行規劃時，是否尚須進一步瞭解控制活動。

(五) 內部控制標準

1. 每一個企業作業，相關控制政策和程序之設置。
2. 針對每一個作業，其控制活動之適當性，即與已辨認之風險間的關聯。
3. 執行已設置控制政策及程序的適當性。

五、監　督

監督係指評估內部控制執行成效之過程。亦即，監督係指評估內部控制執行品質之過程，包括適時評估內部控制之設計及執行，指出問題所在，以採取必要之修正措施。

(一) 監督進行之方式，包括持續監督、個別監督或兩者合併

一般而言，持續監督係由各單位之管理階層與員工執行；個別監督係由內部稽核人員或提供類似功能之員工或其他人事負責。監督亦可採用來自外界之資訊，如顧客之抱怨或主管機關之意見。

(二) 內部控制之設置與維持係管理階層重要責任之一

管理階層監督內部控制之目的，係為考量內部控制是否依原有之設計執行，以及情況改變時內部控制是否適當之配合修正。

(三) 查核人員應充分瞭解受查者用以監督與財務報導有關內部控制活動之主要類型，包括內部稽核及其他監督活動如何促使修正措施之採行

查核人員於瞭解內部稽核之功能時，應依審計準則公報第二十五號「內部稽核工作之採用」規定辦理：

1. 內部稽核人員是指公司自己雇用，擔任公司內部稽核工作的職員。
2. 工作性質：遵循審計與作業審計，包括下列各項：
   (1) 覆核及評估會計、財務及其他業務控制的合理性與適當性，並在合理的成本內提高各種控制的效果。
   (2) 確定公司既定政策計畫及程序被遵行的程度。
   (3) 確定公司資產的記錄與保護的程度，以免遭受損失。
   (4) 確定公司內部各種管理資料的可靠性。
   (5) 評估完成公司所指派工作績效的品質。
   (6) 建議營業的改進事項。
3. 會計師與內部稽核的比較

(1) 目標不同：

①會計師：會計師審計的主要目標乃在取得充分而適切的證據，以對財務報表之是否允當表達、是否依一般公認會計原則編製，並與上年度一貫採行表示其意見。

②內部稽核：協助管理當局達成企業經營之最有效管理。

(2) 執行工作不同：

①會計師：執行財務報表驗證工作。

②內部稽核：執行評估公司的政策、組織、記錄與績效工作，並確定公司政策被徹底執行。

就工作性質而言，內部稽核人員的工作要比會計師更爲廣泛及詳細，包括內部控制及內部管理控制，與會計師主要關心內部控制不同。

(3) 對內部控制態度不同：

①會計師：注重內部控制最終結果（有效否）。

②內部稽核：注重內部控制本身。

(4) 對錯誤、舞弊態度不同：

①會計師：調整審核時所發現的錯誤與舞弊。

②內部稽核：防止錯誤的發生與再發生。

(5) 獨立性：

①會計師：會計師須對所有財務報表使用者負責，因此應保持超然獨立的精神與態度，此超然獨立不僅包括外觀上的超然獨立，還包括實質上的超然獨立。

②內部稽核：內部稽核爲公司的職員，受固有勞資關係拘束，其獨立性不如會計師，但其在公司組織中，對於其所評估之單位仍應保持獨立性。

4. 會計師與內部稽核之關係

(1) 會計師必須評估內部稽核人員的工作，因爲內部稽核工作爲內部控制制度整體的一部分。此種評估是必須的，因爲可藉此評估確定其餘查核程序的範圍。

(2) 內部稽核人員所執行的審計程序，在性質上有許多與獨立會計師所運用者相同，但內部稽核人員的工作不能代替會計師的工作。

(3) 由於內部稽核人員是內部控制的一環，且內部稽核對內部控制所做貢獻可能會減少會計師證實測試數量，因此會計師應考慮內部稽核人員的能力、客觀性並評估其工作。

(4) 內部稽核可「直接協助」會計師編製工作底稿與執行審計程序，會計師應盡督導與抽查之責，具有判斷性的工作，如允當表達，內部控制有效性仍應由會計師執行。

(四) 內部控制標準

1. 持續性監督

(1) 員工在進行正規營運活動時，取得有關內部控制制度是否持續發揮功能證據的程度。

(2) 藉與外界的溝通而確認內部產生資訊爲正確之程度，或另一方面指出問題發生之程度。

(3) 以會計記錄與實際資產之定期比對。

(4) 對內部和外部稽核所提加強內部控制的建議，做出回應的程度。

(5) 管理階層透過訓練課程、規劃會議和其他會議，得知控制是否有效的程度。

(6) 是否定期詢問員工，其是否瞭解公司的行爲準則，是否遵行公司的行爲準則，以及是否經常執行重要的控制活動？

2. 間歇性評估

(1) 間歇性評估的範圍和次數之決定。

(2) 評估程序的適當性。

(3) 用以評估內部控制制度的方法是否合乎邏輯，是否適當？

(4) 做成書面記錄之程度的適當性。

3. 缺失的報導

(1) 蒐集並報導已辨認內部控制缺失之制度的設置。

(2) 報導調查結果之方式的適當性。

(3) 追查行動的適當性。

4. **五大控制目標**

(1) 有效性：所有已記載之交易乃代表已發生的事項。

(2) 完整性：所有有效的交易均已記錄下來。

(3) 記錄之適當性：交易細節已在原始憑證上正確記載，而且已記錄的交易乃在適時的基礎上經適當地評估、分類過帳及彙整。

(4) 安全防護：資產、未使用之單據，均放在安全的區域，且須管理當局之核准才能接近。

(5) 後續之會計責任：在合理之時間內，將資產、負債之帳載餘額各現存之資產負債予以比較，並對差異採取適當之行動。

控制程序與控制目的之關係

	控制目的				
控制程序	有效性	完整性	記錄之適當性	保管	後續之會計責任
授權	*		*	*	
職能分工	*	*	*	*	*
文件憑證與記錄	*	*	*	*	*
接近控制				*	
獨立內部驗證	*	*	*	*	*

■第三節　內部控制的限制

內部控制雖能防範舞弊及確保會計資料的可靠性，但我們仍須承認，任何內部控制制度均存有先天性的限制。

1. 設置特定內部控制程序時，通常考量其成本與效益。
2. 內部控制之設計，通常僅針對預定或一般之交易事項，並未考慮特殊之交易事項。

3. 不能完全避免疏忽、判斷錯誤或誤解規定等人爲的錯誤。
4. 無法完全排除串通舞弊之可能。
5. 管理階層逾越控制程序之可能。
6. 由於情況變遷致原設置之控制程序無法因應。
7. 內部控制之遵行有日久鬆散之可能。

■第四節　內部控制之考量

會計師受託查核財務報表時，依一般公認審計準則第四條規定，對受查者內部控制應作充分之瞭解，藉以規劃查核工作，決定抽查之性質、時間及範圍。進行對委託人內部控制之考量，應依我國審計準則公報第四十八號規劃辦理。

一、*內部控制之考量的程序*

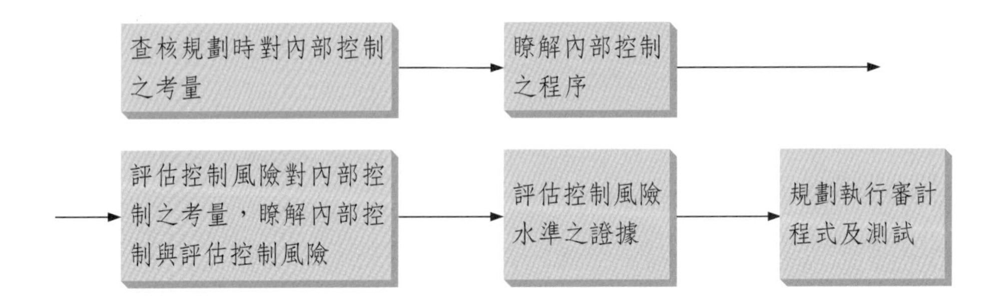

二、*內部控制組成要素在財務報表查核之運用*

1. 將內部控制劃分爲五個組成要素，其目的在於便利查核人員考量受查者內部控制對財務報表查核之影響，惟受查者考量及執行其內部控制之方式，未必循此分類。查核人員考量受查者內部控制對財務報表查核之影響，主要在某一特定控制是否影響財務報表之聲明，而非該控制之分類。
2. 內部控制劃分爲五個組成要素，適用於任何受查者財務報表之查核。惟查核人員於考量組成要素時，應一併考量下列事項：

(1) 受查者之規模。

(2) 受查者組織與所有權之特性。

(3) 受查者所營事業之性質。

(4) 受查者營運多角化與複雜之程度。

(5) 相關法令之規定。

三、查核規劃時對內部控制之考量

1. 查核人員於進行查核規劃時，應就受查者內部控制之五個組成要素執行必要程序，以對與財務報表查核有關內部控制之設計及其是否執行取得充分之瞭解，俾：

   (1) 確認可能發生重大不實表達之類型。

   (2) 考量影響重大不實表達之因素。

   (3) 設計證實測試。

2. 查核人員爲獲取對內部控制之瞭解所執行程序之性質、時間及範圍，視受查者之規模與複雜程度、以前與受查者往來之經驗、所涉及內部控制及其書面記錄之性質而定。

3. 查核人員於規劃查核工作時，僅須瞭解內部控制是否執行，無須判斷執行是否有效。

   控制是否執行與其執行是否有效二者並不相同。前者係在認定受查者是否使用該控制；後者則著眼於執行之結果。執行之效果與該控制是由何人執行、如何執行及執行是否前後一致有關。例如：若受查者採行預算制度，並依規定提出報告，則控制以予執行；惟若報告未予分析，或雖經分析但對所發現之問題未採取必要措施，則執行缺乏效果。

4. 查核人員於瞭解受查者內部控制有下列情事之一時，則對財務報表能否查核宜愼重考慮：

   (1) 對受查者管理階層之操守嚴重存疑，致查核人員認爲管理階層所做財務報表重大不實表達之風險，已達無法執行查核工作之程度。

(2)對受查者會計記錄之正確性及完整性存疑，致查核人員認爲無法獲得足夠適切之證據以支持其對財務報表表示意見。

四、瞭解內部控制之程序

1. 查核人員爲瞭解受查者內部控制之設計及其是否執行，通常可執行下列程序：
   (1) 查詢受查者適當之管理階層及員工。
   (2) 檢查受查者之文件及記錄。
   (3) 觀察受查者之控制活動及其該控制活動有關之營運情形。
   查核人員執行前項程序之性質及範圍，受下列因素影響：
   (1) 受查者之規模及複雜程度。
   (2) 查核人員與受查者往來之經驗。
   (3) 受查者特定控制活動及其所留存記錄之性質。
2. 查核人員對各科目餘額或各類交易所固有風險及所設定之重大性標準，亦影響爲瞭解內部控制所須執行程序之性質及範圍。
3. 查核人員應對受查者內部控制之瞭解作成工作底稿。

五、評估控制風險時對內部控制之考量

1. 會計師爲對財務報表表示意見，應取得並評估與財務報表各項聲明有關之查核證據。財務報表聲明可分爲以下五類：
   (1) 存在或發生。
   (2) 完整性。
   (3) 權利與義務。
   (4) 評價或分攤。
   (5) 表達與揭露。
   查核人員規劃及執行查核工作，應就前項聲明與某特定科目餘額或某類交易間之關係加以考量。

2. 財務報表聲明發生重大不實表達之風險，包括固有風險、控制風險與偵查風險。查核人員應根據所願接受之查核風險上限、所評估之各科目餘額或各類交易固有風險與控制風險，訂定可接受之偵查風險上限，以擬定查核程序。查核人員所評估之固有風險與控制風險愈低，則可接受之偵查風險愈高。但查核人員不得因將固有風險或控制風險上限設定在較低水準，而不執行證實查核程序。
3. 控制風險之評估，係評估受查者內部控制是否有效預防或查出財務報表發生重大不實表達之過程。評估控制風險應依財務報表各項聲明分別爲之。查核人員如對內部控制不予信賴，應將該科目或該類交易之控制風險設定在最高水準之下，則應先執行下列程序：
   (1) 辨認與某特定聲明有關之內部控制。
   (2) 執行前款內部控制之控制測試。
4. 控制測試係指爲評估內部控制之設計及執行是否有效而實施之查核程序。某些控制測試或可同時用以評估內部控制之設計及執行是否有效。
   (1) 內部控制設計是否有效之測試，係爲評估內部控制是否業經適當設計，足以預防或查出財務報表某項聲明之重大不實表達。
   此類控制測試包括：
   ①查詢受查者之適當員工。
   ②檢查書面文件與報告。
   ③觀察某特定內部控制之實施情形。
   (2) 內部控制執行是否有效之測試，係爲評估某項內部控制於所屬查核期間內由何人執行、如何測試、執行是否前後一致及是否達成預定之控制目標。此類控制測試包括：
   ①查詢受查者之適當員工。
   ②檢查內部控制實施情形之書面記錄與報告。
   ③觀察某特定內部控制之實施情形。
   ④查核人員重新執行內部控制。例如：以人工驗算或電腦平行模擬。
5. 查核人員於規劃查核工作時，應對控制風險做初步判斷，惟於執行控制測試後，其對控制風險實際所獲致之結論可能與初步判斷不同，查核人

員應據以決定控制風險之評估水準。查核人員實際評估不同科目餘額或不同類交易有關之控制風險所獲致之結論可能不同。當初步判斷所設定之控制風險愈低，則支持內部控制業經適當設計並有效執行之證據所提供之保證程度愈高。

6. 查核人員應根據財務報表聲明之固有風險及控制風險水準，決定可接受偵查風險水準，並據以決定證實程序之性質、時間及範圍。當可接受之偵查風險水準降低時，證實程序所須提供之保證程度應相對提高，因此查核人員至少須採行下列程序之一：
   (1) 改變證實程序之性質，採用更有效之查核程序。例如，對受查者外部獨立第三者直接進行測試，以取代對受查者內部人員或文件之測試。
   (2) 改變證實程序之時間，於更接近資產負債表日執行測試。
   (3) 擴大證實程序之範圍，增加某項查核程序之樣本。
7. 應將控制風險之評估水準及所獲結論之依據做成工作底稿。查核人員如決定將財務報表聲明之控制風險評估為最高水準，則僅須記錄其結論，不必記錄結論之依據，否則應記錄其結論及依據。

六、*瞭解內部控制與評估控制風險之關係*

1. 查核人員執行查核工作時，對內部控制之瞭解與控制測試之執行，可同時或分別進行。瞭解內部控制之目的，在取得進行查核規劃所需之資訊；執行控制測試之目的，則在取得評估控制風險所需之證據。
2. 查核人員如擬將控制風險設定在最高水準下，基於查核效率之考量，通常計畫於瞭解內部控制時，即同時執行某些控制測試。查核人員即使無此計畫，某些瞭解內部控制之程序，仍可提供內部控制設計及執行是否有效之證據。查核人員就某些聲明而言，根據此類瞭解內部控制程序取得之證據尚不足以將控制風險評估水準降至最高水準之下；但對其他聲明則可能足以降低，而得據以修改其證實程序之性質、時間及範圍。
3. 某項聲明之控制風險評估水準如可進一步降低，則查核人員對該聲明須執行之證實程序將可減少。查核人員對查核效率之考量，主要在評估執行額外控制測試所需增加之成本是否小於因而可減少證實程序之成本。

七、評估控制風險水準之證據

1. 查核人員如將控制風險評估在最高水準之下，則應蒐集足夠之證據。證據是否足以支持該評估水準，繫於查核人員之專業判斷，影響證據保證程度之因素，包括：證據之類型、來源、時效及與其所獲結論有關之其他證據是否存在。
2. 查核人員於評估內部控制之設計或執行是否有效時，其取得證據之類型可能受與某項聲明有關內部控制性質之影響。證據能提供保證程度之高低，亦視證據之來源而定。
3. 證據之時效與查核人員取得證據之時間及所測試之期間有關。當查核人員評估某項證據所提之保證程度時，應考量某些控制測試所獲得之證據，僅能保證所測試之內部控制於執行該項控制測試之當時爲有效，對於非測試期間內該內部控制之有效性，若無法提供佐證，則查核人員須輔以其他控制測試，以取得查核期間內該內部控制均爲有效之證據。
4. 查核人員通常無法僅藉查詢獲取足夠證據，以評估內部控制之設計或執行是否有效。因此，查核人員如何決定將控制風險評估在最高水準下，除查詢外，通常仍須執行其他測試。
5. 查核人員於評估內部控制之控制風險時，可參考以往查核時所取得有關內部控制設計或執行是否有效之證據。查核人員於評估此等證據是否可用於本次之查核時，應考量下列因素：
   (1) 相關財務報表聲明之重要性。
   (2) 以往查核時所評估之特定內部控制及其測試結果。
   (3) 本次查核時藉由證實測試所可能獲得有關內部控制之證據。
   (4) 控制測試執行後所經時間之長短。
6. 查核人員於期中查核若已獲取內部控制設計或執行是否有效之證據，則於決定剩餘時間尚須獲取之證據時，應考量下列因素：
   (1) 相關財務報表聲明之重要性。

(2) 期中查核時所評估之特定內部控制及其測試結果。

(3) 剩餘期間之長短。

(4) 剩餘期間藉由證實程序所可能獲得有關內部控制之證據。

(5) 剩餘期間內部控制如有重大改變時，其性質及範圍。

7. 查核人員於評估證據所提供保證之程度時，尚須考量控制環境、風險評估、控制活動、資訊與溝通及監督等內部控制組成要素間之相互關係。查核人員於評估財務報表聲明之控制風險時，應考量內部控制任一組成要素與其他各組成要素間之關係。

8. 不同類型之證據如對某項內部控制之設計及執行是否有效均可獲得相同結論時，通常其所提供保證之程度較高；反之，則所提供保證之程度較低。

9. 財務報表之查核係累積證據之過程。查核人員對某項內部控制執行某一控制測試時，其所獲致之證據可能促使該查核人員修改原擬進行其他控制測試之性質、時間及範圍。此外，查核人員於執行證實程序或自查核過程中之其他來源獲得之資訊，若與規劃控制測試之資訊有重大差異，則可能須修改部分或所有財務報表聲明之證實程序。

八、固有風險、控制風險與偵查風險間之關係

1. 評估固有風險與控制風險之最終目的，在協助查核人員評估財務報表存有重大不實表達之可能性；而其評估過程則可提供財務報表存有重大不實表達可能性之證據。

2. 查核人員應根據所願接受之查核風險上限與所評估之故有風險及控制風險，據以訂定可接受之偵查風險上限，以執行證實程序。當查核人員所評估之控制風險水準降低時，則可接受之偵查風險水準得提高，並據以修改證實程序之性質、時間及範圍，惟重要會計科目餘額或交易之控制風險水準即使非常低，查核人員仍須執行證實程序。

3. 查核人員於執行證實程序及控制測試時，均得包括對交易內容之測試。前者之目的，係在偵查財務報表之重大不實表達；後者之目的，則在評估某內部控制是否有效執行。查核人員對同一筆交易，得同時執行交易

內容之控制測試及證實程序，惟須對測試之設計及結果之評估詳加考量，以確保此二目的均可達成。

■第五節 內部控制之調查與評估流程圖

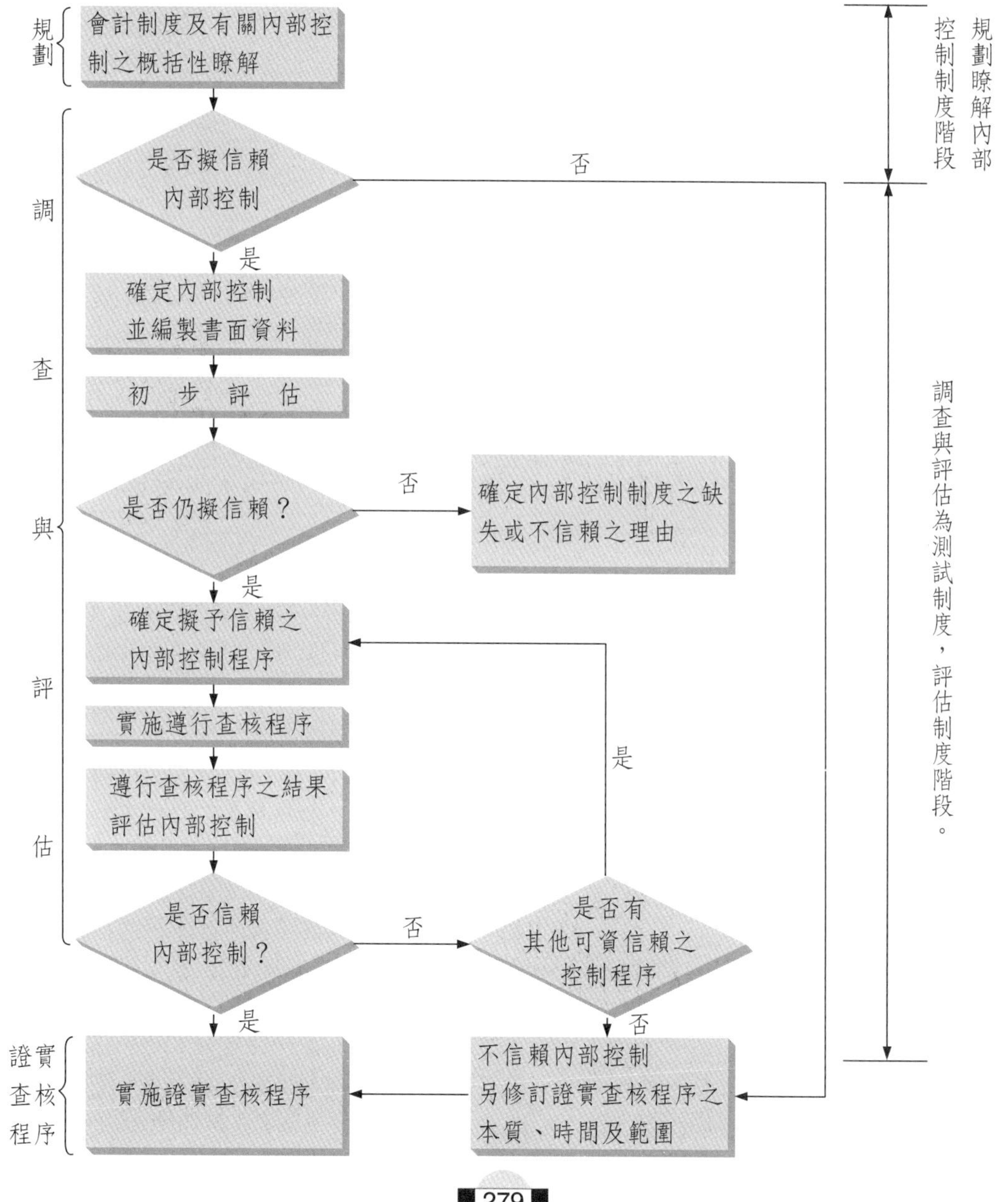

階段	程序	內容
規劃階段	會計制度及有關內部控制之概括性瞭解	目的：瞭解制度
調查與評估階段	1.決定是否擬信賴內部控制	當會計師對內部控制有概括性瞭解後，決定是否信賴內部控制。 審計人員概括性瞭解內部控制後，如做結論為： (1)進一步制度測試將無法減少證實程序。 (2)執行進一步控制測試的成本將超過預期減少證實程序所節省之成本。
	2.確定內部控制，並編製書面資料	(1)表達方式： ①問卷 ②文字敘述 ③程序流程圖 (2)比較 (3)簡易抽查 ①意義：審計人員為驗證工作底稿所描述的內部控制是否完整，而就每類交易循環，每一步驗證追蹤若干筆交易的查核過程。 ②目的：為測試工作底稿的完整性，而非測試委託人控制程序的可靠性。
	3.初步評估，決定內部控制是否值得信賴	(1)值得信賴：確定擬予信賴之內部控制程序。 (2)不值得信賴：確定內部控制之缺失或不信賴的理由，另行修訂證實程序性質、時間及範圍。 ・當有下列情況時，審計人員對特定內部控制程序不予信賴： ①因內部控制設計上之缺失，致無法產生正確及完整之會計資訊。 ②預計實施遵行查核程序所需之代價大於對該內部控制信賴後所能減少證實查核程序之成本。 ・決策輔助：內部控制的優缺點、重要性及風險水準等判斷，不僅在不同事務所結果不同，即使在同一事務所，不同審計人員也有不同答案，為減少會計師審計程式的判斷差異，符合事務所專業品質要求，決策輔助是一份清單或標準格式，透過提醒審計人員考慮所有相關資訊，或協助其專業工作，以制訂決策。

（續前表）

	4.確定擬予信賴之內部控制程序	
	5.實施遵行查核程序	(1)實施的條件：查核人員如擬信賴受查者之內部控制。 (2)實施的目的：獲取證據，以確定所信賴之內部控制在查核年度是否有效持續運作。 (3)查核之性質 ①必要的程序是否被執行。 ②如何被執行。 ③由何人執行。 (4)實施的種類 ①交易抽查。 ②功能抽查。
	6.以遵行查核程序的結果評估內部控制制度	(1)查核人員評估內部控制程序之主要步驟如下： ①考慮可能發生錯誤與弊陋之類型。 ②決定何項內部控制程序足以防止或發現此類錯誤與弊陋。 ③確定上述控制程序是否均已設置並確實有效持續運作。 ④評估任何內部控制缺失。 (2)查核人員評估內部控制缺失時應考量之因素： ①會計之處理程序。 ②資產之性質。 ③內部控制之環境。 ④經辦人員對於估計工作之經驗及判斷力。 ⑤歷史資料。 (3)如查核人員發現內部控制有缺失時：在內部控制結構中的「重大缺失」（Material Weakness） ①定義：係指委託人特定控制程序及遵行程度在委託人執行指定職能正常情況下，無法偵測對財務報表有重大影響的錯誤或舞弊，亦即對審計人員而言無法降低控制風險至相對低的水準。 ②內容說明：

（續前表）

		A.重大缺失的存在，影響證實程序本質、時間及範圍。 B.重大缺失的溝通，並非由一般公認審計準則所要求，惟委任書中有此項目之要求或審計人員真實發現缺失時，審計人員可利用口頭或書面方式溝通，並於工作底稿中記錄。 C.重大缺失可在對內部控制初步瞭解、控制程序、證實程序時發現。 D.一般公認審計準則並未要求審計人員評估每一項控制或確認每一重大缺失，因此審計人員可放棄控制測試，利用證實程序作為表達意見之依據。 E.建立並維持一套適當內部控制制度是管理當局的責任，因而在環境中建立制度，並改進制度時，管理階層人員可自下列方面獲得資訊來源： (A)其他管理階層 (B)內部稽核人員 (C)其他審計人員 F.當審計人員發現重大缺失時AU 323.05要求應向管理階層或審計小組溝通，且為使事項更正具時效性，可在發現時即予溝通。 G.當未發現有重大缺失，溝通的過程即不必執行。 H.以往年度之溝通，本年度仍未更正處理：如以往年度之溝通，委託人同意改進但未執行者，本年度繼續溝通，若重大事項應更正而未更正，應要求於客戶聲明書中明確記錄該重大事項。 惟以往年度委託人認為不須採行之建議事項，審計人員即不須繼續提出。但管理當局有變遷或審計人員認為有必要時，不在此限。 (4)內部控制建議書：

（續前表）

		①使用時間：審計人員完成內部控制之調查與評估後，發現內部控制有重大缺失時。 ②接受者：除法令另有規定外，應僅送與委託人或其指定人。 ③適用範圍：僅限受查公司內部專用。 ④提出建議書前，通常先與受查者主管人員討論，並得將其意見列入。 ⑤主要內容： A.提出本建議書之立場及其對受益者之助益。 B.表明本建議書並非對內部控制之整體表示意見。 C.查核工作所發現之重大缺失。 D.重大缺失發生之原因。 E.重大缺失可能引起之錯誤及弊陋。 F.建議改進之方法與步驟。 G.受查者主管人員之意見。 ⑥目的： A.對客户的經營效率提供有價值及具建設性之建議。 B.可減輕審計人員在內部控制有缺陷而引起委託人重大損失的法律責任。

■第六節　決定證實程序執行的性質、時間和範圍

一、*評估固有風險與控制風險之最終目的*

在協助查核人員評估財務報表存有重大不實表達之可能性，而其評估過程則可提供財務報表存有重大不實表達之可能性的證據。查核人員應依審計準則公報

第一號第五條之規定，蒐集足夠及適切之證據，俾對所查核財務報表表示意見時有合理之依據。

二、決定證實程序之性質、時間和範圍

查核人員應根據財務報表聲明之固有風險及控制風險水準，決定可接受之偵察風險水準，並據以決定證實程序之性質、時間及範圍。

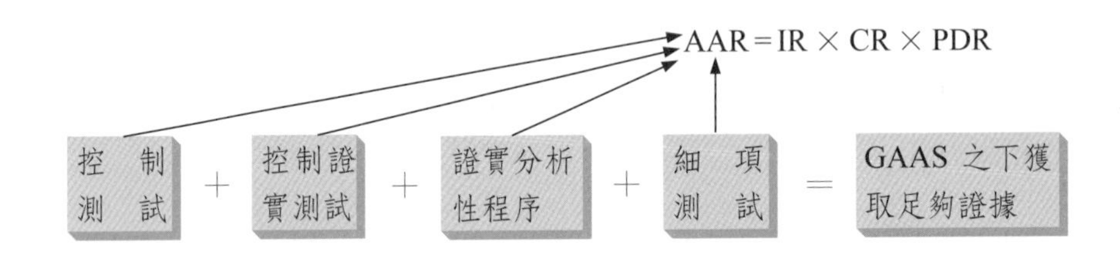

當可接受之偵察風險水準降低時，證實程序所提供之保證程度應相對提高，因此查核人員至少須採行下列程序之一：

1. 改變證實程序之性質，採用更有效之查核程序。例如對受查者外部獨立第三者直接進行測試，以取代對受查者內部人員或文件之測試。
2. 改變證實程序之時間，於更接近資產負債表日執行測試。
3. 擴大證實程序之範圍，增加某項查核程序之樣本。

當查核人員所評估之控制風險水準降低時，則可接受之偵察風險水準得提高，並據以修改證實程序之性質、時間及範圍，惟重要會計科目餘額或交易之控制風險水準即使非常低，查核人員仍須執行證實程序。

三、雙重目的測試

查核人員於執行證實程序及控制測試時，均包括對交易內容之測試。前者之目的，係在偵察財務報表之重大不實表達；後者之目的，則在評估某內部控制是否有效執行。查核人員對同一筆交易得同時執行交易內容之證實程序及控制測試，惟須對測試之設計及其結果之評估詳加考量，以確保此目的均可達成。

四、財務報表之查核係累積證據之過程

查核人員對某項內部控制執行某一控制測試時，其所獲致之證據可能促使該查核人員修改原擬進行其他控制測試之性質、時間及範圍。此外，查核人員於執行證實測試或自查核過程中之其他來源獲得之資訊，若與規劃控制測試時之資訊有重大差異，則可能須修改部分或財務報表聲明之證實程序。

五、控制測試與證實程序之比較

	控制測試	證實程序
類型	同步測試：與取得內部控制制度之瞭解 額外測試：執行控制測試	分析性程序、交易的詳細測試、科目餘額的詳細測試
目的	決定內部控制制度結構政策與程序設計和運作的有效性	決定財務報表的重大主張
測試的本質	偏差次數或比率	貨幣性的誤述
可應用的查核程序	詢問、觀察、檢查、重新執行及電腦輔助的方法	詢問、觀察、檢查、重新執行、電腦輔助的方法、分析性程序、計算、函證、追查、逆查
時機	主要在期中執行	主要是在接近資產負債表日及以後
查核風險組成份子	控制風險	偵知風險
外勤工作準則	第二條	第三條
GAAS要求	否	是

	取得內控瞭解	控制測試	證實程序
目的	內部控制結構是否確實執行	內部控制結構之設計和運作的有效性	證實科目餘額與交易類型的允當表達
要求	必要性	選擇性	必要性
時機	查核規劃階段	查核執行階段	查核執行階段

六、查核程序通常按查核目的可以區分成下列六類

查核程序	查核方式	主要目的	必要性
取得內部控制結構之瞭解	1.詢問受查者管理當局有關內部控制結構的政策與程序 2.檢查受查者有關會計手冊與會計制度流程圖 3.觀察受查者的內部控制的活動與運作情形	1.受查者內部控制結構的設計 2.受查者內部控制結構如何運作	必要的
控制測試	1.觀察受查者對特定控制活動與運作情形 2.詢問受查者管理當局有關特定控制程序 3.重新執行受查者的特定控制程序	受查者內部控制結構政策與程序的設計與運作有效性	選擇的
證實程序	包括：分析性程序、交易類型詳細測試與科目餘額詳細測試	提供管理當局財務報表五大聲明允當性之證據	必要的
分析性程序	利用比較方法提供科目允當性	規劃時、測試時與達成結論時之目的不同	規劃時與達成結論時為必要的，但在證實程序時則否。
交易金額詳細測試	利用檢查方式（順查或逆查）提供個別科目借方與貸方過帳之允當性	可以達到存在與完整的目標（可以應用雙重目的測試）	必要的
科目餘額詳細測試	利用檢查方式直接提供個別科目期末金額的允當性	驗證各科目期末金額的正確性	必要的

■第七節　內部稽核

一、內部稽核人員的職能

內部稽核人員是受雇於公司的員工，也是管理當局的幕僚，其工作在於獨立地稽核公司內部所屬單位，是否確實依公司的章程運作，目的在於協助管理當局有效地管理公司，其工作包括：評估企業各個階段營運是否依循企業所訂立之標準和法律之規定，以協助管理階層達成其管理目標、協助公司設立良好的內部控制制度，以達成企業之目標及輔助超然獨立的查核人員進行財務報表的查核。

針對內部稽核人員而言，其工作性質亦須有獨立性，惟其仍屬於企業內一份子，因此為顧及其獨立性，應將其位階提升至與管理高層（如總經理）同一等級，直接向董事會負責，以保持其獨立性。

內部稽核人員的職能包括：

1. 檢查保護資產安全的措施是否適當。
2. 檢查會計及業務資訊是否可靠及完整。
3. 檢查各項資源之運用是否有效率。
4. 檢查各項營運活動是否按照既定計畫執行，並達成預期目標。
5. 調查內部控制是否持續有效地在運作，並提出改善的建議。

二、控制測試的執行與內部稽核之關係

內部稽核工作為內部控制制度整體的一部分，因此審計人員必須考慮內部稽核人員的能力、客觀性和評估其工作，並且藉此決定其餘查核程序的範圍。

評估內部稽核工作的程序：

1. 審計人員應考慮內部稽核在組織中所屬階層。
2. 對於內部稽核工作執行抽樣檢查，考量其查核程序、範圍和品質。
3. 對於特定交易執行抽樣檢查，並且將之與內部稽核人員的結論做比較。
4. 抽選部分的稽核報告，將之與審計人員的查核結果做比較。

三、審計人員對於內部稽核工作之採用

採用內部稽核工作評估流程圖：

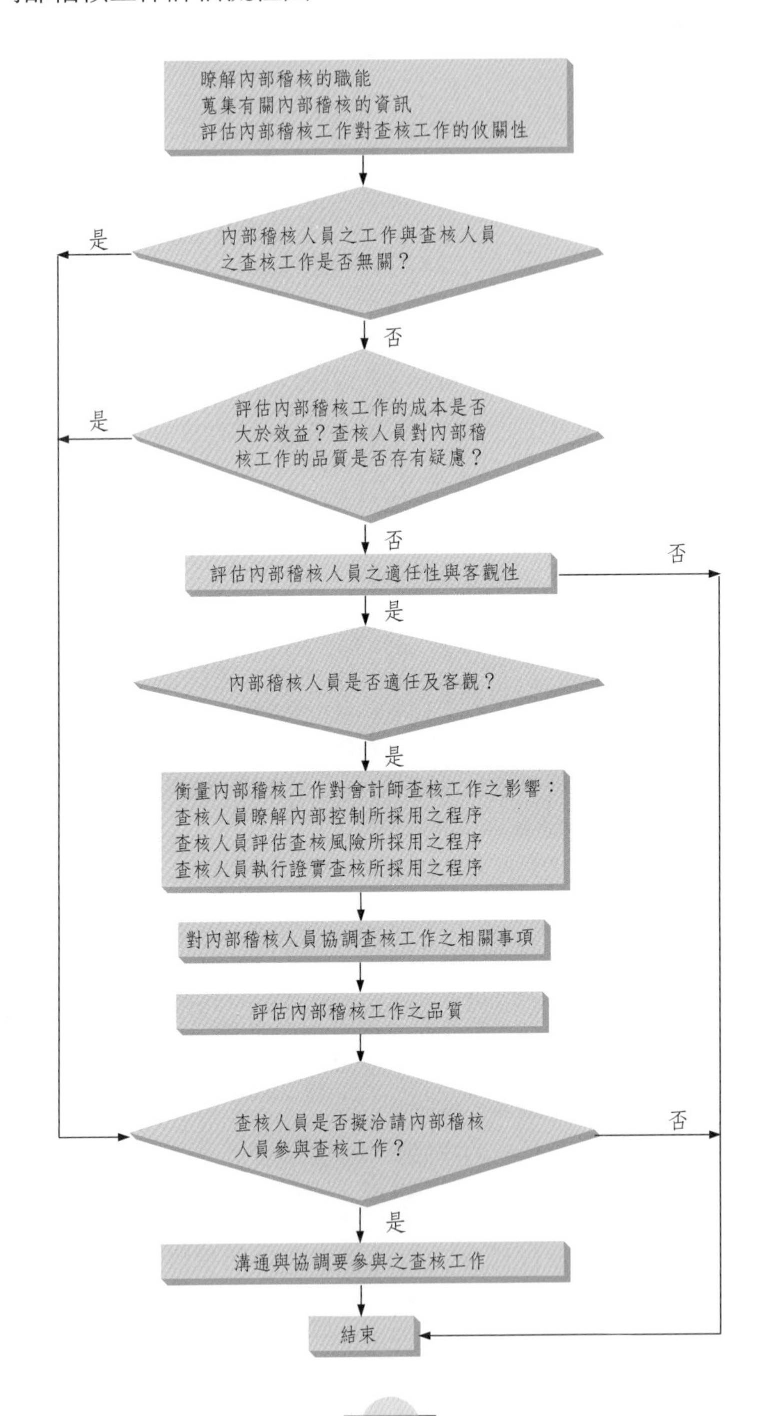

如何評估查核工作攸關性程序：

1. 參閱以前年度查核工作中有關受查者內部稽核的資料。
2. 瞭解內部稽核人員如何依其對風險之評估，將其可用資源分配於財務報表或業務稽核工作之情形。
3. 參閱內部稽核報告以獲得有關內部稽核工作範圍的詳細資訊。

查核人員對內部稽核工作獲得初步瞭解後，若認爲內部稽核職能足以影響其查核工作的性質、時間及範圍，則應進一步評估內部稽核人員的適任性與客觀性。

查核人員在評估內部稽核人員的適任性及客觀性時，應考慮下列因素：

(一)適任性

1. 內部稽核人員的教育程度及專業經驗。
2. 內部稽核人員的在職訓練程度。
3. 公司內部稽核之政策及程序。
4. 內部稽核人員工作的指派及其所受的督導及覆核。
5. 工作底稿、稽核報告等的品質。

(二)客觀性

1. 內部稽核在組織中的地位

(1) 內部稽核單位是否直接隸屬於高階主管。

(2) 內部稽核主管是否可以直接向董事會或監察人報告。

(3) 內部稽核主管的任免是否由董事會決定。

2. 瞭解維持內部稽核客觀性的政策為何

(1) 禁止內部稽核人員對其親屬擔任重要或敏感性職務的營運活動加以稽核。

(2) 禁止內部稽核人員對其本身過去及現在所負責或即將負責之營運活動

加以稽核。

查核人員評估內部稽核工作品質時，至少應執行以下程序：

1. 抽查內部稽核人員已檢查之內部控制、交易或科目餘額。
2. 抽查內部稽核人員尚未檢查之類似內部控制、交易或科目餘額。

審計人員可能因為內部稽核人員而減輕查核工作的工作量，不過審計人員所負擔之責任仍然完全相同，不會因而減輕。內部稽核人員所執行之查核程序，和審計人員所執行者在性質上可能相同，但是內部稽核人員的工作不能代替審計人員的工作。另，查核人員洽請內部稽核人員參與查核工作時，應告知其有關查核工作的範圍、責任、目的，及查核過程中應注意之事項，並對內部稽核人員執行之工作實施必要的監督及覆核。

習題與解答

一、選擇題

( ) 1. 內部控制旨在合理確保重大錯誤不致發生，所謂「合理確保」之意義，下列何者較能詮釋？ (A) 雇用品德操守良好的員工，才能合理確保內控目標之達成 (B) 管理當局應合理確保內控之建立及維持其功能 (C) 設置內部控制之成本不宜超過其預期利益 (D) 避免不恰當的兼職，才能合理確保內控之有效性。

( ) 2. 企業內部控制只能合理保證達成企業管理目標，而不能絕對保證達成目標。以下六項目中，有幾項是造成這種現象原因：(1) 企業設計特定內部控制程序時，應考慮該項程序之成本與效益；(2) 企業設置內部控制制度時，通常係針對特定或一般之交易事項；(3) 人為錯誤，如：疏忽、判斷錯誤、或誤解規定，很難完全避免；(4) 員工可能串通舞弊；(5) 管理階層可能逾越控制程序；(6) 在控制程序設置後，情況變遷，以致原先設計之控制程序無法因應： (A) 一項都不是 (B) 一項 (C) 二項 (D) 三項 (E) 四項 (F) 全部都是。

( ) 3. 若完成內部控制制度之覆核後，查核人員信賴有關固定資產之內控程序，則下一步驟應進行之工作為： (A) 完成有關固定資產部分之內控問卷 (B) 驗證當年度之增添實際存在 (C) 擴大固定資產餘額之證實程序 (D) 對擬依賴之關鍵控制執行遵行測試。

( ) 4. 審計人員提前於期中審計完成內部控制之查核且認為可以信賴，則通常期末不必再深入查核內部控制，除非發生下列情況之一，試選出最可能之答案： (A) 期末餘額與上期相比，出現異常之重大變動 (B) 查獲數筆金額小但性質特殊之錯誤，使審計人員信賴動搖 (C) 完成期中審計後，受查者內部發生異常而重大的關係人交易 (D) 接近期末時發生鉅額呆帳，顯示受查者之賒銷授信過於寬鬆。

(　) 5. 根據期中對內部控制之研究與評估，查核人員認為內部控制無重大缺失。下列何者將使查核人員期末須對記錄與程序做再次之測試？ (A) 查核人員於期中執行遵行測試時採非統計抽樣 (B) 經由詢問及觀察，查核人員相信原有內部控制之設計已有改變 (C) 內部稽核人員未對期中查核之後的期間進行遵行測試 (D) 內部控制制度可作為降低證實程序範圍之可靠依據。

(　) 6. 若完成內部控制制度之覆核後，查核人員信賴有關固定資產之內控程序，則下一步驟應進行之工作為： (A) 完成有關固定資產部分之內控問卷 (B) 驗證當年度之增添實際存在 (C) 擴大固定資產餘額之證實程序 (D) 對擬依賴之關鍵控制執行遵行測試。

(　) 7. 瞭解內部控制系統與評估控制風險的三個關鍵因素中，不包括下列哪一項？ (A) 控制風險由 0 ～ 100% (B) 管理當局而非審計人員有責任建立並維持組織的控制風險 (C) 內部控制結構僅提供財務報表允當表達的合理保證而非絕對保證 (D) 內部控制結構絕不可能完全有效。

(　) 8. 下列何者為初步評估內部控制之主要步驟之一？ (A) 瞭解內部控制之重點 (B) 就可能之弱點做「交易抽查」 (C) 就交易事項處理過程作功能抽查 (D) 考慮可能發生錯誤之類型。

(　) 9. 在經適當設計之內部控制制度裡，同一個雇員不應該被允許： (A) 簽發支票並註銷支持文件 (B) 驗收貨品並編製驗收報告 (C) 編製應付憑單與簽發支票 (D) 提出商品的請購與核對收到之商品。

(　) 10. 獨立性的審計人員會基於下列何種原因，而對內部稽核人員所做的內部控制程序加以考量？ (A) 因其為公司之員工，其工作必須於控制測試中查核 (B) 因其為公司之員工，其工作不可能可信賴 (C) 在衡量內部控制先天限制上，其工作影響成本效益的考量 (D) 可由其工作的性質上推論其獨立性。

(　) 11. 審計人員對內部控制評估風險過程中應包括下列四個步驟，其邏輯順序：

Ⅰ決定可防止錯誤，舞弊的控制程序。

Ⅱ評估內部控制缺失，決定證實程序性質、時間、範圍，並做成內部控

制建議書。

Ⅲ決定必要控制程序是否包含在內，且執行情況令人滿意。

Ⅳ考慮到可能產生錯誤與舞弊的型態。

(A) Ⅰ、Ⅱ、Ⅲ、Ⅳ (B) Ⅰ、Ⅲ、Ⅳ、Ⅱ (C) Ⅲ、Ⅳ、Ⅰ、Ⅱ (D) Ⅳ、Ⅰ、Ⅲ、Ⅱ

( ) 12. 審計人員在評估控制風險過程中，對委託人員工執行控制職員做觀察目的在： (A) 編製流程圖 (B) 更新組織及程序手冊內容資訊 (C) 證實在對內部控制瞭解階段時所獲資訊 (D) 決定品質控制準則的遵行程度。

( ) 13. 我國證期局規定內部稽核室若直屬於下列哪一單位時，其獨立性必將大為增強？ (A) 董事會審計小組 (B) 總經理 (C) 主計長 (D) 財務經理。

( ) 14. 內部稽核具有哪個主要功能？ (A) 會計功能 (B) 遵行功能 (C) 主要為偵察舞弊的功能 (D) 監督控制功能。

( ) 15. 內部稽核報告內容包括： (A) 說明稽核的目的和範圍 (B) 做成稽核的建議 (C) 揭示所發現的事實 (D) 以上皆是。

( ) 16. 財務報表之查核人員之所以要評估控制風險，是因為： (A) 須決定抽樣風險是否適當 (B) 要決定固有風險可能是最高的 (C) 決定可控制的非抽樣風險 (D) 決定查核人員所能接受的偵測風險水準。

( ) 17. 當偵查風險可接受水準降低，查核人員可改為： (A) 控制測試執行的時間，於期中而非期末測試 (B) 證實程序的性質，由較無效的程序改為較有效的程序 (C) 控制測試的時間，於不同時間測試而非於同一時間內測試 (D) 抽樣的樣本，減少測試的數量。

( ) 18. 若受查者負責核准客戶信用的職員對信用風險之觀念不太清楚，將導致：(A) 內部控制的執行面產生缺失（deficiency） (B) 內部控制的設計面產生缺失 (C) 客戶服務管理面產生缺失 (D) 不構成內控缺失。

〔103年高考三級〕

( ) 19. 法令遵循是公司內部控制中重要的一環。會計師如認為最高管理階層或董事長涉及未遵循法令事項或知悉而未採取必要之改正行動時，不論該事項對財務報表之影響是否重大，下列何項是最佳的處理方式？ (A) 考

量是否終止委任 (B) 考量由內部稽核負責法令遵循之稽核 (C) 考量出具保留或否定意見之查核報告 (D) 考量證據不足對查核報告所產生之影響。 〔103年高考三級〕

( ) 20. 有關內部稽核的敘述，下列何者錯誤？ (A) 查核人員須執行之查核程序無法因有效之內部稽核而完全被取代 (B) 為使內部稽核之運作更有效果，內部稽核人員應獨立於執行企業其他職能之各部門（或單位）(C) 內部稽核人員配置適當，且稽核工作執行充分時，查核人員仍不可藉內部稽核人員之工作以減少應執行之查核程序 (D) 內部稽核人員已對應收帳款執行函證程序，則查核人員可藉評估其稽核結果，以改變其對應收帳款函證之查核時間及範圍。 〔102年會計師〕

( ) 21. 下列何者通常不是管理階層在設計內部控制時最關心的議題？ (A) 追求控制效果最佳之內部控制 (B) 相關法規之遵循 (C) 提升財務報導之可靠性 (D) 提升公司營運之效率及效果。 〔102年會計師〕

( ) 22. 我國「公開發行公司建立內部控制制度處理準則」，包含有以下哪一內部控制組成要素？ (A) 營運效果及效率 (B) 財務報導可靠性 (C) 資訊及溝通 (D) 相關法令遵循。 〔102年高考三級〕

( ) 23. 下列情況何者會影響內部稽核人員之獨立性與客觀性？ (A) 內部稽核人員迴避稽核其親屬所負責之重要營運活動 (B) 內部稽核人員之工作範圍受限時，得藉由書面方式與董事會溝通 (C) 內部稽核人員的獎金係來自查核結果產生的回收金額或未來產生的成本節省 (D) 內部稽核人員在系統設計期間僅提供適切控制點之建議，接受與否之責仍歸屬管理階層。 〔102年高考三級〕

( ) 24. 有關「內部稽核」，下列敘述何者錯誤？ (A) 內部稽核人員或執行類似功能之員工，可經由個別評核以進行對受查者控制之監督 (B) 內部稽核之職責可能僅限於營運資源使用之節約、營運效果與效率之覆核，而與受查者之財務報導無關 (C) 內部稽核人員已對應收帳款執行函證程序，則查核人員可藉評估其稽核結果，以改變其對應收帳款函證之查核時間及範圍 (D) 內部稽核之目標、職責之性質及其於組織中之定位，並不會因受查者之規模、組織架構及管理階層與治理單位的要求而有所不同。

〔101 年高考三級〕

( ) 25. 中小企業通常沒有足夠之員工進行職能分工，以提升內部控制之效果。下列哪一種方法可以提升中小企業的內部控制效果？ (A) 將每一職能完全且清楚地指派給每一員工 (B) 可委託會計師從事簿記工作 (C) 將每個工作流程書面化 (D) 業主直接參與交易過程與會計記錄的工作。

〔99 年高考三級〕

( ) 26.「收到現金應於當天悉數存入銀行」，此一控制程序之目標為何？
(A) 保護資產 (B) 確保記錄完整 (C) 交易經適當批准 (D) 交易按授權情形執行。 〔99 年高考三級〕

( ) 27. 審計人員在查核財務報表時，對公司內部控制取得瞭解之目的何在？
(A) 決定查核程序的性質、時間與範圍 (B) 對公司的管理當局作建議
(C) 取得足夠與適切的證據作為報告結論的合理基礎 (D) 決定公司是否變更了會計原則。 〔99 年高考三級〕

( ) 28. 查核人員於執行下列何項查核程序時，可採用內部稽核人員之工作？
(A) 瞭解內部控制 (B) 評估固有風險 (C) 決定重大性標準之大小
(D) 決定抽查之程度。 〔99 年會計師〕

( ) 29. 若查核人員認為管理階層是正直的、科目餘額誤述的風險很低，以及受查客户的資訊系統是可靠的，則下列與「是否需執行帳户餘額之直接測試」有關的結論中，查核人員可以作成者，有： (A) 須直接測試的範圍，以重大的帳户餘額為限；測試的程度須能支持查核人員所評估的低風險
(B) 不須直接測試帳户之餘額 (C) 如果審計風險訂在較低的水準，則須執行帳户餘額的直接測試；反之，若訂在較高的水準，則不須執行
(D) 對所有的科目餘額均應執行直接測試，以便獨立驗證財務報表是否允當。

〔99 年會計師〕

解答

1.(C) 2.(F) 3.(D) 4.(B) 5.(B) 6.(D) 7.(A) 8.(A) 9.(C) 10.(D)

11.(D) 12.(C) 13.(B) 14.(D) 15.(D) 16.(D) 17.(B) 18.(A) 19.(A) 20.(C)
21.(A) 22.(C) 23.(C) 24.(D) 25.(D) 26.(A) 27.(A) 28.(A) 29.(A)

二、問答題

1. 何謂審計小組（Audit Committee）？試說明其組成、目的及主要工作。

解答

(1)組成：由 3 ～ 5 位非執行業務之董事組成。

(2)目的：使會計師之審計更具獨立性及方便聯絡。

(3)工作：①聘任與解任會計師。
②決定審計範圍。
③討論審計結果。
④解決會計師與管理當局之爭執。

2. 化南公司為一股權分散，股票未上市之中型企業。其新進總經理黃君於審核下年度預算時，發現二項費用皆與稽核有關，其一是 $1,200,000 之內部稽核部門預算（薪金、辦公費等），其二是 $800,000 之會計師查帳公費。黃君認為預算內列有二筆性質相近之稽核費用，難脫浮濫之嫌，擬刪除其中一項。內部稽核部門聞訊後，即主張不應續聘會計師，因該公司股票既未上市，又無公開發行，最近也無向銀行貸款之計畫，實無續聘獨立會計師之必要。獨立會計師卻主張應裁撤內部稽核部門，其理由是會計師查帳公費較內部稽核部門的薪金、辦公費等為便宜，站在公司的立場，支付較低之代價以獲致相同或相類似之勞務，方符合成本效益（Cost Effectiveness）原則。上述二派爭執不下，總經理向台端求救，試答下列各小題，答案請力求扼要。

(1) 內部稽核與獨立會計師之功能有何差異？

(2) 請評論內部稽核部門之主張。

(3) 請評論獨立會計師之主張。

(4) 現假設獨立會計師自始即不贊成裁撤內部稽核部門之主張，該會計師並宣稱，若一旦裁撤內部稽核部門，則查帳公費將提高 $2,000,000，請用審計風險模式（Audit Risk Model）找到支持獨立會計師此一宣告的理由。

解答

(1)① 內部稽核之功能乃在於查核企業體內工作之效率、效果及內部控制制度（包含財務及非財務方面）是否被有效執行，以防止並偵測舞弊及錯誤之情況，因此其工作之重點較著重於作業審計及遵行審計之執行。

② 會計師之功能則主要係針對財務報表（資訊）有關之事項加以查核。因此內部稽核與會計師之功能並不相同，其可相輔相成但卻不得相互替代。

(2) 聘請獨立會計師對企業財務報表加以審計之理由，乃因財務報表之編製者與使用者間及使用者與使用者間之利益常會發生衝突；會計問題複雜性之存在，須有專家予以確認由管理當局所編製之財務報表（資訊）能否允當表達；另外報表之使用者無法接近會計之記錄，亦無法檢查該記錄之正確與適當與否；所產生之財務報表是否已充分揭露等，須藉由會計師驗證後，確保資訊之可靠性及正確性；此外，法令上規定凡資本額與營業額達一定標準以上者，須由會計師執行財務報表之簽證，因此可知財務報表應否由會計師簽證與公司是否股票上市、是否公開發行、是否向銀行貸款等並無關係。因此，本例中內部稽核部門之主張並不正確。

(3) 獨立會計師之功能與內部稽核部門之功能並不相同；兩者可相輔相成但卻不得相互取代，因此獨立會計師主張裁撤內部稽核部門，以其較低之公費讓公司可取得相同或相類似之勞務，此點乃是錯誤之說法，兩者所提供勞務性質實屬不同，會計師乃針對內部稽核所提供之勞務結果加以查核，以表示其意見；而所產生之勞務既不相同，則無法以成本效益之原則加以比較，故獨立會計師之主張不盡恰當。

(4) 根據審計風險模式 AR（審計風險）＝IR（固有風險）×CR（控制風險）×DR（偵測風險），可知，當受查者一旦撤銷內部稽核部門時，其內部控制執行之效果必然比有內部稽核部門存在時為低，因此 IR×CR 之綜合評估數必然增加，但會計師對於該審計合約若欲維持於同一個審計風險 AR 時，其可接受之 DR 必須降低；DR 降低表示所須蒐集之審計證據增加，亦即會計師須擴大證實程序之性質、範圍及時間來因應因而增加之證據數，所以公費自然須予以調高，此即本例中會計師宣稱，若一旦裁撤內部稽核部門，則查帳公費將提高 $2,000,000 之理由。

3. 匯豐證券公司於民國50年12月成立，迄今屆40年，是老字號的專業證券經紀商，總公司位於臺北，另於臺中及高雄設有分公司，資本額新臺幣 5 億元。該公司之業務為受託買賣有價證券，惟亦從事丙種融資，主要帳載營收係來自於受託買賣有價證券之手續費收入及融券利息收入。90 年度 6 月底時，帳列業主權益約 11 億元。

   同年 7 月 2 日，該公司在負責人掏空所有能動用之流動資產之後宣告停業。經查，該公司實際向銀行借貸的金額，超過其帳載資產總額。臺灣證券交易所上次赴該公司查帳的時間，係在 88 年 9 月，其後一年多都未再去查核。

   所謂丙種融資，係指證券商借錢給股市投資人的行為，證券商非金融事業，融資給他人並不為法律所容許。股市投資人向證券商借錢，係供其買賣股票之用。借款時，需以股票質押，作為還款之保證。因此，一旦股價下跌到某一程度，股市投資人（借款人）即須補足股票或現金，否則股票將被證券商賣出，用以償還其向證券商之借款，俗稱斷頭。證券商用於貸放的資金，則係其向金融機構或民間金主借入。

   近一年多，股市大跌，不少向匯豐證券借錢從事投資的股市投資人，因無力補足保證金，已遭斷頭，匯豐證券所持有的股票因而累積日多。惟匯豐證券持有的股票數量雖多，但價值下跌，還是遭受虧損。此外，該公司自己也炒作若干股票，惟績效不彰，亦生虧損。還有，匯豐在自己炒作股票時，曾邀政商權貴「共襄盛舉」，匯豐遭受損失，政商權貴未能倖免，只是其虧損由匯豐證券吸收而已。如此一來，匯豐虧損的金額已累積至 50 多億元，惟該虧損的金額未在財務報表揭露。財務報表除未揭露虧損的正確金額外，亦未揭露其向 4 家銀行所借入的 18.5 億元負債。

《聯合報》民國90年7月5日的社論批評該事件，謂其至當時為止的發展所揭露出來的弊端，計有：

(1) 丙種融資。

(2) 向金主取得資金。

(3) 與政商勾結，往來資金。

(4) 為自己與特定客户炒作股票。

(5) 偽刻銀行印章。

(6) 製作不實對帳單。

(7) 製作不實財務報表。

事件爆發後，臺北市議會副議長馬上（7月4日）發表文章（《中國時報》民意論壇），表示：財政部證券暨期貨管理委員會、臺灣證券交易所對證券業的督導不周，任由業者挪用公司資金、掏空公司資產，難以卸責。受託查核匯豐證券財務報表的會計師，則承認財務報表不實，但主張自己雖有疏忽、瑕疵，亦是受害者。他當初係由於匯豐的「好意」，才將給四家銀行的詢證函（Confirmation Request）交給匯豐寄發，哪知匯豐並未實際寄發，而是在自己蓋上私刻的銀行印章之後交還會計師。會計師是由於匯豐高層的上下串謀，才發生錯誤，也才簽無保留意見的查核報告（以上資料均來自民國90年7月4日、5日《聯合報》、《中國時報》）。請根據上述資料，回答下列問題：

試問：

(1) 本案會計師是否須因匯豐證券（受查客户）的內部控制確實不良而負責？

(2) 內部控制分三種：與遵循法令、營運與財務報導有關者。下列行為分別違背哪一種或哪些的內部控制？請於試卷抄錄下列格式，並陳述理由。

事　件	內部控制之種類	理　由
①丙種融資		
②與政商往來資金		
③財務報表未揭露與政商往來之資金		
④為自己炒作股票		

（續前表）

⑤為特定客戶炒作股票		
⑥偽刻銀行印章		
⑦製作不實對帳單		
⑧帳列負債金額低估		
⑨負責人捲款潛逃		

(3) 保障資產安全的內部控制，與上述三種內部控制的關係如何？

解答

(1)內部控制係一種管理過程，由管理階層設計並由董事會（或相當之決策單位，以下皆同）核准，藉以合理確保下列目標之達成：

①可靠之財務報導。

②有效率及有效果之營運。

③相關法令之遵循。

(2)①內部控制之目標能否達成繫於內部控制設計之良窳及董事會、管理階層與員工之有效監督與執行。

②基於上述之原因可知匯豐證券之會計師依據一般公認審計準則公報之規定，無須對受查者內部控制不良而負責。

事　件	內部控制之種類	理　由
①丙種融資	相關法令之遵循	丙種融資於法律所不容許。
②與政商往來資金	有效率、有效果之營運	若該政商為公司股東，則涉及可靠之財務報導，原則與公司資金流動有異。
③財務報表未揭露與政商往來之資金	可靠之財務報導；非法行為	公司之資金，除因公司間業務交易行為有融通資金之必須者外，不得貸與股東或任何他人，公司法中有明文，故與政商往來之資金若無相對應之商品進出，應視為於法所不容許。

(續前表)

④為自己炒作股票	有效率、有效果之營運；非法行為	匯豐證券非為自營商，不得為自己買賣有價證券。
⑤為特定客户炒作股票	有效率、有效果之營運；非法行為	若公司有獲利，則與營業有關，若代客操作，則與非法行為有關。
⑥偽刻銀行印章	相關法令之遵循	本行為涉及偽造文書之刑事責任，刑法內有明文規定。
⑦製作不實對帳單	可靠之財務報導	對帳單不實而導致會計師無法取得可靠之證據證實財務報表。
⑧帳列負債金額低估	可靠之財務報導	低估負債，通常與高估獲利有關，涉及管理舞弊編製不實財務報表。
⑨負責人捲款潛逃	有效率、有效果之營運；相關法令之遵循	掏空公司資產涉及非法行為，且掏空後影響公司之運作，所以與兩大內控目標有關。

(3)①為保障資產之安全，防止資產在未經授權之情況下被取得、使用或處分之內部控制，可能同時達成財務報導目標及營運目標。其關係如下圖：

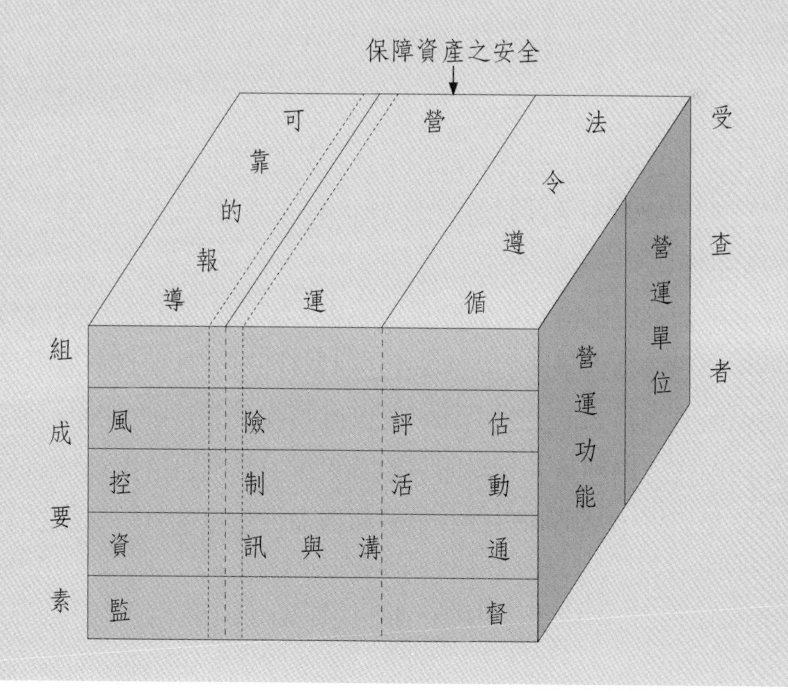

②查核人員在瞭解內部控制各組成要素以規劃查核工作時，對於保障資產安全有關內部控制之考量，通常僅以與財務報導之可靠性有關者為限。例如，對貴重財物有適當保管及記錄之控制、應收帳款資料檔存取之控制。訂定適當賒銷額度之控制或防止交際費浮濫報支之控制，則通常與財務報表之查核無關。

4. 查核人員須經由對受查者及其環境（包括內部控制）之瞭解，辨認並評估導因於舞弊或錯誤之整體財務報表及個別項目聲明之重大不實表達風險，從而作為設計及執行應有查核程序之基礎。現請依序回答下列問題：

(1) 有關內部控制組成要素，查核人員應瞭解受查者是否具有哪些風險評估流程？

(2) 查核人員為辨認及評估重大不實表達風險，應執行哪些程序？

(3) 查核人員應瞭解受查者之目標、策略及可能導致重大不實表達風險之相關營業風險（Business risk）。請問「營業風險」之意義？其可能產生之原因為何？

〔101 年高考三級〕

解答

(1)依據我國審計準則公報第四十八號「瞭解受查者及其環境以辨認並評估重大不實表達風險」規定，查核人員應瞭解受查者是否具有下列風險評估流程：

①辨認與財務報導目標攸關之營業風險。

②估計風險之顯著程度。

③評估風險發生之可能性。

④決定因應該等風險之措施。

(2)依據我國審計準則公報第四十八號「瞭解受查者及其環境以辨認並評估重大不實表達風險」規定，查核人員為辨認及評估重大不實表達風險，人員應執行下列程序：

①瞭解受查者及其環境之過程，辨認不實表達風險。

②評估所辨認之風險是否影響整體財務報表。

③評估是否需要多加測試之相關控制。

④考量不實表達，是否可能導致重大不實表達。

(3)依據我國審計準則公報第四十八號「瞭解受查者及其環境以辨認並評估重大不實表達風險」規定，營業風險的定義為：因重大情勢、重大事件、作為或不作為，導致企業難以達成目標或執行策略之風險或因設定不適當之目標及策略而產生之風險。

營業風險包括財務報表之重大不實表達風險。營業風險可能導因於經營環境之變化，未能隨經營環境變化而改變，亦可能產生營業風險，營業風險有下列原因：

①新產品或服務開發失效。

②開發成功卻錯失市場。

③產品品質不易掌握致聲譽受損。

5. 依據我國審計準則公報第三十二號「內部控制之考量」，內部控制係一種管理過程，由管理階層設計並由董事會（或相當之決策單位）核准，藉以合理確保可靠之財務報導、有效率及有效果之營運，以及相關法令之遵循的目標達成。

試問：

(1)管理階層與查核人員對於內部控制的責任為何？

(2)查核人員將控制風險設定在較低水準時，並於期中查核期間執行控制測試，則查核人員應考慮哪些因素以決定剩餘期間內是否再做蒐證？

〔100年高考三級〕

解答

(1)管理階層應建立並確實執行其所建立之內部控制制度。

查核人應對受查者所設計及執行之內部控制進行充分瞭解，並對擬信賴之內部控制制度進行控制測試，其目的係為評估其內部控制制度設計及執行之有效性。

(2)查核人員於期中查核時，若已獲取內部控制設計或執行是否有效之證據，則於決定剩餘期間尚須獲取之證據時，應考量下列因素：

① 相關財務報表聲明之重要性。

② 期中查核時所評估之特定內部控制及其測試結果。

③ 剩餘期間之長短。

④ 剩餘期間藉由證實測試所可能獲得有關內部控制之證據。

⑤ 剩餘期間內部控制如有重大改變時，其性質及範圍。

Chapter 9

控制測試與評估測試風險

■第一節　控制測試

在對受查者的內部控制有概括性瞭解並初步評估控制風險後，查核人員會對擬予信賴之內部控制程序，執行控制測試。

控制測試最主要的查核目的是爲：

1. 決定內部控制結構與程序設計。
2. 決定內部控制結構的運作有效性。

關於內部控制結構與程序設計，著重於探討是否業經適當的訂定，而可預防或發現特定財務報表聲明的重大誤述。

關於運作的有效性，著重在實際運作的結果。當授權人員於年度中執行控制政策或是程序，並且適當、一致地應用，則此項控制政策或是程序是爲有效的執行；反之，不適當、非一致地應用，是爲無效的執行。無效的執行並不是必然的錯誤，只是「可能」產生錯誤；此種無效的執行又稱之爲偏差、事件或是例外。

控制測試也可能是依據交易類型以及（或是）科目餘額來執行，但是此種測試只能依據審計人員的分析，應用於與預防或是發現財務報表聲明的重大誤述有關的控制政策或是程序。

在觀念上，控制測試應爲依據查核規劃階段對於內部控制之瞭解，然後決定是否於查核執行階段進行控制測試。因此，控制測試是在審計人員的選擇之下執行，而並非必須的。

一、*控制測試的類型*

控制測試的執行可以在查核規劃階段，或是在期中的查核執行階段。因此，控制測試的查核策略可分爲二種：

(一) 同時的（Concurrent）控制測試

係指於查核規劃階段取得內部控制的瞭解時，同時執行控制測試。前面章節已經討論過內部控制的瞭解。採用同時的控制測試，將藉由於取得瞭解時所執行之觀察、詢問和檢查，因而獲取的證據來達成控制測試的目的；意即取得瞭解的同時，取得關於控制結構政策和設計程序以及其運作有效性的證據。採用同時的控制測試通常都具有成本效益，主要是期望可因此減少所需執行的額外控制測試的範圍。

由此可知，同時的控制測試可能是取得瞭解的副產品，當然也可能事先經過規劃。不過，得自同時的控制測試的查核證據，通常都只支持略低於最高水準至高度的控制風險，這是基於同時的控制測試的查核證據的取得時點，是在查核規劃階段，而無法證明內部控制結構於全年中已一致地應用，而無法完全達到評估運作有效性的目的。

(二)額外的（Additional）控制測試

係指於查核規劃階段取得內部控制的瞭解後，再於查核執行階段執行控制測試。基本上，於查核執行階段所執行的控制測試，應提供受查者全年中合適且一致地應用控制結構政策和設計程序以及其運作有效性的證據。採行此項方式的原因可能是：(1)同時的控制測試的結果，能夠提供降低控制風險的有利證據；(2)審計人員取得額外的證據，能夠降低最初的控制風險評量；(3)符合成本效益。通常執行額外的控制測試，是期望能夠取得支持較低的控制風險水準的證據。

若是審計人員已於查核規劃階段，預期控制風險水準爲中的或是低的，則將於事先對控制測試進行計畫。計畫內容包括預定的同時的控制測試、預定的額外的控制測試以及預定的證實程序的時間、性質和範圍。

二、*控制測試的設計*

對控制設計之評估，包括考慮某項控制或該項控制與其他控制之組合是否能有效預防或偵出並改正重大不實表達。將控制付諸實行係指該項控制存在且受查者正使用該項控制。將無效之控制評估其是否付諸實行並無意義，因此應先考量控制之設計，設計不當之控制可能代表內部控制存有顯著缺失。

查核策略的選擇之外，審計人員尚可以根據控制測試的時間、性質和範圍來設計控制測試。

(一) 控制測試的性質

控制測試可以執行的查核方式如下：

1. 觀察受查者對特定控制活動與其運作的情形。
2. 詢問受查者管理當局相關的特定控制政策和程序。
3. 檢查能證明控制程序之執行情形的文件憑證。
4. 重新執行受查者特定的控制程序。
5. 經由與報導攸關之資訊作業系統追蹤完整的交易流程，若僅進行查詢，將不足以達成前項所述之目的。

審計人員可以藉由上述的方式來取得支持控制測試目的之證據。而審計人員尚須依據專業判斷，決定進行何種查核方式最有效率和效果。控制測試的查核方式並不可能經常適用或是一直提供有效率和效果的證據，審計人員對於這項特性亦應加以注意和評估。

針對同一項控制活動，可以採用多種控制測試的查核方法。例如，觀察授權人員核准採購的控制活動；詢問受查者關於採購的控制政策和程序；檢查核准的採購文件上授權人員之簽名。

(二) 控制測試的時間

控制測試依據查核策略的選擇不同，所執行的時點也隨之不同。控制測試時間的決定，主要是著重在查核的效率和效果。依據效率的觀點，控制測試應該在期中執行。

依據一般公認審計準則規定，審計人員應取得財務報表涵蓋年度，所有的內部控制政策和程序以及其運作有效性的證據。因此，是否必須於期中執行控制測試之後的剩餘期間，執行額外的控制測試，取決於先前取得的證據所提供的控制資訊。若是控制政策和程序發生重大改變，則審計人員應修正對於內部控制制度的瞭解，並且應進一步考量是否需要進行額外的控制測試，以提供支持控制風險水準的證據。

(三) 控制測試的範圍

控制測試的範圍愈廣泛，所提供的證據將會相對較多，通常代表著能夠提供較多的關於內部控制結構政策和設計程序以及其運作有效性的證據。惟決定控制測試的範圍，應將執行控制測試的成本效益加以考量。

控制測試的範圍著重於證據的數量，前面章節曾經提到關於查核證據的性質和特性，除了數量之外，應將足夠性和適切性一併考慮。

三、*控制測試之執行*

內部控制結構主要是由交易循環所組成，因此審計人員於執行控制測試時，可以依據交易循環進行測試。另外，還可以依據控制政策和程序的執行流程加以進行測試。

通常控制測試的程序可以分成二種方式進行：

1. **交易抽查**

   係指對於某類交易事項的全盤處理過程進行抽查，是否符合既定之內部控制程序。

2. **功能抽查**

   係指某一特定的控制點加以抽查，而非交易全程，以確定內部控制結構運作的有效性。

控制測試必須加以詳細設計和執行，依據實際情況得同時採用交易抽查和定點的功能抽查，以防疏漏之處。以公開發行公司訂定內部控制制度交易循環類型加以區分，並且以製造業為例，控制測試的內容至少應包含如下：

(一) 收入循環

包括爭取顧客訂單、信用管理、運送貨品、開立銷貨發票、記錄收入與應收帳款、開出帳單，以及處理和記錄現金收入所採行之程序與政策。

(二) 支出循環

包括請購、進貨和採購原料、物料、資產和勞務、處理採購單、經收貨品、

品質檢驗、填寫驗收報告書、退貨處理、記錄供應商負債、核准付款，以及執行和記錄現金付款等作業程序；以及包括固定資產之增添、處分、維護、保管與記錄等作業程序。

(三) 生產循環

包括生產計畫、用料清單、儲存材料、將材料投入收產、計算存貨之生產成本以及銷貨成本。

(四) 人事循環

包括聘雇、請假、休假、加班、解聘、辭職、訓練、退休，以及決定薪資率、計時、計算薪資總額、處理各項薪資稅款和代扣款、設置薪資記錄，以及編製和發放薪資支票等作業程序。

(五) 投資循環

包括有價證券、不動產、衍生性金融商品以及其他長、短期投資之決策、買賣、保管與記錄等作業程序。

(六) 理財循環

包括涉及股東權益的交易，以及銀行借款、保證、承兌、租賃、發行公司債等資金和資本等交易事項之授權、執行和記錄等作業程序。

四、記錄控制測試的查核程式

審計人員根據控制測試的性質、時間、範圍所作之決策，應做成文件記錄，其中包括記錄查核程式，並且將之記錄於工作底稿。

五、雙重目的測試

一般而言，證實程序的執行時間較為接近期末，但是，可能視情況的需要也會於期中執行證實程序。因此，若於期中執行證實程序，同時執行額外的證實程序，此種情況即稱之為雙重目的的測試。上述於期中執行的證實程序，依據一般公認審計準則之規定，應是允許於期中執行的交易類型詳細測試。例如，當審計人員檢查關於已核准的材料請購單、材料驗收單以及材料進貨發票的金額時，同時針對材料交易的控制政策和程序進行控制測試，例如：檢查已核准的材料請購單上授權人員的簽名，觀察材料驗收的執行活動等。

雙重目的的測試能夠使審計人員同時獲取關於交易金額以及內部控制政策和程序及其運作有效性的證據，而當執行此類測試時，查核人員應小心謹慎地設計測試，以確保能取得有關控制之有效及帳戶金額有無錯誤的證據。一般實務上也認為，藉由雙重目的測試將較分別進行控制測試和證實程序，更具有成本效益。

六、*控制測試的執行與內部稽核之關係*

內部稽核工作為內部控制制度整體的一部分，因此審計人員必須考慮內部稽核人員的能力、客觀性和評估其工作，並且藉此決定其餘查核程序的範圍。

評估內部稽核工作的程序：

1. 審計人員應考慮內部稽核在組織中所屬階層。
2. 對於內部稽核工作執行抽樣檢查，考量其查核程序、範圍和品質。
3. 對於特定交易執行抽樣檢查，並且將之與內部稽核人員的結論做比較。
4. 抽選部分的稽核報告，將之與審計人員的查核結果做比較。

審計人員可能因為內部稽核人員而減輕查核工作的工作量，不過審計人員所負擔之責任仍然完全相同，不會因而減輕。內部稽核人員所執行之查核程序，和審計人員所執行者在性質上可能相同，但是內部稽核人員的工作不能代替審計人員的工作。

表9-1　取得內部控制結構之瞭解和查核測試之比較

查核階段	查核程序	查核方式	查核目的	GAAS規定
查核規劃	取得內部控制結構之瞭解	1.觀察受查者對特定控制活動與其運作的情形。 2.詢問受查者管理當局相關的特定控制政策和程序。 3.檢查能證明控制程序之執行情形的文件憑證。	1.瞭解控制結構政策與程序設計。 2.瞭解內部控制政策與程序是否執行。	必須的
查核執行	控制測試	1.觀察受查者對特定控制活動與其運作的情形。 2.詢問受查者管理當局相關的特定控制政策和程序。 3.檢查能證明控制程序之執行情形的文件憑證。 4.重新執行受查者特定的控制程序。 5.經由與報導攸關之資訊作業系統追蹤交易完整流程。	1.決定控制結構政策與程序設計。 2.決定內部控制結構的運作有效性。	選擇的
查核執行	證實程序	1.分析性程序。 2.交易類型詳細測試。 3.科目餘額詳細測試。	提供有關財務報表允當表達之證據。	必須的

第二節　評估控制測試風險

初步查核策略的訂定，應考量下列要素：

1. 預計的評估控制風險水準。
2. 取得內部控制結構的瞭解。
3. 控制測試的結果。
4. 預計的證實程序時間、性質和範圍。

前面章節已經說明過查核規劃工作的進行方式。審計人員於查核規劃階段必須預先訂定預計的控制風險水準，以及隨後必須取得內部控制結構的瞭解。換言之，審計人員在預計的控制風險水準之下擬定初步查核策略，然後，執行查核策略取得對內部控制結構的瞭解、執行控制測試以及訂定預計的證實程序時間、性質和範圍。隨著初步查核策略選擇的不同，將使得實際執行取得內部控制的瞭解、控制測試和證實程序的深度和廣度有所差異。

一、*主要證實法*

主要證實法著重於證實測試，因此對於內部控制結構的瞭解相對也較少，所做成的書面文件亦較少。審計人員於查核規劃階段應設定預計的控制風險評量，若是符合下列各項前提假設，則必須將控制風險評量設定在最高或是高度水準：

1. 無攸關財務報表聲明的內部控制結構政策和程序。
2. 攸關財務報表聲明的內部控制結構政策和程序無效。
3. 評估內部控制結構政策和程序的有效性不具有成本效益。

回想本章上一節的討論可以知道，若是在查核規劃階段沒有執行同時的控制測試，則審計人員必須將初步的控制風險評量設定為最高水準，並且僅須在工作底稿上記錄該結論。因為設定初步的控制風險評量的時點，仍然屬於查核規劃階段，若是沒有進行任何控制測試，則並未取得降低控制風險低於最高水準的有效證據，因此，最初的控制風險評量應設定於最高水準。審計人員只有取得同時的控制測試所提供的有效證據或是依據額外的有效證據時，才可以於查核規劃階段，將查核策略訂定為評估控制風險較低法。

在考慮之後是否需要改變查核策略時，應考慮取得支持較低的控制風險評量之證據是否符合成本效益。假使取得進一步證據，將使得成本增加、效率降低，則應維持原訂的查核策略。

二、*評估控制風險較低法*

若是初步的查核策略訂定為評估控制風險較低法，則對於內部控制的五個要素：①控制環境；②風險評估；③資訊及溝通；④控制活動；⑤監督。相對於主

要證實測試法，必須有較為深入的瞭解，以及在工作底稿上對於相關的內部控制結構政策和程序做進一步的記錄，以提供支持設定控制風險評量為中度或是低度水準的證據。

通常在這樣的規劃之下，審計人員會進行額外的控制測試，以取得支持採用評估控制風險較低法之證據。之後，審計人員於查核執行階段，將執行控制風險所取得的證據用以做成控制風險的最後結論——最終的控制風險評量水準。如果最終的控制風險評量水準，異於原先預定的水準，則應修改查核規劃階段所訂定之預計的證實測試，改變其時間、性質和範圍。

主要證實法和評估控制風險較低法二者是相對性的名詞，係指審計人員對於查核工作的執行，較為著重內部控制結構的有效性或是證實測試。

1. 主要證實法

較為信賴證實測試為查核人員意見之依據。

2. 評估控制風險較低法

充分信賴受查者的內部控制結構。

若是受查者內部控制制度不健全時，審計人員可能不執行控制測試，逕行執行證實程序。原因是假使內部控制制度不健全，若是執行控制測試，將只是進一步印證顯然不健全的內部控制制度，並無實質意義。當然，這樣的論述其前提假設在於：取得內部控制制度的瞭解和控制測試的成本，相對於證實程序較低，因此審計人員才會期望採用評估控制風險較低法來降低查核成本。

三、合併不同的控制風險評量

當對於和財務報表聲明相關的各項交易，做出不同的控制風險水準評量時，審計人員可以分別判斷每項評估之重大程度，以得到一個合併的評估，通常審計人員都採用最保守（高）的控制風險評量。

例如，當審計人員評量現金餘額之存在與發生的控制風險評量分別為高度和中度水準時，即使現金收入的存在與發生的控制風險評量為低度水準，現金支出的完整性的控制風險評量為中水準，審計人員亦應針對現金餘額之存在與發生做出最保守——高水準——的結論。

四、記錄評估的控制風險

查核人員工作底稿應包括評量控制風險的記錄：

1. 若是控制風險評量爲最高水準時，僅記錄此結論。
2. 若是控制風險評量低於最高水準時，應將其評量之基礎做成文件記錄。

五、內部控制有關事項的溝通

審計人員完成內部控制之瞭解與評估後，發現內部控制有重大缺失時，通常會與受查者管理階層討論。

	我　國	美　國
以前	內部控制建議書	致經理人函
現在	內部控制建議書	1.可報導情況——重大缺失 2.致經理人函——次要缺失

(一) 可報導情況

審計人員應和董事會審計小組溝通的事項——內部控制設計或機能上的重大缺失，將造成財務報表發生重大誤述。可報導情況得以口頭方式通知，但通常都以書面爲之。

1. 可報導情況的報告應包括

(1) 說明查核的目的是對財務報表表示意見，對內部控制不提供保證。

(2) 說明可報導情況的定義。

(3) 說明報告分發對象的限制。

2.可報導情況的例子

(1) 內部控制設計的缺失：

①控制設計不適當。

②缺乏適當的職能分工。

③對交易、分錄，缺乏適當的核准與覆核。

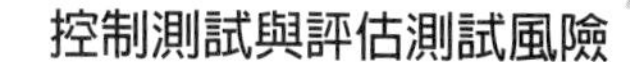

④評估及實施會計原則的程序不適當。

⑤資產的安全防護不適當。

(2) 內部控制運作上之缺失：

①特定控制在預防會計資訊誤述上有缺失。

②無法保護資產的安全，致使資產遺失、毀損或被侵占。

③逾越職權而傷害制度的整體目標，故意破壞內部控制結構。

④未執行內部控制中的某些特殊程序。

⑤故意誤用會計原則。

(3) 其他：

①缺乏足夠的控制共識。

②先前指出的控制缺失，沒有再追蹤調查及更正。

③未適當揭露關係人交易。

④負責會計決策的人有偏差或缺乏客觀。

(二) 致經理人函（致管理階層函）

審計人員將操作建議及次要的缺失詳細地通知管理階層。舉例如有關內部控制的次要問題、委託人改善經營的機會、所得稅規劃等。

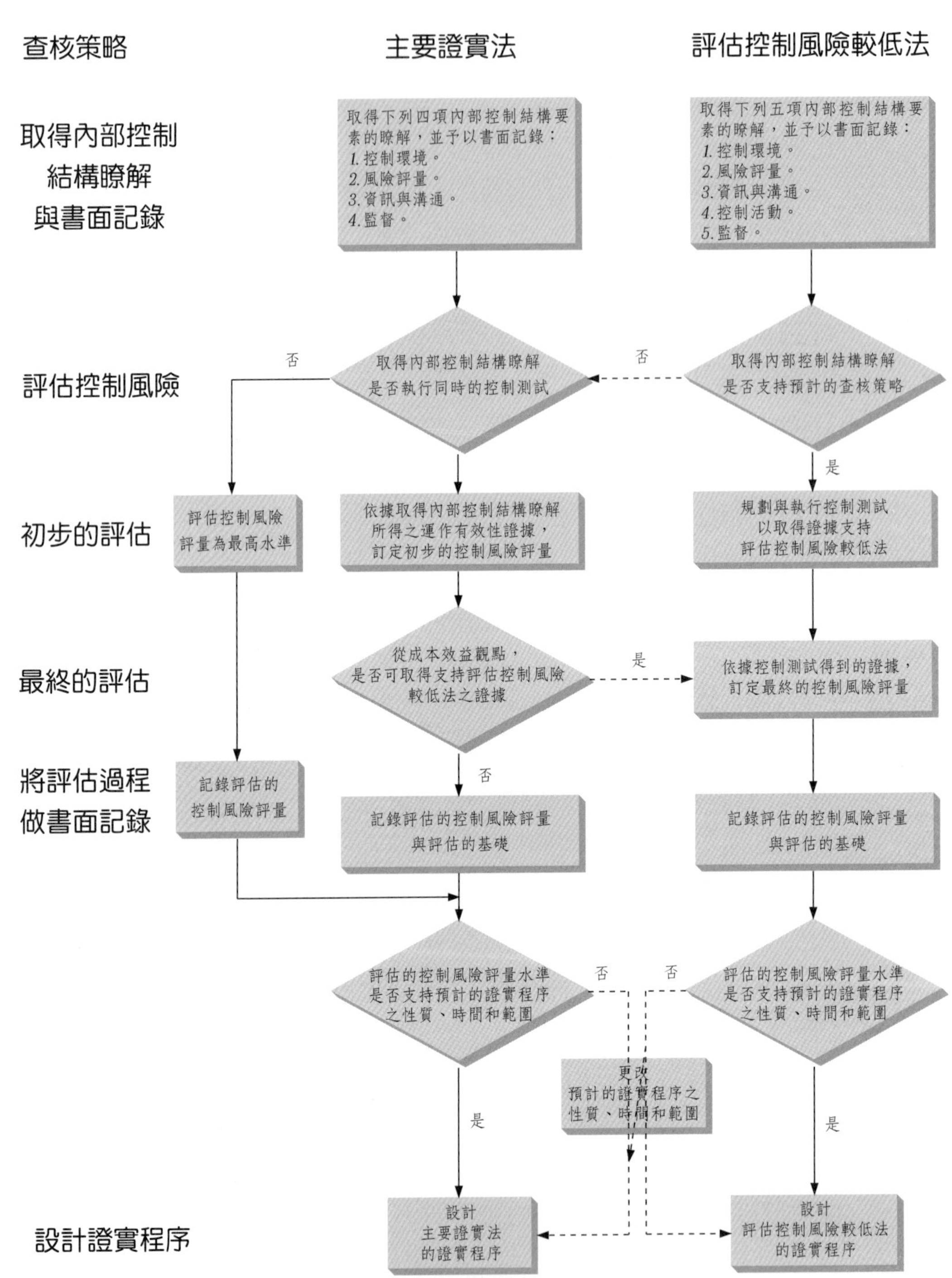

圖9-1　控制測試的查核策略和查核流程圖

習題與解答

一、選擇題

(　) 1. 在獲得對內部控制的瞭解與評量控制風險之後，審計人員決定不執行額外的控制測試。審計人員最可能的結論是：(A) 支持進一步降低風險的額外證據，並不符合成本效益 (B) 固有風險的評估水準超過控制風險的評估水準 (C) 內部控制結構已適當地設計，並且可以信賴 (D) 經由控制測試取得的證據，並不支持增加的控制風險水準。

(　) 2. 當審計人員決定某些控制程序無效時，因而提高控制風險評量水準，則其最可能提高下列何者？ (A) 控制測試的範圍 (B) 預定的偵知風險水準 (C) 預定的證實程序水準 (D) 固有風險的水準。

(　) 3. 下列何者非審計人員在評量控制風險低於最高水準的決策中所採取的步驟：(A) 評估控制測試來測試內部控制程序的有效性 (B) 取得企業會計制度與控制環境的瞭解 (C) 執行詳細的交易測試以偵測財務報表的重大誤述 (D) 考慮控制程序是否對於財務報表聲明有普遍性的影響。

(　) 4. 評估控制風險的最終目的，是要協助審計人員評量該風險是否為：(A) 詳述可能導致共謀舞弊的職能分工控制要求 (B) 高階主管可能逾越控制政策 (C) 控制測試無法定義與聲明有關的程序 (D) 財務報表可能存在有重大誤述。

(　) 5. 審計人員執行職能分工及未有交易軌跡的交易控制程序時，最可能使用的程序為何？ (A) 檢查 (B) 觀察 (C) 重新執行 (D) 調節。

(　) 6. 為取得有關控制風險的證據，審計人員通常選擇何種測試技術？ (A) 分析 (B) 函證 (C) 重新執行 (D) 比較。

(　) 7. 對交易執行詳細控制測試的目的是：(A) 偵測財務報表中帳戶餘額之重大誤述 (B) 評估內部控制政策或是程序是否有效運作 (C) 決定財務報表中證實程序的性質、時間和範圍 (D) 降低固有風險、控制風險及偵知風險至可接受水準。

( ) 8. 審計人員希望執行客户現金支出程序的控制測試。若控制程式並未遺留文件證據的查核軌跡，則查核最可能採取的測試程序為： (A) 函證及觀察 (B) 觀察及詢問 (C) 分析性程序及函證 (D) 詢問及分析性程序。

( ) 9. 當所有財務報表聲明的控制風險評量設為最高水準，審計人員應記錄：

	對企業內部控制結構要素之瞭解	控制風險為最高水準之結論	控制風險為最高水準之評量基礎
(A)	是	否	否
(B)	是	是	否
(C)	否	是	是
(D)	是	是	是

( ) 10. 當審計人員評量控制風險低於最高水準時，審計人員須記錄：

	得出該結論的基礎	取得對內部控制測試要素的瞭解
(A)	否	否
(B)	是	是
(C)	是	否
(D)	否	是

( ) 11. 於測試內部控制執行之有效性時，通常不會採用下列何項查核程序？ (A) 詢問受查者人員 (B) 檢查相關表單憑證 (C) 重新執行受查者之作業程序 (D) 檢查內部控制之相關設計文件。〔103年高考三級〕

( ) 12. 控制測試目的為測試受查者內部控制的： (A) 效率性 (B) 有效性 (C) 成本是否超過效益 (D) 效益是否超過成本。〔103年高考三級〕

( ) 13. 查核人員於瞭解受查者內部控制後，決定不再執行額外的控制測試，在此情況下，查核人員最可能作出下列哪一項結論？ (A) 內部控制已適當設計，且查核人員擬信賴該內部控制 (B) 進一步降低控制風險所執行之額外控制測試，不符合成本效益 (C) 經由執行額外控制測試並無法支持增加之控制風險 (D) 固有風險的水準超過控制風險的水準。

〔103年高考三級〕

( ) 14. 依審計準則公報規定，下列哪一項不是查核人員執行風險評估程序時採用的方式？ (A) 查詢 (B) 函證 (C) 觀察 (D) 檢查。〔102年會計師〕

( ) 15. 查核人員執行控制測試之程序，下列敘述何者正確？ (A) 詢問及分析性程序 (B) 觀察與重新執行 (C) 比較與函證 (D) 檢查與驗證。

〔101 年高考三級〕

( ) 16. 中小企業常因成本效益考量而無法適當職能分工，查核人員通常會強調下列哪一項查核程序？ (A) 證實測試 (B) 分析性程序 (C) 控制測試 (D) 觀察及詢問。 〔101 年高考三級〕

解答

1.(C) 2.(C) 3.(B) 4.(C) 5.(B) 6.(C) 7.(C) 8.(B) 9.(B) 10.(B)
11.(D) 12.(B) 13.(B) 14.(B) 15.(B) 16.(A)

二、問答題

1. 審計人員在規劃財務報表查核及評估科目餘額、交易種類及揭露財務報表組成要素的控制風險時，必須取得客戶內部控制結構要素的充分瞭解。試問：
   (1) 解釋為什麼審計人員可能評量某科目餘額的一個或數個聲明的控制風險為最高水準？
   (2) 當審計人員決定該控制已運作時，該採取何步驟來支持評量控制風險低於最高水準？
   (3) 當尋求進一步降低控制風險的評量水準時，審計人員應考慮什麼？
   (4) 當考慮企業內部控制結構及控制風險的評量水準時，審計人員的記錄要求為何？

解答

略。

2. 下列問題攸關內部控制測試：

(1) 控制測試的整體目的為何？

(2) 一般而言，控制測試在何時執行？

(3) 執行控制測試時可使用什麼查核程序？

(4) 請解釋由各種查核程序所得之查核證據是否有品質上的差別？

(5) 控制測試需要的重點問題為何？

(6) 在完成期中工作之後，審計人員為何必須再執行控制測試？

(7) 什麼是雙重目的測試？這種測試可以用以替代控制測試的說法是否真實？

(8) 在執行控制測試時，如何運用內部稽核人員？

解答

略。

Chapter 10

偵知風險與證實程序的設計

■第一節　評估偵知風險

偵知風險係指審計人員無法偵測到存在於財務報表某項聲明中的重大誤述風險。前面章節曾經提到關於偵知風險的評估。偵知風險預計的可接受水準，是根據各個重要的財務報表的聲明來訂定的。首先，再次說明偵知風險和其他風險要素的關係：

$$DR = \frac{AR}{IR \times CR}$$

根據上列的關係式可知，偵知風險（DR）與固有風險（IR）和控制風險（CR）呈現反向關係。在查核規劃階段，審計人員會設定預計的偵知風險，此時控制風險是以預計的控制風險評量水準來表示——這是因爲尙未執行控制測試，仍然沒有取得相關的證據之故。

設計證實程序之前，必須針對偵知風險加以評估，並且依據所取得的證據考量是否需要修正預計的證實程序，以訂定明確的查核風險。至此，先將初步的查核策略、預計的偵知風險和證實程序的預計水準之間的關聯性進行說明：

表10-1　初步的查核策略、預計的偵知風險和證實程序的預計水準之間的關聯性

初步的查核策略	預計的偵知風險	預計的證實程序水準
主要證實法	低度或非常低	較高水準
評估控制風險較低法	中度或高度	較低水準

下面將進一步說明關於預計的證實程序水準與後續的修正工作。

一、評估證實程序的預計水準

當爲每一項重要財務報表聲明評估證實程序預計水準時，查核人員考慮由下列取得之證據：

1. 固有風險之評估。

2. 瞭解企業及產業之程序以及已完成之相關證實分析性程序。

3. 控制測試包括：

   (1) 取得對內部控制瞭解時，所獲得之內部控制有效性之證據。

   (2) 支持較低控制風險評估水準之內部控制有效性證據。

查核人員應將上述程序實際的保證與固有風險、證實分析性程序及控制風險之預計評估水準加以比較。若是最終的控制風險評量水準與預計的相同，則審計人員可以根據預計的證實程序水準，來設計查核策略的四項要素中的最後一項——證實程序的時間、性質和範圍；若是兩者相異，則修正預計的證實程序水準，以符合在可接受的偵知風險之內。例如，假使以評量控制風險較低法作爲初步的查核策略，並且接受控制風險評量爲低度水準，則將有較高的可接受偵知風險。若是依據控制測試取得的證據，修正後最終的控制風險評量爲中度或是高度水準，則審計人員必須擴大證實程序的時間、性質和範圍，並且將有較低的可接受偵知風險。

二、*偵知風險的決定*

除了必須根據最終的（實際的）控制風險評量水準而非預計的控制風險評量水準之外，各項聲明最終的（修正後的）偵知風險將隨著最終的控制風險評量的決定而就此確定。若是審計人員選擇以數量的方式評估風險，則可以藉由查核風險公式來決定最終的（修正後的）偵知風險水準；若是未以數量化的方式評估風險，則最終的（修正後的）偵知風險水準將依據判斷或是藉助風險矩陣的分析來決定。

再次說明偵知風險的定義，係指對於某項聲明進行證實程序所取得的證據，將無法偵知重大誤述的風險。在設計證實程序的時候，審計人員可以在相同的財務報表聲明之下，列舉各項不同證實程序的查核方法，並且分別訂定不同的偵知風險水準，只要整體的偵知風險水準依然在可接受的範圍之內，將無礙於查核工作的執行。

■第二節　證實程序的設計

依據外勤工作準則之規定，審計人員必須取得充分適切的證據，俾做爲對財務報表表示意見的合理依據，而證實程序的目的就是對於各項財務報表重大聲明提供允當性證據。

設計證實程序包括決定測試的性質、時間和範圍，以符合可接受的偵知風險水準。

一、*證實程序的性質*

證實程序的性質係執行查核程序的種類及其有效性。當可接受的偵知風險較低時，審計人員可以採用較具有效性，但是成本較高的查核程序。當可接受的偵知風險較高時，審計人員則可以採用有效性較低，但是成本也相對較低的查核程序。證實程序的查核方法有三項：1.證實分析性程序；2.交易類型的詳細證實測試；3.科目餘額的詳細證實測試。以下將分別說明：

(一) 證實分析性程序

證實分析性程序係就重要比率或金額及其趨勢加以研究，並對異常變動及異常項目予以調查之證實程序。換言之，證實分析性程序，係指經由分析財務資料間或與非財務資料間之可能關係，藉以評估財務資訊。

證實分析性程序亦包括基於下列原因所作之必要調查：

1. 已辦認之變動或關係與其他攸關資訊不一致。
2. 已辨認之變動或關係與預期值間存有重大差異。

分析性覆核之目的在協助查核人員：

1. 瞭解受查者之業務經營狀況。
2. 發現具潛在風險之事項。
3. 評量交易及各科目應抽查之程度。
4. 發現須進一步查核之事項。

5. 印證各項目之查核結論。
6. 實施財務資訊之全盤覆核。

亦即查核人員採用證實分析性程序之目的如下：
1. 以取得攸關且可靠之查核證據。
2. 於查核工作即將結束前，設計並執行可協助查核人員作成整體結論之分析性程序，以確定財務報表是否與查核人員對受查者之瞭解一致。

證實分析性程序可於下列時機實施：
1. 初步規劃時——協助查核人員決定其他證實程序之性質、時間與範圍。
2. 查核過程中——與其他證實程序配合運用。
3. 做成查核結論時——協助查核人員印證查核結論。

於查核規劃時，採用分析性程序的主要目的，是在於辨認誤述風險較大的區域發生誤述的徵兆或是可能。分析性程序可以作爲證實程序來執行查核工作，以獲得有關財務報表的各項重大聲明的證據，尚可以輔助詳細證實程序的查核工作，亦可以作爲基本的證實程序。但是，審計人員仍應以獲取財務報表的各項重大聲明的證據，據以表示查核意見爲依歸，審慎地和經濟地規劃並執行查核工作。

原則上在符合查核目標的前提之下，證實分析性程序可以是有效的證實程序，並且多半可以增加查核效率。

依據審計準則公報，簡單說明證實分析性程序的查核方法：
1. 比較本期與上期或前數期之財務資訊。
2. 比較實際數與預計數。預計數可以是受查者的財測數或預算數，也可以是查核人員對於查核規劃決定可接受之差異金額，當帳載實際金額與預計數呈現異常，應詢問管理階層並取得與管理階層回應攸關之適切查核證據，或執行其他必要之查核程序。至於查核人員決定的預計數，可能受到查核規劃重大性標準、欲達成之確信程度、發生不實表達之可能性之影響。

3. 分析財務報表各重要項目間之關係。例如毛利率、存貨週轉率及應收帳款週轉率等。
4. 比較財務資訊與非財務資訊的關係。例如薪資和員工人數之關係。

換言之，查核人員得以多種方法執行分析性程序，該等方法包括從執行簡單之比較至採用統計技術進行複雜之分析。此可適用於合併財務報表與其組成個體之財務資訊及財務資訊之個別要素。

證實分析性程序主要在獲得：(1)存在和發生；(2)完整性；(3)評價與分攤等各項聲明。其中以評價和分攤相對最為有效。例如：

去年業經查核之數字：$\frac{\text{備抵呆帳}}{\text{應收帳款}}=4\%$

今年實際查核之數字：4%

若是今年實際數可以得到滿意的結果，則表示審計人員對於備抵呆帳及應收帳款的餘額皆滿意，故可以獲取上述所言的各項聲明之證據。

另外，預期證實分析性程序的有效性及效率，可以依據下列方式來判斷：(1)各項聲明的性質；(2)各項目之間的是否有合理關係和是否能夠預期；(3)預期資料之取得難易程度；(4)預期結果的正確性。

當證實分析性程序之結果與預期相呼應，且聲明的偵查風險可接受水準高，則可能不須執行交易細節測試。

證實分析性程序是最不耗費成本的測試方法，因此在選擇細節測試之前，應考慮有助於達成可接受偵查風險水準的證實分析性程序。在執行細節測試前先取得證實分析性程序的最終評估，將使偵查風險的評估具有成本效益。

(二) 交易類型的細項測試

交易類型的細項測試包括順查和逆查。順查係指順著會計資訊系統的流程所執行之交易測試，逆查反之。例如：由已核准的銷貨通知單、送貨單和銷貨發票等會計憑證（支持性文件），順查至會計記錄（包含總帳和明細帳）；或是由現金支出日記簿和永續盤存記錄等的詳細分錄，逆查至已註銷支票和供應商發票等會計憑證（支持性文件）。

此類型的測試主要在發現貨幣性的錯誤，而非控制上的偏差。例如：銷貨數字不一致，或是現金支出已註銷發票不相符。根據測試方式，順查對於測試低估很有效，能夠取得關於存在和發生等有效性聲明的證據；反之，逆查對測試高估很有效，能夠取得關於完整性聲明的證據。因此，對於較容易低估的負債，通常採用順查的方式，而對於較容易高估的資產，則採用逆查的方式。其他如查詢及重新執行等查核程序，也可以同時於執行測試時採用。

本質上這些測試是利用某一科目，其部分或是全部的借、貸方記錄來取得證據，並據此對科目餘額做成結論。然而，測試的有效性和證據的來源與使用範圍有關。雖然，交易細項測試通常使用的是客戶所提供和保有的資料，但是理論上，由外部所產生的文件及由內部產生但流通在外的文件，要比由內部產生而未流通在外的文件來得可靠。

交易細項測試比之證實分析性程序更為費時且成本較高，不過仍然低於餘額細項測試。如前面章節所述，基於成本效益考量，於執行控制測試同時執行交易細項測試者，稱為雙重目的測試。

(三) 科目餘額的細項測試

科目餘額的細項測試直接由科目餘額取得證據，而非由借、貸方記錄來取得。例如：審計人員函證銀行以確認現金餘額，以及函證客戶以確認應收帳款餘額。審計人員也可以採用檢視固定資產、觀察存貨盤點及計算期末存貨的計價等方式來執行測試。

此種測試的有效性同樣依據證據的來源和使用範圍有關。以簡單的釋例（表10-2）說明評估的偵知風險水準和餘額細項測試的有效性之間的關係。在可接受的偵知風險水準較高時，則允許在成本效益的前提之下，採用有效性較低的證實程序來取得查核證據，意即審計人員將採用客戶內部所編製的文件，並且執行有限的查核程序。反之，在可接受的偵知風險較低時，則採用有效性較高的證實程序，此時審計人員將逕行向銀行取得所需文件，並且執行廣泛的查核程序。

表10-2　評估的偵知風險水準和餘額細項測試的有效性

可接受的偵知風險水準	科目餘額細項測試
高度	查閱客户編製之銀行調節表；並且驗證調節表數字的正確性。
中度	覆核客户編製之銀行調節表；並且驗證主要調節項目。
低度	編製銀行調節表；並且驗證主要調節項目。
極低	直接自銀行取得銀行對帳單；並且編製銀行調節表；並且驗證全部調節項目及計算之正確性。

一般而言，餘額細項測試基於有效性的考量，會採用外部憑證，並且涉及較多的審計人員之專業知識，因此雖然非常有效，也耗費很高的成本。

(四)證實程序的性質釋例

在此，對於上述三種證實程序做一個統合性的說明。以收入循環之中的應收帳款和銷貨收入爲例。

應收帳款

首先，爲簡化釋例，假設僅有一個應收帳款科目總帳，不討論明細分類帳。再者，假設期初應收帳款的餘額業經查核，是爲允當表達。爲決定期末應收帳款是否允當表達，審計人員可以執行下列證實程序以取得證據：

1. **證實分析性程序**

   (1) 比較應收帳款總帳的期末餘額與以前年度的餘額、預算數或是其他預測數值。

   (2) 比較以期末餘額來決定應收帳款除以流動資產的百分比與以前年度、行業資料或是其他預測數值。

   (3) 比較以期末餘額來計算應收帳款週轉率與以前年度、行業資料或是其他預測數值。

2. 交易類型的細項測試

(1) 核對客戶科目的個別借、貸情形，由原始憑證（支持性文件）順查到抵銷分錄，例如由銷貨退回證明順查到賒銷交易之中抵銷銷貨收入貸方的借方項目。

(2) 由銷貨發票或是日記簿，逆查到相對應的交易資料。

3. 科目餘額的細項測試

(1) 重新計算個別客戶應收帳款之餘額和總帳是否相符。

(2) 直接以抽樣的方式函證客戶決定期末餘額。

銷貨收入

爲簡化釋例，假設銷貨收入代表著單一的賒銷交易，而非經過一段時間而由日記簿過帳所得的總和數字。審計人員可以執行下列證實程序來取得銷貨收入是否允當表達的證據。

1. 證實分析性程序

(1) 比較期末餘額與以前年度的餘額、預算數或是預測數值。

(2) 比較期末餘額與審計人員估計的數值。

2. 交易類型的細項測試

(1) 由個別的貸項逆查到相對應的應收帳款借項，或是逆查到銷貨發票、送貨單與已核准銷貨通知單等原始憑證（支持性文件）。

(2) 由原始憑證（支持性文件）順查到交易資料，由交易資料順查到銷貨日記簿，而後再由銷貨日記簿順查至銷貨帳戶。

3.科目餘額的細項測試

除了個別針對少數重要客戶的重要收益科目做成之記錄，由於應收帳款與銷貨的直接關聯性，一般可以藉由應收帳款的詳細證實程序來取得銷貨收入是否允當表達的證據，而較少對於銷貨收入執行餘額細項測試。

另外，某些情況之下，查核銷貨收入時，證實分析性程序和細項測試都會採用，但是也有僅執行證實分析性程序就可以達到可接受的偵知風險水準的情況。

二、證實程序的時間

可接受的偵知風險水準可能影響證實程序執行的時間。若是可接受的偵知風險高，則可能於年度結束前數個月執行證實程序；反之，若是可接受的偵知風險低，則通常選擇在資產負債表日或是其前後執行證實程序。

(一) 在資產負債表日之前執行證實程序

審計人員可以在期中執行證實程序，而是否在期中執行之判斷，應根據能否達成：

1. 控制增額的查核風險：係指在資產負債表日科目中仍有誤述，卻無法偵知出來的風險。期中執行證實程序的日期距離資產負債表日愈遠，則該風險愈高。
2. 降低在資產負債表日執行證實程序的成本：係指若於期中提早執行證實程序，能否符合既有之查核目標和成本效益之考量。

但是，若是後續於剩餘期間所執行的證實程序，能提供期中查核結果和期末實際狀況一致的合理證據，就屬於能夠控制增額的查核風險。

依據實務操作，除非審計人員執行控制測試時，能夠有評估風險較低法的結論，或是內部控制制度很有效的結論，否則餘額細項測試的部分，不應提前於期中執行，而應於期末執行。縱然可以於期中執行證實程序，不過某些查核工作不可能提前完成，例如：審計人員可能在資產負債表日前觀察存貨盤點，以確定存在或發生及完整性聲明。然而，審計人員仍須到資產負債表日才能獲得關於存貨的市價資料，以確定評價與分攤的聲明。

期中證實程序不能消除於資產負債表日進行證實程序的必要性。對於後續剩餘期間的細項測試通常應包括：

1. 比較期中與期末的科目餘額，分析異常事項。
2. 其他證實分析性程序或是細項測試，作爲期中查核的結果延伸至資產負債表日的合理基礎。

若是經過適當地規劃與執行，利用資產負債表日前的證實程序和剩餘期間的細項測試，將可以有效提供對於財務報表表示意見的合理依據。

三、證實程序的範圍

低偵知風險比高偵知風險需要更多或是更有效的證據。除了針對證實程序的性質做變動，以取得更有效的證據，擴大證實程序的範圍同樣能夠提供更多數量的查核證據。範圍係指執行證實程序的次數和所測試的項目個數。執行的範圍大小的決定，有賴於審計人員的專業判斷。例如：當決定函證50位客戶，以執行餘額細項測試來驗證期末應收帳款餘額時，改爲函證80位客戶，稱之爲擴大證實程序的範圍。同樣執行交易細項測試時，原本驗證50個銷貨分錄，改爲驗證120個，亦稱之爲擴大證實程序的範圍。

四、證實程序之性質、時間和範圍的關係

前面章節已經提過，依據查核工作的規劃，以及評估的控制測試與實際控制測試所得結論之不同，將影響證實程序的性質、時間和範圍。下圖（圖10-1）說明查核風險與證實程序之性質、時間和範圍的關係。

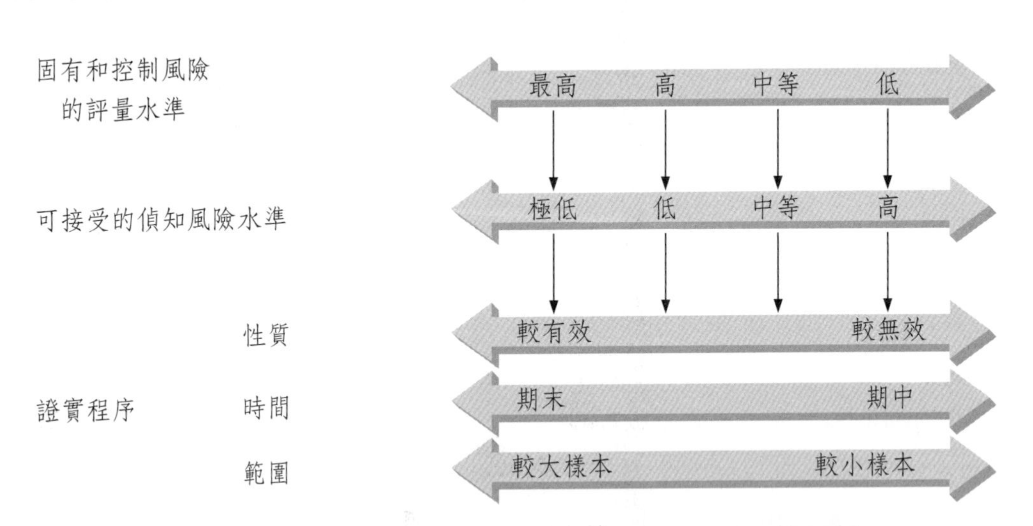

圖10-1　查核風險與證實程序之性質、時間和範圍的關係

■第三節　設計證實程序的查核程式

前面章節曾經提過，財務報表查核的主要目的是對客戶的財務報表在所有重大項目上，是否依照一般公認會計原則允當表達表示意見。而查核工作的執行，是根據財務報表五大聲明，進一步設計證實程序以取得證據。審計人員應該判斷證實程序對於財務報表五大聲明的有效性，並且應考量是否可以達成整體查核目的，以及是否符合成本效益。

一、*資產負債表帳戶之驗證方法*

一般而言，證實程序通常由資產負債表上各主要項目，如：現金、存貨、應收帳款及固定資產組成。

證實程序依據資產負債表各科目排列的方式進行查核的原因：

1. 以往查核人員的目的只在確認資產負債表。
2. 具有非常適切的憑證可以供證實資產及負債。
3. 可經由證實資產及負債帳戶之變動，間接驗證收入及費用。

二、*查核程式的目標*

通常上述之查核程式都要滿足查核目標的要求，而管理當局對財務報表的聲明就是查核程式之目標。換言之，財務報表之查核目標是在於對財務報表是否依照一般公認會計原則編製，並且允當表達公司之財務狀況、經營結果與現金流量。管理當局對財務報表的五大聲明分述如下：

(一)存在或發生

1. 交易類型的細項測試：所記錄之交易確實發生。
2. 科目餘額的細項測試：反映於財務報表中之資產、負債以及權益項目確實存在。

(二) 完整性

所有應該包含在財務報表中之交易、資產、負債和權益項目皆已包含在內。

(三) 權利與義務

受查者對於包含於財務報表中之資產具有權利，對於負債具有義務。

(四) 評價與分攤

資產、負債、權益項目、收入和費用都是依照國際會計準則來計算其金額。

(五) 表達與揭露

所有帳戶均依照國際會計準則於財務報表中分類與說明，而所有重要的揭露均已提供。

以資產帳戶的查核程式爲例，說明證實程序的一般查核目標如下：

1. 對內部控制結構所做的考慮：

(1) 取得內部控制結構的充分瞭解，藉以規劃查核工作（依據預計的查核策略，可能包括同時的控制測試）。

(2) 評估控制風險，與設計額外的控制測試。

(3) 執行額外的控制測試。

(4) 評估最終的控制風險評量與設計證實程序。

2. 細項測試——帳戶餘額的驗證：

(1) 驗證資產之存在。

(2) 驗證資產之所有權。

(3) 驗證已入帳資產之完整性（包括執行截止測試）。

(4) 決定資產之適當評價。

(5) 驗證文書計算和簿記記錄的正確性。

(6) 決定資產帳戶在財務報表上之適當的表達與揭露。

表10-3　證實程序查核程式之目標——以資產帳戶為例

財務報表聲明	查核目標		定　義	查核程式
存在與發生	有效性		所有的資產都是有效的（有原始憑證做為支持）	函證應收帳款（逆查應收帳款至原始憑證）
完整性	完整	完整性	所有有效資產皆已記錄	順查原始憑證至應收帳款
		截止測試	確定資產適當歸屬的情形	執行應收帳款之截止測試
權利與義務	權利與義務		對於資產擁有權利（負債具有義務）	函證應收帳款
評價與分攤	評價與分攤——資產與負債之評價科目		確定資產年底評價之正確性	評估備抵呆帳的合理性
	文書計算和簿記記錄正確性		確定評價科目之正確性	重新計算呆帳費用的允當性（檢查帳齡分析表）
表達與揭露	表達與揭露		確定資產依照GAAP適當表達	評估應收帳款是否依照GAAP適當表達與揭露

三、設計查核程式

爲了增強瞭解查核工作執行的連貫性，特此在解釋查核程式的設計之前，將前面章節的觀念和概要做一個彙總。首先是查核工作的初步計畫，再來是本節主要的設計查核程式的一般性架構。

(一) 完成初步計畫

1. 查核計畫的目的

係指查核任務的全盤描述，包括受查者之企業經營以及整體查核策略的特質與要點。

2. 查核計畫的內容

(1) 受查者組織、人事、財物以及營運概況。

(2) 受查者委託查核的目的。

(3) 預估的查核進度以及報告提出日期。

(4) 查核風險之評估。

(5) 重大性原則之決定。

(6) 審計人員之安排。

(7) 查核工作的時間規劃和預算。

(8) 將由受查者提供的相關資料。

(9) 特殊的會計和審計問題。

2. **擬定查核計畫應考慮之因素**

(1) 受查者事業之性質和情況。

(2) 查核委託書之內容以及會計師之法律責任。

(3) 依據查核委託書之規定，對於應行提出之報告或是其他文件的安排。

(4) 受查者所採用之會計政策及其變動情形。

(5) 新發布之財務會計準則及審計準則對於查核工作之影響。

(6) 重大錯誤、舞弊和關係人交易等應特別注意之情況。

(7) 信賴內部控制結構的程度。

(8) 受查者內部稽核工作對查核工作之影響。

(9) 受查者子公司或是分支機構是否業經其他會計師查核。

(10) 期中以及期末查核工作之分配。

(11) 考量專家報告的可行性，以及對查核工作的影響。

(二) 設計查核程式的一般性架構

查核程式係指各項查核程序的彙總，爲了提供財務報表各項重大聲明的證據，而進行之證實程序的一份詳細過程。

表10-4　查核程式和查核程序

查核計畫	工作綱要說明
程式（Program）	一份查核程序的彙總
程序（Procedure）	詳細的查核步驟

(三) 設計查核程式的指導原則

1. 提供仔細、逐步進行委託合約之計畫。
2. 提供簡便的方法以分配工作給助理人員，並且提供助理人員適當的程序執行方針和指標。
3. 盡可能幫助受查者，控制查核進度，並且詳加督責未完成之查核工作、掌握已完成之查核工作以及查核進度。
4. 估計審計人員完成特定查核工作所需時間，並且考量評估基礎。
5. 做為查核工作中有關計畫之適當性、工作之完整性的記錄證據。
6. 確保查核人員未忽略或是遺漏必要的查核程序。

(四) 查核程式的設計

1. 指明初步程序：
   (1) 追查期初餘額到以前工作年度之工作底稿。
   (2) 覆核適用的一般分類帳戶，並且調查不尋常的項目。
   (3) 驗證支持性的記錄或是表格文件之總數，並且決定與分類帳戶是否一致；若是適用，則亦可與統制帳連結。
2. 指明執行的證實分析性程序。
3. 指明執行的交易類型細項測試。
4. 指明執行的科目餘額細項測試。
5. 考慮該環境是否對測試的聲明有特殊要求或其他通用程序，而這些程序可能是依照一般公認審計準則或是政府相關法令之規定，而須另行補足者。
6. 指明決定其表達與揭露是否與國際會計準則一致的程序。

四、初次接受查核委託時的查核程式

對於初次接受委託的合約而言，查核測試中證實程序的詳細步驟，必須先研究評估客戶之內部控制結構及各項財務報表聲明的偵知風險水準後，接著才能完成設計工作。對於初次接受委託設計查核程式時，應考慮到另外兩個查核問題：(1)確定查核期間之期初科目餘額的正確性；(2)確定前一期所採用會計原則，以決定本期所採用的會計原則是否一致。

五、持續接受查核委託時的查核程式

持續接受查核委託時，審計人員只要參閱前一年或是前幾年所採用之查核程式及相關之工作底稿即可。在此情況之下，審計人員初步查核計畫通常依據一個假設，即前期所使用之查核程式及風險水準能適用於本年度。因此，本年度合約之查核程式通常於審計人員完成內部控制結構之研究評估之前，就已準備妥當。若是本期所取得之資訊，證明上述所假設之風險水準以及查核程式是不適當的，則必須修正查核程式。

■第四節　設計證實程序的特殊考量

一、*損益表帳戶*

(一) 間接驗證

即經由證實資產及負債帳戶之變動，間接驗證收益、銷貨成本及費用。例如：現銷交易是借現金，貸銷貨收入；借銷貨成本，貸存貨。

以下是以損益表帳戶與現金或其他資產負債表帳戶之間，與查核人員證實損益表項目之方法：

表10-5　損益表帳戶之驗證方法——間接驗證

	損益表項目	現金交易	資產負債表科目	
財務報表關係	收入	＝現金收款	－應收帳款期初餘額 ＋預收貨款期初餘額	＋應收帳款期末餘額 －預收貨款期末餘額
	成本	＝現金支出	－應付帳款期初餘額 ＋存貨期初餘額	＋應付帳款期末餘額 －存貨期末餘額
	費用	＝付現費用	－應計費用期初餘額 ＋預付費用期初餘額	＋應計費用期末餘額 －預付費用期末餘額
審計人員之證實程序	由上述等式右方的科目來間接驗證：也可以利用分析性覆核程序及直接驗證來執行測試。	經由交易抽查來驗證：也可以採用調節現金帳戶的方式。	參考上年度工作底稿。	於本年度執行證實程序。

(二) 直接驗證

即可直接計算或是利用其他直接的憑證和證據加以驗證。例如：重新計算有價證券的折溢價攤銷金額和利息收入，以及股利收入和折舊費用等。

(三) 分析性覆核程序

可與上年度的數字比較或是分析各種比率、驗證收入和費用的合理性。通常用於損益表科目比較多，主要用途是檢驗異常事項。

二、*會計估計科目*

會計估計係指對某一項目之金額因無法精確衡量所為之估算。

會計估計係在缺乏實際衡量數字時，估計財務報表上的要素、項目或是會計科目。會計估計包含定期折舊、提列壞帳以及保證費用等。管理當局必須對會計估計的估計、提列和控制負其責任。會計估計必然牽涉到程度的判斷，並且影響公司的財務報表。

依據一般公認審計準則，審計人員必須取得足夠且適切的證據，對於下列項目提供合理的基礎。

1. 已認列所有對於財務報表有重大影響的會計估計。
2. 會計估計是合理的。
3. 會計估計之表達與揭露符合國際會計準則之規定。

在決定是否已認列所有的必要會計估計之前，審計人員應考慮客戶所處之產業、營運模式及任何新公布的會計準則公報。

會計估計之主要查核程序如下：

1. 覆核會計估計所依據之資料、假設及公式。
2. 覆核會計估計有關之計算。
3. 比較前期所作估計數與其實際數。
4. 瞭解管理階層之核准程序。
5. 評估查核結果。

公司的內部控制結構可能會降低會計估計發生重大錯誤的可能性，及證實程序的性質、時間和範圍。評估一項估計之合理性時，應考量管理當局所考量之關鍵因素以及所運用之假設是否合理。情況需要時，可以利用專家意見來評估上述關鍵因素和假設。

三、受關係人交易影響之科目

審計人員應注意相關的關係人之交易，以決定是否有非常規交易的發生。調查關係人交易時，審計人員並不推論例如雙方非關係人時交易是否會發生，或是對於不同價格和項目的設算。審計人員之目的在於決定關係人交易之實質，及其對財務報表之影響。

習題與解答

一、選擇題

( ) 1. 實際上科目餘額中有錯誤存在，而查核程序卻得到無錯誤存在之結論時的風險稱之為： (A) 查核風險 (B) 固有風險 (C) 控制風險 (D) 偵知風險。

( ) 2. 當可接受的偵知風險減少，由何者提供之確信將如何？ (A) 證實程序之確信應增加 (B) 證實測試之確信應減少 (C) 控制測試之確信應增加 (D) 控制測試的確信應減少。

( ) 3. 審計人員評估控制風險是因為： (A) 指出固有風險可能是最高的 (B) 影響審計人員所能接受的偵知風險水準 (C) 決定抽樣風險是否夠低 (D) 包括可控制的非抽樣風險。

( ) 4. 當偵知風險可接受水準降低，審計人員可改變： (A) 控制測試的執行時間，於期中測試而非期末 (B) 證實程序的性質，由無效之程序改成有效之程序 (C) 控制測試的時間，於不同時間測試而非於同一時間內測試 (D) 已評估之固有風險至較高水準。

( ) 5. 在期中對資產負債表帳户執行詳細的證實測試之前，審計人員應： (A) 評估控制增額查核風險的困難度 (B) 調查由前期資產負債表日起發生於資產負債表科目之重大的變動 (C) 只選擇在期末查核工作期間能有效抽取的科目 (D) 考慮由期中執行的控制測試所得到的查核結論，是否能維持到資產負債表日。

( ) 6. 審計人員利用對內部控制結構的瞭解及最後的評估控制風險水準，已決定下列何者之性質、時間和範圍？ (A) 屬性測試 (B) 同步的控制測試 (C) 額外的控制測試 (D) 證實程序。

( ) 7. 審計人員通常在證實程序中決定採用分析性程序、交易類型或是科目餘額的方式執行查核，其所考量因素為： (A) 所取得資料的品質 (B) 與測試的效率和效果有關　(C) 執行測試的時間和資產負債表之後　(D) 審計人員對此產業的熟悉度。

(　) 8. 當採用分析性程序時，審計人員將試著預期可能存在於各個項目之間的關係。下述帳戶中所涉及的交易，最可能取得高品質證據的是：　(A) 應收帳款　(B) 利息費用　(C) 應付帳款　(D) 旅支費。

(　) 9. 設計書面查核程式時，審計人員應詳述何者之查核目的？　(A) 查核程序的時效　(B) 蒐集證據的成本效益　(C) 選取的查核技術　(D) 財務報表聲明。

(　) 10. 於查核程式中列示的程序是為了：　(A) 防止審計人員涉及訴訟　(B) 偵測錯誤和舞弊　(C) 測試內部控制結構　(D) 蒐集證據。

(　) 11. 下列有關雙重目的測試之描述，何者為真？　(A) 審計人員之策略規劃，使用加強證實程序時，控制測試是必要的　(B) 審計人員將控制風險設定在最高，仍然必須做控制測試　(C) 審計人員在取得瞭解內部控制時可同時進行控制測試　(D) 審計人員在進行控制測試時，可同時進行證實測試。

(　) 12. 當查核人員認為某些控制無效，因而提高控制風險之評量水準時，則其最可能提高者為何？　(A) 固有風險的水準　(B) 可接受偵查風險的水準　(C) 控制測試的樣本數　(D) 證實測試的樣本數。　〔103 年會計師〕

(　) 13. 有關查核風險之敘述，下列何者正確？　(A) 偵查風險不因查核人員所採用之查核程序而影響　(B) 固有風險得因查核人員之查核而降低　(C) 控制風險不因查核人員之查核而改變　(D) 重大性標準之金額與查核風險之水準，在規劃階段，存有正向之關係。　〔103 年會計師〕

(　) 14. 下列何項非為於評估固有風險時的主要考量？　(A) 受查者的營運模式　(B) 受查者有複雜的關係人交易　(C) 受查者之職能分工情況　(D) 資產似很有可能被挪用。　〔103 年高考三級〕

(　) 15. 根據所蒐集到的證據，查核人員評估控制風險比原先預期的還要更高一些。為達到與當初預估之可接受查核風險水準，查核人員應：　(A) 提高重大性水準　(B) 降低偵查風險水準　(C) 減少證實性程序　(D) 提高固

有風險水準。〔103年高考三級〕

( ) 16. 當查核人員判斷某些控制程序無效時，因而提高控制風險的水準，則查核人員最可能提高或增加下列哪一項因應措施？ (A) 控制測試的範圍 (B) 可接受偵查風險（detection risk）水準 (C) 可接受查核風險（audit risk）水準 (D) 預計執行的證實測試。〔103年高考三級〕

( ) 17. 在評估固有風險時，下列敘述何者非首要考量？ (A) 客戶的營業性質 (B) 關係企業的存在 (C) 職能分工的落實 (D) 資產較易遭挪用。

〔103年高考三級〕

( ) 18. 執行交易證實測試時，下列哪一種查核證據類型最不常見？ (A) 檢查 (B) 函證 (C) 查詢 (D) 重新執行。〔103年高考三級〕

( ) 19. 根據我國審計準則公報第四十九號，有關證實程序之敘述何者正確？①查核人員所評估之重大不實表達風險為低時，不需設計及執行證實程序 ②查核人員之證實程序包含與結算及財務報表編製過程有關之查核程序 ③查核人員判斷某一個別項目聲明之重大不實表達風險係屬顯著風險時，應執行因應此風險之控制程序 ④執行控制程序並對剩餘期間執行證實程序 ⑤查核人員應考量是否執行外部函證程序，以做為證實程序 (A) 僅①③⑤ (B) 僅②④ (C) 僅②⑤ (D) 僅①②③。〔103年高考三級〕

( ) 20. 根據我國審計準則公報第五十號規定，查核人員為設計證實分析性程序而判斷資料是否可靠時，應考量下列哪些因素？①可取得資訊之來源 ②資訊可細分之程度 ③可取得資訊之性質及攸關性 ④財務及非財務資訊之可取得性 ⑤可取得資訊之比較性 (A) 僅①③⑤ (B) 僅②③⑤ (C) 僅①②⑤ (D) 僅①③④。〔103年高考三級〕

( ) 21. 下列哪一項費用經由證實分析性程序，其可預期之結果較為準確？ (A) 研究發展費 (B) 廣告費 (C) 折舊 (D) 減損損失。〔101年會計師〕

( ) 22. 查核人員決定是否採用分析性程序作為證實測試，其主要考量因素為：(A) 與分析性程序的效率及效果有關之因素 (B) 可取得高度整合之證據 (C) 查核人員對受查者之所屬產業較熟悉 (D) 執行測試的時間通常在資產負債表日之前實施。〔99年高考三級〕

解答

1.(A) 2.(B) 3.(B) 4.(B) 5.(B) 6.(D) 7.(C) 8.(B) 9.(D) 10.(D)
11.(D) 12.(D) 13.(C) 14(C) 15.(B) 16.(D) 17(C) 18.(B) 19.(A) 20.(C)
21.(C) 22.(A)

二、問答題

1. 決定新查核客户的聲明之初步查核偵知風險，以及其完成其他初步規劃之後，審計人員準備設計證實程序的查核程式。試問：
   (1) 敘述查核程式中的證實程序基本特質與目的。
   (2) 敘述和財務報表聲明有關的證實程序之架構。
   (3) 比較初步與持續查核委託的查核程式之設計。

解答

略。

2. 審計人員查核 A 公司的應收帳款和固定資產時，列出下列查核目的：
   (1) 應收帳款包括至資產負債表日止，對於顧客之所有請求權。
   (2) 已記錄之固定資產表示在資產負債表日止仍在使用之資產。
   (3) 應收帳款已在資產負債表上適當地揭露及分類。
   (4) 固定資產以成本減累計折舊的方式列示。
   (5) 備抵壞帳是對未來壞帳的合理估計。
   (6) 公司在資產負債表日擁有所有固定資產之所有權。
   (7) 應收帳款代表對顧客有要求其付款之法定權利。
   (8) 固定資產餘額包括所有發生在本期內的交易事項，及其影響和改變。
   (9) 應收帳款表示資產負債表日對客户之主張。
   (10) 客户所使用之折舊方法已於財務報表中適當揭露。

(11) 應收帳款餘額代表對客户之請求權總額，並與應收帳款明細帳一致。

(12) 資本租賃合約已依一般公認會計原則之規定揭露。

(13) 應收帳款已抵押或擔保者已做適當地揭露。

(14) 固定資產已於資產負債表中適當地列示及分類。

試問：

確認相關之財務報表聲明，以下列形式作答，並勾選出相關的聲明。

目的	聲明				
（代號）	存在或發生	完整性	權利與義務	評價與分攤	表達與揭露

解答

略。

Chapter 11

控制測試的查核抽樣

■第一節　查核抽樣的觀念和定義

所謂的審計抽樣係指查核人員針對某類交易或某一科目餘額所選取之樣本，執行控制或證實測試，以獲取及評估有關該類交易或科目餘額特性之證據，並據以做成推估母體特性之查核結論。

查核抽樣以是否利用統計方法，又可以分為統計抽樣與非統計抽樣兩種，不過兩種方法都需要查核人員運用專業判斷，而使用統計抽樣比非統計抽樣之優點為，統計方式為衡量樣本風險提供一量化之客觀基礎。下圖11-1說明流程：

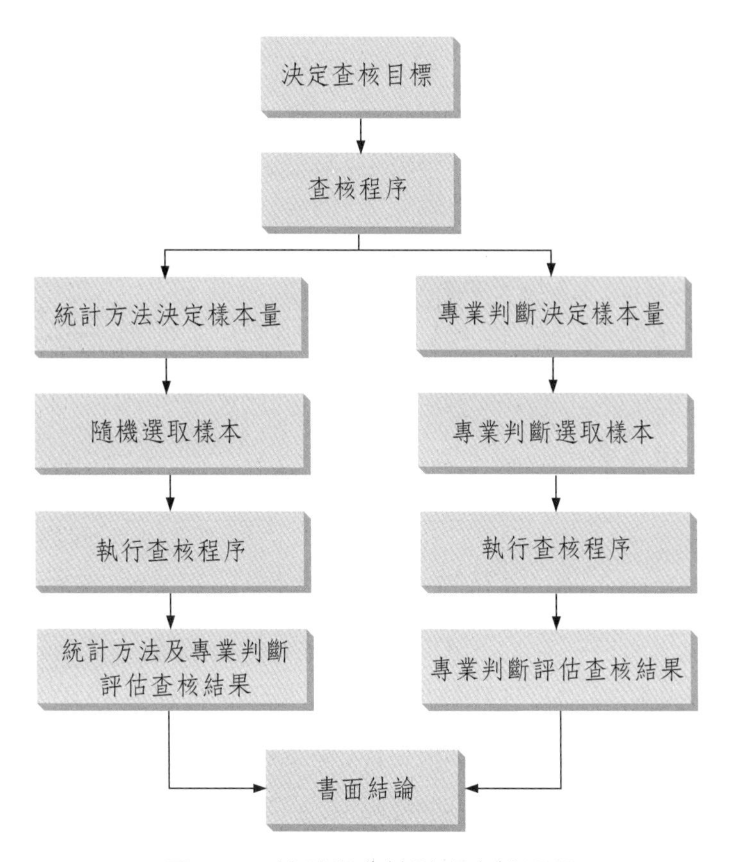

圖11-1　統計與非統計之查核過程

表11-1　統計抽樣與非統計抽樣方法

	統計抽樣	非統計抽樣
定義	審計人員依據機率觀念進行抽樣，據以衡量和控制母體重大誤述之可能性的抽樣技術。	審計人員依據專業判斷，選取足以代表母體特性之樣本的抽樣技術，亦即審計人員基於主觀標準以及經驗決定樣本大小，以及評估樣本結果。
優點	1.設計有效的樣本。 2.衡量所取得證據的足夠性。 3.評估樣本結果，審計人員可以量化抽樣風險至可接受水準。	成本較低。
缺點	成本高： 1.訓練審計人員之成本。 2.設計樣本之成本。 3.選取樣本之成本。	1.抽樣風險無法量化。 2.要抽查比實際需要更多的樣本，否則將承擔較高的風險。
共同點	1.依據一般公認審計準則進行查核測試時，審計人員可以選用上述兩者之一，或是合併使用之，而且兩種抽樣查核方式皆能滿足外勤準則第三條的要求，意即審計人員將能夠取得足夠且適切的證據以表示意見。 2.方法的選用主要基於成本效益之考量： (1)所選用之查核方法。 (2)所選用之查核程序。 (3)所獲得證據之適切性。 3.對錯誤之處理。 4.無論使用統計抽樣或是非統計抽樣，都需要審計人員的專業判斷。	

有關查核抽樣工作和外勤工作準則之關係，說明如表11-2。

查核抽樣適用於控制測試和證實測試二者。然而當執行測試時，查核抽樣並非適用於所有的查核程序。例如，查核抽樣廣泛運用於逆查、函證和順查，但是在詢問、觀察和分析覆核時，通常用不到。

查核抽樣技術

審計人員可使用抽樣以得知母體許多不同的特性。無論如何大多數審計樣本都用以估計①偏差率，或②金額。就統計抽樣而言，抽樣技術分爲屬性抽樣和變量抽樣，兩者基本上的差異，彙總於表11-3。

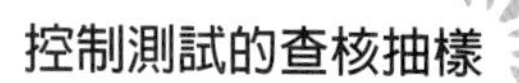

表11-2　查核抽樣與外勤工作準則之關係

外勤工作準則	查核工作	統計抽樣工作
查核工作應妥為規劃，其有助理人員應善加督導。	1.查核之規劃。 2.督導助理人員。 3.覆核查核工作。	1.定義母體與偏差或誤述。 2.根據查核風險與精確度（可容忍偏差率）決定判斷準則。 3.以質化（Qualitative）和量化（Quantitative）方式評估查核結果。
對於內部控制應取得充分之瞭解，藉以規劃查核，決定抽查之性質、時間與範圍。	1.取得內部控制結構的充分瞭解，以規劃查核。 2.書面記載內部控制內容。 3.執行詳細的控制測試。 4.根據已評估的控制風險水準，決定證實程序的性質、時間和範圍。	1.決定測試的屬性（Attribute），意即決定何者應屬偏差，以利審計人員評估控制風險水準的程度。 2.選取適當的屬性抽樣計畫。 3.決定已評估的控制風險，並據以調整證實程序的樣本大小。
利用檢查、觀察、查詢、函證等方法蒐集足夠且適切的證據，作為查核報告表示意見之依據。	1.利用證實程序，取得足夠且適切之證據。 2.證據應具有相關性（Relevant）、足夠性與適切性。 3.證據必須能作為表示意見之依據。	1.選取樣本。 2.決定風險水準與精確度限額，亦即可容忍誤述（Tolerable Misstatement）。 3.決定證實程序的程度。 4.以量化的方式評估樣本結果。

表11-3　屬性和變量抽樣技術

抽樣方法	測試類型	目　　的
屬性抽樣	控制測試	估計母體既定控制的偏差率
變量抽樣	證實測試	估計母體總金額或母體中的錯誤金額

而各種統計抽樣方法列舉如下：

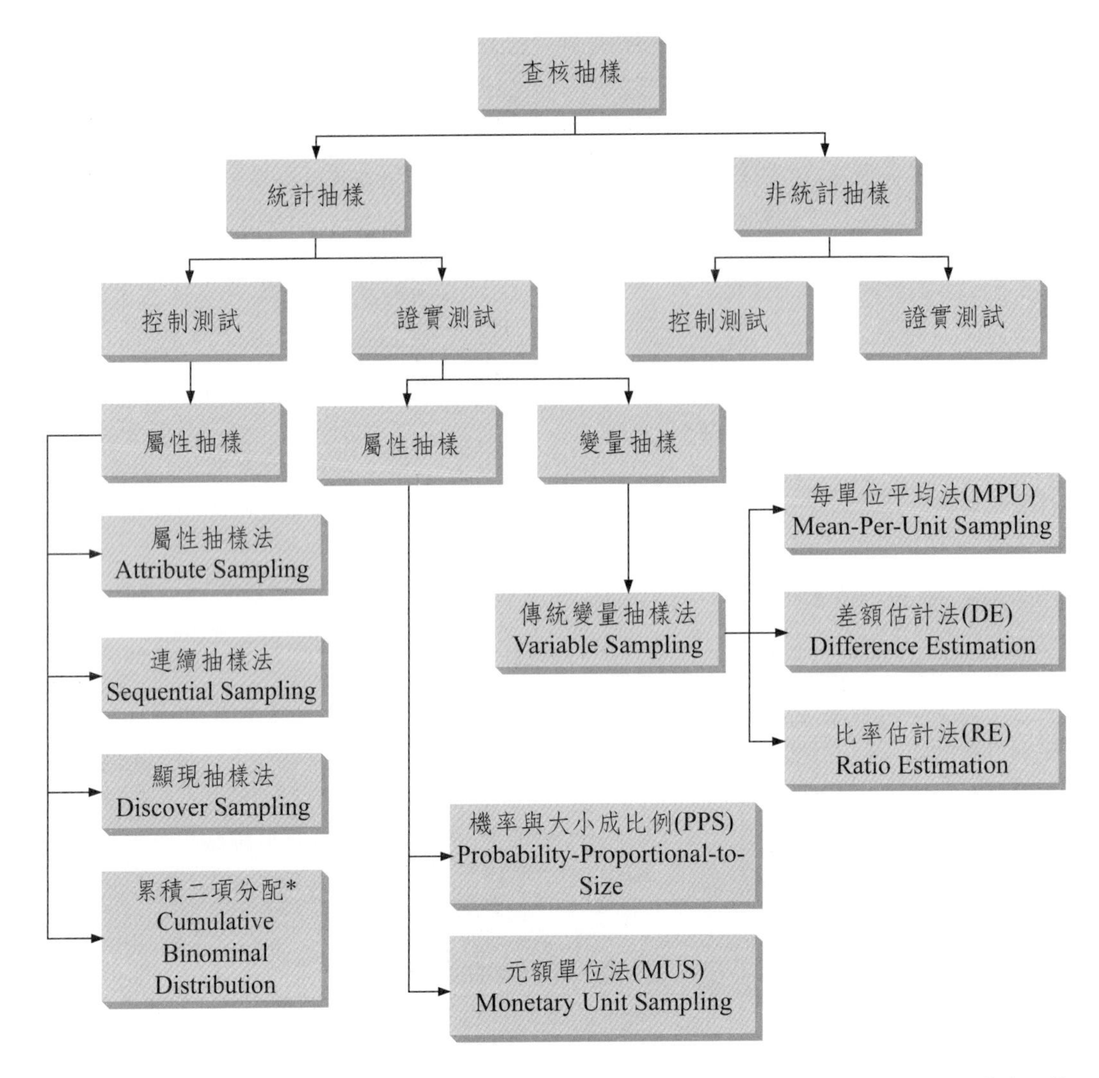

*此法爲當母體非呈常態分配時，運用微積分計算累計機率，以評估查核結果。本書不加以討論，請參閱相關統計書籍。

圖11-2　查核抽樣方法之類別

第二節　查核抽樣之相關風險

一、*不確定性和查核抽樣*

根據外勤準則規定，審計人員對內部控制風險的評估，影響了其他查核程序的性質、時間和範圍。在有關證據的查核準則中，僅要求審計人員在表示意見時有合理的依據。

當審計人員依據判斷，認爲對資料進行100%查核所花費的成本和時間，大於僅根據樣本作成意見而致犯錯有不利結果時，審計人員願意接受某些不確定性。由於這是正常的情況，因此，抽樣在查核工作之中很常使用。

審計固有的不確定，統稱爲審計風險。查核抽樣與查核風險的二個元素有關，這兩個元素是(1)控制風險，和(2)偵知風險。如前幾章所述，控制風險是內部控制制度未能偵察或防止財務報表聲明有重大誤述的風險。

而偵知風險則是審計人員未能發現財務報表存有重大誤述的風險。控制測試的查核抽樣直接影響審計人員對控制風險的評量，而證實程序的查核抽樣協助審計人員量化偵知風險。

二、*抽樣風險和非抽樣風險*

當用抽樣來滿足外勤準則的要求時，應該瞭解不確定性來自下列因素：(1)抽樣風險；和(2)非抽樣風險。查核人員無論是否採用抽樣程序進行查核工作，均可能發生非抽樣風險。

(一) 抽樣風險

抽樣風險是指某一經適當選取的樣本，無法代表母體眞實情況的可能性。通常抽樣風險與樣本量呈反向關係，樣本量愈小，抽樣風險愈高。因此，審計人員根據樣本，而對於內部控制程序、交易和餘額所下的結論，可能與查核所有母體所獲得的情況不同。在執行控制測試和證實測試時，可能發生下列型態的風險：

控制測試

1. **評估控制風險過低風險（Risk of Assessing Control Risk Too Low, RACRTL）**
   係指當樣本結果支持審計人員對預計的控制風險評量水準的看法，而事實上，其控制程序結構並不支持，故又稱爲對內部控制制度的過度信賴風險。
2. **評估控制風險過高風險（Risk of Assessing Control Risk Too High, RACRTH）**
   係指當樣本結果並不支持審計人員對於預計的控制風險評量水準的看法，而事實上，其控制程序結構是支持的，故又稱爲對內部控制制度的信賴不足風險。

表11-4　控制測試下之風險

樣本結果	母體	
	內部控制結構本身是有效的	內部控制結構本身是無效
不拒絕	正確決策	評估控制風險過低風險（β險）（Type Ⅱ Error）
拒　絕	評估控制風險過高風險（α險）（Type Ⅰ Error）	正確決策

證實測試

1. **不當接受風險（Risk of Incorrect Acceptance, RIA）**
   係指樣本支持科目餘額並未有重大誤述的結論，而實際上卻存有重大誤述，因而導致查核人員做成可予接受結論的風險。
2. **不當拒絕風險（Risk of Incorrect Rejection, RIR）**
   係指樣本支持科目餘額有重大誤述的結論，而實際上並未存有重大誤述，因而導致查核人員做成不予接受結論的風險。

表11-5　證實測試下之風險

樣本結果	母體	
	科目餘額本身允當	科目餘額本身不允當
不拒絕	正確決策	不當接受風險（β險）（Type Ⅱ Error）
拒　絕	不當拒絕風險（α險）（Type Ⅰ Error）	正確決策

這些風險對查核的效果（有效性）和效率有重大影響。評估控制風險過低險和不當接受風險（即統計上Type Ⅱ Error），和查核效果有關。當審計人員達成這些錯誤的結論，查核結果將無法偵測出重大錯誤和舞弊，而無法獲得表示意見的合理依據。相反地，評估控制風險過高險和不當拒絕風險（即統計上Type Ⅰ Error），和查核效率有關。當審計人員達成此類錯誤的結論，將增加不必要的證實程序。然而，雖然效率較差，但是所得的結論應屬正確，查核工作依然具有有效性。

(二) 非抽樣風險

非抽樣風險係指並非僅對部分資料進行查核所導致的查核風險。此種風險來自：①人爲的錯誤，例如忽略檢視文件的錯誤；②運用不符合查核目標的查核程序；③對樣本結果解釋錯誤；及④依賴由第三人提供的錯誤資訊，如錯誤的函證回函非抽樣風險無法量化。然而，如前所述，藉著適當規劃和督導以及遵守品質控制標準，非抽樣風險就可以降低至可接受的水準。

■第三節　控制測試的統計抽樣

只有當所執行的控制程序，具有文書證據的審計軌跡的時候，才能用控制測試的屬性抽樣。此等控制程序通常是授權程序、文書和記錄及獨立內部驗證。只有爲了進一步降低審計人員對控制風險的初步評量水準而執行額外的控制測試時，才會使用統計抽樣方法。

控制測試的統計抽樣計畫步驟是：

1. 決定查核目標。
2. 定義母體和抽樣單位。
3. 定義屬性。
4. 決定樣本選取的方法。
5. 決定樣本量。
6. 執行抽樣計畫。
7. 評估樣本結果。

一、*屬性抽樣*

(一) 決定查核目標

屬性抽樣通常用於控制測試，其查核目標是評估內部控制結構及程序是否有效運作。亦即利用統計的假說檢定，設立虛無假說。

(二) 定義母體及抽樣單位

母體係指查核人員爲獲得查核結論而擬予抽樣之全部項目，而抽樣單位係指構成母體之個別項目。母體的選擇必須符合所欲查核的目標，所以母體應具有查核目標的特性，例如：查核目標爲進貨交易的完整性時，即所有有效的進貨交易都已記錄在財務報表，查核程序應爲追查（順查）進貨原始文件至相關的進貨分錄，因此查核證據應是已核准的進貨憑單，而非進貨分錄。否則若以進貨分錄爲查核證據時，則遺漏的進貨憑單將不會被發現（以完整性爲查核目標時，通常假設所有的進貨憑單均爲正確）。

(三) 定義屬性

在控制測試的查核抽樣中，所謂的屬性是指偏差，也就是審計人員認爲與內部控制有關的有效性之評估有關，但是，實際上未被遵循而導致控制失敗的事件。下表11-6舉例說明收入循環有關控制測試之屬性定義。

表11-6　收入循環控制測試之屬性定義

屬性的定義	查核目標
銷貨發票與送貨單、銷貨單與顧客訂單的存在性	銷貨有效性
銷貨經由適當銷貨部門主管的授權	銷貨有效性
銷貨部門驗證銷貨單與顧客訂單內容的一致性	文書正確性
信用部門依顧客信用額度核准信用	銷貨有效性
送貨部門檢查所有的貨品與銷貨單	評價（數量及價格）
開單部門檢查銷貨發票與送貨單和銷貨單的一致性	文書正確性
銷貨部門檢查銷貨發票上的價格與數量的正確性	文書正確性

(四)決定選取樣本的方法

選取樣本之方法應能使樣本代表其母體，故母體內所有項目應有被選取為樣本之機會，如：隨機選取法、分層選取法、區段選取法與隨意選取法。

1. 隨機選取法

隨機選取法是指當審計人員確定被抽樣的母體代表眞實的母體後，對母體內或每一分層內之所有項目，以可事先計算之機會選取樣本。適用條件是母體中各項目應先連續編號。

隨機選取法是利用隨機數表選取樣本，而隨機數表中的數字，本身不具有任何意義，查核人員任選一個或數個起點，並有系統地遵循一個方向，進行樣本的選取。

若是使用隨機數表產生兩個相同的號碼時，查核人員可採取：

(1) 不放回抽樣：代表一個項目一旦被選取後，不放回母體，不會被第二次選取。

(2) 放回抽樣：代表一個項目一旦被選取後，立刻被放回母體合格的項目之中，因而很有可能會被第二次選取。

不放回抽樣與放回抽樣，其樣本量都可以採用統計公式計算，惟不放回抽樣較有效率，因爲需要的樣本較小，多爲審計人員所採用。

隨機選取依其技術，又可分爲(1)隨機數值表；(2)隨機數值產生器；及(3)系統選取法。

(1)隨機數值表：假設委託人的應收帳款編號是從0001到5000，且審計人員希望隨機選取200個帳戶函證。設審計人員使用表11-7，並決定由第一欄第二排開始往下，到底之後再由左而右，而僅採用其中後四個數字。依序所得結果爲：2305、7983、5386、6790、6883、435、7487、8419、631、8694、2638等11個帳戶樣本，其中超過5000者不予採用，因爲不存在相對應的帳戶號碼。

表11-7　隨機數值表

排	欄							
	(1)	(2)	(3)	(4)	(5)	(6)	(7)	(8)
1	91035	83404	42038	48226	07514	48374	35658	16223
2	52305	86925	25946	53779	90222	96357	11486	30102
3	57983	92870	05921	65698	27933	86406	00500	75924
4	05386	10072	34862	93784	52709	15370	96727	25809
5	36790	76883	20435	77487	38419	20631	48694	12638

(2)隨機數值產生器：隨機數值產生器的原理和隨機數值表相同，只是利用電腦程式產生隨機數值而已。適用於已知母體任何長度的數值清單。與隨機數值表相比較，隨機數值產生器更能節省時間，以及避免審計人員的錯誤。

(3)系統選取法：係指審計人員隨機利用一個或是數個起點，於母體中每隔N個選取樣本的技術。該法的優點是無論母體是否預先編號都可以使用。若是母體未曾編號，審計人員僅需決定抽樣區間，再利用直尺衡量間距選取樣本。

若是母體按隨機次序排定時，系統選取可以產生隨機樣本。該法的缺點是當母體不是隨機排序的時候，也就是當母體特性和系統選取特性相同的時候，則必定導致高度偏差的樣本。爲了預防此種情況，審計人員可以選取多個隨機起點。

假設審計人員預計由10,000張支票之母體中，選取200張已付支票加以

查核，若僅用一個隨機起點，查核人員須於母體中每隔50張（10,000 ÷ 200）支票選取一張。審計人員應於最初之50張支票中任選一張作爲起點，若隨機起點是37號支票，則支票37號、87號（37 + 50）、137號（87 + 50）以及之後每隔50張之號碼將被包括在樣本之中。審計人員若是選取5個隨機起點，則應由每一個起點開始選取40張（200 ÷ 5）支票。換言之，首先在1到40中選取5個起點，例如：2、7、19、34和39，審計人員將從隨機起點前後每隔250張選取支票。例如：252、257、269、284和289等依次選取樣本。但是，若是母體本身依循2、7、19、34和39的特定呈現一定趨勢的時候，就會產生高度偏差的樣本。

2. 分層選取法

分層是將母體劃分成相對同質的小群。從這些層次分別抽樣：樣本結果可以分別評估或是合併評估，以便估計整個母體之特性。該法優點爲：

(1) 查核項目之價值特別高或是特別低，或是具有其他不尋常之特性時，如果將之劃分成各個具有同質的次母體，將會更具有代表性，且從同質性較高的母體抽取能夠代表母體的樣本相對較爲容易。

(2) 通常對個別的層次分別評估所需的查核項目，比評估整個母體之項目爲少。

(3) 提高抽樣程序的效率。

(4) 可對不同層次使用不同的查核程序。

例如，在選取應收帳款之函證帳戶的時候，如表11-8。

表11-8　應收帳款分層抽樣舉例

	層次	層次內容	使用之選取方法	所需函證類別
母體	1	$10,000及以上所有帳户	100%函證	積極式
	2	批發商的應收帳款（$10,000以下），所有尾數編號為0者	系統選取	積極式
	3	所有其他帳户（$10,000以下），以隨機方式排列	隨機數值表	消極式

3. **區段選取法〔非隨機〕**

區段樣本包含了某選定期間、某組連續數字或某組代號順序中的所有項目。例如，在測試現金支出的內部控制時，審計人員可能決定核對三月和九月的所有支出。在此情況下，抽樣單位是月份而非個別交易。因此，樣本包括了選自具有十二個區段的母體中的二個區段。區段抽樣除由母體中選取大量的區段外，否則不能藉以產生具有代表性的樣本。

4. **隨意選取法**

隨意選取法是指審計人員選樣時不考慮金額大小、資料取得難易或個人之偏好，以隨意方式選取樣本。換言之，採取此法在心態上不能隨便，否則樣本將不具有母體代表性。例如，審計人員隨意打開某一個抽屜，選取該抽屜內的發票作爲樣本。

(五) 決定樣本量

屬性抽樣中，樣本量的決定是由下列因素決定，如表11-9。

表11-9　屬性抽樣樣本量決定因素

因素	定義／影響	來源	和樣本量的變動關係
評估控制風險過低險（Risk Assessing Control Risk Too Low, RACRTL）	評估內部控制有效性時預計的控制風險，影響查核效果。	查核目標； 相關的內部控制結構； 查核項目。	反向
可容忍偏差率（Tolerable Deviation Rate）	評估控制風險時，願意接受的最大偏差率。可容忍誤差愈小，查核人員所要求之樣本量愈大。		反向
預期母體偏差率（Expected Population Deviation Rate）	預期母體可能有的最大偏差率	過去經驗； 對於內部控制的評估； 預試（Pretest）	正向
母體大小	查核項目的總數	正向（僅總數小於5,000時才成立）	

審計人員在確定評估控制風險過低險、可容忍偏差率和預期母體偏差率三個

因素之後，可以利用屬性抽樣之統計表，查得所需之樣本量。控制測試的樣本統計量如表11-10所示。

表11-10　控制測試的樣本統計量——以大母體為例（超過5,000個）

表11-10(1)　5%評估控制風險過低險

預期母體偏差率（%）	可容忍偏差率								
	2%	3%	4%	5%	6%	7%	8%	9%	10%
0.00	149	99	74	59	49	42	36	32	29
0.50	*	157	117	93	78	66	58	51	46
1.00	*	*	156	93	78	66	58	51	46
1.50	*	*	192	124	103	66	58	51	46
2.00	*	*	*	181	127	88	77	68	46
2.50	*	*	*	*	150	109	77	68	61
3.00	*	*	*	*	195	129	95	84	61
4.00	*	*	*	*	*	*	146	100	89
5.00	*	*	*	*	*	*	*	158	116
6.00	*	*	*	*	*	*	*	*	179

表11-10(2)　10%評估控制風險過低險

預期母體偏差率（%）	可容忍偏差率								
	2%	3%	4%	5%	6%	7%	8%	9%	10%
0.00	114	76	57	45	38	32	28	25	22
0.50	194	129	96	77	64	55	48	42	38
1.00	*	176	96	77	64	55	48	42	38
1.50	*	*	132	105	64	55	48	42	38
2.00	*	*	198	132	88	75	48	42	38
2.50	*	*	*	158	110	75	65	58	38
3.00	*	*	*	*	132	94	65	58	52
4.00	*	*	*	*	*	149	98	73	65
5.00	*	*	*	*	*	*	160	115	78
6.00	*	*	*	*	*	*	*	182	116

*對於大多數的查核而言，樣本量太大將不符合成本效益。

由上述表11-10可知，評估控制風險過低險、預期母體偏差率和樣本量三者之間的關係。

1. 若是評估控制風險過低險和預期母體偏差率不變時，樣本量和可容忍偏差率成反向關係。
2. 若是可容忍偏差率和預期母體偏差率不變時，樣本量和評估控制風險過低險成反向關係。
3. 若是評估控制風險過低險和可容忍偏差率不變時，樣本量和預期母體偏差率成正向關係。

進一步歸納出結論：原則上樣本量與母體相關的特性成正向關係，與其他因素則為反向關係。彙整如下：

表11-11　樣本量和各項因素的變動關係

類別	變動的關係	項目
母體的特性	正向＋	1.預期母體偏差率（PDr）（屬性抽樣） 2.預期母體誤述（AM）（PPS, MUS, MPU, DE, RE） 3.預期母體大小（N）（僅母體總數小於5,000時才成立） 4.預期母體標準差（PSD）（MPU, DE, RE） 5.固有風險（IR）與控制風險（CR）
風險	反向－	1.查核風險（AR） 2.偵知風險（DR） 3.抽樣風險（SR） 4.評估控制風險過低險（RACRTL） 5.評估控制風險過高險（RACRTH） 6.錯誤接受風險（RIA） 7.錯誤拒絕風險（RIR）
可容忍	反向－	1.可容忍偏差率（TDr）（屬性抽樣） 2.可容忍誤述（TM）（PPS, MUS, MPU, DE, RE）
重大性	反向－	重大性水準（Materiality）

(六) 執行抽樣計畫

設計屬性抽樣計畫之後，直接選取樣本進行查核，以決定與既定的控制程序有關的所有偏差性質與次數。

(七) 評估樣本結果

根據執行抽樣計畫的結果，首先計算樣本的偏差率，決定偏差上限（Upper Deviation Limit, UDL）與抽樣風險限額（Allowance for Sampling Risk, ASR）。

1. 計算樣本偏差率（Sample Deviation Rate, SDr）

$$樣本偏差率=\frac{樣本偏差次數}{樣本量}$$

2. 決定樣本偏差上限

由表11-12或是表11-13之偏差上限表，在特定審計人員所選擇的過度信賴風險之下，可以查表得知樣本偏差上限。樣本偏差上限係指根據樣本中發現偏差的次數，指出母體中的最大偏差率（Maximum Deviation Rate），或已達成的精確度（Achieved Upper Precision Limit）。再根據樣本偏差上限決定所得結果是否支持預計的控制風險評量。

判斷準則：樣本偏差上限可容忍偏差率時，所得結果支持預計的控制風險評量；反之，樣本偏差上限可容忍偏差率時，則不支持。

3. 評估抽樣風險限額（Allowance for Sampling Risk）

計算抽樣風險限額的目的在於協助評估查核結果是否顯著具有重大偏差。統計上說法為：拒絕或是不拒絕虛無假說（即內部控制其執行有效之假說）。計算方式如下：

$$樣本偏差上限=樣本偏差率+抽樣風險限額$$

判斷準則：樣本偏差率 ≤ 預計母體偏差率時，查核結果支持評估的控制風險，反之不支持。說明如圖11-3。

表11-12　樣本偏差上限（過度信賴風險5%）

樣本量	實際發現的偏差次數								
	0	1	2	3	4	5	6	7	8
25	11.3	17.6	*	*	*	*	*	*	*
30	9.5	14.9	19.5	*	*	*	*	*	*
35	8.2	12.9	16.9	*	*	*	*	*	*
40	7.2	11.3	14.9	18.3	*	*	*	*	*
45	6.4	10.1	13.3	16.3	19.2	*	*	*	*
50	5.8	9.1	12.1	14.8	17.4	19.9	*	*	*
55	5.3	8.3	11.0	13.5	15.9	18.1	*	*	*
60	4.9	7.7	10.1	12.4	14.6	16.7	18.8	*	*
65	4.5	7.1	9.4	11.5	13.5	15.5	17.4	19.3	*
70	4.2	6.6	8.7	10.7	12.6	14.4	16.2	18.0	19.7
75	3.9	6.2	8.2	10.0	11.8	13.5	15.2	16.9	18.4
80	3.7	5.8	7.7	9.4	11.1	12.7	14.3	15.8	17.3
90	3.3	5.2	6.8	8.4	9.9	11.3	12.7	14.1	15.5
100	3.0	4.7	6.2	7.6	8.9	10.2	11.5	12.7	14.0
125	2.4	3.7	4.9	6.1	7.2	8.2	9.3	10.3	11.3
150	2.0	3.1	4.1	5.1	6.0	6.9	7.7	8.6	9.3
200	1.5	2.3	3.1	3.8	4.5	5.2	5.8	6.5	7.1

表11-13　樣本偏差上限（過度信賴風險10%）

樣本量	實際發現的偏差次數								
	0	1	2	3	4	5	6	7	8
20	10.9	18.1	*	*	*	*	*	*	*
25	8.8	14.7	19.9	*	*	*	*	*	*
30	7.4	12.4	16.8	*	*	*	*	*	*
35	6.4	10.7	14.5	18.1	*	*	*	*	*
40	5.6	9.4	12.8	15.9	19.0	*	*	*	*
45	5.0	8.4	11.4	14.2	17.0	19.6	*	*	*

（續前表）

50	4.5	7.6	10.3	12.9	15.4	17.8	*	*	*
55	4.1	6.9	9.4	11.7	14.0	16.2	18.4	*	*
60	3.8	6.3	8.6	10.8	12.9	14.9	16.9	18.8	*
70	3.2	5.4	7.4	9.3	11.1	12.8	14.6	16.3	17.9
80	2.8	4.8	6.5	8.3	9.7	11.3	12.8	14.3	15.7
90	2.5	4.3	5.8	7.3	8.7	10.1	11.4	12.7	14.0
100	2.3	3.8	5.2	6.6	7.8	9.1	10.3	11.5	12.7
120	1.9	3.2	4.4	5.5	6.6	7.6	8.6	9.6	10.6
160	1.4	2.4	3.3	4.1	4.9	5.7	6.5	7.2	8.0
200	1.1	1.9	2.6	3.3	4.0	4.6	5.2	5.8	6.4

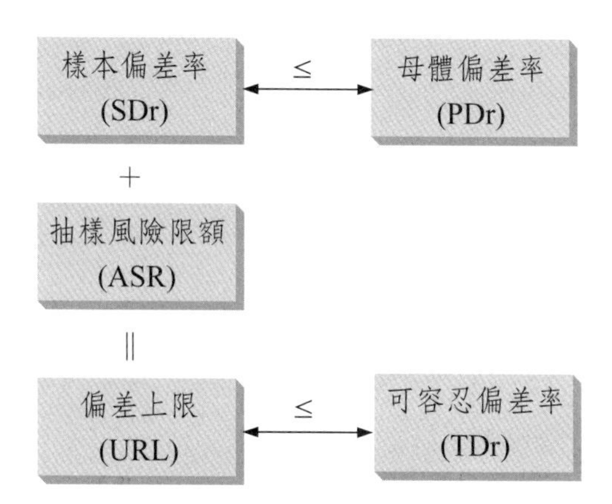

圖11-3　統計抽樣查核結果之評估——以支持為例

當樣本偏差率超過預計母體偏差率時，即表示抽樣風險限額會變大，因而導致偏差上限超過可容忍偏差率。

歸納結論如下：

(1) 在特定的過度信賴風險下，當樣本偏差超過預計的母體偏差率時，偏差上限將超過可容忍偏差率，故樣本結果支持預計的控制風險。

(2) 在特定的過度信賴風險下，當樣本偏差率小於或等於預計的母體偏差率時，偏差上限將小於或等於可容忍偏差率，故樣本結果支持預計的控制風險。

除此之外，審計人員尚必須考慮偏差的質化因素，例如：是錯誤或是舞弊。亦即，除了關心偏差次數的量化因素之外，必須進一步注意偏差的性質及原因，如有必要應進一步分析，以決定該偏差是否會對財務報表產生直接影響及偏差是否源於舞弊。即使審計人員之查核目標並非在查核舞弊，而是在對於財務報表表示意見，然可能對財務報表產生影響之情事，審計人員仍須保持專業上應有之注意。

做成整體結論時，審計人員運用抽樣的結果、專業判斷及對內部控制的瞭解，決定證實程序的性質、時間和範圍，審計人員應該在工作底稿上書面說明整個抽樣的過程與步驟。

無論所獲得的偏差率爲何，若查核人員發現一個以上的例外事項，顯示有詐欺或是規避內部控制結構時，均需要採取其他的查核程序，進一步瞭解對財務報表的影響。審計人員除評估此例外對財務報表之影響外，亦得採用特別設計的查核程序以防範此類意外。有時例外的性質比發生率更重要。

屬性抽樣釋例

1. 查核目標

測試銷貨交易有效性與記錄適當性之控制目標。

2. 抽樣單位與母體

銷貨發票；母體數量爲5,000張。

3.定義屬性	4.選樣方法	5.決定樣本量					6.執行				7.查核結果
		過度信賴風險	可容忍偏差率	預計的母體偏差率	樣本量	實際樣本量	樣本偏差次數	樣本偏差率	偏差上限	抽樣風險限額	
銷貨發票與送貨單、銷貨單與客户訂單的存在性		5	3	0.5	157	160	3	1.9	5.1	3.2	不支持

（續前表）

銷貨經由適當銷貨部門主管的授權	隨機抽樣	5	3	0.5	157	160	0	0.0	2	2	支持
銷貨部門驗證銷貨單與客户訂單內容的一致性		10	6	2	88	90	1	1.1	4.3	3.2	支持
信用部門依授權核准信用		5	3	0.5	157	160	5	3.1	6.9	3.8	不支持
送貨部門驗證所送的貨品與銷貨單		10	5	0.5	105	105	0	0.0	2.3	2.3	支持
開單部門驗證銷貨發票與送貨單、銷貨單的一致性		5	4	1	156	160	1	0.6	3.0	2.5	支持
送貨部門驗證所送的貨品與銷貨單		5	4	1	156	160	1	0.6	3.1	2.5	支持
核對銷貨日記簿與銷貨明細帳與銷貨發票的一致性		5	3	0.5	157	160	0	0.0	2	2	支持

假設上述第一項測試，發現偏差次數爲三次，且經分析後，沒有人爲故意操縱會規避內部控制結構證據時，其樣本偏差率爲1.9%（3 ÷ 160），由於超過預期母體偏差率0.5%，或經由查表發現樣本數爲150（低於實際樣本最大數目），偏差次數爲三次時，其偏差上限爲5.1%，大於可容忍偏差率3%，故審計人員應減少對此部分內部控制結構的依賴，並增加證實程序的性質、時間和範圍。

二、顯現抽樣

顯現抽樣是一種屬性抽樣的修正型式，是當母體偏差率在某一特定比率以上，審計人員在預期母體偏差率等於0%的假設下（通常都接近於0或爲0），用來找出至少一個例外的方法。

顯現抽樣適用的情況是當母體偏差率相當低，而審計人員想要得到是否有關鍵性誤述（Critical Errors）之發生的情況。尤其是在下列情況時，利用顯現抽樣相當有用：

1. 查核科目母體相當大時，其所組成的項目包含高度的控制風險。
2. 懷疑舞弊已發生時。
3. 在特定案件中，找尋額外的證據以判斷已知的舞弊是獨立發生或重複發生型態的一部分。

顯現抽樣的使用方法如下：

1. 決定關鍵誤述的特性。
2. 可信賴度。
3. 最大可接受誤述發生率（偏差上限）。
4. 母體的定義與大小。

顯現抽樣釋例

假設審計人員負責內部控制結構之控制測試，應付票據的母體爲6,500個，同時決定將信賴度設定爲95%，最大的可接受發生率爲1%。

根據母體6,500個審計人員必須找到符合母體大小的顯現抽樣表，如表11-15，決定適用何種表格，再根據設定的可信賴度（95%）和可接受的發生率（1%）找到樣本量爲300個。

審計人員再從6,500個應付票據中，隨機選取300個爲樣本，並進行評估。

若沒有發現任何偏差時，審計人員可以立即做成結論：對於應付票據發生的誤述低於1%，有95%的信賴度。若是實際發現1個以上的誤述，審計人員就無法做成上述結論，甚至不做任何結論；通常審計人員在發現一個誤述時，就會停止查核，直接擴大證實程序的性質、時間和範圍。另外，可以利用屬性抽樣的方式，推計母體的誤述率。

表11-14　顯現抽樣表(一)

至少發生一個關鍵偏差的機率（母體為2,000至5,000個）可信賴度

樣本量	偏差上限（UDL）							
	0.3%	0.4%	0.5%	0.6%	0.8%	1%	1.5%	2%
50	14%	18%	22%	26%	33%	40%	53%	64%
60	17	21	26	30	38	45	60	70
70	19	25	30	35	43	51	66	76
80	22	28	33	38	48	56	70	80
90	24	31	37	42	52	60	75	84
100	26	33	40	46	56	64	78	87
120	31	39	46	52	62	70	84	91
140	35	43	51	57	68	76	88	94
160	39	48	56	62	73	80	91	96
200	46	56	64	71	81	87	95	98
240	52	63	71	77	86	92	98	99
300	61	71	79	84	92	96	99	99+
340	65	76	83	88	94	97	99+	99+
400	71	81	88	92	96	98	99+	99+
460	77	86	91	95	98	99	99+	99+
500	79	88	93	96	99	99	99+	99+
600	85	92	96	98	99	99+	99+	99+
700	90	95	98	99	99+	99+	99+	99+
800	93	97	99	99	99+	99+	99+	99+
900	95	98	99	99+	99+	99+	99+	99+
1,000	97	99	99+	99+	99+	99+	99+	99+

表11-15　顯現抽樣表(二)

至少發生一個關鍵偏差的機率（母體為5,000至10,000個）可信賴度

樣本量	偏差上限（UDL）							
	0.1%	0.2%	0.3%	0.4%	0.5%	0.75%	1%	2%
50	5%	10%	14%	18%	22%	31%	40%	64%
60	6	11	17	21	26	36	45	70
70	7	13	19	25	30	41	51	76
80	8	15	22	28	33	45	56	80
90	9	17	24	31	37	49	60	84
100	10	18	26	33	40	53	64	87
120	11	21	30	39	45	60	70	91
140	13	25	35	43	51	65	76	94
160	15	28	38	48	55	70	80	96
200	18	33	45	56	64	74	87	98
240	22	39	52	62	70	84	91	99
300	26	46	60	70	78	90	95	99+
340	29	50	65	75	82	93	97	99+
400	34	56	71	81	87	95	98	99+
460	38	61	76	85	91	97	99	99+
500	40	64	79	87	92	98	99	99+
600	46	71	84	92	97	99	99+	99+
700	52	77	89	95	98	99+	99+	99+
800	57	81	92	96	99	99+	99+	99+
900	61	85	94	98	99	99+	99+	99+
1,000	65	88	96	99	99+	99+	99+	99+
1,500	80	96	99	99+	99+	99+	99+	99+
2,000	89	99	99+	99+	99+	99+	99+	99+

三、連續抽樣

在連續抽樣法下，樣本的選取是由許多步驟組成，每一步驟的決定完全由上一步驟的結論而定，因此審計人員利用連續抽樣法可以提高查核效率，如圖11-4。當審計人員預期母體偏差率爲零或是很低時，利用連續抽樣法可以達到相當的查核效率。

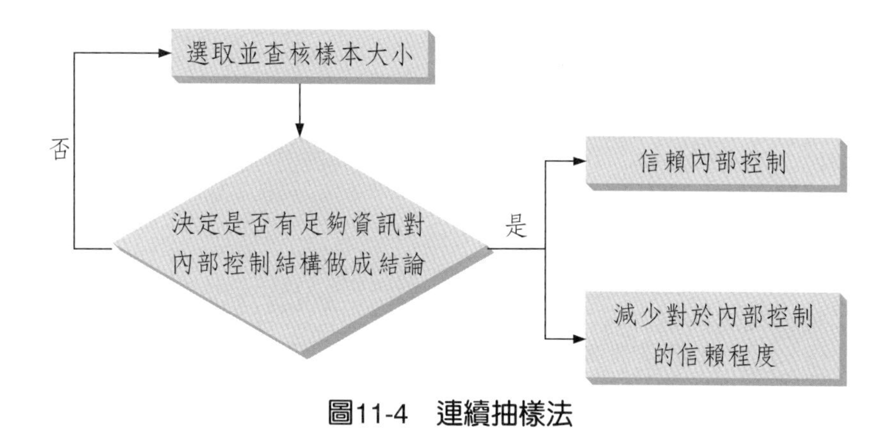

圖11-4　連續抽樣法

連續抽樣法的優點在於母體偏差率相當低時，相對較固定樣本的屬性抽樣計畫所需之樣本較少，缺點則爲當母體具有中等誤述時，所需樣本較大，成本較高。

在利用連續抽樣法時，審計人員首先要確認下列因素：

1. 評估控制風險過低險（或是預計的信賴度）。
2. 可容忍偏差率。
3. 利用查表得知樣本量。
4. 評估查核結果。

下表是評估控制風險過低險在10%、5%和1%，以及可容忍偏差率爲10%至1%的情形下。但是，利用連續抽樣法時，並且若是審計人員預計有偏差時，最低的樣本量可能會較表11-16更大。

表11-16　最小樣本量表

可容忍偏差率	評估控制風險過低險		
	10%	5%	1%
10%	24	30	37
9	27	34	42
8	30	38	47
7	38	43	53
6	40	50	62
5	48	60	74
4	60	75	93
3	80	100	124
2	120	150	185
1	240	300	370

表11-17是用來估計連續抽樣法下的樣本偏差上限，利用表11-17所得的母體偏差上限除以樣本量，即可計算已達成的偏差上限（%）。例如：在評估控制風險過低險爲5%，樣本量爲200個，發現14個偏差，根據表11-17即可得出偏差上限爲22%，將22.0除以200（樣本量），即可得出偏差上限爲11%。

連續抽樣法之應用，審計人員通常採取下列三個步驟：

1. 決定可容忍偏差率與評估控制風險過低險。例如：評估控制風險過低險爲5%，可容忍偏差率爲5%。
2. 根據上述最低樣本表決定起始樣本（Initial Sample），例如上述1.條件下之樣本量爲60個。
3. 建構連續抽樣表。

表11-17　連續抽樣法下的母體偏差上限

偏差數	評估控制風險過低險			偏差數	評估控制風險過低險		
	10%	5%	1%		10%	5%	1%
0	2.4	3.0	3.7	26	34.0	36.1	38.1
1	3.9	4.8	5.6	27	35.0	37.3	39.4
2	5.4	6.3	7.3	28	36.1	38.5	40.5
3	6.7	7.8	8.8	29	37.2	39.6	41.7
4	8.0	9.2	10.3	30	38.4	40.7	42.9
5	9.3	10.6	11.7	31	39.1	42.0	44.0
6	10.6	11.9	13.1	32	40.6	43.0	45.1
7	11.8	13.2	14.5	33	41.5	44.2	46.3
8	13.0	14.5	15.8	34	42.7	45.3	47.5
9	14.3	16.0	17.1	35	43.8	46.4	48.8
10	15.5	17.0	18.4	36	45.0	47.6	49.9
11	16.7	18.3	19.7	37	46.1	48.7	51.0
12	18.0	19.5	21.0	38	47.2	49.8	52.1
13	19.0	21.0	22.3	39	48.3	51.0	53.4
14	20.2	22.0	23.5	40	49.4	52.0	54.5
15	21.4	23.4	24.7	41	50.5	53.2	55.6
16	22.6	24.3	26.0	42	51.6	54.5	56.8
17	23.8	26.0	27.3	43	52.6	55.5	58.0
18	25.0	27.0	28.5	44	54.0	56.6	59.0
19	26.0	28.0	29.6	45	55.0	57.7	61.3
20	27.1	29.0	31.0	46	56.0	59.0	61.4
21	28.3	30.3	32.0	47	57.0	60.0	62.6
22	29.3	31.5	33.3	48	58.0	61.1	63.7
23	30.5	32.6	34.6	49	59.7	62.2	64.8
24	31.4	33.8	35.7	50	60.4	63.3	65.0
25	32.7	35.0	37.0	51	61.5	64.5	67.0

根據上述條件，評估控制風險過低險爲5%，可容忍偏差率爲5%，樣本量爲60個，如果審計人員未發現任何偏差時，則審計人員即可達成下列的查核結論：審計人員相信該交易類型或內部控制結構的母體偏差率不會大於5%的可能性有95%。

如果審計人員在上述60個樣本中發現一個偏差時，則樣本偏差上限（已達成上限〔Achieved Upper Limit〕）爲8%（4.8 ÷ 60），由於8%大於可容忍偏差率5%，故審計人員應決定增加36個樣本繼續查核。因爲審計人員發現一個偏差時，根據上述偏差次數表即可決定母體偏差率上限爲4.8，以及可容忍偏差率5%，可以決定在此種情況下應抽取96個項目。於此，前面已經查核60個，故只需增加額外36個樣本（4.8 ÷ 5% = 96, 96 − 60 = 36），再根據額外的樣本結果，再次決定是否拒絕虛無假說，意即決定母體是否具有重大誤述。在執行連續抽樣法下，通常不超過三次，否則查核成本會增加及效率下降。

若審計人員在起始樣本60個中發現有二個偏差時，則母體偏差上限爲6.3，樣本偏差上限爲10.5%（6.3 ÷ 60），結果比可容忍偏差率大，因此將決定增加額外的樣本擴大查核，根據該母體偏差上限爲6.3，以及可容忍偏差率5%，可以決定在此種情況下應抽查126個項目，由於前面已查核60個，故只查核額外的66個樣本（6.3 ÷ 5% = 126, 126 − 60 = 66），再根據額外的樣本結果，依次決定是否拒絕虛無假說，意即決定母體是否具有重大誤述。如果在這66個項目之中未發現任何誤述時，審計人員仍然可以得到下列結論：審計人員相信該交易類型或是內部控制結構母體偏差率不會大於5%的可能性有95%。

若審計人員在額外樣本中發現一個以上之偏差時，根據該母體偏差上限爲7.8，則樣本偏差上限爲6.2（7.8 ÷ 126），結果比可容忍偏差率大，因此決定增加額外的樣本擴大查核，根據該母體偏差上限爲7.8，以及可容忍偏差率5%，可以決定此種情況之下應抽查156個項目，由於前面累積已查核126個，故僅須再查核額外的30個樣本（7.8 ÷ 5% = 156, 156 − 126 = 30），再根據額外樣本結果，再次決定是否拒絕虛無假說。此時，審計人員也可以決定樣本偏差率爲2.38%（3 ÷ 126），直接採用傳統屬性抽樣法，不再使用連續抽樣法。

根據上述說明，審計人員在執行連續抽樣法時，通常會先建構連續抽樣表，如表11-18或是表11-19。

表11-18　連續抽樣法之應用(一)

步驟	累積樣本量	如果累計偏差數等於下列數值時：停止查核	如果累計偏差數等於下列數值時：繼續抽樣	如果累計偏差數至少等於下列數值時：逕行跳至步驟5
1	60（3.0÷5%）	0	1-3	4
2	96（4.8÷5%）	1	2-3	4
3	126（6.3÷5%）	2	3	4
4	156（7.8÷5%）	3	—	4
5	當查核結果至此一步驟，審計人員應考慮增加原評估控制風險過低險之水準，或是利用傳統屬性抽樣進行查核。			

附註：評估控制風險過低險5%，可容忍偏差率爲5%。

表11-19　連續抽樣法之應用(二)

樣本量	發現偏差數				
N	0	1	2	3	4
50(0)	滿意結論[A]	+30	+70	+120	不滿意結論[B]
80(1)		滿意結論	+40	+90	不滿意結論
120(2)			滿意結論	+50	不滿意結論
170(3)				滿意結論	不滿意結論

A滿意結論係指不拒絕虛無假說，意即不拒絕母體誤述不超過5%的可能性有95%。
B不滿意結論係指拒絕虛無假說，意即認爲母體誤述超過5%的可能性有95%。
+係指需要額外增加的樣本量。

■第四節　控制測試的非統計抽樣

在控制測試的非統計抽樣與統計抽樣時，兩者之程序相似，僅有在決定樣本量大小、決定樣本量的選取方法及評估樣本結果上略有不同，將差異說明如下：

一、決定樣本量大小

使用非統計抽樣決定樣本大小，如同統計抽樣，審計人員考慮的主要因素依舊爲：

1. 評估控制風險過低險之可接受水準。
2. 最大可容忍偏差率。
3. 預期母體偏差率。
4. 母體大小。

但在非統計抽樣中，不須量化這些因素以決定樣本量大小，如表11-20所示。

表11-20　非統計抽樣樣本量與決定因素之關係

因素變動	樣本量大小
評估控制風險過低險之可接受水準	反向
最大可容忍偏差率	反向
預期母體偏差率	同向
母體大小	同向

二、決定樣本選取方法

除了前述的隨機選取與統計抽樣，審計人員在非統計抽樣，尚可利用區段樣本及專業判斷進行抽樣。

三、評估樣本結果

在非統計抽樣中，由於無法評估偏差上限及抽樣風險，審計人員僅得利用樣本偏差率（SDr）與可容忍偏差率（TDr）相比較，依據經驗及專業判斷，相對於最大可容忍偏差率，其樣本偏差率足夠小，而抽樣風險限額（係指假定爲最大可容忍偏差率減樣本偏差率）足夠大，以確保眞實母體偏差率小於最大可容忍偏差率。

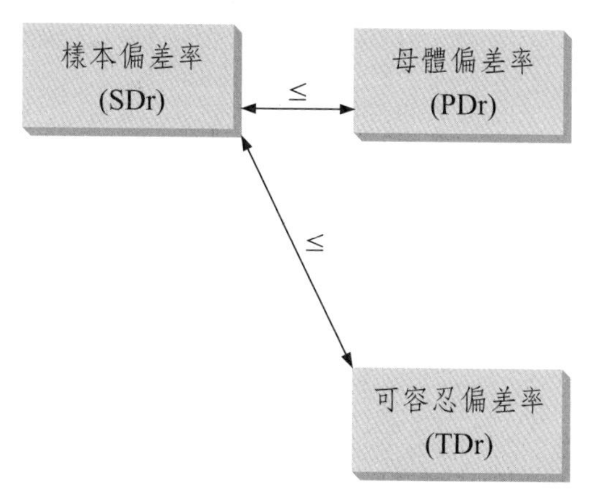

圖11-5　非統計抽樣查核結果之評估——以支持為例

習題與解答

一、選擇題

(　) 1. 在控制測試時，使用統計抽樣比非統計抽樣之優點為統計方式：(A) 在大樣本中，比非統計方法更能提供較大的確信 (B) 為衡量樣本風險提供一量化之客觀基礎 (C) 可以很容易地使抽取的樣本轉為在證實程序中使用 (D) 消除在決定樣本大小時，所需之判斷。

(　) 2. 錯誤接受風險與評估控制風險過低險與下列何者有關？ (A) 查核效果 (B) 查核效率 (C) 重大性水準之初步估計 (D) 可容忍偏差之可接受風險。

(　) 3. 假如懷疑母體中有舞弊的情況，審計人員很可能使用：(A) 變量抽樣 (B) 屬性抽樣 (C) 顯現抽樣 (D) 貨幣抽樣單位。

(　) 4. 下表列示審計人員所估計的最大偏差率與可容忍偏差率的比較，及真實母體偏差率與可容忍偏差率之比較：

審計人員依據樣本結果的估計	真實母體：最大偏差率低於可容忍偏差率	真實母體：最大偏差率超過可容忍偏差率
最大偏差率低於可容忍偏差率	Ⅰ	Ⅱ
最大偏差率超過可容忍偏差率	Ⅲ	Ⅳ

依控制測試的結果，審計人員評估控制風險高於預計水準，因而增加證實測試的情況，為哪一象限？ (A) Ⅰ (B) Ⅱ (C) Ⅲ (D) Ⅳ。

(　) 5. 執行控制測試，要決定樣本大小時，審計人員應考慮可容忍偏差率、可接受的評估控制風險過低險，以及：(A) 預計母體偏差率 (B) 精確上限 (C) 錯誤接受風險 (D) 錯誤拒絕風險。

(　) 6. 在屬性抽樣計畫下，以下哪個組合會導致所需的樣本量減少？

	評估控制風險過低	可容忍誤述	預計母體偏差率
(A)	增加	下降	增加
(B)	下降	增加	下降
(C)	增加	增加	下降
(D)	增加	增加	增加

( ) 7. 有關控制測試中的統計抽樣，下列哪個敘述是正確的？ (A) 除非是極小的母體，否則母體大小對決定樣本量的影響很小或是沒有 (B) 除非是極小的母體，否則預計母體偏差率對決定樣本量的影響很小或是沒有 (C) 當母體加倍時，樣本亦需加倍 (D) 假定在某一可容忍偏差率下，預期母體偏差率減少，則樣本量應增加。

( ) 8. 在規劃控制測試的統計抽樣時，審計人員依以前控制測試的結果，及整體控制環境，增加了預期母體偏差率。若是其他因素不變，則與去年比較，下列何者將增加？ (A) 可容忍偏差率 (B) 抽樣風險限額 (C) 評估控制風險過低險 (D) 樣本大小。

( ) 9. 隨機選取的項目其基本特性是： (A) 會計母體的每一層都有相同的出現機會 (B) 會計母體的每一個項目經過隨機排列 (C) 會計母體的每一個項目都應有機會被選取 (D) 每一項目必須使用放回式的系統抽樣。

( ) 10. 當執行有關現金支出控制的控制測試時，會計師可使用系統抽樣技巧，以隨機選取的項目做為起點。這種抽樣方式最大的缺點是母體項目：(A) 在選取樣本前必須以系統型態加以記錄 (B) 可能發生系統循環型態，因此破壞樣本隨機性 (C) 樣本可能再三地被抽選到 (D) 抽樣後必須被系統地放回母體中。

( ) 11. 查核 A 公司的財務報表時，審計人員決定執行控制測試，當樣本的偏差率不支持預計的控制風險，而事實上真實母體的偏差率卻支持預計控制風險。此例說明何種風險？ (A) 評估控制風險太高 (B) 評估控制風險太低 (C) 錯誤拒絕 (D) 錯誤接受。

根據情況 1 回答問題 12 和 13

情況 1

審計人員想對本年度處理之10,000張銷售發票進行信用調查加以測試。審計人員設計了一個抽樣計畫：在選定評估控制風險過低險為1%（亦即有99%的信賴度）時，依據抽樣結果所提供之證據應證明只有少於70%的發票未經徵信。從過去的經驗，審計人員預期有2.5%的發票未經徵信。假設實際上抽取了200張發票，而實際樣本中有7張未經徵信。審計人員進而計算達成之偏差上限為8%。

( ) 12. 在對此樣本加以評估時，審計人員決定提高原先評估的控制風險水準，這是因為： (A)可容忍偏差率（7%）比達成之偏差上限（8%）為低 (B)預計偏差率（7%）比樣本偏差率（3.5%）為高 (C)達成之精確上限（8%）比樣本偏差率（3.5%）為高 (D)預計偏差率（2.5%）比可容忍偏差率（7%）為低。

( ) 13. 抽樣風險限額為： (A)5.5% (B)4.5% (C)3.5% (D)4%。

( ) 14. 當審計人員執行屬性統計抽樣時，測試了50份文件，而有3份偏差，其可容忍偏差率為7%，預期母體偏差率為5%，而抽樣風險限額為2%，其評估結論為何？ (A)因為可容忍偏差率加上抽樣風險限額，超過了預期母體偏差率，所以要修正預計的控制風險水準 (B)因為樣本偏差率加上抽樣風險限額，超過了可容忍偏差率，所以不拒絕樣本的評估結果，即支持預計的控制風險水準 (C)因為可容忍偏差率減去抽樣風險限額，等於預期母體偏差率，所以不拒絕樣本結果，即支持預計的控制風險水準 (D)因為樣本偏差率加上抽樣風險限額，超過了可容忍偏差率，所以要修正預定的控制風險評估水準。

( ) 15. 關於審計抽樣中使用之「分層」，下列敘述何者正確？ (A)「分層」係將樣本劃分為若干具相似特性之群體 (B)「分層」通常可以減少樣本量 (C)「分層」使每一分層內之所有項目以可事先計算之機會選取樣本 (D)「分層」使抽樣風險得以量化。 〔102年高考三級〕

( ) 16. 有關「抽樣風險」，下列敘述何者錯誤？ (A)信賴不足風險及不當拒絕風險與查核之效率有關 (B)過度信賴風險及不當接受風險與查核之效果有關 (C)通常抽樣風險與樣本量呈反向關係，樣本量愈小，抽樣風險愈

高 (D) 過度信賴風險及不當接受風險通常會導致查核人員執行額外之查核工作。〔101年高考三級〕

( ) 17. 受查者科目事實上並未發生重大錯誤，惟抽樣結果卻顯示有重大錯誤，因而導致查核人員做成不予接受結論之風險稱為： (A) 信賴不足風險 (B) 過度信賴風險 (C) 不當拒絕風險 (D) 不當接受風險。〔101年高考三級〕

( ) 18. 有關審計抽樣的敘述，下列何者較為正確？ (A) 一般公認審計準則對統計抽樣的重視程度大於非統計抽樣 (B) 統計抽樣係根據機率法則抽樣，無須查核人員之專業判斷 (C) 抽樣風險僅能藉由樣本量的增加予以降低 (D) 審計抽樣通常僅適用於餘額的詳查（test of detail of balance）。〔101年高考三級〕

( ) 19. 以某一固定區間為選取間隔，並於首一區間設一隨機起點以選取樣本之抽樣方法稱為： (A) 系統抽樣 (B) 隨意抽樣 (C) 隨機抽樣 (D) 判斷抽樣。〔101年高考三級〕

( ) 20. 根據我國審計準則公報第二十六號規定，下列關於抽樣風險的敘述何者正確？①與查核風險有關 ②與固有風險有關③與控制風險有關 ④與偵查風險有關 ⑤與審計效率有關 ⑥與審計效果有關 (A) 僅①②④⑥ (B) 僅①③④⑤ (C) 僅①④⑤⑥ (D) ①②③④⑤⑥。〔99年高考三級〕

( ) 21. 審計抽樣所發生之抽樣風險係指： (A) 統計抽樣獨有之特性，非統計性抽樣則無此特性 (B) 審計人員無法找出受查者財務報表中錯誤之機率 (C) 審計人員其於樣本結果所做的推論與基於母體所做的推論不同之機率 (D) 即使擴大樣本數量，仍無法降低抽樣風險。〔99年高考三級〕

( ) 22. 不論客户控制風險評估水準之高低為何，審計人員須有何作為？ (A) 執行控制測試，以決定內控之有效性 (B) 繪製流程圖，驗證內控設計是否有效 (C) 執行雙重目的測試，對控制風險作初步評估，同時亦評估財務報表重大不實表達之風險 (D) 執行證實測試，將重要交易之偵查風險限制在可接受之程度內。〔99年高考三級〕

解答

1.(B) 2.(A) 3.(C) 4.(B) 5.(A) 6.(C) 7.(C) 8.(D) 9.(D) 10.(B) 11.(A) 12.(A) 13.(C) 14.(D) 15.(A) or (B) 16.(D) 17.(C) 18.(C) 19.(A) 20.(C) 21.(C) 22.(D)

二、問答題

1. 下列問題和樣本量有關。試問：

(1) 根據可容忍偏差率 8%，預期母體偏差率為 1% 至 5% 之限制，在評估控制風險過低險為 5% 至 10% 時，找出這些因素的特定組合，使得樣本量大於 125 小於 200。

(2) 評估控制風險過低險為 5%，可容忍偏差率為 5%，且預期母體偏差率為 2%，樣本量為 181，假設其他因素不變，就下列各項改變重新計算樣本量。

①可容忍偏差率增加成為 7%。

②可容忍偏差率降低成為 4%。

③預期母體偏差率降低成為 1%。

④預期母體偏差率增加成為 3%。

⑤評估控制風險過低險增加成為 10%。

解答

略。

2. 一般公認審計準則之外勤準則第二條：經由檢視觀察、查詢和函證等方法，以獲取足夠而適切的證據，俾對所審之財務報表表示意見時，具有合理的基礎。因為在審計實務中已建立良好的抽樣觀念，所以某一程度的不確定性隱含在「表達意見的合理基礎」的觀念中。試問：

(1) 解釋查核人員接受抽樣過程中固有不確定的理由。

(2) 討論「查核風險」所代表之不確定性。

(3) 討論抽樣和非抽樣風險的性質，包括抽樣風險對內部控制之測試的影響。

解答

(1)查核人員接受抽樣過程中固有不確定性的原因基於：

①審查所有財務資料之成本，通常超出完全（100%）審查所增加之效益。

②審查所有財務資料所需之時間，通常阻礙查核人員如期發布查核報告。

(2)運用查核程序時固有之不確定性，稱作查核風險。查核風險與特定帳户餘額或交易類別有關，是帳户餘額或類別內之錯誤金額大於可容忍之錯誤，而查核人員未發現之風險。查核風險是下列三種風險之組合。

①先天風險：假設委託人沒有任何相關之內部控制，科目餘額發生重大錯誤之風險。

②控制風險：委託人之內部控制度結構未能及時預防或偵測出重大錯誤之風險。

③偵知風險：查核人員驗證科目餘額的程序，無法偵測出實際存在的重大錯誤之風險。

④查核風險：包括由於抽樣所產生之不確定性和由抽樣以外之因素所產生之不確定性。這些方面的查核風險分別稱作抽樣風險和非抽樣風險。

(3)當控制測試限於一個樣本時，查核人員所得的結論可能不同於以同樣方式測試母體中所有項目的結論，抽樣風險乃起因於此種可能性；也就是說，特定樣本之控制偏差比例可能多於或少於母體本身所存在的偏差。

非抽樣風險包括非由於抽樣之所有方面的查核風險。查核人員可能對所有交易運用一程序，而仍無法偵查出內部控制之重大弱點。非抽樣風險包含選擇對達成特定目標而言並不適當的查核程序，或在審核憑證時未能找出錯誤的可能性。即使審核所有項目，程序亦將歸於無效。

查核人員在執行控制測試時，關心抽樣風險的兩方面：

①對內部控制過度信賴風險是：「當樣本支持查核人員預計之控制風險，而真實偏差率卻不支持此項評估」的風險。

②對內部控制信賴不足風險是：「當樣本並不支持查核人員預計之控制風險，

而真實偏差率卻支持此項評估」的風險。在偵查——存在之重大誤述時內部控制過度信賴的風險與查核有效性相關；對控制信賴不足的風險與查核效率有關。

3. 請簡答下列有關審計抽樣的問題：

(1) 何謂分層抽樣（stratified sampling）？如此處理在審計上的作用為何？

(2) 何謂屬性抽樣（attributes sampling）及變量抽樣（variables sampling）？

(3) 何謂統計抽樣及非統計抽樣？在審計實務上，使用統計抽樣時，最容易發生的困擾是什麼？〔100 年會計師〕

解答

(1)分層抽樣法：將母體按其性質區分為不同的子群體，子群體彼此間差異性大而群體內部差異小。再自不同的子群體中分別抽樣。最後再將抽樣結果合併或分開評估，以估計母體之特性。常用於傳統變量抽樣中的單位平均數估計。子群體中差異性小，抽取有代表性的樣本。因子群體內的標準差小，變異數與樣本量成正相關。所以查核會更有效率。重點查核某些風險高的項目。

(2)①屬性抽樣：以屬性作為統計抽樣之標準。所謂屬性是指對母體關切之特性，例如：擬信賴之內部控制之偏差率。屬性抽樣常運用於控制測試。

②變量抽樣則常用於證實測試中，用以估計或檢定母體金額，提供查核數與帳列數差異之資訊，以評估財務報表之表達是否允當。可再分為：

A. 使用常態分配原理之傳統變量抽樣法，包括：

(A) 每單位平均數估計法。

(B) 比率估計法。

(C) 差額估計法。

B. 使用屬性抽樣原理之機率與大小成比例抽樣法（PPS）。

(3)①統計抽樣：係運用數理方法量化樣本之抽樣風險及評估抽樣結果。

②非統計抽樣：係以審計人員個人經驗與專業選擇其所認定之最佳樣本，並做成結論。

③樣本不具代表性、查核人員解釋能力不足等所發生的成本。

4. (1)何謂「抽樣風險」、「非抽樣風險」？
(2)查核人員在執行審計抽樣時，有哪些抽樣風險？各類風險的意義為何？

〔100年高考三級〕

解答

(1)①抽樣風險係指查核人員依據抽樣結果所作成之結論，與查核母體全部項目應有結論不同之可能性。

②非抽樣風險係指查核人員無論是否採用抽樣程序進行查核工作，均可能發生之風險。

(2)查核人員採用抽樣方式行內部控制之控制測試時，其抽樣風險包括：

①信賴不足風險：受查者內控值得信賴，查核人員信賴不足，耗用過高查核成本，不符經濟效益。

②過度信賴風險：受查者內控不良，查核人員卻過度信賴，可能因此疏漏重要事件。

查核人員進行證實測試時，其抽樣風險包括：

①不當拒絕風險：拒絕正常的證實結果，投入太多查核成本，不符經濟效益。

②不當接受風險：接受異常的證實結果，可能因此疏漏或判斷錯誤。

Chapter 12

證實程序中的查核抽樣

■第一節　基本觀念和定義

一、*本質與目的*

如前一章所述，查核抽樣是指在母體（如帳戶餘額或交易種類）中，對少於100%的項目進行查核程序，以利於評估母體的某些特性。本質上，屬性抽樣目的在於取得相關控制程序所發生的偏差率，而本章所運用的查核抽樣方法旨在取得有關科目金額的資料，以取得證據對於財務報表聲明是否允當表示意見。

證實程序的抽樣計畫目的分爲二：(1)獲得科目餘額（例如應收帳款的帳面價值）有無重大誤述的證據；(2)對某些金額（例如沒有記錄帳面價值的存貨價格）做獨立估計。本章將重點放在第一個目標。

二、*統計抽樣方法*

在證實程序中，審計人員可以使用兩種類型的統計抽樣方法：

(一) 屬性抽樣原理

1. 機率與大小成比例抽樣法（Probability-Proportional-to-Size, PPS）。
2. 元額單位抽樣法（Monetary Unit Sampling, MUS）。

(二) 常態分配原理（傳統變量抽樣）

1. 每單位平均數估計法（Mean Per Unit Estimation, MPU）。
2. 比率估計法（Ratio Estimation, RE）。
3. 差額估計法（Difference Estimation, DE）。

這兩種類型的方法同樣能夠達到外勤準則的要求：獲得充分且適切的證據。至於選用何種方法，則根據審計人員的需要而定。

影響方法選用的各種因素和情況詳述如表12-1。

表12-1　影響證實程序抽樣方法的因素

抽樣情形	適合的抽樣方法		
	機率與大小成比例	元額單位	傳統變量
可得的資訊型態			
抽樣單位的帳面價值未知時			✓
抽樣初期母體大小未知時	✓	✓	
母體變異未知時	✓	✓	
母體的特性			
有零存在時			✓
有貸餘存在時		✓	✓
對錯誤的預期			
預期沒有錯誤，或是只有一些高估的錯誤時	✓	✓	
預期沒有錯誤，但是錯誤同時包含高、低估		✓	
預期有很多錯誤，或是高估低估都有的錯誤時			✓

■第二節　屬性抽樣原理

一、*機率與大小成比例抽樣法*

機率與大小成比例抽樣法是一種利用屬性原理，以金額表示結論而不用差異的發生率表示結論的抽樣計畫。

機率與大小成比例抽樣法的步驟如下：

1. 決定抽樣計畫的目標。
2. 定義母體、抽樣單位及選定抽樣技術。

3. 決定樣本大小。
4. 決定選取樣本的方法。
5. 執行抽樣計畫。
6. 評估樣本結果。

(一) 決定抽樣計畫的目標

在決定抽樣計畫的目標時，機率與大小成比例抽樣法最普遍的目標在獲得已記錄帳戶餘額無重大誤述的證據。換言之，統計上的虛無假說（H_0）應爲：會計科目（例如應收帳款）無重大誤述。

(二) 定義母體、抽樣單位及選定抽樣技術

機率與大小成比例抽樣法，將母體定義爲個別元額（Individual Dollars）所包含的母體帳面價值。此抽樣法的樣本單位是個別元額，母體則被視爲與母體總元額相同的金額數。例如，母體爲應收帳款之5,000個帳戶，總金額數爲$2,875,000，在機率與大小成比例抽樣法下，母體應視爲2,875,000個項目，而非5,000個項目。

母體中每一個元額都有同樣被選中的機會。雖然抽樣基礎是個別元額，但是審計人員查核的是與該個別元額相關的交易事項、文件及金額，或是稱之爲「邏輯抽樣單位」（Logical Sampling Unit），當邏輯抽樣單位愈大，則其中所組成的個別元額愈多，被抽中的可能性將愈高，故稱之「機率與大小成比例抽樣法」。

除此之外，在使用機率與大小成比例抽樣法時，應特別注意對於資產科目的測試。當測試資產時，零和貸餘應被排除在母體之外，因爲該等項目不應該，也不可能被選爲樣本。同理，此抽樣法性質上也將不適用於測試負債的低估，亦即因爲低估的愈多，愈不可能抽中。

(三) 決定樣本大小

計算公式以及各項因素列示如下：

$$樣本量=\frac{母體帳面價值\times信賴因子}{可容忍誤述-（預期母體誤述\times擴張因子）}$$

$$n=\frac{BV_{母}\times RF}{TM-(AM\times EF)}$$

1. **母體帳面價值**（Population Book Value, $BV_{母}$）

   測試的帳面價值愈大，樣本量愈多。

2. **信賴因子**（Reliability Factor, RF）

   審計人員決定錯誤接受風險的可接受程度，及經驗和專業判斷，通常須就下列項目加以考量：評估的查核風險、控制風險、控制測試的結果以及分析性覆核，並以表12-2取得計算樣本量的信賴因子。

表12-2　高估誤述個數之信賴因子

高估誤述個數	錯誤接受風險（Risk of Incorrect Acceptance, RIA）								
	1%	5%	10%	15%	20%	25%	30%	37%	50%
0**	4.61	3.00	2.31	1.90	1.61	1.39	1.21	1.00	0.70
1	6.64	4.75	3.89	3.38	3.00	2.70	2.44	2.14	1.68
2	8.41	6.30	5.33	4.72	4.28	3.93	3.62	3.25	2.69
3	10.05	7.76	6.69	6.02	5.52	5.11	4.77	4.34	3.68
4	11.61	9.16	8.00	7.27	6.73	6.28	5.90	5.43	4.68
5	13.11	10.52	9.28	8.50	7.91	7.43	7.01	6.49	5.68
6	14.75	11.85	10.54	9.71	9.08	8.56	8.12	7.56	6.67
7	16.00	13.15	11.78	10.90	10.24	9.69	9.21	8.63	7.67
8	17.41	14.44	13.00	12.09	11.38	10.81	10.31	9.68	8.67
9	18.79	15.71	14.21	13.25	12.52	11.92	11.39	10.74	9.67
10	20.15	16.97	15.41	14.42	13.66	13.02	12.47	11.79	10.6

**信賴因子：通常用以計算樣本量公式與精確度。

3. **可容忍誤述（Tolerable Misstatement, *TM*）**

科目餘額在被認定有重大誤述之前，所能夠接受的最大錯誤金額或是程度，即爲可容忍誤述，或是稱之爲重大性水準。

4. **預期母體誤述（Anticipated Misstatement, *AM*）**

審計人員對於科目餘額內誤述的預期。過高的預期誤述將不必要地增加樣本量，惟此類預期誤述大小涉及經驗、對於客戶的瞭解與專業判斷。

5. **擴張因子（Expansion Factor, *EF*）**

僅在有預期誤述的時候，才需要這項因子。可以利用錯誤接受風險的可接受水準查表，如表12-3得知。

表12-3　預期誤述之擴張因子

	錯誤接受風險（Risk of Incorrect Acceptance, RIA）								
	1%	5%	10%	15%	20%	25%	30%	37%	50%
擴張因子	1.9	1.6	1.5	1.4	1.3	1.25	1.2	1.15	1.0

彙整機率與大小成比例抽樣法之各項因素和樣本量之關係如下表12-4。

表12-4　機率與大小成比例抽樣法之各項因素和樣本量之關係

因素	與樣本量之關係
母體帳面價值（$BV_{母}$）	正向＋
錯誤接受風險	反向－
可容忍誤述	反向－
預期母體誤述	正向＋
預期誤述的擴張因子	正向＋

(四) 決定樣本選取的方法

機率與大小成比例抽樣法最常用的是系統選取法。首先，計算樣本區間（Sample Interval, SI）：

$$樣本區間=\frac{母體帳面價值}{樣本量}$$

釋例說明

假設審計人員自母體，即應收帳款總帳面價值$3,000,000中選取樣本，而樣本區間計算得$1,500。又假設隨機起點選於$1至$1,500之間，假定為$216，則樣本應包括自起點起，每加$1,500所得之應收帳款帳戶。如下表之應收帳款帳戶為「邏輯單位」。

表12-5　機率與大小成比例之選取過程

帳戶號碼	帳面價值	累積總數	選取元額	樣本帳面價值
0001	$1,500	$1,500	$216	$1,500
0002	92	1,592		
0003	2,000	3,592	1,716	2,000
0004	777	4,369	3,216	777
0005	200	4,569		

(五)執行抽樣計畫

例如順查、逆查和函證等查核程序都可以採用抽樣方法。

(六)評估樣本結果

1. 誤述上限（UML）＝推計誤述（PM）＋抽樣風險限額（ASR）
2. 抽樣風險限額（ASR）＝基本精確度（BP）＋增額限額（IA）
3. 基本精確度（BP）＝信賴因子（RF）×抽樣區間（SI）
4. 推計誤述（PM）：審計人員對母體誤述的最佳推估。
5. 實際計算方式詳列如下表：

表12-6　樣本評估結果

情況假設	推計誤述（PM）	抽樣風險限額（ASR） 基本精確度（BP）	 增額限額（IA）	誤述上限（UML）
1. 樣本無錯誤 Book Value（BV）＝Audit Value（AV）	0	信賴因子（RF）×樣本區間（SI）	0 （因為樣本無錯誤）	$UML=BP$
2. 樣本有錯誤 Book Value（BV）＞Audit Value（AV） (1) BV≥SI，全查	$\Sigma(BV-AV)$ $=PM_a$		0 (因為全查)	$UML=PM$ $+(BP+IA)$ $=PM+ASR$
(2) BV＜SI，抽樣	感染率（Tainting Percentage, TP） $=\frac{BV-AV}{BV}$ $\Sigma TP\times SI=$ PM_b		$\Sigma(\Delta RF-1)\times PM_b$ $(RF_1-RF_0)-1=$ $0.75\times PM_b$ $(RF_2-RF_1)-1=$ $0.55\times PM_b$ $(RF_3-RF_2)-1=$ $0.45\times PM_b$	
	$PM=PM_a$ $+PM_b$		說明：RIA ＝ 5% 之下，樣本量為100個時。	

註：a：樣本有誤全查
　　b：樣本有誤抽樣

本節最後，將機率與大小成比例抽樣法之優缺點分述如下：

優　點

1. 一般而言，因爲審計人員可以用人工或是表格來計算樣本大小，評估樣本，所以比傳統變量抽樣法簡單。
2. 不依靠查核價值的估計變異數做爲基礎。
3. 自動產生分層樣本。由於選取的項目與金額成比例之故。
4. 自動指出超過貨幣金額上限的個別重要項目。
5. 若是審計人員預期無誤述，樣本量將會比傳統變量抽樣法小。
6. 樣本選取的設計比較容易，並且選取過程可以在母體完整取得之前開始。

缺　點

1. 假定抽樣單位的價值不可以小於零或是大於帳面價值。
2. 預期有低估或是查核價值小於零時，就必須有特殊的考量。
3. 若是樣本中有低估情形，對於樣本的評估需要特殊的考量。
4. 選取零餘額或是貸方餘額時需要特殊的考量。
5. 當樣本中發現誤述時，可能會高估抽樣風險限度，進而審計人員可能拒絕應為可接受的母體帳面價值。
6. 當預期數目增加時，所需的樣本大小也會增加。因此，樣本量將比採用傳統變量抽樣法時大。所以，較適合預期母體情況較佳時採用。

二、元額單位抽樣法（*Monetary Unit Sampling, MPU*）

元額單位抽樣法是利用屬性抽樣原理的一種抽樣方法，係以金額表示抽樣結論之抽樣計畫。元額單位抽樣法和機率與大小成比例抽樣法二者最大之不同在於樣本量之決定。元額單位抽樣法是以查表方式計算樣本量；機率與大小成比例抽樣法則是以公式計算其樣本量。此外，元額單位抽樣法尚可以運用到科目餘額同時發生高、低估的時候；機率與大小成比例抽樣法僅能適用於高估的情況。至於其他的抽樣過程和機率與大小成比例抽樣法無異。

元額單位抽樣法的樣本量和其他屬性抽樣法一樣，是以錯誤接受風險、可容忍偏差率和預期母體偏差率三者所構成之樣本量表，查表而得。

(一) 錯誤接受風險（Risk of Incorrect Acceptance, RIA）

根據查核風險模式，以審計人員之專業判斷決定該項風險之大小。

(二) 可容忍誤述（Tolerable Misstatement, TM）

可容忍誤述是根據對於財務報表整體初步判斷的重大性水準，分攤至各科目餘額而來。在元額單位抽樣法中，必須針對帳戶餘額的高、低估分別指定其個別之可容忍錯誤。不過，高、低估之可容忍錯誤不一定要相等。

(三) 錯誤平均百分比假設（Tainting Percentage, TP）

錯誤平均百分比假設係指審計人員對所有樣本中之錯誤，進一步推估其帳戶發生錯誤的百分比。在偏差上限或偏差下限可能應用不同的錯誤百分比假設，通常百分比是根據審計人員過去的經驗，而一般的情況都設定爲百分之百。例如，在設定爲百分之百時，發生一元的錯誤代表這一元全爲錯誤。若是將百分比設定在百分之百以下，應對此項決定有相當堅決的立場。

(四) 母體之帳面價值

此項數額可以自客戶之帳簿中取得。

(五) 預期母體錯誤

通常元額單位抽樣法只用在預期母體錯誤爲零或是非常小的水準，與機率與大小成比例的適用情形一樣。審計人員依據過去經驗及專業判斷訂出預期母體之錯誤，並且將之化爲百分比。

三、元額單位抽樣法之步驟

1. 根據錯誤接受風險、可容忍錯誤和預期母體錯誤決定樣本量。
2. 若是樣本無誤時：
   (1) 決定偏差上限。
   (2) 將偏差上限率轉爲金額：
      ①高估錯誤上限＝母體帳面價值×高估偏上限×錯誤平均百分比假設
      ②低估錯誤下限＝母體帳面價值×低估偏上限×錯誤平均百分比假設
3. 若是樣本有誤時：
   進行修正如下：
   (1) 將有錯誤的邏輯單位（無論高估或是低估）計算其感染率：

$$\frac{\text{帳面價值}(BV)-\text{查核價值}(AV)}{\text{帳面價值}(BV)}$$

(2) 根據偏差上限計算增額的偏差上限：

偏差個數	偏差上限(%)	增額之偏差上限(%)
0	2.0	2.0（2.0 – 0.0）
1	3.1	1.1（3.1 – 2.0）
2	4.1	1.0（4.1 – 3.1）
3	5.1	1.0（5.1 – 4.1）
4	6.0	0.9（6.0 – 5.1）

錯誤接受風險爲5%，樣本量爲150個情況下之偏差上限。

(3) 將高、低估分開計算其高估上限與低估上限，將高、低估分別以其感染率大小依次分別與增額偏差上限及母體的帳面價值相乘，再累加其金額，即爲所得之高估上限與低估下限。

偏差個數	偏差上限（%）（Upper Limit, UL）	母體帳面價值（Book Value, BV）	感染率（Tainting Percentage, TP）	初步估計之高估上限和低估下限
0	2%	母體帳面價值	由大至小排列	$\sum_{i}^{n} UL\times BV\times TP$ = 高估上限與低估下限
1	1.1%	母體帳面價值		
合計	偏差上限是從0個偏差開始起算；感染率是由大至小排列。			

(4) 將原始高估上限調整低估誤述後，亦即：

高估上限－累計低估感染率之和×樣本區間

即爲所得之調整後的高估上限；反之，低估下限調整高估誤述，亦即：

低估下限－累計高估感染率之和×樣本區間

即爲所得之調整後的低估下限。

4. 評估查核結果。

■第三節　傳統變量抽樣法

一、每單位平均數估計（MPU）

每單位平均數估計理論上是先決定樣本中每單位的查核價值，並將這些查核價值平均後，求得每單位樣本的平均查核價值，再將之乘以母體單位數，即可得到母體總價值的估計數。

每單位平均數估計步驟如下：

1. 決定測試的目的。
2. 定義母體。
3. 選取查核抽樣方法。
4. 決定樣本量。
5. 決定選取樣本的方法。
6. 選取樣本並檢視各樣本。
7. 評估樣本結果。
8. 文書說明抽樣程序。

公式：

$$1.\text{可容許抽樣風險}=\frac{\text{可容忍誤差}^{*}}{\left[1+\left(\frac{\text{不當接受風險係數}}{\text{不當拒絕}}\right)^{**}\right]}$$

$$2.\text{樣本量}=\left(\frac{\text{母體量}\times\text{不當拒絕}\times\text{估計母體標準差}}{\text{抽樣風險之預定可容許範圍}}\right)$$

$$*=\text{可容忍誤差}-\frac{\text{母體量}\times\text{不當接受風險係數}\times\text{樣本標準差}}{\sqrt{\text{樣本量}}}$$

** 不當接受風險係數如下表：

可接受之風險水準	不當接受風險係數	不當拒絕風險係數
1.0%	2.33	2.58
4.6	1.68	2.00
5.0	1.64	1.96
10.0	1.28	1.64
15.0	1.04	1.44
20.0	0.84	1.28
25.0	0.67	1.15
30.0	0.52	1.04
40.0	0.25	0.84
50.0	0.00	0.67

二、*比率估計（RE）與差額估計（DE）*

比率估計與差額估計適用於每一個母體項目皆有帳面價值，每一個樣本項目的查核價值都可以確定，而且帳面價值與查核價值之間常有差異。

樣本量和各因素之間的關係說明如表12-7。

表12-7　樣本量和各因素之間的關係

傳統變量抽樣法	樣本量的變動關係
母體大小（N）	正向
預期母體標準差（PSD）	正向
可容忍誤述（TM）	反向
錯誤拒絕風險（RIR）	反向
錯誤拒絕風險（RIA）	反向
抽樣風險限額（ASR）	反向
R比率（R=ASR/TM）	反向

上述表中的抽樣風險限額係根據RIR與RIA查表得知R（ASR與TM之比

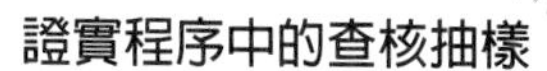

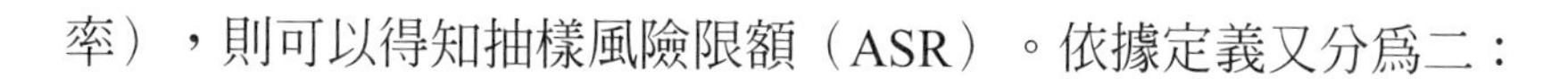
率），則可以得知抽樣風險限額（ASR）。依據定義又分爲二：

1.ASR = R×TM（依據Kell之定義）；或是

2.$ASR = \dfrac{TM}{\left[1+\left(\dfrac{RIA\ Coef}{RIR\ Coef}\right)\right]}$（依據Pany之定義）〔註〕。

最後將每單位平均數估計、比率估計和差額估計的計算公式詳列如表12-8。

表12-8　MPU、RE和DE的計算公式

公式	每單位平均數估計（MPU）	比率估計法（RE）	差額估計法（DE）
樣本量（n）	$n=\left(\dfrac{N\times U_{RIR}\times PSD}{ASR}\right)^2$，其中 ASR=R × TM（依據 Kell 之定義），或是 $ASR=\dfrac{TM}{\left[1+\left(\dfrac{RIA\ Coef}{RIR\ Coef}\right)\right]}$，（依據 Pany 之定義）。		
	若是$\dfrac{n}{N}>0.05 \Rightarrow n'=\dfrac{n}{\left(1+\dfrac{n}{N}\right)}$，公式中的樣本數量則改為使用n'計算之。		
估計母體總值（Xpp）	$\left(\dfrac{\Sigma AV}{n}\right)\times N$	$\left(\dfrac{\Sigma AV}{\Sigma BV_{樣}}\right)\times BV_{母}$	$\left(\dfrac{\Sigma d}{n}\right)\times N + BV_{母}$ $d = AV - BV$
計算樣本標準差（Sxj）	$Sxj=\sqrt{\dfrac{\Sigma(X-\bar{X})^2}{n-1}}$		
計算實際抽樣風險限額（ASR'）	採用 n $ASR'=\dfrac{N\times U_{RIR}\times Sxj}{\sqrt{n}}$		
	採用 n' $ASR'=N\times U_{RIR}\times \dfrac{Sxj\sqrt{1-\dfrac{n'}{N}}}{\sqrt{n'}}$		
(1)若是 ASR'≤ASR	信賴區間＝ Xpp ± ASR'		

〔註〕 其中，風險係數=錯誤接收風險係數（RIA Coef）/錯誤拒絕風險係數（RIR Coef）。

（續前表）

(2)若是 ASR'>ASR	信賴區間＝ Xpp ± ASR" 說明：若是 ASR'>ASR，則表示樣本標準差（Sxj）大於母體標準差（PSD），需要對於信賴區間的估計進行修正，亦即為維持同樣的信賴水準，必須縮小信賴區間。 $ASR'' = ASR' + TM\left(1 - \frac{ASR'}{ASR}\right)$
(3)若是ASR'遠小於ASR	|(實際母體值－最遠區間值)|≤可容忍誤述 說明：避免因為樣本結果太好而造成錯誤拒絕。
評估結果	母體實際帳面價值落於信賴區間之內，則不拒絕母體無重大誤述；反之，則拒絕，做成母體有重大誤述之結論。

表12-9　U_{RIR}因子表（依據Kell定義）

錯誤拒絕風險（RIR）	標準常態分配（U_{RIR}因子）	信賴水準
0.30	±1.04	0.70
0.25	±1.15	0.75
0.20	±1.28	0.80
0.15	±1.44	0.85
0.10	±1.64	0.90
0.05	±1.96	0.95
0.01	±2.58	0.99

U_{RIR}爲統計雙尾檢定的$Z_{a/2}$

表12-10　R比率（R Ratio）（依據Kell定義）

R / RIA	RIR			
	0.20	0.10	0.05	0.01
0.0.1	0.355	0.413	0.457	0.525
0.025	0.395	0.453	0.500	0.568
0.05	0.437	0.500	0.543	0.609
0.10	0.471	0.532	0.576	0.641
0.15	0.500	0.561	0.605	0.668
0.20	0.511	0.612	0.653	0.712

（續前表）

0.25	0.603	0.661	0.700	0.753
0.30	0.653	0.708	0.742	0.791
0.35	0.707	0.756	0.787	0.829
0.40	0.766	0.808	0.834	0.868
0.45	0.931	0.863	0.883	0.908
0.50	0.907	0.926	0.937	0.952
0.50	1.000	1.000	1.000	1.000

表12-11　風險係數（依據Meigs定義）

風險可接受水準（%）	RIA風險係數	RIR風險係數
1.0	2.33	2.58
4.6	1.68	2.00
5.0	1.64	1.96
10.0	1.28	1.64
15.0	1.04	1.44
20.0	0.84	1.28
25.0	0.67	1.15
30.0	0.52	1.04
40.0	0.25	0.84
50.0	0.00	0.67

最後將傳統變量抽樣法的優、缺點彙整如下：

優　點

1. 樣本量較大的情況之下，傳統變量抽樣法比屬性原理抽樣容易執行。
2. 零餘額和不同符號的餘額不須估計。
3. 若是查核價值和帳面價值差異很大，可以使用較小的樣本量來達成查核目標。

缺　點

1. 傳統變量抽樣法比屬性原理抽樣法複雜。通常審計人員會利用電腦軟體和程式來輔助抽樣工作的執行。
2. 審計人員必須先估計母體某項特性的標準差，再估計樣本量。審計人員必須用專業判斷來選用適合當時情況的方法。

第四節　證實程序的非統計抽樣

前一章已經說明過非統計抽樣的基本流程和觀念。再次陳述，統計抽樣與非統計抽樣的主要差別是決定樣本量和評估樣本結果的步驟。在統計抽樣中，這些步驟比較客觀嚴謹，而非統計抽樣較為主觀，並且運用專業判斷。然而，統計方法中也會有主觀判斷，例如錯誤接受風險的選擇，某些統計抽樣中所考慮的因素也可以幫助設計及評估非統計抽樣。

一、*決定樣本量*

樣本的設計必須考量效率和效果。非統計抽樣可以利用統計抽樣中的因子做為考慮的方式，以得出較為有效率和效果的樣本。可以考慮的因子如表12-12。

表12-12　樣本量和各因素之間的關係——非統計抽樣

非統計抽樣	樣本量的變動關係
母體大小（N）	正向
預期母體標準差（PSD）	正向
預期母體誤差（AM）	正向
可容忍誤述（TM）	反向
錯誤拒絕風險（RIR）	反向
錯誤接受風險（RIA）	反向

在特殊的狀況之下，依據分析和審計人員之專業判斷所得的樣本量，至少將

比主觀選定的樣本量更爲適合。若是情況需要，審計人員亦可以利用統計查表驗證樣本量是否適當。

二、評估樣本結果

非統計抽樣與統計抽樣相同，審計人員必須：①以樣本中發現的誤述推估母體的錯誤；②在評估樣本結果時考慮抽樣風險限額。

非統計抽樣中，計算推估誤差的方式有二：

1. 將樣本誤差總金額除以樣本金額占母體金額之比率（類似比率估計法）。
2. 樣本中之查核價值與帳面價值的差額平均數乘以母體單位數（類似差額估計法）。

在非統計抽樣中，審計人員無法計算在選定的錯誤接受風險和特定的錯誤拒絕風險之下的抽樣風險限額。但是，推估金額和可容忍誤述之間的差額可以視爲抽樣風險限額。若是可容忍誤差超過推估誤差很多，他可以合理地相信實際誤差超過可容忍誤差的可能性相對很低。

除此之外，將樣本中實際發現的誤差和數量和金額相比，亦有助於計算抽樣風險。當樣本經過設計，而錯誤的數量和金額超過預期時，審計人員一般可以認爲實際誤差超過可容忍誤差的風險很小。

惟此法運用上誠爲依據經驗和主觀判斷所得到之查核結論。

當非統計樣本的結果不足以支持帳面價值時，審計人員可以：

1. 檢查其他樣本項目並重新評估。
2. 使用其他查核程序並重新評估。
3. 要求顧客調查並在適當的情況下做調整。

如同在統計抽樣中，在達成總結論之前，必須對於誤差的質化因素做仔細的考慮。

習題與解答

一、選擇題

( ) 1. 在證實測試之下，假定審計人員可以使用以下兩種抽樣方法之任一種：機率與大小成比例抽樣法及傳統變量抽樣。機率與大小成比例最適合下列何種情況？ (A) 期末銷售截止的錯誤數目 (B) 應收帳款的高估 (C) 應付帳款的低估 (D) 應收帳款的收現職責劃分。

( ) 2. 以下哪種方法是用來估計母體之數值（例如金額大小）？ (A) 變量抽樣 (B) 屬性抽樣 (C) 顯現抽樣 (D) 數值抽樣。

( ) 3. 假設機率與大小成比例之抽樣區間為 \$10,000，且審計人員發現有一被選出之應收帳款帳面價值為 \$5,000，而查核價值為 \$2,000，那麼樣本推計誤差應為： (A)\$3,000 (B)\$4,000 (C)\$6,000 (D)\$8,000。

( ) 4. 在審計抽樣中，使用分層抽樣的主要目的為何？ (A) 在審計抽樣的結果中，提高錯誤接受之風險水準 (B) 決定母體各項特性之偏差率 (C) 降低母體變異數之影響 (D) 決定被選出樣本之精確區間。

( ) 5. 下列何者最可能採用傳統變量抽樣法，而非採用機率與大小成比例之優點？ (A) 不須取得母體入帳金額的估計標準差 (B) 審計人員幾乎無須電腦程式來設計有效樣本 (C) 一般而言，對於所有包含零及貸方餘額，並不需要特殊的考量 (D) 對於個別重大的金額，會自動地定義及選取。

( ) 6. 執行詳細證實測試時，審計人員根據樣本結果下結論，說明記錄之帳户餘額有重大誤述，然而事實上並沒有。此種情況代表哪種風險？ (A) 錯誤拒絕 (B) 錯誤接受 (C) 評估控制風險太高 (D) 評估控制風險太低。

( ) 7. 若是在一定風險水準下，一個統計樣本的抽樣風險達成限度大於期望限度，這表示： (A) 標準差比預期大 (B) 標準差比預期小 (C) 母體比預期大 (D) 母體比預期小。

( ) 8. 使用統計抽樣的優點之一是： (A) 量化風險的衡量 (B) 消除主觀判斷

(C) 決定審計人員所需的可容忍誤差和錯誤接受風險 (D) 法院推定比非統計抽樣為佳。

( ) 9. 審計人員依據證實測試，做出某項科目餘額無重大誤述之結論，然而實際上存在有誤述的風險稱之為： (A) 抽樣風險 (B) 偵知風險 (C) 非抽樣風險 (D) 固有風險。

( ) 10 審計人員可能何時會決定提高錯誤拒絕風險？ (A) 藉由樣本提高信賴度時 (B) 有許多的預期差異（查核價值減去帳面價值）時 (C) 原始的樣本結果，並不支持預計的控制風險水準 (D) 選取額外的樣本的成本較低。

( ) 11. 審計人員對於永續盤存法下，眾多的存貨單價和數量進行證實測試，過去經驗顯示錯誤頗多。以下哪種抽樣法最適合此種情況？ (A) 不分層的每單位平均數估計法 (B) 機率與大小成比例抽樣法 (C) 連續抽樣法 (D) 比率估計法。

( ) 12. 比率估計法和差額估計法被認為較為具有查核效率之原因為： (A) 比率估計法和差額估計法的母體小於帳面價值的母體 (B) 錯誤接受風險可以完全忽略 (C) 比率估計法和差額估計法比每單位平均數估計法簡單 (D) 比率估計法和差額估計法的母體變異數小於帳面價值或是查核價值的母體變異數。

	帳戶數目	帳面餘額	查核價值
母體	4,100	$5,000,000	$?
樣本	200	$250,000	$300,000

( ) 13. 使用統計抽樣來驗證年底應付帳款餘額時，審計人員必須計算下列資料：若是採用比率估計法，審計人員估計年底應付帳款餘額應為：(A)$6,150,000 (B)$6,000,000 (C)$5,125,000 (D)$5,050,000。

( ) 14. 與科目餘額相關之查核目標中，下列哪一項無法使用元額單位抽樣法（monetary unit sampling）加以評估？ (A) 正確性 (B) 完整性 (C) 存在性 (D) 發生性。 〔103 年會計師〕

( ) 15. 下列哪一種方法可以降低系統抽樣（systematic sampling）可能產生的潛

在偏誤？ (A) 使用若干個起始點 (B) 使用隨機亂數表 (C) 盡量將金額大的項目納入樣本 (D) 將母體進行分層。〔103年會計師〕

( ) 16. 下列哪一項不是查核人員設計查核樣本時所須考慮之因素？ (A) 分層 (B) 查核目的 (C) 母體中實際之誤差 (D) 可容忍誤差。〔103年會計師〕

( ) 17. 當運用屬性抽樣法來規劃控制測試時，以下何者對決定樣本量之影響最小？ (A) 母體大小 (B) 可容忍偏差率 (C) 預期母體偏差率 (D) 可接受過度信賴風險水準。〔103年高考三級〕

( ) 18. 審計抽樣的進行順序為何？①分析偏差原因 ②挑取樣本 ③定義屬性以及偏差情況 ④設定查核測試之目標 ⑤設定可容忍偏差率 (A) ①③②④⑤ (B) ④③①②⑤ (C) ④③⑤②① (D) ①②③④⑤。〔103年高考三級〕

( ) 19. 下列何者為造成抽樣風險的最主要原因？ (A) 採用不適當的查核程序 (B) 抽測樣本量小於母體數 (C) 過於偏重採用控制測試 (D) 採用隨機抽樣法。〔103年高考三級〕

( ) 20. 目前常用於證實測試的統計抽樣方法，有比率估計法（Ratio Estimation）等多種。查核人員查核正華公司，該公司共有15,000筆應收帳款，帳列金額總數為＄5,850,000；查核人員依其專業判斷抽查1,500筆，結果為：樣本查核數為＄570,000，帳列數為＄585,000。假設錯誤重大標準為＄300,000，請問以「比率估計法」推估母體列帳錯誤數，下列敘述何者正確？ (A) 母體列帳錯誤數＄390 (B) 母體列帳錯誤數＄15,000 (C) 母體列帳錯誤數＄150,000 (D) 母體列帳錯誤數＄300,000。

〔修103年高考三級〕

( ) 21. 關於審計抽樣之敘述，下列何者正確？ (A) 統計抽樣可以提供足夠與適切之查核證據，非統計抽樣則否 (B) 採統計抽樣的好處之一，是查核人員在設計樣本及選取樣本時，只須依據統計原理執行即可，毋須運用其專業判斷 (C) 信賴不足風險及不當拒絕風險與查核之效率有關 (D) 固有風險及控制風險之存在與審計抽樣程序有關。〔102年會計師〕

( ) 22. 有關統計抽樣、非統計抽樣與抽樣風險等的敘述，下列何者錯誤？ (A) 統計抽樣與非統計抽樣均存有抽樣風險 (B) 非統計抽樣的抽樣風險無

法作成統計檢定推論 (C) 查核人員要求之信賴水準愈高，樣本量應愈大 (D) 執行審計抽樣時，只要樣本量愈高，偵查風險即愈小。〔102年會計師〕

( ) 23. 機率與大小成比例抽樣法（PPS）最適合測試下列何種情況？ (A) 應收帳款低估 (B) 應收帳款高估 (C) 應付帳款低估 (D) 應付帳款為負數。〔102 年高考三級〕

( ) 24. 正東會計師查核承德公司，該公司共有 5,000 户應收帳款，帳列金額總數為 $9,375,000；會計師依其專業判斷抽查 200 户，結果樣本查核數為 $475,000，帳列數為 $500,000。假設錯誤重大標準為 $500,000，試問依「比率估計法」(Ratio Estimation) 推估母體列帳錯誤數，下列敘述何者正確？ (A) 母體列帳錯誤數 $468,750 (B) 母體列帳錯誤數 $475,000 (C) 母體列帳錯誤數 $500,000 (D) 母體列帳錯誤數 $625,000。〔修101年會計師〕

( ) 25. 下列何者不是會計師在進行屬性抽樣 (attribute sampling) 時須作的決策？ (A) 樣本大小 (B) 選擇哪些項目要包括在樣本之中 (C) 評估與樣本有關的資訊 (D) 是否要將所有的階段均作成書面紀錄。〔101 年會計師〕

( ) 26. 當查核人員於進行證實測試時，若使用非統計抽樣，則下列何者無法執行？ (A) 抽出具有代表性的樣本 (B) 對母體作出一個點估計的預測 (C) 使用機率的方法，衡量點估計的精確度範圍 (D) 使用分層抽樣的方式選取樣本。〔101 年會計師〕

( ) 27. 假設某帳列數（booked value）為 $ 5,000，查核數（audited value）為 $ 3,000，抽樣區間（sampling interval）為 $ 1,500，則運用元額單位抽樣（monetary unit sampling）執行審計抽樣，請問推測誤述（projected misstatement）金額為何？ (A)$600 (B)$900 (C)$1,500 (D)$2,000。〔修 101 年高考三級〕

( ) 28. 執行屬性抽樣，下列何者非影響樣本量之因素？ (A) 預期母體偏差率 (B) 偏差上限 (C) 抽樣風險 (D) 容忍偏差率。〔101 年高考三級〕

( ) 29. 下列何者最能描述出「機率與金額大小等比例抽樣」（probability-proportional-to-size sampling, PPS）的先天限制？ (A) 只適用於資產類科目的證實測試，不適用於負債類科目 (B) 程序複雜，且需使用電腦來計算，如無電腦，不可能採用 (C) 錯誤率須較大，且所有誤述都須是同向的錯誤，例如，全部高估或全部低估 (D) 錯誤率須較小。〔100年會計師〕

( ) 30. 元額單位抽樣（monetary unit sampling）與變量抽樣（classical variable sampling）之比較，下列敘述何者錯誤？ (A) 樣本量之決定，變量抽樣需考量誤拒風險（the acceptable risk of incorrect rejection）而元額單位抽樣不用 (B) 樣本分層之特性，元額單位抽樣優於變量抽樣 (C) 微量高估錯誤之偵查，元額單位抽樣優於變量抽樣 (D) 常態分配，均適用於元額單位抽樣與變量抽樣。〔修101年高考三級〕

( ) 31. 當查核人員使用測試資料法測試電腦化之薪資系統時，測試資料最可能包括下列哪一種情況？ (A) 含有錯誤工作單號碼之工時卡 (B) 未經主管核准的加班 (C) 未經員工授權之扣款 (D) 薪資支票未經主管簽名。

〔99年高考三級〕

( ) 32. 下列哪一種抽樣方法，最可能使用分層抽樣？ (A) 比率估計法 (B) 平均每單位估計法 (C) 差額估計法 (D) 屬性抽樣。〔99年高考三級〕

( ) 33. 會計師執行屬性抽樣法時，若可容忍偏差率為8%，預期母體偏差率為6%，樣本偏差率為3%，計算之偏差上限為7%，欲達成的信賴水準為95%，則抽樣風險誤差為： (A) 2% (B) 3% (C) 4% (D) 5%。

〔99年高考三級〕

( ) 34. 審計抽樣中，需考量可容忍誤差與母體中之預期誤差等影響樣本量之因素。而考量時通常設定為： (A) 可容忍誤差與母體中之預期誤差無固定關係 (B) 可容忍誤差大於母體中之預期誤差 (C) 可容忍誤差小於母體中之預期誤差 (D) 可容忍誤差等於母體中之預期誤差。

〔99年高考三級〕

( ) 35. 受查公司共有2,000戶應收帳款，其帳列總數為$3,500,000。會計師依其專業判斷抽查了其中的100戶，樣本查核數為$190,000，帳列數為$200,000。應收帳款可容忍錯誤金額為$200,000，若依比率估計法來推估母體列帳錯誤數，以下敘述何者正確？ (A) 母體列帳錯誤推估數為$175,000 (B) 母體列帳錯誤推估數為$200,000 (C) 母體列帳錯誤推估

數為 $250,000 (D) 會計師應要求受查公司入帳調整所有錯誤，才可簽發無保留意見。〔99 年高考三級〕

( ) 36. 以下有關審計抽樣之敘述，何者錯誤？ (A) 審計抽樣係因抽樣取得證據，只會產生抽樣風險，不會有非抽樣風險 (B) 採用抽樣方式執行內部控制之控制測試時，其產生之抽樣風險之一為信賴不足風險 (C) 查核人員採用抽樣方式進行證實測試時，產生之抽樣風險包括不當拒絕風險 (D) 信賴不足風險及不當拒絕風險與查核之效率有關，通常會導致查核人員執行額外之查核工作。〔99 年會計師〕

( ) 37. 系統抽樣（systematic sampling）與隨機亂數抽樣（random number sampling）相較，下列哪一項為系統抽樣之優點？ (A) 在進行統計推論時，提供更堅強的基礎 (B) 在抽出又放回的情況下，抽樣工作會更具效率 (C) 更能抽出其代表性的樣本 (D) 樣本單位無須事先按序編號。〔99 年會計師〕

解答

1. ～ 13. 略。 14.(B) 15.(A) 16.(C) 17.(B) 18.(C) 19.(B) 20.(C) 21.(C) 22.(D) 23.(B) 24.(A) 25.(D) 26.(C) 27.(D) 28.(B) 29.(D) 30.(D) 31.(A) 32.(B) 33.(C) 34.(B) 35.(A) 36.(A) 37.(D)

二、問答題

1. 審計人員決定採用機率與大小成比例抽樣法來查核應收帳款，並且預期帳戶餘額高估的情形很少（計算所需的信賴因子，請參照本章之表 12-2）。

(1) 説明機率與大小成比例抽樣法和傳統變量抽樣法的優缺點。

(2) 情況 1

依據下列資訊計算抽樣區間和樣本大小：

可容忍誤差	$15,000
錯誤接受風險	5%

允許出現錯誤的次數　0

應收帳款帳面價值　$300,000

(3) 情況 2

如果在樣本之中發現 3 個錯誤，請計算預期誤差總額。

	帳面價值	查核價值	抽樣區間
第1個錯誤	$400	$320	$1,000
第2個錯誤	500	0	1,000
第3個錯誤	3,000	2,500	1,000

解答

略。

2. C 公司有 2,500 筆流通在外的貸款，帳面價值為 $975,000。審計人員選取了 250 筆貸款憑單做為樣本。這些貸款帳面價值為 $97,500。查核價值為 $95,000。試問：

(1) 依據下列方法計算貸款的估計總值：

①每單位平均數估計法。

②比率估計法。

③差額估計法

(2) 接上題 (1)。若是標準差為 $25，並且樣本不需修正計算的數量，請在錯誤接受風險為 5%（95% 信賴水準）的情況之下，試評估各樣本之結論（依據樣本區間決定拒絕或是不拒絕，並且說明之）。

解答

略。

3. 周會計師採用機率與大小成比例（probability-proportional-to-size，簡稱 PPS）抽樣方法，以測試期末應收帳款是否高估，相關查核資訊如下：

(1) 母體金額 – 應收帳款期末帳面值 = $2,400,000；可容忍誤差（tolerable mis-

statement）= $280,000；期望誤差（expected misstatement）乘以擴張因子（expansion factor）= $40,000；信賴因子（reliability factor）= 3（採用在無誤差且誤受風險 5%），試計算：

①應選取樣本量為多少？

②選樣區間（sampling interval）金額？

(2) 承上，執行選樣測試有下列 3 筆錯差情形，試計算預計母體總誤差（projected misstatement）金額多少？

帳列數	查核數
$40,000	$39,500
$750	$600
$85,000	$60,000

(3) 承上，經計算整體誤差上限（upper error limit）金額如有下列兩種情形：

① $210,000，試問是否作出母體無重大誤差的結論？其理由為何？

② $294,550，試問周會計師可能有哪些回應？試列舉兩種。

〔99 年會計師〕

解答

(1)① $\dfrac{\text{母體帳面金額（BV）} \times \text{信賴因子（RF）}}{\text{可容忍誤差（TE）} - \text{（預期誤差（EE 或 AE）} \times \text{擴張因子（EF））}}$

$= \dfrac{2{,}400{,}000 \times 3}{280{,}000 - 40{,}000} = 30$

②$2{,}400{,}000 \div 30 = 80{,}000$

(2)

編號	帳面價值	審定價值	差異數	感染率	抽樣區間	推估誤差
1	40,000	39,500	500	1.25%	80,000	1,000
2	750	600	150	20%	80,000	16,000
3	85,000	60,000	25,000			25,000
合計						42,000

(3)①是，因偏差上限 210,000 < 可容忍誤差 280,000。

②A. 增加樣本數，減少抽樣風險限額。

B. 建議調整帳户餘額。

4. 審計抽樣係指查核人員針對某類交易或某一科目餘額所選取之樣本，執行控制或證實測試，以獲取及評估有關該類交易或科目餘額特性之證據，並據以作成推估母體特性之查核結論。試請依審計準則公報第二十六號「審計抽樣」簡要回答下列問題：

(1) 查核人員運用專業判斷設計查核樣本時，須考慮哪些項目？

(2) 常見選取樣本之方法有哪三種及其意義為何？〔99 年高考三級〕

解答

(1)查核人員運用專業判斷設計查核樣本時，須考慮下列各項：

①查核目的。

②母體及抽樣單位。

③風險與信賴水準。

④可容忍水準。

⑤母體中預期之誤差。

(2)常見選取樣本之方法及其意義

方法	意　義
隨機選樣	以事先計算機會選取樣本。如：使用隨機號碼表選樣。
系統選樣	係指以某一固定區間為選取間隔。區間通常以項目數或累積金額為基礎。如：以數量或金額為主，選取每隔二十張之傳票，或應收帳款帳户累積金額每隔一萬元者為樣本。
隨意選樣	係指選樣時不考慮金額大小、資料取得難易或個人之偏好，以隨意方式選取樣本。

Chapter 13

查核電子資料處理系統

■第一節　查核電子資料處理系統的基本觀念

電子資料處理系統，即所謂的EDP系統（Electronic Data Processing System），亦稱爲電腦資訊系統，係指利用電子計算機處理日常交易的系統而言。而查核電子資料處理系統，則是指查核人員透過人工或電腦系統蒐集證據，以決定委託客戶所使用之EDP系統是否能確實達到組織目標之查核程序。

根據審計準則公報第三十一號第三條對於「電腦資訊系統環境」所作之定義，係指受查者自行或委託他人使用各類機型電腦處理財務資訊而言。在資訊電腦化的趨勢之下，財務資訊透過電腦系統進行運作與執行已是大勢所趨。因此查核人員現今首要工作，便是瞭解並熟悉電腦化資訊系統對查核工作之影響，進而調整必要之查核程序。

在電腦資訊系統環境下，查核人員之查核目的及查核範圍不因之而改變，惟查核人員所執行之查核程序及證據之蒐集方式將隨著受查者處理、儲存及傳輸財務資訊模式之變動而改變，進而影響其會計制度及內部控制。此種環境可能對查核人員執行下列工作時造成影響：

1. 瞭解受查者會計制度及內部控制之程序。
2. 對固有風險及控制風險之考量。
3. 控制測試及證實程序之設計及執行。

■第二節　電子資料處理系統與傳統人工作業系統之差異

一、*電子資料處理系統與傳統人工作業系統之比較*

（參見表13-1）

表13-1　電子資料處理系統與傳統人工作業系統之比較

電子資料處理系統	傳統人工作業系統
書面證據較少	書面證據較多
文件及記錄多儲存於電腦中，必須透過電腦讀取方能閱讀資訊內容（虛擬化）	資訊係實體存在於空間中（實體化）
由於人工處理程序的減少，無形中減少經由人工檢查發現錯誤的機率	可經由人工處理檢驗錯誤
較易遭受到由天然災害、系統故障等因素發生之損失	遭受由天然災害、系統故障等因素發生損失之機率相對較小
職能分工程度較低	職能分工程度較高
處理系統之更改及控制較困難	處理控制及更改較容易
相同交易一致性程度較高	相同交易一致性程度較低
即時化程度較高	即時化程度較低

二、電子資料處理系統環境下對於查核人員之衝擊

(一) 審計軌跡的改變

實施電腦化系統處理資訊的結果，造成交易軌跡不具有完整性，或交易軌跡的完整性僅存在於一段短暫期間。因而當錯誤發生時，很難立即偵測出錯誤發生的源頭。

(二) 內部控制的方式改變

在電腦化系統處理下，職能分工的必要性及重要性明顯降低，原本劃分給數個員工的作業，在電腦化環境下，可整合爲一個程序處理完畢。因此，查核人員在進行查核之時，仍須不變地對於內部控制結構掌握充分的瞭解，俾決定證實程序的性質、時機及範圍；瞭解的對象亦爲控制環境、會計制度及控制程序；但對於內部控制的方式，如職能分工的強制性、系統程式設計人員與資料存取修改人員須由不同人擔任等工作，則須有所改變及因應。

(三) 資料儲存及處理方式的改變

資訊的儲存方式由實體化轉變爲虛擬化，對於軟硬體的維護機制更顯重要。

(四) 審計工作的進行須依賴專家協助

根據審計準則公報第二十號第四條之規定，查核人員雖已具備會計及審計知識，但未必具備其他專業技術、知識及經驗，故查核人員可能需要採用專家報告，以判斷財務報表是否允當表達。

(五) 電腦犯罪的潛在性威脅

如駭客的網站入侵、資料的竊取等，對於電腦使用普及程度甚高的今日而言，是一項具有潛在風險的威脅。

(六) 可利用電腦輔助查核技術

在一些特殊狀況下，採用電腦輔助查核技術（Computer Assisted Audit Techniques, CAATs）是必要的工具。例如，在利息的核算方面，銀行利息的計算可能係按日給付給受查單位，但查核人員在進行查核動作時，無法測試利息計算的程序是否正確，此時則必須採用電腦輔助查核技術，作爲驗證利息計算之系統工具。

■第三節　電子資料處理系統環境與一般公認審計準則及相關法令之關聯

審計準則公報制訂的基本精神係源自於一般公認審計準則。因此，在執行查核工作之時，不論客戶採用電子資料處理系統或人工作業系統處理交易，均必須遵循一般公認審計準則之規範執行。

一、一般準則

一般公認審計準則第一條規範了查核人員應具備專門學識及經驗，並經適當專業訓練者擔任。

審計準則公報第四十八號第十七條規定，查核人員應瞭解與財務報導攸關之資訊系統（含相關營運流程）；換言之，查核人員應具備足夠之一般性電腦資訊系統知識，以規劃、督導及覆核查核工作，並考量查核工作之執行是否需具備電腦資訊系統之專門技術：

1. 以充分瞭解電腦資訊系統環境對會計制度及內部控制之影響。
2. 決定電腦資訊系統環境對評估整體風險與各科目餘額及各類交易風險之影響程度。
3. 設計及執行適當之控制測試及證實程序。

查核人員雖已具備會計及審計知識，但未必具備其他專業技術、知識及經驗，故查核人員可能需要採用專家報告，以判斷財務報表是否允當表達，專家報告之採行，應依審計準則公報第二十號「專家報告之採用」規定辦理。

二、外勤準則

(一) 查核工作之執行在事前應妥為規劃

外勤準則第一條說明了查核工作的執行在事前應妥為規劃，其有助理人員者，須善加督導。

審計準則公報第四十八號說明，查核工作可能因受查者電腦資訊系統環境而受影響。因此，查核人員於擬訂查核計畫時應瞭解：

1. 電腦處理會計作業之重要性與複雜度。
2. 受查者電腦資訊系統作業之組織結構與電腦處理集中及分散之程度。
3. 取得電腦作業資料之難易程度。

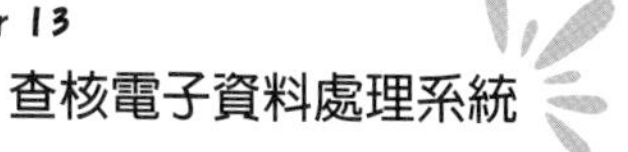

(二)對受查單位有關控制測試及證實程序之評估

外勤準則第二條規定，對於受查者內部控制應作充分之瞭解，藉以規劃查核工作，決定抽查之性質、時間及範圍。

1. 取得對內部控制之充分瞭解，藉以規劃查核工作。
   (1) 充分瞭解一般控制及應用控制。一般而言，當查核人員檢查電子資料處理系統時，通常先檢討一般控制，因爲應用控制是否有效，係有賴於一般控制是否有效而定。
   (2) 瞭解利用電子資料處理之重要交易類型、處理過程、相關會計記錄及文件等資訊。
2. 評估控制風險，藉以設計額外控制測試。
3. 執行額外控制測試之方法：如透過電腦查核、繞過電腦查核等。
4. 重新評估控制風險，並藉以決定適當的證實程序之性質、時間及範圍。

三、公開發行公司建立內部控制制度處理準則

依財政部金融監督管理委員會證券期貨局於民國103年9月22日公布之《公開發行公司建立內部控制制度處理準則》第九條規定：「公開發行公司使用電腦化資訊系統處理者，其內部控制制度除資訊部門與使用者部門應明確劃分權責外，至少應包括下列控制作業：

1. 資訊處理部門之功能及職責劃分。
2. 系統開發及程式修改之控制。
3. 編製系統文書之控制。
4. 程式及資料之存取控制。
5. 資料輸出入之控制。
6. 資料處理之控制。
7. 檔案及設備之安全控制。
8. 硬體及系統軟體之購置、使用及維護之控制。
9. 系統復原計畫制度及測試程序之控制。

10. 資通安全檢查之控制。
11. 向本會（財政部金融監督管理委員會證券期貨局）指定網站進行公開資訊申報相關作業之控制。」

■第四節　執行查核規劃時應考量事項

如第三節所述，查核人員於擬訂查核計畫時，應瞭解：

1. **電腦處理會計作業之重要性**

   重要性係指電腦所處理之會計事項對財務報導有重大影響者。

2. **電腦處理會計作業之複雜度**

   複雜度係指電腦處理會計作業應用系統時，複雜的程度。複雜之應用系統包含：

   (1) 交易量大，以致使用者難以在處理過程中發現及改正錯誤。

   (2) 重大交易或分錄係直接由電腦程式自動產生者。

   (3) 重大交易或分錄係直接由電腦執行計算或自動產生，且無法獨立驗證者。

   (4) 交易之運作係以電子交換進行，未經由人工核閱其適當性及合理性。

3. **受查者電腦資訊系統作業之組織結構與電腦處理集中及分散之程度**

4. **取得電腦作業資料之難易程度**

   電腦檔案或其他查核時所需之證據，可能只存在一段短期間或僅能以電腦讀取。查核人員可利用電腦輔助查核技術快速取得資料，以提升查核效率。

■第五節　電子資料處理系統環境之風險及其內部控制之特性

根據審計準則公報第三十一號第八條之規定，當受查者的電腦資訊系統具重要性時，查核人員應對該電腦資訊系統環境進行瞭解，及評估固有風險與控制風險之影響。一般而言，電腦資訊系統環境之風險及其內部控制之特性如下：

一、*缺乏交易軌跡*

大多數的電腦資訊系統並未設計成可達成查核目的之完整交易軌跡，或雖有完整交易軌跡，但僅存在於一段短暫的時間，只能以電腦讀取。因此當系統程式發生錯誤時，無法及時以人工作業程序偵測出來。

二、*處理程序一致*

電腦系統對於同類交易以相同方式處理，因此當程式設計錯誤或電腦的軟硬體發生系統錯誤時，會造成所有同類交易的處理不正確。

三、*缺乏職能分工*

電腦資訊系統可能將人工作業制度下各自分工之控制程序集中由電腦處理，因此電腦程式設計工作與資料處理工作應分別由不同人員擔任。

四、*發生錯誤及舞弊之可能性*

電腦化資訊系統環境下發生人爲錯誤及舞弊之可能性高於人工處理制度，原因包含：

1. 資訊系統之開發、維護及執行較爲複雜。
2. 在資訊系統環境下，對於未經授權便擅自存取及更改資料的狀況，較難以偵察出來。
3. 由於人工作業的減少，導致可經由人工作業而偵察出錯誤或舞弊之機率降低。因設計或修改應用程式所產生的錯誤或舞弊，相對而言，較無法及時被偵察出來。

五、交易由電腦自動產生或執行

在資訊系統環境下，管理階層之授權動作可能發生在系統設計或修改之時，便已核准該交易，使電腦資訊系統可自動產生或執行該筆交易，此核准動作之時點與人工作業之核准時點有所不同。

六、人工控制依賴電腦控制

人工控制程序之執行可能有賴於電腦系統所產生之報表或其他相關資料。因此，電腦資訊系統控制成功與否係決定交易控制是否成功之關鍵；交易控制成功與否之關鍵則決定了人工控制程序之有效性。

七、可提升管理階層監督能力

管理階層可藉由電腦資訊系統所提供覆核及監督企業營運之各種分析工具，強化整體內部控制。

八、可使用電腦輔助查核技術

利用電腦進行資料處理及分析大量資料時，可使用電腦通用或專用查核技術，進行查核測試。

上述電腦資訊系統所衍生之風險及內部控制之特性，對查核人員評估風險與決定查核程序之性質、時間及範圍，會產生一定程度之影響。

■第六節　資訊處理控制

資訊科技之使用會影響控制作業執行之方式。就查核人員觀點，如資訊科技系統之控制可維護資訊之完整性及系統所處理資料之安全性，且包含有效之一般控制及應用控制，該等控制則屬有效。

一、一般控制

一般控制係指與許多應用系統有關，並使應用控制得以有效運作之政策及程序。該等控制適用於大型主機、小型主機及一般使用者之環境。維護資訊完整性及資料安全性之資訊科技系統一般控制，通常包括對下列事項之控制；

1. 資料中心及網路運作。
2. 系統軟體之取得、修改及維護。
3. 程式之修改。
4. 存取之安全性。
5. 應用系統之取得、開發及維護。

(一)組織部門之控制

1. 資訊處理部門應與資訊使用部門相獨立。並且資訊處理部門無權更改資料，除非原始錯誤發生於資訊處理部門。
2. 系統分析師與程式設計師兩者之職能可以合併，但在一個健全的內部控制制度下，為了防止舞弊發生的可能性，此兩者職能萬不可與電腦操作人員之職能相合併。
3. 資訊處理部門員工不應進行核准或執行交易及經營資產。
4. 資訊處理部門內的職能亦應相互分工，以確保各個職位負有其相對應之基本責任。

詳細之責任劃分，如表13-2所述。

表13-2　資訊處理部門內各個職位之基本責任

職　　位		基本責任
管理階層		負責部門整體規劃及控制，及負有核准系統之權。
系統開發	系統分析師	1.評估現行系統，並在必要狀況下，開發新系統。 2.編製系統手冊，以供程式設計師進行參考。
	程式設計師	1.開發程式，並以流程圖說明電腦程式間之邏輯關聯性。 2.對程式進行除錯工作。

(續前表)

資訊處理操作	電腦操作員	操作電腦軟體，從事輸入工作。
	資料管理員	負責文件、資料及檔案之保管。
	網路管理員	規劃並維護網路之架設及修改。
資料控制	資料控制小組	1.負責監督輸入、處理及輸出的工作。 2.資訊處理部門與資訊使用部門之間的溝通者。
	資料庫管理員	設計資料庫的組織，並控制資料庫的接近及使用。
資訊安全	資訊安全管理員	掌管系統安全的維持與把關，軟硬體之維護，及監督程式與資料之接近。

(二)原始系統之設計及續後程式之修改

1. 使用部門、會計部門及內部稽核應參與系統之設計及續後程式之修改。
2. 系統之執行與操作應製成操作手冊，以供管理階層及相關使用部門參考及檢視。
3. 新系統正式上線前，須經由管理階層之書面核准。
4. 控制主檔及交易檔之變動，以確保交易之完整性，並避免未經授權人員接近電腦資料。
5. 新系統正式上線後，後續之修改亦須經過核准。

(三)硬體控制及嵌入硬體設備中之軟體控制

1. 硬體設備之控制

定期執行軟硬體維護與保養。

2. 嵌入軟體之控制

以確保資料的正確性。

(1) 回應測試（Echo Test）：確保電腦內部在傳輸某一資料時，不會在傳輸過程中資料發生改變或傳輸錯誤的現象。因此，當接收資料單位收到資料後，會將所收到的資料再傳回輸出資料單位，兩者相互核對，以確保資料的正確性。

(2) 自我診斷（Self Diagnosis）：架設於電腦內部的設備，使電腦在發生故障之前，及時測試出發生問題的電路及記憶單位。

(3) 重複處理核對（Read After Write）：對於相同的操作執行兩次以上，並比較其結果。寫後讀係指電腦會將已經讀入系統內的資料再回傳，以驗證其正確性。

(4) 同位核對（Parity Check）：當資料在電腦內傳遞時，運用同位核對可確保位元在傳輸過程中並未遺漏。如：存摺號碼的最後一碼，便是檢查碼，即同位核對之應用。

(四)安全措施及資料存取之控制

1. 只有業經核准的人員方能接近電腦。
2. 唯有業經授權之特定人員，方能有權限修改檔案及資料。
3. 使用者必須輸入密碼，方能使用電腦。
4. 操作系統應有程式記錄終端機的使用情形。
5. 所有的檔案程式必須存有複本，並且分別存放。
6. 建立祖—父—子三代檔資料保存。剛被更新過的主檔是子檔；用來更新子檔者稱爲父檔；父檔在被加入新交易前的檔案稱之爲祖檔。

二、*應用控制*

應用控制通常係指營運流程層級運作之人工或自動化程序，亦適用於個別應用系統所執行之交易處理。應用控制之性質可分爲預防性或偵查性，其目的係爲確保會計紀錄之正確及完整。因此，應用控制與交易或其他財務資料之發生、處理、紀錄及報導程序有關。該等控制有助於確保所發生之交易，係經授權並已完整且正確記錄及處理，例如輸入資料編輯檢查、編號順序檢查（搭配例外報告之人工追蹤或於資料輸入點立即更正）等。

(一) 輸入控制

1. 輸入控制的目的

在於保證所有收到待處理的數據在讀入電腦時都是正確且完整的，且交易事項業已經適當的核准。

2. 授權

適當授權程序的主要目的在確定交易已經於管理階層權限範圍內授權之。每一項交易皆應經由管理階層之一般授權與特別授權後方能執行。一般授權係針對一般交易情況，如賒銷之信用核准、產品價格之訂定等。特別授權則是指必須在個別的基礎上經認可之授權。

3. 輸入有效性之核對

數據鍵入時，應進行下列檢查動作，以確保資料輸入之正確性：

(1) 限度查核（Limit Test）：限定只有落在預定限度內的資料方能接受。

(2) 有效性檢查（Validity Test）：包括有效符號檢查及有效號碼檢查。有效符號檢查係用以確定資料符號的正確性。有效號碼檢查係比較分類或交易號碼與其相對交易類型的主要號碼表是否一致。

(3) 檢查位元（Check Digit）：藉著對識別號碼作特殊的算數運算後，再將其結果與檢查位元相比較，以確定其識別號碼的輸入是否正確。

(二) 處理控制

1. 控制總數（Control Totals）

爲確保每次上機時的輸入總數與處理總數相等，便在程式中設計累計控制總數。

2. 順序測試（Sequence Tests）

透過識別號碼及記錄依次處理交易，以檢測是否有複製或遺漏項目之交易檔。

3. 處理追蹤資料（Process Tracing Data）

爲了評量重大交易項目的改變，追蹤資料的範圍包含交易處理前、後的內容。

(三) 輸出控制

1. **總數調節（Reconciliation of Totals）**

   由資料處理人員處理電腦產生的輸出總數，並調節至輸入總數及處理總數。

2. **與原始文件比較（Comparison to Source Documents）**

   電腦產生的輸出檔案應與原始文件相互比較。

■第七節　查核策略

在電腦資訊系統環境下，查核策略係指繞過電腦查核（Auditing Around the Computer）或透過電腦查核（Auditing Through the Computer）。選擇查核策略的決定要素在於：成本與效益之考量、受查者資料取得的便利性、查核人員的能力與經驗等因素。

一、*繞過電腦查核（Auditing Around the Computer）*

（流程如圖13-1）

繞過電腦查核係指查核人員在抽查的基礎下，以人工處理輸入資料，再將所得結果與客戶電腦系統輸出的結果加以比較，若人工處理與輸出報表兩者結果皆相同，則假定系統控制已經適當處理。

(一) 繞過電腦查核之優點

1. 簡單、容易執行。
2. 風險低：不會破壞受查者系統內之眞實資料。
3. 查核成本較低。

(二) 繞過電腦查核之缺點

1. 無法以電腦節省人力或時間。

2. 查核品質較低。
3. 受查對象受限：假使客戶採用資料庫系統或其他電腦資訊系統運作，則此法之使用將受限制。
4. 當環境變遷致系統過時，查核人員無法及時提供新的處理程序。

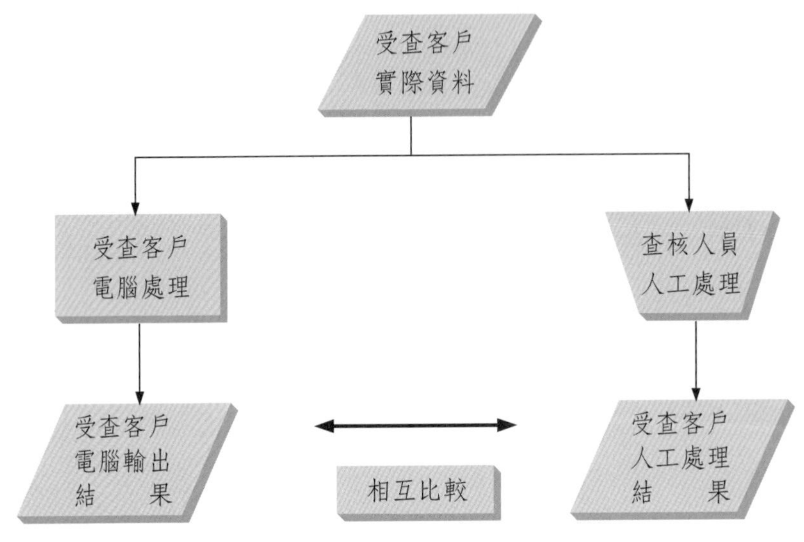

圖13-1　繞過電腦查核之流程

二、*透過電腦查核（Auditing Through the Computer）*

透過電腦查核係指查核人員利用電腦及程式作爲查核工具之方法。查核人員採用透過電腦查核策略之適用情況：

1. 電腦資訊系統具重大性且複雜程度高。
2. 部分書面審計軌跡取得困難，須透過電腦系統取得資料內容，並測試電腦控制程序。
3. 原始資料沒有實質憑證的保存。

(一) 透過電腦查核之優點

1. 可節省查核過程中大量的人力及時間。
2. 審計查核品質較高。

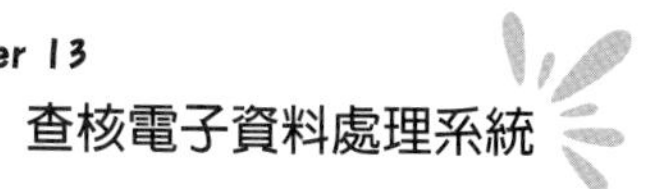

3. 可擴大對委託客戶的服務範圍。

(二) 透過電腦查核之缺點

1. 查核人員須經專業的訓練及培養。
2. 當查核人員使用電子資料系統時，可能會損壞到受查客戶的資料內容。

藉由圖13-2說明繞過電腦查核與透過電腦查核之差別：

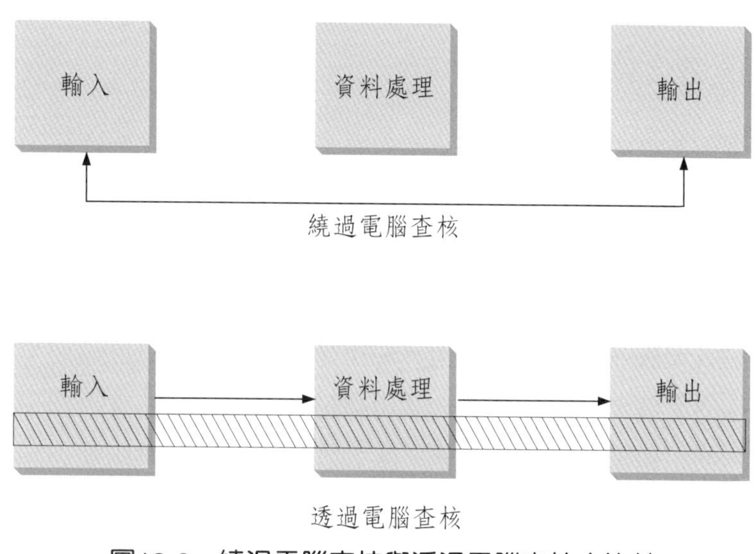

圖13-2　繞過電腦查核與透過電腦查核之比較

■第八節　資訊系統環境——單機作業之個人電腦

有鑑於運用電腦資訊系統處理交易事項，對企業之影響愈趨廣泛，爲協助查核人員在企業使用電腦資訊系統環境下，發展良好之審計實務，中華民國會計研究發展基金會陸續制訂相關之審計實務指引，以協助查核人員在電腦資訊系統環境下，發展良好之審計實務。

根據中華民國會計研究發展基金會於民國91年10月1日發布之審計實務指引第一號「資訊系統環境—單機作業之個人電腦」所述，審計實務指引並非一般公認審計準則，其目的不在制訂任何新基本原則或必要之查核程序，而係提供適用審計準則之實務指引，以協助查核人員在企業使用單機作業之個人電腦產生財務報表所需重要資訊之環境下，發展良好之審計實務。查核人員應運用專業判斷以決定審計實務指引所述查核程序之適用程度，以符合審計準則及企業特定環境之要求。

一、*單機作業之個人電腦*

個人電腦可用來處理會計交易並產生財務報表所需之必要資訊。全部或部分之會計制度可能以個人電腦處理。

單機作業個人電腦之資訊系統環境與其他資訊系統環境通常不盡相同。大型電腦系統所適用之特定控制與安全基準，對個人電腦可能不適用。相對而言，由於單機作業個人電腦及其環境之特性，使得某些內部控制更形重要。

使用單機作業個人電腦之企業，其組織結構對風險評估及控制相當重要。例如中小企業所使用單機作業個人電腦之套裝軟體，縱使具有內建控制功能，但管理階層之監督可能是唯一有效之控制。相對而言，使用單機作業個人電腦之大型企業，控制之有效性取決於職責之明確劃分及限制電腦特定功能之使用。

二、*對會計制度及內部控制之影響*

資訊系統環境影響會計制度及相關內部控制之設計，從而可能影響整體查核計畫，包含查核人員所欲信賴之內部控制及查核程序之性質、時間及範圍，因此查核人員應瞭解並考量資訊系統環境之特性。

使用個人電腦對會計制度及相關風險之影響，視下列情況而定：

1. 用於會計處理之程度。
2. 處理財務交易之種類及重要性。
3. 應用系統之程式與資料之性質。

三、一般控制——職能分工

其他資訊系統環境下，通常可建立適當職能分工之一般控制，而個人電腦之資訊系統環境因缺乏職能劃分，可能導致錯誤未能偵知，或發生舞弊及隱匿。

爲瞭解控制環境及單機作業個人電腦之資訊系統環境，查核人員應考量企業之組織結構，特別是資料處理之職責劃分。

在個人電腦資訊系統環境下，使用者對於會計制度通常執行下列兩種以上之職能：

1. 編製原始文件。
2. 核准原始文件。
3. 輸入資料。
4. 處理資料。
5. 變更程式與資料。
6. 使用或分發輸出結果。
7. 修改作業系統。

四、應用控制

個人電腦資訊系統環境下一般控制之若干缺失，可藉由建立與管理政策一致且適當之程式與資料存取控管、資料輸出入與處理控制加以彌補。

有效之控制，列舉如下：

1. 核驗程式。例如：限度合理性檢查。
2. 交易日誌與批次總數控制，包括對例外事項之追蹤與處理。
3. 直接監督。例如：覆核報表。
4. 記錄筆數或雜項總計之調節。

一般而言，主檔與交易資料應有適當之職能劃分控制，並可藉由下列獨立職能之建立，達到應用控制之目的：

1. 確定須處理之資料已齊備。

2. 確定所有資料係經授權並已記錄。
3. 追蹤處理偵知之所有錯誤。
4. 確認輸出結果之適當分發。
5. 限制應用程式與資料之實體存取。

五、*查核程序之考量*

單機作業之個人電腦資訊系統環境下，擬藉完整之控制，將未能偵知錯誤之風險降至最低，實務上如不可行或不具成本效益時，查核人員依照審計準則公報第四十八號「瞭解受查者及其環境以辨認並評估重大不實表達風險」瞭解會計制度與控制環境後，將查核工作著重於證實程序，可能比評估一般控制或應用控制更符合成本效益。

■第九節　風險評估與內部控制——電腦資訊系統的特點與考量

一、*電腦資訊系統環境之組織結構*

電腦資訊系統環境，係指受查者自行或委託他人使用各類機型電腦處理財務資訊。在電腦資訊系統環境下，企業應建立組織結構及程序，以管理電腦資訊系統之作業。電腦資訊系統組織結構之特性包括：

(一) 職能集中化

一般而言，使用電腦資訊系統之企業，雖仍保存部分人工作業，但參與財務資訊處理作業之人數通常顯著減少，甚至可能僅有資料處理人員瞭解下列事項之細節：

1. 資料來源間之關聯性。

2. 資料處理之方式。
3. 輸出資料之分發及使用。

上述資料處理人員可能知悉內部控制之缺失，而於儲存或處理時可能擅自修改程式或資料。除此之外，許多傳統之職能分工控制亦可能不存在，或可能欠缺適當之存取等控制而降低內部控制之有效性。

(二) 程式及資料集中化

交易及主檔資料通常為機器可讀取之型態，並可能與相關之電腦程式一併儲存，如欠缺適當之控制，則增加未經授權存取及更改程式與資料之風險。

二、*設計及作業程序*

電腦資訊系統之設計及作業程序通常有別於人工作業，其特性如下：

(一) 執行之一致性

電腦資訊系統之開發若能考量並整合所有可能發生之交易類型及情況，則因其運作可依程式精確執行，而較人工作業可靠。反之，電腦程式如未予正確設計及測試，則可能持續使交易及資料之處理發生錯誤。

(二) 程式化之控制程序

電腦資訊系統可內建控制程序。某些控制程序在執行時僅具有限之可見性，例如採用通行密碼以防範不當之存取；某些控制程序則須人工作業之配合，例如覆核電腦系統自動產生之例外與錯誤報表，以及覆核合理性限度檢查之資料。

(三) 單筆交易影響眾多檔案

於會計系統輸入一筆資料，可能自動更新與該筆交易相關之全部記錄，例如輸入出貨單可能同時更新銷貨收入檔、應收帳款檔及存貨檔。因此，一筆錯誤之輸入可能造成不同會計科目之錯誤。

(四) 系統自動產生交易

部分交易可能無須輸入文件即由電腦資訊系統自動產生，其交易之授權可能無法由可見之輸入文件或由其他相關交易文件予以佐證，例如利息可能於電腦程式中依事先核可之條件自動計算，並計入客戶帳戶餘額。

(五) 儲存媒體容易受損

大量資料及電腦程式可能儲存於可攜式或固定之儲存媒體（如磁片或磁帶），此等媒體容易遭竊、遺失或損毀。

三、*電腦資訊系統之一般控制*

電腦資訊系統一般控制之目的係建立對電腦資訊系統作業之控制架構，以合理確保內部控制整體目標之達成。電腦資訊系統之一般控制通常包括：

(一) 組織及管理控制

建立電腦資訊系統作業之組織架構，包括：

1. 管理控制相關職能之政策及程序。
2. 職能之適當分工，例如交易輸入、程式設計及電腦操作應由不同人員執行。

(二) 應用系統開發與維護控制

通常須對下列事項建立控制程序，以合理確保系統開發與維護之授權及效率：

1. 新系統或更新系統之測試、轉換、導入及其相關文件之記錄。
2. 應用系統之變更。
3. 系統文件之存取。
4. 外購或委外開發之應用系統。

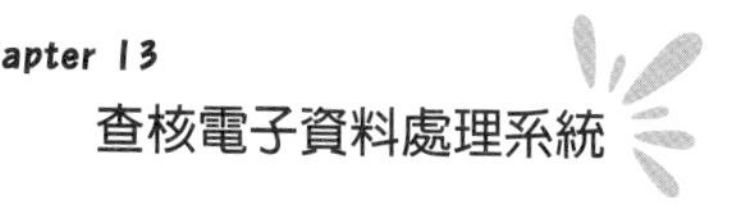

(三) 電腦操作控制

建立系統採取之控制程序以合理確保下列事項：

1. 系統僅在經授權之目的下使用。
2. 僅經授權之人員始可操作電腦。
3. 僅可使用經授權之程式。
4. 處理之錯誤可被偵測並更正。

(四) 系統軟體控制

對下列事項建立控制程序，以合理確保系統軟體取得與開發之授權及效率：

1. 新系統軟體或修改系統軟體之授權、核准、測試、導入及其相關文件之記錄。
2. 經授權之人員可存取系統軟體及相關文件之限制。

(五) 資料輸入及程式控制

建立控制程序以合理確保下列事項：

1. 輸入系統之交易業經適當授權。
2. 僅經授權之人員可存取資料及程式。

四、電腦資訊系統一般控制之覆核

查核人員測試電腦資訊系統之一般控制時，應考量其對於重要應用系統之影響。電腦資訊系統之一般控制通常與部分或全部應用系統相關且相互依存，其係有效應用控制不可或缺之基礎，故覆核應用控制前，如先覆核一般控制之設計可能較有效率。

五、電腦資訊系統之應用控制

電腦資訊系統應用控制之目的係建立應用系統特定之控制程序，以合理確保所有交易之適當授權、記錄及其處理之完整、正確與即時。

電腦資訊系統之應用控制包括：

(一) 輸入控制

建立控制程序以合理確保下列事項：

1. 交易於電腦處理前業經適當授權。
2. 交易已適當轉換爲機器可讀取之型態，且已記錄於電腦資料檔。
3. 交易無遺漏、虛增、重複或不當更改之情形。
4. 錯誤交易業經拒絕、更正，如有必要應即時重新輸入。

(二) 處理及電腦資料檔控制

建立控制程序以合理確保下列事項：

1. 交易（包括系統自動產生之交易）業經電腦適當處理。
2. 交易無遺漏、虛增、重複或不當更改之情形。
3. 處理錯誤業經辨識且及時更正。

(三) 輸出控制

建立控制程序以合理確保下列事項：

1. 處理結果之正確性。
2. 僅經授權之人員可存取輸出結果。
3. 輸出結果即時提供予適當之權責人員。

六、電腦資訊系統應用控制之覆核

輸入、處理與資料檔案及輸出之控制可能由資訊部門人員、系統使用者、獨立控管單位或應用軟體之程式來執行，查核人員擬測試之電腦資訊系統應用控制通常包括：

(一) 使用者採行之人工控制

應用系統使用者採行之人工控制程序，即可合理確保系統輸出之完整、正確及適當授權，則查核人員可能僅執行此等控制測試。例如薪資系統使用者採行之人工控制，可能包括薪資資料輸入之總額控制、薪資表之核算、支薪或轉帳之核准，與薪資清冊金額之比較、銀行薪資帳戶之即時調節等，則查核人員可能僅測試該等控制。

(二) 系統輸出控制

除使用者採行之人工控制外，如查核人員擬測試之輸出控制須使用電腦產生之資訊（含媒體儲存之資訊），或其控制內建於電腦程式中，則查核人員可使用人工查核程序、電腦輔助查核技術或二者並用。例如明細表與總分類帳間之調節係由電腦執行時，如查核人員採行人工控制測試難以取得足夠及適切之證據，則可能須使用電腦輔助查核技術。

(三) 程式化之控制程序

在某些電腦系統下，查核人員藉由檢查使用者採行之人工控制或系統輸出之結果，難以取得足夠及適切之證據時，則查核人員可考慮使用電腦輔助查核技術以執行控制測試，包括測試資料、重新處理交易資料及檢查應用系統程式碼等。例如應用系統無法提供重要交易事項書面之核准文件時，查核人員可能須使用電腦輔助查核技術，測試內建於應用程式之控制程序。

七、評　估

電腦資訊系統之一般控制對應用系統之交易處理可能具有廣泛之影響，如一般控制非屬有效，則應用系統可能發生不實表達而未被偵知之風險。查核人員如因電腦資訊系統一般控制之缺失而不擬執行部分應用控制之測試，可考量使用者所採行之人工控制能否達成應用控制之目的。

■第十節　資訊系統環境——線上作業電腦系統

一、*線上作業電腦系統*

線上作業電腦系統係指使用者由終端機存取資料與程式之電腦系統，此種系統可能由大型電腦、筆記型電腦或個人電腦連結成之網路所組成。當企業使用線上作業電腦系統時，其技術可能很複雜且與企業之策略性營運計畫相關聯。查核人員可能須具備特殊之資訊技能以查詢並瞭解其回覆之涵意，必要時須考量採用專家報告。

二、*線上作業電腦系統之種類*

線上作業電腦系統依資訊之輸入方式、處理方式及產出時程分類如下：

1. 線上即時處理。
2. 線上批次處理。
3. 線上輸入暫時更新處理。
4. 線上查詢。
5. 線上下載或上傳。

分述如下：

(一) 線上即時處理

每筆交易自終端機輸入，隨即驗證檢查並更新相關電腦檔案，例如收取現金時隨即登錄客戶帳戶，並可即時供查詢或列印。

(二) 線上批次處理

每筆交易自終端機輸入、初步驗證檢查、記錄至交易檔案，並每隔一段時間採批次驗證檢查此交易檔案及更新相關主檔。例如交易分錄於線上輸入、初步驗

證檢查並記錄至交易檔案，總分類帳主檔則採每月更新，因而查詢或列印報表時，不含最近期更新主檔後輸入之交易。

(三) 線上輸入暫時更新處理

線上輸入暫時更新處理包括線上即時處理與線上批次處理，其方式係擷取最近期更新之主檔爲暫存檔，每筆交易發生時，隨即更新暫存檔，並藉由暫存檔查詢資料，其後採批次處理方式，驗證檢查此暫存檔及更新相關主檔。例如由自動櫃員機提領現金係於暫存檔中檢查，並隨即扣減客戶帳戶之餘額，就提款人而言，此系統如同線上即時處理系統，其於資料輸入後可立即得知處理結果，惟此項交易於更新主檔前尚未完成所有驗證檢查。

(四) 線上查詢

線上查詢僅授權使用者可自終端機查詢主檔，而更新主檔通常係由其他系統以批次方式處理。例如使用者於接受客戶訂單前可查詢其最近期更新主檔之信用狀況。

(五) 線上下載或上傳

線上下載係指自主檔傳送資料至智慧型終端機以供使用者做進一步之處理。例如分公司可自總公司系統下載資料，以做進一步處理並編製財務報表，其處理結果及當地處理之其他資料可上傳至總公司之電腦。

三、*線上作業電腦系統之特性*

線上作業電腦系統具有若干重要之特性，包括線上輸入與驗證檢查資料、使用者線上存取系統、欠缺有形之交易軌跡及非一般使用者（如程式設計員與其他第三者）得以電子郵件或網際網路等方式存取系統。

特定線上作業電腦系統所具有之特性，依該系統之設計而異。

四、線上作業電腦系統之內部控制

在線上作業環境下，應用系統未經授權存取與更改之風險較高，爲確保資訊之完整與可靠，企業應建立適當之資訊安全架構，因此查核人員評估一般與應用控制前應先考量資訊安全架構。爲降低電腦病毒危害、未經授權存取與審計軌跡損毀之風險，企業應建立適當之一般控制，其中以存取控制尤爲重要。

存取控制通常可分爲邏輯存取控制與實體存取控制。邏輯存取控制包括使用通行密碼與特殊存取控制軟體（如線上監控軟體），以控管功能選單、授權表、通行密碼、檔案及程式等之存取。實體存取控制包括終端機上鎖、電腦室上鎖及非營業時間中斷連線等。

五、其他重要一般控制

線上作業電腦系統之其他重要一般控制例舉如下：

1. 通行密碼之管制：建立通行密碼之分發與維護程序，以確保存取業經授權。
2. 系統開發與維護控制：線上應用系統之設計應包括通行密碼、存取控制、資料驗證及復原程序。系統之變更已依既定程序且符合預定目標。
3. 程式控制。
4. 交易日誌。
5. 防火牆。

六、重要應用控制

線上作業處理之重要應用控制例舉如下：

(一) 處理前授權

進行交易前之授權，例如自動櫃員機提領現金前須使用金融卡並輸入個人通行密碼。

(二) 終端機執行資料格式、合理性與其他驗證檢查

利用核驗程式檢查輸入資料與處理結果之完整性、正確性與合理性，例如核驗程式可經由智慧型終端機或電腦主機執行序號、限額、範圍與合理性等檢查。

(三) 資料輸入錯誤之報告與處理程序

確保所有輸入錯誤之資料均經適當報告、辨識、拒絕，並及時更正與重新處理，前述程序通常須結合人工與電腦作業。

(四) 交易截止程序

線上作業系統處理交易時，須確保交易記入於正確之會計期間，例如不同地點之終端機記錄銷貨量時，須與實際出貨、存貨銷帳及發票開立之時點相互勾稽。

(五) 檔案控制程序

確保線上作業使用正確之資料檔案。

(六) 主檔控制程序

主檔變更之控制程序應比照交易資料輸入之控制程序，惟主檔資料對於處理結果之影響較爲廣泛，故應有更嚴格之控制程序。

(七) 控制總數程序

經由線上終端機輸入資料應建立控制總數，並於處理時及處理後比較控制總數，以確保資料在每一處理階段之完整與正確。在即時處理環境下，控制總數程序應盡可能內建於自動化核驗程式中。

(八) 主檔與交易資料通常應分別控管，並建立下列獨立檢查功能

1. 確定須處理之資料已齊備。
2. 確定所有資料係經授權並已記錄。

3. 追蹤處理偵知之所有錯誤。
4. 確認輸出結果之適當分發。
5. 限制應用程式與資料之實體存取。

七、查核程序之考量

(一) 查核規劃階段所執行之程序

1. 安排熟悉線上作業電腦系統與相關控制之專業人員參與查核工作。
2. 瞭解有無新增之遠端存取設備。
3. 於風險評估時，初步評估該系統對於查核程序之影響。

(二) 與線上處理同時執行之查核程序

與線上處理同時執行之查核程序，可能包括對線上系統應用控制之測試，例如查核人員運用測試資料或稽核軟體，以確認其對系統之瞭解及測試通行密碼等存取控制。使用網際網路存取系統之環境下，查核人員除測試交易之處理外，亦可能測試防火牆及其他授權與存取控制。

查核人員採行與線上處理同時執行之查核程序前，宜先取得受查者相關人員之同意，以避免不慎毀損其記錄。

(三) 資料處理後所執行之程序

1. 測試受查者對於線上系統交易日誌之控制，以確認交易之授權、完整與正確。
2. 當系統設計或控制不佳，或基於成本效益之考量，查核人員不執行控制測試，而對交易與處理之結果採證實程序。
3. 重新處理交易作爲控制測試或證實程序。

■第十一節　資訊系統環境——資料庫系統

一、資料庫系統

資料庫系統主要包含資料庫及資料庫管理系統，並與其他硬體及軟體搭配使用。

資料庫係蒐集資料供不同使用者共享及使用。使用者通常僅知悉其所使用之資料，並可能將其視為應用系統之檔案，但未必知悉儲存於資料庫之所有資料及其用途。

資料庫管理系統係供建立、維護及操作資料庫之軟體。資料庫管理系統搭配作業系統，俾儲存資料、建立資料之關聯性，並提供應用程式所需之資料，資料庫管理系統亦可提供基本資料存取控制功能。

資料庫管理系統通常購自軟體廠商，再依企業之需求加以設定或修改。

二、資料庫系統之特性

資料庫系統之重要特性為資料共享及資料獨立，通常藉由資料辭典及資料資源管理加以構建。

(一) 資料庫系統之重要特性

1. 資料共享

資料庫可藉由定義其資料之關係及結構，使眾多使用者於不同應用程式中共享資料，例如資料庫中之存貨單位成本，可供應用程式產生銷貨成本表，亦可供另一應用程式做存貨評價之用。

2. 資料獨立

在資料庫系統下，如欲於資料庫中僅儲存一次資料，以供不同應用程式使用，則資料須共享且與應用程式相互獨立。在非資料庫系統下，每一應用程式各有其資料檔案，致使資料可能重複儲存於不同檔案中；反之，資料庫系統可使資料之重複性降至最低。

資料之獨立程度影響應用程式或資料庫修改之難易，並因不同資料庫管理系統而異。如資料完全獨立於應用程式，則變更資料結構無須修改應用程式，修改應用程式亦無須變更資料結構。

(二) 資料庫系統構建方式

1. 資料辭典

資料辭典係記錄資料儲存於資料庫位置之必要軟體工具，可促成資料共享及資料獨立，使資料僅儲存一次，便可供不同應用程式存取資料。

資料辭典亦可維護資料庫系統環境與應用系統關係之標準文件及定義，其功能例舉如下：

(1) 新增或修改資料定義。

(2) 驗證檢查資料定義以確保其完整性。

(3) 防止未經授權存取或竄改資料定義。

(4) 提供查詢資料定義之工具及報表。

資料庫可建構爲非關聯式之一般檔案資料庫或關聯式資料庫。非關聯式之一般檔案資料庫中，與某一記錄有關之所有資料均儲存於該筆記錄。關聯式資料庫之資料儲存於一系列相互串聯之資料表，其資料可能僅須儲存一次，即可由多筆記錄共享，故使資料重複性降至最低；關聯式資料庫之資料亦可組成物件供物件導向應用程式使用，惟其資料結構更爲複雜。

2. 資料資源管理

資料資源管理係確保資料完整性及相容性之基本組織控制。在資料庫系統環境下，資訊控制及使用，由個別應用導向改爲組織整體性考量。傳統系統環境下，每一應用程式分屬不同系統，其資料資源管理通常分別控管；而資料庫系統環境下，資料庫可提供企業整體所需之所有資訊，其資料資源管理多採集中控管。

不同應用程式可能使用相同資料，故整合資料之使用及定義，以及維護

資料之安全、正確及完整頗爲重要，爲增進組織整體資料之完整可靠，須運用資料資源管理。

三、資料庫系統環境之內部控制

企業之資訊安全架構對資訊之完整可靠相當重要，查核人員於查核一般控制及應用控制前，應考慮資訊安全架構對查核工作之影響。

在資料庫系統環境下之內部控制，通常需要對其資料庫、資料庫管理系統及相關應用程式加以有效控制。內部控制之有效性繫於資料管理之性質、資料庫管理工作及其執行方式。

四、重要一般控制

在資料庫系統環境下，因資料共享、資料獨立等特性，資料庫、資料庫管理系統及資料資源管理作業之一般控制，較應用控制更具有廣泛之影響。爲使資料庫管理系統相關功能可提供有效之控制，在資料庫系統環境下較爲重要之一般控制如下：

1. 開發及維護應用程式之標準方法。
2. 資料模式及資料所有權。
3. 資料庫存取。
4. 職能分工。
5. 資料資源管理。
6. 資料安全及資料庫復原。

分述如下：

(一) 開發及維護應用程式之標準方法

許多使用者共享資料時，使用標準方法以開發及維護應用程式可強化控管。

使用標準方法以開發及維護應用程式時，須採用正式且逐步之方法，亦須分析每次修改對資料庫中新增及現有交易之影響，及其對資料庫安全性與整合性之影響。

使用標準方法以開發及維護應用程式，可增進資料庫之正確性、整合性及完整性，其相關之控制例舉如下：

1. 建立資料定義之標準及監督程序。
2. 建立資料備份及復原之程序，以確保資料庫之可用性。
3. 建立資料項目、資料表及檔案之存取控制，以防止非故意或未經授權之存取。
4. 建立確保資料庫有關資料組成及關聯之正確性、完整性及一致性之控制。在複雜之系統下，其設計如未提供使用者驗證資料完整性及正確性之控制，將增加未能辨識出資料或索引遭毀損之風險。
5. 建立因邏輯、實體及程序改變所導致資料庫結構變更之控管程序。

(二) 資料模式及資料所有權

在資料庫系統環境下，許多人可能經由應用程式輸入或修改資料，資料庫管理者必須確認每一資料項目之正確性及完整性均有明確之權責歸屬。

被指定之資料擁有者負責界定存取及安全規則，例如誰可使用資料及授權使用者可執行何種功能；明確指派資料所有權之責任有助於資料庫之完整可靠，例如信用部經理可能被指派爲顧客信用額度資料之擁有者，並負責決定該資訊之授權使用者。若有多人可決定特定資料之正確性及完整性時，則可能增加資料訛誤或不當使用之可能性。

使用資料庫系統時，使用者設定檔之控制亦相當重要，不僅用於授權之存取，亦可供偵測違反授權之存取。

(三) 資料庫存取

對終端機、程式及資料之使用設定通行密碼，以控管使用者對資料庫之存取，有助於確保資料之存取、修改或刪除均經授權。例如，信用部經理授予銷售人員使用顧客信用額度資料之權限，但倉管人員可能無此權限。

爲有效控制通行密碼，須建立變更通行密碼、維護密碼機密性、覆核及調查試圖違反安全事件之控制程序。

運用授權表可強化資料庫各資料之存取控制，以避免未經授權之存取。

(四) 職能分工

資料庫之設計、建置及操作，應由技術人員、設計人員、管理人員及使用者於適當職能分工下執行，以確保資料庫之完整性及正確性，例如人事資料庫相關程式之修改及薪資率之修改，不應由同一人爲之。

(五) 資料資源管理

資料資源管理包括資料管理及資料庫管理，資料管理係指與資料所有權及定義、資料間關係及資料整合有關之功能，而資料庫管理主要係與資料庫之建置技術、日常作業、存取及使用政策有關之功能。

(六) 資料安全及資料庫復原

資料庫可供企業內不同單位使用，資料如無法取用或存有錯誤時，其影響遍及企業眾多單位。因此，資料安全及資料庫復原之一般控制，對於資料庫系統之管理極爲重要。

五、查核程序之考量

查核程序可能包括使用資料庫管理系統功能，藉以：

1. 測試存取控制。
2. 產生測試資料。
3. 提供審計軌跡。
4. 檢查資料庫是否完整可靠。
5. 提供存取資料庫之權限或備份資料，以供審計軟體擷取查核所需之資料。
6. 取得其他查核之必要資訊。

查核人員使用資料庫管理系統功能前，須評估其功能是否適當。

資料庫管理之控制如不適當，查核人員可能無法藉由證實程序彌補控制之不足。如資料庫系統控制明顯無法信賴，查核人員應考慮對使用資料庫所有重要之會計應用系統，是否執行證實程序以達查核目的，如無法藉由證實程序克服控制環境之弱點，以降低查核風險至可接受之水準，則會計師須出具修正式意見查核報告。

由於資料庫系統之特性，查核人員對新會計應用系統執行導入前之覆核可能較導入後之覆核更爲有效。查核人員執行導入前之覆核，並覆核變更管理之過程，使其有機會提出增加功能之需求（例如在應用程式設計時，增加內建稽核例行性作業或控制之功能），亦使其有足夠之時間於系統使用前完成查核程序之設計及測試。

習題與解答

一、選擇題

( ) 1. 查核人員需有適當的技術訓練與專業知識，以充分地瞭解電子資料查核系統，以確認並評估： (A) 資訊的處理與傳送過程 (B) 重要的會計控制特性 (C) 所有的會計控制特性 (D) 程式設計符合一般公認會計原則的程度。

( ) 2. 查核人員對客戶 EDP 系統的初步瞭解主要來自： (A) 檢查 (B) 觀察 (C) 詢問 (D) 評估。

( ) 3. 為何電腦系統下應維持會計之審計軌跡，其主要理由下列何者為非？ (A) 回答諮詢 (B) 偵察舞弊 (C) 監督之目的 (D) 分析性程序。

( ) 4. 下列何者會降低電子資料處理系統中內部控制之功能？ (A) 設立文書檔案管理員來管理電腦程式、指令及詳細目錄 (B) 電腦操作員有權接近操作指令及詳細的程式目錄 (C) 控制小組只負責電腦輸出結果之分發 (D) 程式設計人員依照系統分析師所設計之例行性程式，撰寫程式，並對其撰寫之程式做必要之除錯。

( ) 5. 下列活動最可能由 EDP 部門執行為： (A) 原始更改主檔 (B) 將資料轉換成機器可讀的形式 (C) 更正交易的錯誤 (D) 以上皆是。

( ) 6. 下列何者電腦檢查係用以確定是否屬於特定組別之特性？ (A) 同位核對 (B) 有效性檢查 (C) 回應檢查 (D) 有限度檢查。

( ) 7. 查核人員在分散式資料處理系統中，最關心的是下列何者？ (A) 硬體控制 (B) 系統說明文件 (C) 接近控制 (D) 災害復原控制。

( ) 8. 下列何者最可能是 EDP 系統的內部控制結構弱點？ (A) 控制職員對 EDP 部門收到的資料有控制權，並且在資料處理完成後，對控制總數加以調節 (B) 應用程式設計師指出系統設計所需之程式，並將該程式的邏輯以流程圖加以表示 (C) 系統分析師對電腦輸出結果加以覆核，並控制

EDP 部門輸出之分配 (D) 應付帳款職員準備待處理之資料，並自行鍵入電腦。

( ) 9. 下列與存取控制（access control）有關的敘述，何者正確？①要建立適當的存取控制，公司必須指明所有的使用者，以及這些使用者能接觸到的資料 ②視網膜無法被複製，因此視網膜掃描是使用者授權的最佳方法 ③密碼控制是最廣為採用的授權方法 (A) ①② (B) ①③ (C) ②③ (D) ①②③。〔103 年會計師〕

( ) 10. 電腦資訊系統環境下的內部控制乃建置於電腦程式中，因此欲查核內部控制，即須測試程式是否可有效執行控制之功能，此時下列何者為適當之測試方法？ (A) 測試資料法 (B) 交易標示法 (C) 嵌入稽核軟體法 (D) 系統管理程式。〔102 年會計師〕

( ) 11. 下列敘述何者錯誤？ (A) 企業之電腦備援計畫應包括災變後以異地備援之硬體設施處理企業資料 (B) 成功之資訊系統開發應包括資訊科技人員及非資訊科技人員之組合 (C) 資訊長應直接向高階管理人員及董事會報告 (D) 程式設計師應可以接觸電腦作業系統以便及時有效解決使用者問題。〔102 年會計師〕

( ) 12. 有關電腦審計的敘述，下列何者錯誤？ (A) 電腦資訊系統的一般控制，通常包括組織及管理控制 (B) 在電腦資訊系統環境下，查核工作之目的與範圍是不會改變的 (C) 確保輸出結果及時提供給授權人員屬於電腦資訊系統的一般控制目的 (D) 電腦資訊系統環境之內部控制可分為一般控制及應用控制，其相關控制均可包括人工及程式化之控制程序。〔102 年會計師〕

( ) 13. 下列何者非屬應用控制？ (A) 處理經核准的銷貨訂單 (B) 銷貨產品單價合理性的測試 (C) 銷貨主管覆核每日已過帳的銷貨報表 (D) 負責銷貨系統程式設計工程師應與銷貨交易處理人員不同。〔102 年會計師〕

( ) 14. 在電腦化的薪資系統中，雖然製成品部門員工經核准之工資率是每小時 \$7.15，但是每一個員工都領到每小時 \$7.45 的工資。下列何項內部控制可以最有效地偵測出此項錯誤？ (A) 限制可以接觸到人事部門薪資率檔

案之人員的存取控制（access control） (B) 由部門領班覆核所有已核准薪資率之變動 (C) 使用部門之批次控制（batch control） (D) 使用限額測試（limit test），比較每一個部門的薪資率與所有員工的最高薪資率。〔102年會計師〕

( ) 15. 當銷貨交易包括訂單處理、授信審核、出貨、請款、入帳等程序均由電腦做線上交易處理時，請問會計師為查核銷貨收入存在之查核目標，下列何者為應確認之程式化應用控制？①比對銷貨發票與出貨單 ②輸入控制之欄位測試 ③對帳，抽選客戶予以函證 ④有效代碼測試 (A) 僅①② (B) 僅③④ (C) 僅①③ (D) 僅②④。〔102年高考三級〕

( ) 16. 一家郵購零售商透過商品目錄銷售複雜的電子設備。銷售員由電話接受訂單，再將訂單資料藉由電腦終端機傳送到公司的總倉庫，進行訂單處理、送貨，以及開立發票。下列何者為確保揀選和運送正確存貨項目的最有效控制程序？ (A) 在顧客的帳户編號中使用自動核對碼（self-checking digit） (B) 在電話中與顧客口頭核對有關零件的描述和價格 (C) 銷貨訂單的處理人員在處理訂單之前，先行驗證訂單上的項目是否有庫存 (D) 使用批次控制（batch control）來調節經由終端機訂購的總金額和同期間存貨檔案中所記錄的總金額。〔101年會計師〕

( ) 17. 電腦資訊部門若因編制小，以至於人員必須兼任不相容的職務時，則下列何種措施有補強內部控制的效果？ (A) 自動核對檢查號碼 (B) 電腦產生雜數合計（hash total） (C) 設置軟體圖書館 (D) 設置電腦日誌。〔101年會計師〕

( ) 18. 資訊系統之二大控制作業類型包括一般控制及應用控制，下列何項屬於應用控制？ (A) 程式修改控制 (B) 限制存取程式或資料 (C) 檢查記錄中計算之正確性 (D) 新版本套裝軟體導入之控制。〔101年高考三級〕

( ) 19. 有關「電腦審計」，下列敘述何者錯誤？ (A) 一筆錯誤之輸入，可能造成不同會計科目的錯誤 (B) 交易輸入、程式設計及電腦操作應由不同人員執行 (C) 若使用自動化程序處理總分類帳及編製財務報表，較易以電腦輔助查核技術辨認 (D) 在電腦系統中，將各筆輸入資料的某一不具資訊意義之欄位數值予以加總，作為控制核對的統計數，即為完整性測試（completeness test）。〔101年高考三級〕

( ) 20. 有關「電腦輔助查核技術」，下列敘述何者錯誤？ (A)電腦輔助查核技術之適當規劃、設計及開發，通常有助於未來期間之查核 (B)電腦設備於執行電腦輔助查核技術時，查核人員之在場係屬必要的控制程序 (C)查核人員評估電腦輔助查核技術之效果及效率時，應考量電腦輔助查核技術之持續應用 (D)查核人員於使用電腦輔助查核技術前，應考量受查者電腦系統之內部控制是否適合執行電腦輔助查核技術。〔101年高考三級〕

( ) 21. 使用電腦輔助查核技術（computer-assisted audit techniques），下列何者最容易發覺舞弊事跡？ (A)從客户之應收帳款明細帳選取帳户並發詢證函 (B)重新計算存貨數量 (C)檢查應收帳款餘額是否有超過賒銷上限 (D)比較供應商的地址檔與員工地址檔。〔101年高考三級〕

( ) 22. 大方公司採用批次處理（batch processing）來處理其銷貨交易，其銷貨交易之記錄，係按客户編號（customer account number）加以排序。在編製銷貨發票（sales invoice）以及記錄銷貨簿（sales journal）時，以應用程式進行資料輸入之編輯測試（edit tests），並更新客户的帳款餘額。下列何者是此一銷貨交易記錄的直接輸出（direct output）？ (A)報導例外（exceptions）和控制總數（control totals）的報表 (B)更新過的存貨記錄（updated inventory records）之報表輸出（printout） (C)報導過期應收帳款（overdue accounts receivable）的報表 (D)銷售價格主檔（sales price master file）的報表輸出。〔100年會計師〕

( ) 23. 查核人員面對資訊電腦化之受查客户，為確認在資訊處理時使用正確的主檔、資料庫與程式，則應執行下列哪一項測試？ (A)有效性測試（validation test） (B)順序測試（sequence test） (C)資料合理性測試（data reasonableness test） (D)完整性測試（completeness test）。〔100年會計師〕

( ) 24. 不論企業是否採用電腦資訊系統，從審計的觀點，哪些基本原則是不會改變？①證實測試與控制測試的設計與執行 ②內部控制目標 ③財

務報表聲明 ④固有風險及控制風險的考量 ⑤審計技術 (A) ①②③④ (B) ①③④⑤ (C) 僅②③ (D) 僅②③④。〔100年會計師〕

( ) 25. 當受查公司使用電腦化系統進行會計處理時，會計師若採用通用審計軟體（generalized audit software）來查核其財務報表，大概會如何進行？ (A) 考慮增加交易的證實測試（substantive tests），以取代分析性覆核程序 (B) 藉由自動檢核碼（self-checking digits）和雜項總計（hash totals）來驗證資料是否正確 (C) 降低所需控制測試（tests of controls）的程度 (D) 在對查核客户的軟硬體特性瞭解有限的情況下，到客户電腦系統中存取（access）所儲存的交易資訊。〔100年會計師〕

( ) 26. 下列何者不是處理控制（processing control）？ (A) 總數控制（control totals） (B) 邏輯測試（logic tests） (C) 輸入位數檢查（check digits） (D) 計算測試（computations tests）。〔100年會計師〕

( ) 27. 下列有關會計師以測試資料法（test data）來測試電腦化會計系統的敘述，何者正確？ (A) 測試資料必須包括所有可能的狀況，有內部控制有效的狀況，也有內部控制無效的狀況 (B) 用來測試的程式和受查客户實際使用的程式是不同的 (C) 測試資料必須包含各個交易循環，每個循環都各選數筆交易 (D) 測試資料法必須在會計師的控制與監督之下，由受查客户之資訊部門人員進行。〔100年會計師〕

( ) 28. 在電腦資訊系統環境下，會計師如何評估一般控制與應用控制？ (A) 大部分會計師同時評估一般控制與應用控制 (B) 大部分會計師在評估應用控制之前，先行評估一般控制的有效性 (C) 大部分會計師在評估一般控制之前，先行評估應用控制的有效性 (D) 僅當會計師不打算信賴系統控制時，大部分的會計師才會評估一般控制與應用控制。〔99年高考三級〕

( ) 29. 下列何者不是適當使用一般通用審計軟體（generalized audit software）的方式？ (A) 編製應收帳款帳齡分析表 (B) 讀取完整的主檔，以進行全面的完整性覆核 (C) 讀取檔案，並選取金額超過 $5,000 和逾期 30 天以上的應收帳款交易，以進行後續的查核分析 (D) 產生可以交由整體測試法（integrated test facility）繼續處理的交易。〔99年會計師〕

(　) 30. 電腦審計人員在測試受查者應收帳款帳齡報表的可靠性時，經常採用查核人員可以控制或自行設計之程式，再次處理實際交易資料，將處理結果與受查者的帳齡報表加以比較，此種電腦輔助查核技術為何？ (A) 資料測試法（test data） (B) 平行模擬（parallel simulation） (C) 整體測試法（integrated test facility） (D) 標記與追蹤（tagging and tracing）。〔99 年會計師〕

(　) 31. 以下有關電腦資訊系統的一般控制及應用控制之敘述，何者正確？①應用系統開發與維護控制屬應用控制②電腦系統處理錯誤可被偵測並更正屬應用控制③未經授權不得使用電腦設備、資料檔及程式屬一般控制④電腦系統中有檢查輸入位數的控制屬應用控制⑤一般控制係有效應用控制不可或缺的基礎，查核人員先覆核一般控制較為有效率 (A) ②③⑤ (B) ③④⑤ (C) ②③④ (D) ①④⑤。〔99 年會計師〕

(　) 32. 當查核某一受查者總帳系統後，發現該受查者的某一資訊人員同時有切立、核准傳票並過帳之系統權限，下列查核程序何者最為有效？ (A) 因該員非為會計人員，無舞弊之動機，故無須進一步查核 (B) 詢問該資訊人員是否有切立異常之傳票 (C) 詢問會計主管是否有發現異常之交易，並瞭解內部稽核主管之稽核結果 (D) 自資料庫下載所有總帳分錄，覆核有無該資訊人員切立、核准或過帳之交易。〔99 年會計師〕

(　) 33. 有關資料庫系統之控制，下列敘述何者錯誤？ (A) 資料一致性之協調通常係資料庫管理者之責任 (B) 資料庫系統若無適當控制，可能增加財務資訊不實表達之風險 (C) 資料庫系統之應用控制對降低舞弊與錯誤之風險，相較於一般控制更為重要 (D) 資料庫管理之控制如不適當，查核人員可能無法藉由證實測試彌補控制之不足。〔99 年會計師〕

解答

1.(B)	2.(C)	3.(D)	4.(B)	5.(B)	6.(B)	7.(C)	8.(C)	9.(B)	10.(A)
11.(D)	12.(C)	13.(D)	14.(B)	15.(C)	16.(B)	17.(D)	18.(C)	19.(D)	20.(B)
21.(D)	22.(A)	23.(A)	24.(C)	25.(D)	26.(C)	27.(A)	28.(B)	29.(D)	30.(B)

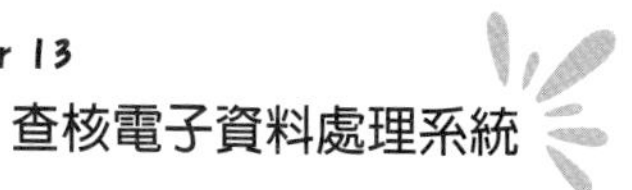

31.(B) 32.(D) 33.(C)

二、問答題

1. 查核人員在執行財務審計時，依委聘客户之環境而有所謂人工審計與電腦審計之區分。試説明於進行財務審計時，兩者之異同，並請逐項列出對客户採電腦化為會計處理時，查核人員進行查核規劃之際，須考量之因素？

解答

查核人員執行財務報表審計時，對於委託人使用電子計算機處理日常帳務，可使用人工審計或電腦審計，茲依題目所述將前述兩者之異同分析如下：

	電腦審計	人工審計
相同點	1.皆應對委託人內部控制進行充分瞭解，藉以決定證實程序之性質、時機、及範圍。 2.應對委託人一般控制加以瞭解。 3.應審查支持財務報表金額及揭露之憑證。 4.查核工作之結果應以工作底稿書面化。	
相異點	適用於無足夠肉眼可見之審計軌跡時。	適用於審計軌跡足夠之情況下。
	應採用透過電腦審計查核。	應採用繞過電腦審計查核。
	可能改變委託人現有檔案之內容。	對委託人現有檔案內容之更改風險較低。
	審計成本較高。	審計成本較低。
	可節省查核時間及人力。	無法利用電腦節省查核時間及人力。

2. 試列出電腦資訊系統之一般控制通常包括哪些項目，並各舉一例説明之。

〔103年會計師〕

解答

一般控制，係指所建立對電腦資訊系統作業之控制架構，以維護資訊完整性及資料安全性，並使應用控制得以有效運作之政策及程序，合理確保內部控制整體目標之達成。

電腦資訊系統一般控制通常包括以下項目：

(1)資料中心及網路運作控制。

(2)系統軟體之取得、修改及維護。

(3)應用系統之取得、開發及維護。

(4)程式之修改。

(5)存取之安全性。

3. 於測試電腦化內部控制測試時，常用之方法為測試資料法及平行模擬法，請依下列格式說明上述兩種方法之意義及其優、缺點。

注意：請採橫書方式，依以下格式答題，否則不予計分

方法	意義	優點（以條列式說明）	缺點（以條列式說明）
測試資料法			
平行模擬法			

〔101 年會計師〕

解答

方法	意義	優點	缺點
測試資料法	由審計人員虛擬交易資料並以客户之程式執行，以測試受查者之處理資料程式是否有效的方法。	(1)簡單。 (2)成本低。	(1)只能測試單一時點。 (2)僅對電腦系統內之控制執行測試，未對實體內容進行審查。 (3)僅針對程式控制正確與否提供確認，而不對輸入資料之正確性提供確認。 (4)虛擬交易資料可能影響系統內之真實交易資料。

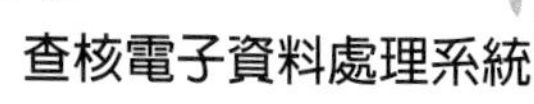

（續前表）

平行模擬法	審計人員利用模擬受查者程式運作功能且在審計人員控制下的程式	(1)訓練審計人員使用通用審計軟體十分容易。 (2)通用審計軟體可以適用至許多受查者而不需要大幅修改。 (3)不會影響受查者系統內資訊。	(1)不能確定通用審計軟體能適用於所有受查者資料。 (2)成本較高。

Chapter 14

查核收入循環

收入循環係由企業與客戶從事商品與勞務之交換，以及與現金收入有關的活動組合。收入循環對於每家公司而言，幾乎都扮演著舉足輕重的角色，但其實際的應用方式，則因客戶的不同而有所差異。在收入循環之下，由於許多活動的性質（如：銷貨收入容易被高估），造成一些財務報表聲明的固有風險必須維持在一個較高的狀態。因此，在進行收入循環的查核時，應審慎評估受查者之內部控制結構以評估其查核風險。

第一節　收入循環的查核目標

蒐集足夠且適切之證據，俾足以支持關於收入循環交易及餘額的每一項重大財務報表聲明，即爲收入循環的查核目標。

表14-1　收入循環之特定查核目標

聲明類別	交易類別或餘額	特定查核目標
存在或發生	交易	1.帳列之現金收入交易，代表該期間內收到之現金。 2.帳列之銷貨交易，代表該期間內已運出之商品或已提供之服務。 3.帳列之銷貨交易調整，代表該期間內業已授權之折扣、退回、折讓。
	餘額	帳列之應收帳款餘額，代表資產負債表日確實存在之債權金額。
完整性	交易	所有本期發生之銷貨、現金收入及銷貨調整，皆已全部入帳。
	餘額	資產負債表日之應收帳款餘額，代表受查者對顧客所有的債務請求權。
權利與義務	交易	受查者對帳列因收入循環交易所產生之應收帳款與現金具有權利。
	餘額	資產負債表日之應收帳款餘額，代表受查者對顧客之法定請求權。
評價或分攤	交易	所有的銷貨、現金收入及銷貨調整，皆依照國際會計準則進行評價，並正確地進行分錄、彙總及過帳的動作。
	餘額	1.應收帳款總帳與應收帳款明細帳金額相符。 2.備抵壞帳餘額乃是應收帳款毛額與其淨變現價值間差異之合理估計。

（續前表）

表達與揭露	交易	銷貨、現金收入及銷貨調整交易，業已依照TIFRS之規定，在財務報表上認列與分類，並適當揭露。
	餘額	應收帳款在資產負債表上已適當認列與分類。

■第二節　收入循環之流程

以製造業或買賣業爲例，典型的收入循環流程，從接受客戶訂單開始，確定客戶信用，依已核准銷貨單供貨，運送商品，開立帳單，記錄銷貨等步驟。以下將分別予以介紹。

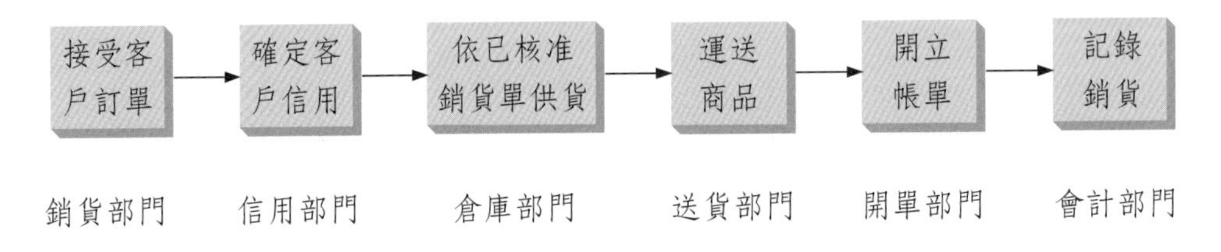

圖14-1　收入循環之流程

一、*接受客戶訂單*

一般而言，買方在接受客戶訂單之前，會經歷賣方報價及雙方議價等過程。在交易細節確定之後，買方會正式向賣方下訂單，而賣方必須將客戶訂單內容詳細記錄，並編製已核准銷貨單，以供銷貨部門人員評估銷貨交易的有效性。

二、*核准信用*

企業爲了確保收到貨款，以降低營業風險，信用部門通常會事先進行客戶的信用調查，以決定客戶信用額度的多寡。透過職能分工方式，可防止銷貨部門爲了增加銷售量，而迫使公司承受信用風險之可能性。

三、依已核准銷貨單供貨

已核准銷貨單乃爲提供銷貨確實發生之證據，作爲授權給倉庫部門人員依照銷貨單供貨與發貨給送貨部門之憑證。倉庫部門人員依照已核准銷貨單上記載之銷貨內容供貨，並註明實際出貨之數量。

四、運送商品

送貨部門人員須驗證自倉庫收到的商品有已核准銷貨單，並確實依已核准銷貨單供貨。每次送貨時，須編製送貨單。送貨單必須事先連續編號，並依交易發生順序歸檔。

五、開立帳單

開單部門人員須獨立驗證已核准銷貨單與送貨單，並編製發票。使用已授權價目表或價格主檔編製發票。

六、記錄銷貨

會計部門人員依銷貨發票記入銷貨簿，並過帳至應收帳款明細分類帳。定期檢查應收帳款明細帳與總分類帳是否相符。

■第三節　收入循環之固有風險

固有風險係指在不考慮內部控制之情況下，某科目餘額或某類交易發生重大錯誤之風險。固有風險與企業之業務性質、經營環境及科目或交易之性質有關。收入循環之固有風險包含內容，舉例如下：

1. 高估收入：高估收入的手段包含：
   (1) 虛列銷貨交易。
   (2) 將下期之銷貨交易提前記錄於本期。
   (3) 年底時，將未由客戶訂購之商品運送出去，視爲當期之銷貨；下期再記錄銷貨退回以供沖轉。

2. 高估現金、應收帳款毛額，及低估備抵壞帳，藉以提高企業營運資金。
3. 企業收到的現金可能由交易處理人員盜用。

一般而言，收入循環之固有風險較高，原因如下：

1. 收入循環之交易量相當大。
2. 如前所述，收入循環較易產生高估收入、應收帳款毛額及低估備抵壞帳。此乃與科目性質有關。
3. 年度銷貨收入之認列時點相當重要。
4. 現金資產易被盜用。

■第四節　收入循環之內部控制考量

一、*控制環境*

控制環境的因素對於所有交易循環均有影響。透過控制環境增強的機制，可強化其他內控組成要素在控制風險上的有效性。

管理階層的嚴格操守及道德觀，是降低如「高估銷貨收入或應收帳款而產生財務報表不實表達」等風險最重要之控制環境因素。

此外，藉由強制管理現金員工休假，及定期輪調職務，藉以偵測出可能之員工舞弊不法行為。

二、*風險評估*

風險評估係指受查者評估並辨認風險的過程，以做為管理階層管理風險之依據。例如新的收入來源，或收入來源的快速成長，是引起受查者進行風險評估的焦點。

三、資訊和溝通

這裡所指的資訊和溝通，強調的是會計資訊系統的設計。在電腦化的會計作業之下，強調的是輸入、處理及輸出的功能。輸入通常發生在銷貨起始，經歷商品及服務運送，交易及收現被記錄於帳上之流程。查核人員必須瞭解這些原始檔、交易主檔等資訊。

有關收入循環之交易與餘額處理及報導方式之有關規定，應列入會計帳戶表、政策手冊、會計與財務報導手冊及系統流程圖中，以便相關人員取得與瞭解。

圖14-2為收入循環交易處理之流程圖，顯示在電腦化系統下，關於賒銷、自客戶收現、銷貨退回及壞帳沖銷之處理流程。其中有關銷貨與現金收入之交易，須加以編號，以利依照編號儲存於交易檔中。

四、監　督

查核人員必須評估管理階層，是否確實監督企業內部控制活動，及依據內控機制收到之資訊，採取適當之修正行動。這些資訊的來源，包括：

1. 客戶，如帳單發生錯誤。
2. 主管機關，如主管機關與公司之間對於內部控制事項意見不一致。
3. 外部查核人員，如過去查核人員於查核過程中，對於相關內部控制提出可報導事項或重大缺失之意見。

五、控制活動

控制活動係用以確保組織成員確實執行管理階層指令之政策及程序。控制活動的應用，分為賒銷交易、現金收入交易、銷貨調整交易三部分。以下將由第五節至第七節分別說明之。

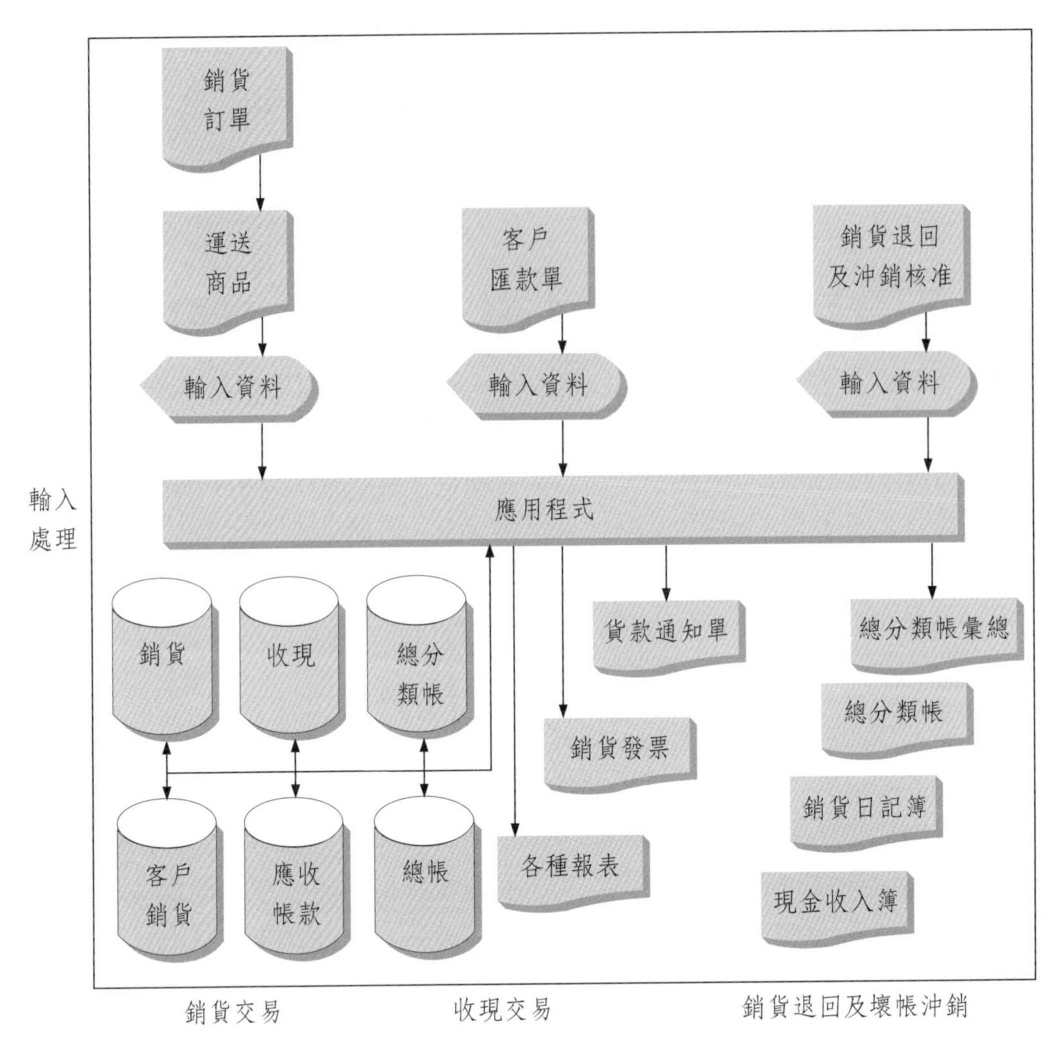

資料來源：William C. Boynton, Raymond N. Johnson, Walter G. Kell, "Modern Auditing", John Wiley & Sons, Inc., 2001.

圖14-2 收入循環之交易處理流程圖

■第五節　控制活動——賒銷交易

一、一般文件和記錄

一般企業在處理賒銷交易時，所使用的文件和記錄如下：

(一) 客戶訂單（Customer Order）

客戶下訂單的憑證。直接取自於客戶或間接由業務員取得，格式則可由賣方或客戶進行設計。

(二) 銷貨單（Sales Order）

根據客戶訂單內容填寫銷貨單，以記錄產品規格與數量的單據。

(三) 送貨單（Shipping Document）

記錄運貨細節及日期之表格，用來證明商品已交運之憑證。

(四) 銷貨發票（Sales Invoice）

記錄銷貨細節之憑證。據以向客戶開立帳單，並工作記錄銷貨之基礎。

(五) 已授權價目表（Authorized Price List）

記載公司銷售商品之價格。

(六) 銷貨交易檔（Sales Transactions File）

記錄完整銷貨交易之電腦檔案。用來列印銷貨發票與銷貨日記簿，並更新應收帳款、存貨及總分類帳主檔。

(七) 客戶主檔（Customer Master File）

內容包含顧客已運貨與帳單之資訊，及其信用額度。

(八) 應收帳款主檔（Accounts Receivable Master File）

記錄個別客戶之交易情形，爲應收帳款明細分類帳之基礎。

(九) 客戶每月對帳單（Customer Monthly Statement）

分送客戶每月報告，列示期初餘額、本月交易及期末餘額。

二、人工作業賒銷流程

在人工作業下之賒銷處理，主要強調原始檔的流向及輸出。銷售部分的流程又可細分成幾個步驟，分述如下：

(一) 開始銷貨

1. 接受客戶訂單

接受客戶訂單爲銷貨交易流程的起點，當銷貨部門收到客戶訂單時，須確定訂單的有效性與正確性，經檢查無誤後，銷貨部門人員則開立銷貨單，經主管核准後，再進行其他銷貨之相關工作。

2. 核准信用

信用部門在接獲銷貨部門傳達的客戶信用調查工作的同時，立即著手進行客戶信用狀況之調查，核定客戶信用額度。若該客戶之信用狀況良好，銷貨部門則可進行銷貨動作。另一方面，分別通知開單部門準備通知客戶付款；倉庫部門準備足夠之商品數量，及通知送貨部門準備裝箱、送貨之相關工作。

(二) 運送商品及服務

1. 依已核准銷貨單供貨

倉庫部門在接獲出貨通知後，倉庫部門依照銷貨單記載之數量準備商品。若商品數量充足，則將商品與銷貨單一併送到送貨部門；若商品數量不足，則須於單據上註明之。

2. 運送商品

送貨部門須核對銷貨單與送貨單之內容是否相符，當確認無誤後，則將相關單據連同商品一併裝箱，並由送貨人員運送至客戶指定地點交貨。若公司處於商品進出密集度高的情況，則透過電腦連線的設備，將可更精確掌握商品存貨數量，相較於人工作業處理，更能節省人力。

(三) 記錄銷貨

1. 通知客戶付款

開單部門應先比對銷貨單與送貨單之數量，並依循送貨單上所列實際數量，查詢商品單價價目表，並重新計算應收款項，再經另一人員開立銷貨發票，寄交客戶，通知付款，而帳務人員則應執行日記帳銷貨記錄。

2.記錄銷貨

當買方收到發票與商品時，應確認有無任何錯誤發生。若買方確認無誤且無退回與折讓之情事，賣方則可將一份銷貨發票影本送交會計部門進行過帳，另一份發票影本則送交倉庫部門，進行商品存貨數量之確認。

三、*電腦作業賒銷流程*

當企業運用電腦化作業執行銷貨程式時，所有相關資料將儲存於電腦中，而交易流程亦將簡化成為輸入、處理及輸出等步驟，其中的資料拋轉及繁瑣的處理程式，都將由電腦內部進行處理，也因此將缺乏完整的交易軌跡。然而，電腦化作業亦有其優點，如簡化交易處理流程等，處理流程如下：

(一) 輸入訂單

銷貨人員接到客戶訂單後，將透過終端機輸入訂單資料，藉以自動驗證資料的正確性、該客戶是否業已核准，並查詢客戶信用程度以及商品存貨數量是否充足。若該客戶為新開發客戶，則訂單將送交至信用核准部門，查詢客戶信用並輸入已核准客戶資料至客戶主檔中。

系統會同時核對存貨主檔，以判斷當時手邊是否有足夠之商品存貨，當庫存數量不足時，銷貨人員可要求電腦系統開立缺貨通知單。

在系統完成上述程式，並核准客戶信用額度之後，系統會將該筆訂單拋轉至「未交貨訂單檔」中，並自銷貨部門輸出並列印銷貨單單據，分別交由客戶及倉庫部門，以供查驗。

(二) 出貨

已核准銷貨單會拋轉至倉庫部門，以做為核准出貨之依據。倉庫部門人員將整理好的商品送交至送貨部門，在運送期間須檢查運送商品是否與隨附之銷貨單記載內容相符。透過終端機的連線，將先前位於「未交貨訂單檔」中資料進行更新，加入商品存貨運送相關資料，並將檔案移至「運貨檔」中，在送貨部門列印出運送商品之憑證。

(三) 通知付款

系統會自動核對銷貨部門輸入的訂單資料與運送商品輸出的相關資料一致性。電腦根據運送商品自動產生銷貨發票，並根據銷貨單提供的資料對銷貨發票計算價格。

在銷貨發票開立完成後，系統將核對商品運送日期與銷貨發票日期的正確性。當系統開立帳單後，將會把資料拋轉至銷貨交易檔。待該批次內的所有交易完成處理後，系統將集合總銷貨發票金額，與運送商品資料相比較，若產生異常項目，將轉至例外報表中。

在交易檔全數完成之後，將轉拋至客戶銷貨主檔、應收帳款主檔及總帳主檔中。列示異常項目的例外報告，管理階層會特別注意與重視，而其相關的交易資料，也會保留在「未完成處理檔案」中，以供分析。而系統另外輸出之每月對帳單，則會定期提供給客戶進行驗證，核對交易與金額正確性。

■第六節　控制活動——現金收入交易

一、一般文件和記錄

現金收入交易，通常會產生以下文件與記錄：

(一) 匯款通知書（Remittance Advice）

匯款通知書係連同銷貨發票一同寄交客戶，待付款時再退還之文件。

(二) 現金控制清單（Prelist）

記載利用郵寄收到的現金收入明細表。

(三) 現金盤點表（Cash Count Sheets）

列出收銀機內所有現金的明細表，用來調節實際總收入與收銀機內所有的總數。

(四) 每日現金彙總表（Daily Cash Summary）

記錄出納每日收到及存入之現金總額流動情況之文件。

(五) 已確認之存款條（Validated Deposit Slip）

列示銀行接受存款人存款之日期及總額，及相關之明細內容。

(六) 現金收入交易檔（Cash Receipts Transactions Slip）

接收所有現金收入之交易檔，用以更新應收帳款主檔。

(七) 現金收入簿（Cash Receipts Journal）

記錄自現銷及應收帳款收現之現金收入的特種日記簿。

二、人工作業現金收入交易

現金收入之收現流程，主要控制重點在於收到現金、將現金存入銀行及記錄收款三部分，分述如下：

(一) 收到現金

當員工收到客戶寄達之支票與付款通知單時，必須先驗證該支票之有效性，註明「禁止背書轉讓」與「平行線」，並比較支票與付款通知單所列金額是否相符。待確定上述條件之後，再將客戶付款金額編入已預先編號之收款清單中，一式三聯，一聯收款清單與支票一併送交出納部門，另一聯送交內部稽核部門執存，第三聯則歸檔處理。

(二) 將現金存入銀行

出納人員收到收款清單與支票後，須比較二者憑單所列金額是否相符，續後填寫存款事項，並將支票存入銀行，收款清單則與存摺一併歸檔處理。

(三) 記錄收款

將收現內容記錄於現金收入簿中，並開立憑單或傳票，交由會計部門人員執行過帳程式。

由非執行或記錄現金交易之員工定期編製銀行調節表。

三、電腦作業現金收入交易

透過電腦化系統處理收現事宜，流程亦可簡化成為：

1. 收款及存款。
2. 每日結帳處理。

分述如下：

(一) 收款及存款

當員工收到客戶寄來的支票及付款通知單時，第一步驟與人工作業流程相同，都必須先核對該支票之有效性，註明「禁止背書轉讓」與「平行線」，並準備收款清單，計算總收款金額。此時，另一位員工負責輸入每一筆資料的內容，包括：各批次金額、支票金額及客戶編號等資料。系統會自動檢查輸入的資料是否有誤，如：是否有重複收款之情況、客戶編號與客戶編號資料庫內容的一致性。若經系統檢查無誤，系統將承認這筆資料，並比較各筆資料加總後金額與先前採用人工方式的加總金額是否相同，以做爲輸入正確性之控制點。若流程進行到這裡都沒有發生問題，則系統會直接記錄付款金額，並貸記客戶的應收帳款交易檔。

支票在輸入系統完成後，交給出納人員，而付款通知單則交給應收帳款負責員工。出納人員可直接從現金收入交易檔列印存款單，並取得當日所有收現記錄，以確認所有收到的支票都已在存款單上列示。將已核對之支票及存款單存入銀行公司戶頭中。公司銀行存款應依照國際會計準則規定，視使用目的與期限歸屬約當現金或其他流動資產。

(二) 每日結帳處理

會計人員每日應從系統資料中列印出一份當日應收帳款彙總表，比照收款清單所列之總金額，以驗證過帳金額是否有誤。若確定無誤，則可在系統內輸入一筆借記現金，貸記應收帳款之分錄。

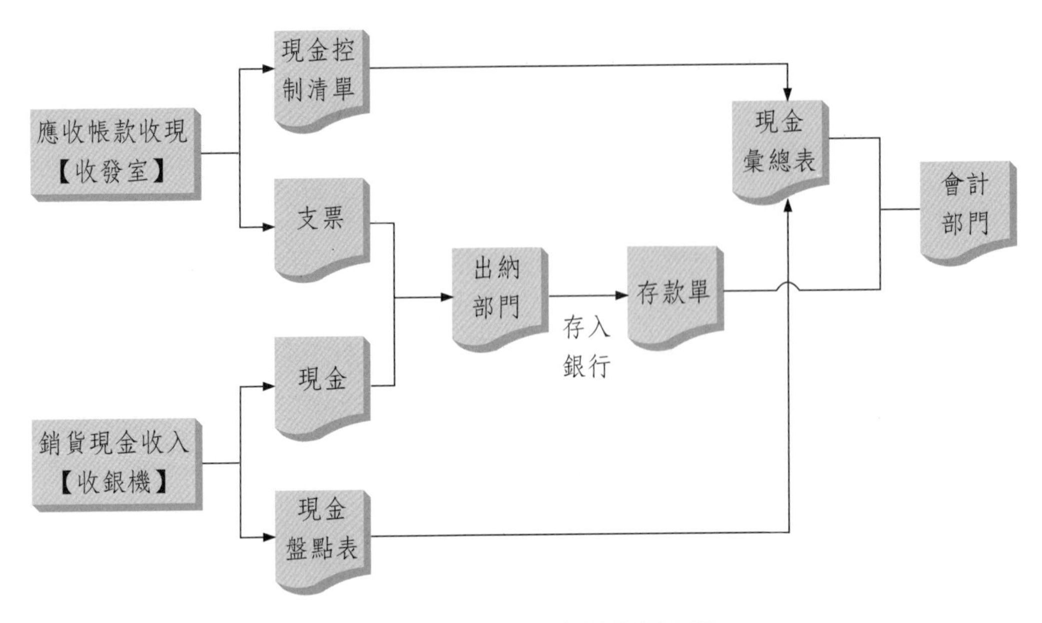

圖14-3　現金收入交易處理流程

■第七節　控制活動——銷貨調整交易

銷貨調整交易牽涉到下列銷貨調整職能：

1. 現金折扣之核准。
2. 銷貨退回與折讓之核准。
3. 壞帳的判定與核准。

銷貨調整交易對於企業的影響力不在於金額的大小，而在於此類交易之發生，可能起因於錯誤的發生或企圖舞弊的意圖，而導致財務報表有不實表達之可能。如：員工藉由高估現金折扣或銷貨退回與折讓的方式，挪用公司自客戶收取之現金。此類型之控制活動包括：

1. 所有的銷貨調整交易業已經適當授權。如：壞帳之沖銷須由財務長授權。

2. 使用適當的檔案和記錄。如：使用已核准之沖銷授權通知單，以沖銷無法自客戶手中收回之應收帳款。
3. 適當的職能劃分。如：銷貨調整交易之授權職務應與現金收入之處理職務予以劃分。

以上三項有關銷貨調整之控制活動，其共同點在於均強調建立這些檔案的真實性，以及「存在或發生」之查核目標。

■第八節　應收帳款之證實程序

一、*應收帳款——初步程序之證實程序*

執行應收帳款初步程序之證實程序如下：

(一) 獲得對企業和產業之瞭解，並判定

1. 對企業而言，收入及應收帳款之重大性。
2. 影響企業銷貨、毛利及收現之關鍵經濟因素。
3. 產業之標準交易條件，包括季節性日期、收帳期間等因素。
4. 與客戶關係與互動之密集程度。

(二) 執行應收帳款及相關備抵科目帳戶之初步程序如下

1. 追查應收帳款與備抵壞帳期初餘額至上期工作底稿。
2. 覆核應收帳款總帳餘額及備抵壞帳總帳餘額，並調查是否有不尋常之交易或來源之分錄。
3. 取得應收帳款明細表或試算表，並藉由下列方式，以判定會計記錄之正確性：

   (1) 將明細表金額加總，決定是否與下列金額相符：

① 明細帳之總金額或應收帳款主檔之總金額。

② 總帳餘額。

(2) 測試試算表上所列客戶與金額與明細帳中所列是否相符。

二、*應收帳款——執行分析性程序之證實程序*

查核人員執行分析性程序的查核目標，在於建立對應收帳款餘額、應收帳款與銷貨之關係及企業對毛利的預期。

(一) 執行分析性程序

1. 透過對企業歷史應收帳款有關比率、交易條件等，以對應收帳款之預期，建立深入之瞭解。
2. 計算下列比率：
   (1) 應收帳款週轉率。
   (2) 銷貨淨額報酬率。
   (3) 壞帳費用對賒銷淨額比率。
   (4) 比較銷貨成長對應收帳款成長比率。
3. 將計算出的比率與以前年度比率、預期結果及同業資料，進行分析比較。

三、*應收帳款——交易細節之證實程序*

(一) 逆查應收帳款分錄至支援檔案

1. 借方餘額

逆查至相關的銷貨發票、送貨單、銷貨單。

2. 貸方餘額

逆查至匯款通知書、銷貨退回與折讓、銷貨調整、沖銷壞帳之核准書。

(二) 執行銷貨交易和銷貨退回之截止測試（表 14-2）

1. 銷貨交易

從資產負債表日前後數日，選擇一些銷貨交易記錄作爲樣本，檢查是否有支持的銷貨發票、送貨單，以判定銷貨是否記錄在正確的會計期間。

2. 銷貨退回

自資產負債表日後之貸項通知單中抽取交易，如附載明日期之驗收報告，以判定銷貨退回是否記錄在正確的銷貨期間，並考量資產負債表日後之銷貨退回數量及金額是否異常，以評估是否有未經授權之銷貨交易。

(三) 執行現金收入之截止測試

1. 觀察所有於資產負債表日前收到之現金均包含在庫存現金或在途存款中，且該庫存現金或在途存款之內容，不含資產負債表日後收到之現金。
2. 覆核當年度包含每日現金彙總表、已確認之存款條等檔，並比較銀行調節表，以判定所有現金收入業經適當之截止。

表14-2　截止測試（Cut-off Test）之介紹

	截止測試
定　　義	1.於資產負債表日後執行。 2.選取資產負債表日前後數日交易，作為銷貨交易樣本，以決定該等交易是否記錄在正確的會計期間。
處理方式	前提：送貨單一般採取預先編號。 方式：檢查該年度所有交易記錄的最後一筆銷貨之送貨單編號，並核對該編號之銷貨單是否確實存在於資產負債表日；及該編號之後的送貨單是否提前記錄為本年度銷貨收入。
目　　的	銷貨交易及銷貨退回之截止測試，均提供銷貨有關存在或發生與完整性之查核目標。

四、*應收帳款——科目餘額細節之證實程序*

(一) 函證應收帳款

1. 決定函證之格式、時機及範圍（參見表14-3）。
2. 抽樣計畫之設計及執行，並調查重大例外事項。
3. 若採取積極式詢證函，而客戶未予以回函時，應執行下列替代性查核程式：
   (1) 追查期後收款至函證日所顯示之金額及相關支援檔。
   (2) 追查帳戶餘額至相關支援檔。
   (3) 彙總函證結果並決定續後之查核程式。

表14-3　函證之格式

函證格式	積極式	消極式
定義	要求受函證者無論詢證函內容是否正確，均須回函；若對方未回函時，應再次寄發詢證函。	要求受函證者，僅在事實與詢證函內容不一致時，方須回函。
內容特色	函證內容為開放式，即空白欄位，要求受函證者自行填寫，以提供較高程度的保證。	函證內容為封閉式，即受函證者只需核對與事實一致與否，填入「是」或「否」即可。
適用情況	1.偵知風險很低。 2.個別客戶餘額很大。	1.偵知風險維持在中或高水準時。 2.有許多小額的顧客餘額。 3.查核人員沒有理由相信受函證者不會仔細考慮函證事項。
適用會計科目	資產科目為主。	負債科目為主
函證時機	資產負債表日。 原因：偵知風險較低，內控不佳。	資產負債表日之前一至二個月。 原因：偵知風險較高，內控較佳。

(二) 評估備抵壞帳之合理性

評估方式舉例如下：

1. 追查帳齡分析表中各帳款之帳齡，至相關支援檔。

2. 直加及橫加應收帳款帳齡表之金額，並將相加總數與總帳核對。

五、應收帳款——表達與揭露之聲明

比較報表表達方式與國際會計準則之一致性

1. 判定應收帳款是否業經適當歸屬於正確之會計期間。
2. 判定應收帳款之貸方金額是否重大到應單獨列出，重分類成爲一項負債。
3. 決定應收帳款之質押、轉讓、出售及關係人交易，其揭露是否適當。
4. 判斷不可取消租賃合約之應收款，預期於未來回收的現金流量與承諾事項等，是否依據國際會計準則適當揭露。

習題與解答

一、選擇題

(　) 1. 應收帳款的帳齡分析表通常被查核人員用來：(A) 驗證已記錄應收款的有效性 (B) 確定所有帳户已適當授信 (C) 評估控制測試的結果 (D) 評估備抵壞帳是否適當。

(　) 2. 於銷貨循環之銷貨交易中，若選擇銷貨發票抽樣，可以檢查：(A) 銷貨發票的單價及金額等資料，是否經內部驗證之證據 (B) 銷貨發票之開立是否附隨已核准訂單之證據 (C) 銷貨發票之開立是否與裝運之資料相符之證據 (D) 以上皆是 (E) 以上皆非。

(　) 3. 下列何者與備抵壞帳之評估較無關聯？ (A) 寄發應收帳款之函證 (B) 發函向律師查詢某筆在訴訟中的應收帳款之收回可能性 (C) 期後收款之查核 (D) 帳齡之分析。〔103 年會計師〕

(　) 4. 為找出已入帳之銷貨交易未有真正出貨之情況，查核人員應：(A) 由提貨單追查至銷貨日記簿 (B) 由銷貨日記簿追查至送貨單 (C) 由銷貨日記簿追查至應收帳款明細帳 (D) 由提貨單追查至客户訂單與銷貨單。〔103 年高考三級〕

(　) 5. 當查核人員使用函證查核應收帳款餘額時，可以滿足下列哪一些與應收帳款相關之個別項目聲明？ (A) 存在性、完整性及揭露 (B) 存在性、完整性及評價 (C) 完整性、評價及所有權 (D) 存在性、所有權及截止。〔103 年高考三級〕

(　) 6. 當查核備抵壞帳時，下列何項查核程序會納入查核計畫中？ (A) 寄發積極式函證 (B) 詢問客户的信用部門主管 (C) 寄發消極式函證 (D) 檢查銷貨憑證。〔103 年高考三級〕

(　) 7. 下列關於應收帳款函證之敘述，何者正確？①查核人員若認為可不必函證，即得不函證 ②若受查者的固有風險與控制風險都很低，則可採消極式

函證 ③採積極式函證時，若客戶回函指出與帳載相符，則函證之查核作業即告完成 (A) ② (B) ②③ (C) ①③ (D) ①②③。〔102年會計師〕

( ) 8. 有關「銷售和收款交易循環」，下列敘述何者錯誤？ (A) 銷貨及應收帳款是否少計，可經覆核帳齡分析表之程序查核之 (B) 收到現金應於當天全數存入銀行，此一控制程序之目標為保護資產 (C) 可自運貨單據追查至日記帳之程序，查核銷貨及應收帳款是否少計 (D) 企業將出貨通知單、銷貨發票與運送單據等預先連續編號，可以查出貨單、銷貨憑證等是否遺漏。〔101年高考三級〕

( ) 9. 下列哪一項查核程序最能合理確保應收帳款的評價聲明？ (A) 函證應收帳款 (B) 詢問應收帳款有無質押 (C) 評估備抵呆帳的合理性 (D) 從應收帳款明細帳逆查至原始憑證。〔101年高考三級〕

( ) 10. 查核人員懷疑受查公司有偽造的銷貨記錄。以下何項分析性覆核程序（analytical procedures）的結果最可能指出有偽造的銷貨記錄之情事？(A) 銷貨金額增加10%，應收帳款餘額增加10%，壞帳沖銷的金額也增加10% (B) 銷貨毛利率由40%降到35% (C) 應收帳款收回天數由64天降到38天 (D) 應收帳款週轉率由7.1降到4.3。〔100年會計師〕

( ) 11. 銷貨及應收帳款之低估，可經由下列哪個程序查核？ (A) 函證應收帳款 (B) 覆核帳齡分析表 (C) 自運貨單據追查至日記帳 (D) 核對應收帳款總帳及應收帳款明細分類帳。〔99年高考三級〕

( ) 12. 下列哪一項控制措施是預防應收帳款延壓入帳最佳的保護措施？ (A) 職能分工，使負責總帳的簿記員無法接近收取支票的郵件 (B) 職能分工，使員工無法同時接觸顧客寄來的支票，以及每天所收到的現金 (C) 會計部門主管負責控制每月對帳單之寄送，並調查任何顧客所回報的差異 (D) 請顧客直接付款到公司的銀行存款帳戶。〔99年高考三級〕

( ) 13. 查核人員欲查核「所有銷貨交易是否均已入帳」，應如何抽選受查樣本作為查核的起點？ (A) 匯款通知單 (B) 銷貨日記簿 (C) 出貨單 (D) 銷貨訂單。〔99年高考三級〕

( ) 14. 會計師發現財務比率有以下的變動：存貨週轉率由前期的4.2增加為本期

的 7.3；應收帳款週轉率由前期的 7.3 降為本期的 2.8；銷貨收入成長率由前期的 8% 增加為本期的 15%。下列何者不是會計師應該根據這些資訊所作的有關偵測風險（detection risk）之結論？ (A) 可能是因為強調銷貨成長，所以庫存減少 (B) 可能是銷貨量增加而導致應收帳款成長 (C) 可能是應收帳款的帳齡變大，且收現之可能性降低 (D) 應收帳款的帳齡變大，可能係因促銷所致，與其收現性無關。〔99 年會計師〕

解　答

1.(C) 2.(D) 3.(A) 4.(B) 5.(D) 6.(B) 7.(A) 8.(A) 9.(C) 10.(D) 11.(C) 12.(D) 13.(C) 14.(D)

二、問答題

1. 舉例說明非公平交易（Without Arm's Length Transaction）產生應收款的例子，並說明這種應收款在資產負債表上應如何表達？

解答

(1)非公平交易產生應收款的例子，如：對內部人員的放款（管理階層、職員、或主要雇員）；貸款給子公司。

(2)此類應收款在資產負債表應單獨表達，以充分揭露。由於此類型貸款被認為只有在借款者方便有利時才會還款，故不應列在流動資產項下。

2. 甲公司 103 年財務報表中存有重大不實之虛假銷貨收入。會計師應如何處理？試就不同情況加以說明。〔103 年會計師〕

解答

(1)財務報表存有重大之虛假銷貨收入，屬財務報表舞弊事件。

(2)財務報表在所有重大方面是否依照一般公認會計原則編製。

(3)查核人員應基於專業上之懷疑，規劃及執行查核工作，以對財務報表未含導因於舞弊之重大不實表達提供合理之確信。

(4)若會計師於103年度財務報表發布日後始知悉103年度財務報表存有重大不實之虛假銷貨收入，若該事實（存在虛假銷貨收入）可能導致會計師修改查核報告時，查核人員應：

①就該等事項與管理階層討論。

②決定財務報表是否須作修改並執行必要查核程序。

③評估財報是否需更新或再發出。

④若管理階層未修改，且未採取必要之步驟，為確保所有接獲原發布財務報表及查核報告者已被及時告知財務報表須修改之事實時，查核人員應告知管理階層及治理單位其將採取行動，以避免財務報表使用者信賴原查核報告。若管理階層及治理單位已被告知而仍未採取必要之步驟，查核人員應取決其法律權利及義務，必要時尋求法律專家意見以採取適當行動，避免財務報表使用者信賴原查核報告。

3. 查核人員為確認管理階層對財務報表的聲明是否有其依據，乃設定相關的查核目標。發生、完整性、正確性、過帳與彙總、分類以及入帳時間（timing）為查核人員的六個交易相關查核目標。相對地，存在、完整性、正確性、分類、截止、明細與總帳調節相符（detail tie-in）、變現價值以及權利與義務則是查核人員的八個科目餘額相關查核目標。下列六個程序為銷貨與收現循環中常見的查核程序：

① 檢查連續編號的銷貨發票是否附上出貨單複本。

② 從現金收入日記簿核對收現記錄至相關應收帳款主檔，並比對客户名稱、日期和金額。

③ 檢查銷貨退回是否經適當核准。

④ 從銷貨日記簿核對銷貨分錄的日期至出貨單的日期。

⑤ 從現金收入清單核對收到顧客支票的記錄至現金收入日記簿的收現分錄。

⑥ 檢查銷貨發票複本是否存有加總與乘算等內部驗證相符的簽名。

試作：

(1) 請辨認上列程序何者為控制測試？何者為交易證實測試？

(2) 請指出每個查核程序最可以達成之交易相關查核目標。

(3) 針對您所辨認的交易相關查核目標，請連結至應收帳款餘額的查核目標。請依以下格式作答：

程序編號	測試類型	交易查核目標	連結至應收帳款餘額查核目標

〔103年高考三級〕

解答

程序編號	測試類型	交易查核目標	連結至應收帳款餘額查核目標
	控制測試	完整性	完整性
	交易證實測試	正確性	明細帳與總帳調節相等
	控制測試	發生	權利與義務
	交易證實測試	入帳時間	截止
	交易證實測試	過帳與彙總	正確性
	控制測試	正確性	正確性

4. 下列為應收帳款餘額之九個審計查核目標（代碼 A 至 I）及管理階層的五大聲明（代碼甲至戊）

代碼	查核目標	代碼	五大聲明
A	存在	甲	存在或發生
B	完整性	乙	完整性
C	正確性	丙	權利及義務
D	分類	丁	評價或分配
E	截止	戊	表達及揭露
F	詳細勾稽		
G	權利及義務		
H	淨變現價值		
I	表達及揭露		

以下六個與應收帳款有關餘額測試之查核程序，試以下表格式逐項列示其欲測試的查核目標及管理階層的聲明。（請以代碼作答）

(1) 取得由受查者提供之應收帳款帳齡分析表，自其中選取一個客户，核對債務人之姓名、金額及其他資訊與應收帳款明細帳之相關資訊是否一致。

(2) 檢查年底前五日及後五日的銷貨明細，決定銷貨是否記錄於適當之期間。

(3) 評估備抵壞帳之餘額是否合理。

(4) 詢問受查期間是否有應收帳款抵押或出售之情事。

(5) 詢問是否有關係人的應收帳款。

(6) 函證應收帳款。

項次	查核目標	五大聲明
(1)		
(2)		
(3)		
(4)		
(5)		
(6)		

〔100 年會計師〕

解答

項次	查核目標	五大聲明
(1)	F	丁
(2)	E	丁
(3)	H	丁
(4)	G、I	丙、戊
(5)	D	丁
(6)	A、C	甲、丁

Chapter 15

查核費用循環

費用循環（Expenditure Cycle）亦稱爲「支出循環」，該類循環涉及商品與勞務之取得，及有關付款之活動。典型的費用循環活動可分爲：

1. 採購商品與勞務——採購交易。

2. 付款——現金支出交易。

查核人員必須透過對企業及產業的瞭解，以評估支出循環對企業產生的影響。藉由瞭解企業之產業風險、評估管理階層是否業已適當評估風險、設計適切的查核程式，以提供進行證實程序的基礎。

■第一節　費用循環的查核目標

表15-1　費用循環之特定查核目標

聲明類別	交易類別或餘額	特定查核目標
存在或發生	交易	1.已記錄之購買交易為特定期間內所收到之財貨、生產性資產及勞務。 2.已記錄之現金支出交易為特定期間內支付給供應商及債權人之交易。
	餘額	1.已記錄之財貨，代表於資產負債表當日擁有之金額。 2.已記錄之廠房設備，代表於資產負債表當日正在使用之生產性資產。
完整性	交易	所有進貨及現金支出交易，皆已完整記錄。
	餘額	資產負債表日的應付帳款餘額，等於所有供應商對受查企業的應收帳款。
權利與義務	交易	1.受查企業因採購交易而承擔之應付款項債務。 2.受查企業因採購交易而取得廠房設備資產之所有權。
	餘額	1.應付帳款餘額為受查企業在資產負債表日的債務義務。 2.受查者在資產負債表日對於所有的廠房設備，擁有所有權。

（續前表）

評價或分攤	交易	採購與現金支出交易均已正確地記錄、彙總及過帳。
	餘額	1.應付帳款呈現的金額正確。 2.廠房設備以成本減累計折舊表達。 3.與費用相關之科目餘額係符合國際會計準則之規定表達。
表達與揭露	交易	應付帳款及相關費用，在財務報表上業已正確地辨認與分類。
	餘額	關於佣金、或有負債、抵押品及關係人交易，業已充分揭露。

■第二節　費用循環之流程

典型的費用循環，其流程包括請購商品及勞務、訂購、驗收商品、儲存已驗收商品、編製付款憑單、記錄負債等作業。每個作業程式關鍵點在於授權、核准、執行與記錄。由於費用循環交易之特性在於金額較大、交易量頻繁且涉及到之標的物多為價值重大之資產，因此企業極度重視之。以下將分別予以介紹之：

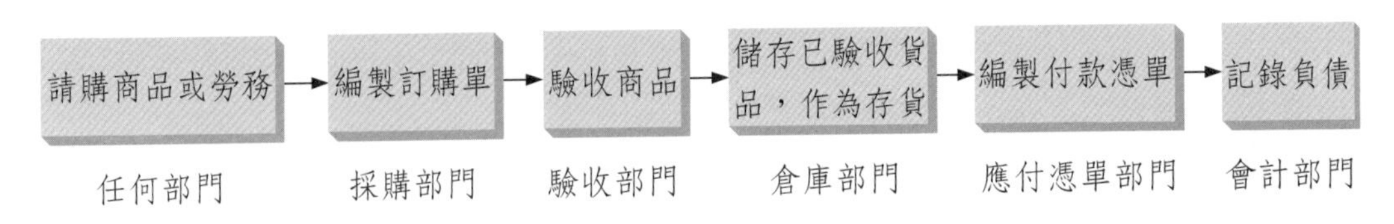

圖15-1　費用循環之流程

一、請購商品或勞務

存貨庫存之數量資料多寡，通常可透過人工或電腦查詢得知存貨記錄。當存貨餘額達到再訂購點時，則需要補充商品存貨。倉庫部門或其他部門對於需要再訂購之存貨或其他物品，係根據一般授權與特殊授權發出請購單（或稱為需求單）。請購單可由人工或電腦編製，但請購單之核准應由對該支出負有預算責任之管理人員簽署後，成為支援管理階層採購交易存在或發生聲明之最初原始憑證。

企業通常會對正常的營運需求設定一般授權；另一方面，對於特殊之租賃合約或資本支出，則設定特殊授權。

由於任何部門均有發出請購單之權利，故請購單很少採用預先編號。

二、編製訂購單

採購部門係根據業已經適當授權之已核准請購單，發出訂購單。訂購單亦稱爲採購單，必須預先編號（確保完整性），且經授權的採購人員簽名。之後採購部門人員將訂購單正本送交商品供應商，副本則分別送至公司內部的驗收部門、倉庫、應付憑單部門及發出請購單的部門。

訂購單亦爲支援管理階層有關採購交易存在或發生聲明之交易憑證。獨立驗證訂購單的後續處理，以確定商品及勞務業已收到與入帳，則與採購交易之完整性聲明有關。

送交驗收部門之訂購單副本，關於訂購數量之資訊通常會被塗銷。至於塗銷的技巧，即使用複寫聯塡寫訂購單，每一欄位均可被複寫，唯獨只有數量欄無法被複寫，以確保驗收部門人員會確實點數貨品數量。

三、驗收商品

驗收商品是確認負債的開始。有效的訂購單係代表授權驗收部門人員接受供應商送來的商品。驗收人員應比較所收貨品與訂購單上的貨品規格是否相符，並檢查貨品是否損壞。

待盤點後，驗收部門會開立一張預先編號的驗收單，一式三聯，一聯送交應付憑單部門，一聯連同貨品送到倉庫，一聯則連同訂購單歸檔。驗收單對於採購造成的相關負債之存在或發生聲明，是相當重要的支持文件。

對驗收部門而言，潛在威脅包括收到未訂購之貨品，造成存貨成本的增加。因此，驗收人員要檢查每批貨品是否附有經採購部門核准的訂購單，並且要實地盤點存貨數量。

另一個潛在威脅是清點貨品時發生錯誤，所收貨品數量與訂購數量不符，造成缺貨成本或持有成本的增加。所以控制點在於驗收部門要將實地盤點後的數量填入訂購單以供核對，加上之後倉庫部門的再覆核、盤點，並且觀察驗收人員盤點狀況。

四、儲存已驗收商品

已驗收貨品入庫的同時，驗收人員應取得由倉庫部門簽名的簽收單，代表驗收部門與倉庫部門對存貨的權利與義務的互轉，並且確定貨已到達。

為了防止存貨失竊，造成存貨財產的損失，倉庫部門人員必須加強安全措施，包括貨品應置於上鎖的儲存區，並由專職的倉管人員負責看管，以及對存貨投保產物險。另外，對已驗收貨品的保管與涉及其他採購的其他職能予以劃分，可降低未經授權採購和侵占盜用貨品之風險。

五、編製付款憑單

記錄採購之前，需先由應付憑單部門編製憑單。此項控制的原因在於：

1. 確定供應商發票的內容與相關的驗收單及訂購單相符。
2. 確定供應商的發票計算之正確性。
3. 編製預先編號之應付憑單，並將相關支持文件（包括：訂購單、驗收單、及供應商發票）貼附其上。
4. 獨立覆核憑單內容計算之正確性。
5. 由經授權之管理人員於憑單上簽名，以對此應附憑單表示核准。

經適當核准且預先編號的應付憑單，提供記錄採購交易的基礎。應付憑單依照到期日歸檔，並與未付憑單分開保管。

六、記錄負債

應付帳款明細帳交易資料，經彙整之後，應立即過到總分類帳，保持記錄之正確性。會計部門主管應獨立進行會計人員記錄的憑單總數與應付憑單部門送來的每日憑單彙總表之驗證，比較兩者之一致性。

■第三節　費用循環之內部控制考量

一、控制環境

由於在處理採購與現金支出交易時，容易產生員工舞弊與管理階層對支出循環帳戶餘額做出財務報表不實表達之事件，此時，控制環境中有關管理階層的正直性與道德性，就顯得格外重要。瞭解管理階層對於資源使用的責任，有助於查核人員對於控制環境之瞭解。當管理階層對於資源使用的態度負責時，可助於決定：

1. 管理階層評估企業績效之報告。
2. 管理階層覆核報告的頻率與仔細程度。

二、風險評估

管理階層對於費用循環交易之風險評量內容包含：

1. 因採購合約訂定而產生之偶發損失。
2. 企業因採購交易之執行，產生對現金流量需求之應變能力。
3. 保持注意員工舞弊發生之警覺性。
4. 因企業生產成本增加或獲利利潤減少，對企業營運狀況之影響。

三、資訊與溝通

這裡所強調的是會計資訊系統的使用。查核人員應瞭解交易流程在會計系統的運作過程，自交易的發生開始，記入總帳，到最終財務報表的產生中的程序。查核人員應明瞭的關鍵流程包含：

1. 採購交易與採購退貨之發生原因。
2. 採購交易對於收到貨品／勞務或退出貨品／勞務之會計處理。
3. 採購交易在各個作業流程過程中，所需應用的支持文件與電腦處理爲何？

四、監　督

查核人員為了評估內部控制風險是否有效，並提升內部控制之有效性，因此設計一些監督活動，定期並持續進行督導工作，包括：

1. 持續追蹤供應商的付款問題。
2. 參考公司內部稽核人員對於內部費用循環交易之控制程序的評估結果。
3. 考量有關內部控制之可報導情況與重大缺失。

五、控制活動

控制活動係用以確保組織成員確實執行管理階層指令之政策及程序。關於控制活動之應用，分為採購交易、現金支出交易兩類。本書將於下兩節分別介紹之。

■第四節　控制活動——採購交易

一、一般文件和記錄

在一般支出循環中，所涉及到的文件及記錄，通常係指下列憑證：

(一) 請購單（Purchase Requisition）

係指經由公司內部任何有需求的部門發出的書面文件，以申請購買商品或勞務，並送交採購部門進行採購的憑證。

(二) 訂購單（Purchase Order）

由採購部門填發，以向供應商或其他企業購買商品或勞務的書面文件。

(三) 驗收單（Receiving Report）

驗收部門在收到商品時所編製的單據，列示自供應商收到商品的數量及品名。

(四) 供應商發票（Vendor Invoice）

係由供應商發出，列出所運送的商品項目或提供之勞務、相關信用條件及商品價款。

(五) 憑單（Voucher）

做爲公司內部授權記錄及償還負債之書面文件。

(六) 例外報告（Exception Report）

電腦系統根據輸入及輸出的資訊，所產生出具有質疑的交易，提供給管理階層，以進行深入調查的特殊情況。

(七) 憑單登記簿（Voucher Register）

記錄已核准付款的正式會計記錄。

二、*人工作業採購流程*

採購部分的作業流程可分爲：

1. 確定採購需求。
2. 編製訂單。
3. 執行驗收。
4. 收到購貨發票。

茲將分述如下：

(一) 確定採購需求

採購循環的始點即爲確認採購動作的執行，當存貨管理人員發現庫存數量已達到再訂購點的標準時，倉庫部門人員即須發出預先編號的請購單，經主管人員核准之後，將請購單送交採購部門，並通知相關部門此項請購需求活動。

(二) 編製訂單

當採購部門人員收到請購單時，須先判斷是否爲例行性購貨。若爲例行性購貨，則在確定商品單價、規格及信用條件之後，即可選擇合適的供應商，進行採購交易；若爲非例行性購貨，則須先經過數家供應商詢價、比價等程序之後，再進行採購交易。

採購部門編製的訂購單，須經部門主管的核准之後，將正本提供給供應商，並將副本送交驗收部門、倉庫部門、應付憑單部門及發出請購單的部門。

(三) 執行驗收

當貨品運送至驗收部門時，驗收部門人員會根據供應商的送貨單、交貨通知單、裝箱單等文件，連同訂單，清點貨品，並檢查貨品是否有損壞或瑕疵的不良品。嗣後驗收人員將驗收結果，填寫在預先編號的驗收單，並通知相關部門。

(四) 收到購貨發票

供應商在出貨之後，會將購貨發票寄給公司，經由採購部門核對無誤之後，即送至應付憑單部門進行記帳動作。

三、*電腦作業採購流程*

電腦作業的採購流程，可將採購循環程序，簡化成爲四個步驟，分別爲：

1. 採購。
2. 驗收。
3. 記帳。
4. 付款。

以下分別介紹之：

(一) 採購

採用線上系統連線處理。首先存貨管理人員透過終端機連線，查詢存貨主檔，若庫存量達到再訂購點時，由存貨管理人員編製請購單，向採購部門要求購貨。採購部門則利用供應商主檔資料，決定適當供應商，並輸入訂貨資料。訂貨資料會匯入採購交易檔，並更新供應商主檔、採購交易檔。如有錯誤或例外情形，系統將自動拋入例外報告，並顯示於系統中。

(二) 驗收

當驗收人員收到貨品及裝箱單時，須進行清點貨品的動作，並檢查有無不良貨品。將貨品資料，如品名、商品數量、訂單號碼等，輸入系統。系統一方面將輸出的驗收報告拋給倉庫部門及應付憑單部門，一方面更新存貨主檔、訂單檔及驗收報告檔。

(三) 記帳

當供應商寄來購貨發票時，應付憑單部門第一步先核對購貨發票與驗收單的記錄內容是否相符，批次加總發票總金額後，再輸入發票號碼，總金額等資料，由電腦自動執行分類歸檔等動作。

(四) 付款

支票須經由付款部門主管簽章後，再由出納人員進行付款動作。會計人員自行加總應付款項總額，並將資料輸入電腦。電腦會自行依供應商編號排序，並自動拋轉資料，如更新應付帳款主檔、供應商主檔等，並列印特定報表。

■第五節　控制活動——現金支出交易

一、*一般文件和記錄*

在進行現金支出交易處理的過程中，所涉及到的文件及記錄包括：

(一) 支票（Cheque）

係指當受款人前往銀行領款時，要求銀行給付指定金額給予受款人的正式文件。

(二) 支票彙總表（Cheque Summary）

係指彙總一日或一批次所有支票簽發的報告。

二、*人工作業現金支出交易*

現金支出交易係指支付現金以償還負債與記錄現金支出。爲了落實職能分工，程序的進行應依其性質切割，分別由不同部門人員執行，以達到後手監督前手的效果。

(一) 支付現金以償還負債

在人工作業系統下，未付憑單之付款作業應由應付憑單部門負責確認。憑單應交由財務部門或應付憑單部門編製支票後，送交財務部門簽名。爲了確保管錢、管帳作業分開，支票的簽名必須由財務部門執行，不可交由應付憑單部門或是會計部門進行。

(二) 記錄現金支出

會計部門人員登錄已由財務部門簽發之支票至現金支出簿。會計人員不應參與支票或憑單之編製及相關交易行爲。

三、*電腦作業現金支出交易*

(一) 支付現金以償還負債

應付憑單部門將期末付款憑單送交EDP部門，輸入到期付款憑單的資料，或是經由事先設計好的程式，每天由應付帳款主檔系統中取得到期憑單的資料，並產生支票及支票彙總表。之後在將支票送交財務部門簽名之前，必須先確認這些支票與其相關憑單的一致性。

(二) 記錄現金支出

在電腦化系統下，應付帳款主檔及總分類帳科目之更新係根據已簽發之支票，在更新的同時，將產生現金支出交易檔及會計部門所需的現金支出簿。

■第六節　應付帳款之證實程序

一、*應付帳款——初步程序之證實程序*

執行應付帳款初步程序之證實程序如下：

1. 獲得對企業及產業之瞭解。每個查核測試的始點均爲獲得對企業及產業之瞭解，因藉由瞭解企業及產業活動及環境，可據以提供風險評估之重要依據。細節分述如下：
   (1) 企業採購及應付帳款的重要性。
   (2) 影響企業採購及應付帳款的關鍵經濟因素。
   (3) 產業的標準交易條件，包括季節性期間等因素。
   (4) 與供應商的互動關係及相關採購承諾的執行力。
2. 執行應付帳款餘額及記錄之初步程序包含：
   (1) 追查前期工作底稿之應付帳款期末餘額。
   (2) 覆核應付帳款分類帳，並調查不尋常的金額或來源。

(3) 取得在資產負債表日應付帳款餘額之明細表，並藉由下列方式以驗證會計記錄的正確性：

① 對明細表金額進行加總，並辨別與下列金額是否相符：

A.未付憑單檔、明細帳或應付帳款主檔之合計數。

B.分類帳餘額。

② 測試明細表上所列供應商及餘額與相關會計記錄是否相符。

二、*應付帳款——執行分析性程序之證實程序*

(一) 執行分析性程序

1. 依照企業生產活動，正常交易條件，及應付帳款週轉率的歷史資訊，建立應付帳款週轉預期比率。
2. 計算下列比率：

   (1) 應付帳款週轉率。

   (2) 應付帳款對流動負債總額所占比率。
3. 根據前期實際資料、產業資料、當期預算數及其他相關資料，所建立出的預期值，對前述比率進行分析與比較。
4. 將費用餘額與前期費用或預算數相比較，以發現因漏列而低估之應付帳款。

三、*應付帳款——交易細節之證實程序*

(一) 驗證已記錄之應付帳款交易至相關佐證文件

1. 貸記應付帳款者，逆查至供應商發票、驗收單、訂購單，或其他相關佐證文件。
2. 借記應付帳款者，逆查至現金支出記錄或銷貨退回記錄。

(二)執行採購之截止測試

1. 對年底或期末前後數日的採購交易，抽查一些樣本，驗證其憑單、發票及驗收報告，以判斷該交易是否確實歸屬至適當的會計期間。
2. 觀察截止日當天所發出的最後一張驗收報告上的編號，並查核編號前後數筆交易是否歸屬至適當的會計期間。

(三)執行現金支出之截止測試

1. 觀察截止日當天簽發並寄出之最後一張支票號碼，並追查其會計記錄，以判定其是否歸屬至適當的會計期間。
2. 比較並追查年底已付支票上之日期，並與銀行截止對帳單上所列之日期相核對。

(四)尋找未入帳負債

1. 檢查資產負債表日至外勤工作結束日之間的期後付款，若相關文件顯示所支付的款項係存在於資產負債表日前便已存在之負債，則須追查至應付帳款明細表。
2. 檢查在年底已入帳，但截至外勤工作結束日止，尚未清償之負債。
3. 調查期末未相符合的訂購單、驗收報告及發票。
4. 詢問會計人員及採購人員有關未入帳應付帳款事宜。
5. 覆核未入帳應付帳款之有關證據，如資本預算、建造合約及工作單等。

四、應付帳款——科目餘額細節之證實程序

(一)函證應付帳款〔註〕

1. 藉由覆核憑單記錄、應付帳款明細帳或主檔，找出主要供應商資料，並對主要供應商、重大餘額、不尋常交易、小額或零餘額（可能低估）、借餘等進行函證。
2. 調查並調節差異。

〔註〕1.函證應付帳款與應收帳款的不同點在於，應付帳款的函證並非必要的查核程序。因此，此項查核程序不具強制性質，理由如下：

(1)對應付帳款進行函證並不能保證可以發現所有的未入帳應付帳款。

(2)欲驗證應付帳款的確實餘額，可藉由檢查供應商發票與供應商每月寄發的對帳單得知。

2.應付帳款的函證適用情況：

當偵知風險很低，個別債權人餘額過大，及當受查者正面臨債務困難的情況時，必須對應付帳款進行函證。當進行函證時，所選取的樣本應包含餘額爲零或餘額很小的帳户，原因在於這些帳户比餘額很大的帳户更可能發生低估的狀況。

3.財務報表聲明如無法經由函證獲取適當之查核證據時，查核人員應考慮採行其他替代查核程序，以彌補函證程序之不足或替代函證程序。

替代查核程序如表15-2所示：

表15-2　函證應收／付帳款之替代查核程序

函證科目	替代查核程序	相關聲明
應收帳款	驗證期後收款、出貨單、或其他文件	提供存在聲明之證據
	執行銷貨截止測試	提供完整性聲明之證據
應付帳款	驗證期後付款或取得第三者往來信函	提供存在聲明之證據
	查核其他文件記錄（如驗收單）	提供完整性聲明之證據

(二)對於未函證的應付帳款，可藉由與供應商寄發的月報表相互進行調節

五、應付帳款——表達與揭露之聲明

將報表表達與TIFRS所規定之表達方式相比較

1. 判斷應付帳款是否業已依其種類及預期償還期間加以適當的認列及分類。
2. 判斷是否有須重分類的重大借餘。
3. 判斷關係人之間的應付款項是否業經適當揭露。
4. 詢問管理階層關於或有負債及未揭露事項之情形。

習題與解答

一、選擇題

( ) 1. 當使用函證來滿足應付帳款的完整性目標時，適當的母體最有可能是：(A) 以前曾有過來往的供應商 (B) 應付帳款明細帳中的帳户 (C) 年底後一個月以內的支票付款對象 (D) 客户發票檔案中的發票。

( ) 2. 審計人員不一定非要在資產負債表日對應付帳款發詢證函因為： (A) 重複截止測試的工作 (B) 在審計完成之前，其資產負債表日的應付帳款餘額可能尚未支付 (C) 與委託人律師之聯絡中，可知供應商對於未付款項將採取的法律行動 (D) 另有其他可靠的外來憑證可證實其餘額。

( ) 3. 未入帳負債最可能於覆核下列何項文件時被發現？ (A) 未付帳單 (B) 運輸記錄 (C) 提貨單 (D) 未配合相關文件之銷貨發票。

( ) 4. 在發出報告之後，查核人員發現在查核時認為必要的查核程序在查核時被遺漏，則查核人員首先應： (A) 著手進行遺漏之程序或其他程序，以提供查核意見之合理基礎 (B) 評估遺漏程序之重要性與查核人員支持表示於整體財務報表上之意見的能力 (C) 通知查核委員會或董事會不能再信賴其查核意見 (D) 覆核為了補償遺漏程序或減輕其重要性所做的其他程序之結果。

( ) 5. 假如你的客户是零售商，支出循環有重大交易，下列哪一項查核策略對支出循環最適切？ (A) 對交易詳細測試更依賴的查核策略 (B) 對控制測試更依賴的查核策略 (C) 對分析性程序更依賴的查核策略 (D) 降低支出循環評估固有風險的查核策略。

( ) 6. 查核人員正在研究應付帳款週轉天數，下列哪一項暗示了未入帳負債的潛在風險？ (A) 自第一年到第二年應付帳款週轉天數由 28 天增加到 45 天 (B) 自第一年到第二年應付帳款週轉天數由 28 天增加到 30 天 (C) 自第一年到第二年應付帳款週轉天數由 28 天降低到 15 天 (D) 自第一年到第二年應付帳款週轉天數由 30 天降低到 25 天。

( ) 7. 當收到貨物時，電腦應將驗收資訊和何種文件之資訊相比較，如有差異並產生例外報告？ (A) 採購單及訂購單資訊 (B) 供應商發票資訊 (C) 供應商運貨單及訂購單資訊 (D) 供應商運貨單及供應商發票資訊。

( ) 8. 會計師在查核應付款項時，應搜尋是否有未入帳之負債。下列關於搜尋未入帳負債之敘述，何者正確？①函證應付帳款，是搜尋未入帳負債的查核程序，且為必須執行之查核程序 ②會計師函證的對象，不應侷限於應付帳款餘額大於 0 的債務人 ③進行函證的時間，通常是在期後期間，外勤工作快結束之時④搜尋未入帳負債，可以達成應付帳款係「存在」之查核目標 (A) ②③ (B) ①②③ (C) ②③④ (D) ①②③④。

〔103 年會計師〕

( ) 9. 有關「採購和付款交易循環」，下列敘述何者錯誤？ (A) 查核應付帳款時，函證並非必要的查核程序 (B) 負責編製應付憑單及相關憑證者，同時負責簽發付款支票是不適當的兼職狀況 (C) 查核人員檢測受查者所有已被請款之貨品採購是否皆已收到，其測試之憑證母體為供應商發票 (D) 查核人員為查核是否有未入帳之應付帳款，其常用的方法很多，但相對最有效的方法為編製當月銀行調節表。 〔103 年高考三級〕

( ) 10. 下列哪一項查核程序是查核人員用以查核受查者是否存有未入帳負債的最佳查核程序？ (A) 檢查年度終了日後現金支付的情形 (B) 檢查年度終了日前後幾天之發票，以確定其是否已適當入帳 (C) 向債權人函證 (D) 檢查每月應付帳款餘額與購貨間不尋常的關係。 〔103 年高考三級〕

( ) 11. 為了測試應付帳款餘額是否因截止錯誤而導致高估，查核人員應核對何時的供應商發票及驗收報告？ (A) 年度結束後 (B) 年度結束前 (C) 年度結束日 (D) 年度結束前後。 〔103 年高考三級〕

( ) 12. 下列哪一個查核程序與查核未認列負債無關？ (A) 查核資產負債表日後數週的現金支出，並核對外部憑證發出的日期 (B) 查核資產負債表日前數週發出的驗收單，是否取得供應商發票並已入帳 (C) 對經常往來供應商，但期末無應付帳款餘額者，發出應付帳款函證 (D) 核對期末應付帳

款明細與供應商發票是否相符。〔102 年會計師〕

( ) 13. 查核人員查閱法律及其他專業服務費用之內容，其主要目的為何？
(A) 獲取對受查者事業之瞭解 (B) 瞭解是否有涉及或有事項之未決法律案件 (C) 瞭解受查者之控制環境 (D) 考量是否必須徵詢法律專家意見。〔102 年會計師〕

( ) 14. 有關負債之查核程序，下列敘述何者正確？①檢視期後付款情形 ②計算營業週期天數 ③向管理當局取得未決法律案件清單 ④利用逆查方式搜尋未入帳負債 ⑤利用順查方式確認應付帳款的存在 ⑥分析並重新計算利息費用 (A) 僅①③⑥ (B) 僅②④⑤ (C) 僅③④⑥ (D) 僅①②⑤。
〔102 年高考三級〕

( ) 15. 會計師查核時，檢查律師費的單據及費用項目，主要目的是在查核：
(A) 律師費用是否均已估列 (B) 律師費用是否應該由公司支付 (C) 已確定的法律案件，是否均以判決結果作合理的會計處理 (D) 有無尚未確定的法律案件須估計入帳，或須以附註揭露者。〔101 年會計師〕

( ) 16. 調節當年度附息之負債與財務報表中所認列利息費用之最重要目的為：
(A) 評估債券之內部控制有效性 (B) 決定預付利息費用之合理性
(C) 確保設算利息費用之正確性 (D) 偵查未入帳之負債。
〔101 年高考三級〕

解答

1.(A) 2.(D) 3.(C) 4.(B) 5.(B) 6.(C) 7.(A) 8.(A) 9.(D) 10.(A)
11.(A) 12.(D) 13.(B) 14.(A) 15.(D) 16.(D)

二、問答題

1. 沈會計師至某公司進行查帳工作，存貨項目發現下列事項：進貨程序由採購部門負責採購，貨品進廠後由隸屬於採購部門之驗收部門負責驗收，驗收合格貨品於採購單上蓋「貨已驗訖」印章，然後即交會計部門付款，如不合格直接退給供應商，驗收部門不負責開驗收報告單，驗收後之貨品直接堆放至機器旁準備加工。製造之貨品採永續盤存制，只計算數量不計算金額，貨品交由製造部門之儲藏室保管，試問該公司進貨內部控制程序有何缺失？

解答

現行內部控制之缺失：

(1)驗收部門應負責編製驗收報告單。

(2)除應計算數量外，尚應計算金額。

(3)尚未建立完善之請購制度系統。

(4)驗收部門不應於採購單上蓋「貨已驗訖」印章，應另於單獨之驗收報告單中預留空格，俾註明完全合格或有拒收數量及拒收原因。

(5)會計部門付款程序不佳，應由會計部門編製付款憑單，通知財務部門開票付款。

(6)不合格貨品退回供應商過程草率，應於驗收報告單中註明退回數量，並於供應商簽名認許後方可。

(7)驗收完畢之貨品不得堆置於機器旁，應置於原物料倉庫，再憑完善之領用單控制系統，進行領料程序。

(8)採購部門與驗收部門應分別相互獨立製造之貨品。

(9)製品應交由完善之製成品倉庫控制。

Chapter 16

查核生產與人事薪資循環

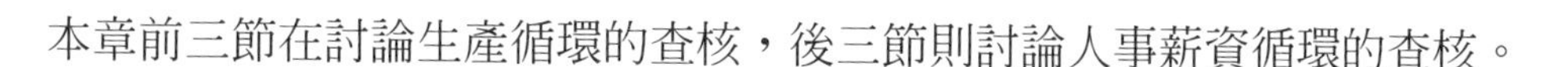
本章前三節在討論生產循環的查核，後三節則討論人事薪資循環的查核。

■第一節　規劃生產循環的查核

生產循環與原料轉換成製成品的過程有關，由請領原料開始，結束於將製造完成的產品轉到製成品，生產循環中的交易稱爲製造交易。生產循環與下列三個循環息息相關：(1)購買原料及發生其他製造成本的支出循環；(2)發生人工成本的人事薪資循環；(3)出售製成品的收入循環。應特別注意的是，貸記原料、直接人工及製造費用，借記在製品存貨，以及後續將完工產品成本由再製品移轉至製成品的分錄，皆因爲生產循環中的製造交易而產生，最後，將製成品移轉至銷貨成本的分錄，通常被認爲屬於收入循環交易，但其是根據生產循環中累積的成本資料。

對於生產循環中之存貨項目的查核目標分爲交易及帳戶餘額兩類做說明，如表16-1。

表16-1　存貨的查核目標

聲明	交易類別查核目標	帳戶餘額查核目標
存在或發生	已記錄的製造交易顯示轉入生產的原料、人工、及製造費用，並顯示當期完工的產品轉入製成品。	資產負債表上列示的存貨確實存在。 銷貨成本顯示當其銷售產品的存貨成本。
完整性	所有當期發生的製造交易皆已記錄。	存貨包含所有原料、在製品、製成品，以及資產負債表日所持有的其他用品。 銷貨成本包含當其所有銷貨交易造成的影響。
權利與義務	受查者因所有已記錄的製造交易而對存貨擁有所有權。	受查者對帳上列示的存貨擁有法律上的所有權。
評價或分攤	製造交易經過正確地記錄、彙總及過帳。	存貨依適當的會計方法評價。 銷貨成本依國際會計準則流程或其他方法計算。

(續前表)

表達與揭　露	製造交易皆已在財務報表上適當地辨認、分類及揭露。	存貨及銷貨成本在財務報表上適當地分類及揭露。 對存貨及銷貨成本的評價基礎與方法，以及存貨的質押或讓售皆已適當的揭露。

在進行生產循環的查核之前必須先考量幾個問題，包括重大性、固有風險、控制風險、分析性程序。

一、*重大性*

對於不同產業的受查者而言，存貨的重要性就會不同，對於製造業與零售業來說，存貨具有重大性，且存貨的查核對發出財務報表整體是否爲允當表達的意見具有決定性；但對於服務業來說，可能僅有少部分的存貨，或根本沒有存貨，此時存貨便不具重大性，且存貨的查核也並不重要。故查核人員必須要考量受查者的產業特性，來規劃對存貨的查核。

評估生產循環交易影響帳戶的重大性分攤，主要的考量在於決定會影響理性財務報表使用者決策錯誤的重大性，偵查錯誤的成本則爲次要的考量。一般而言，存貨的查核包括觀察存貨的存在及查核存貨的評價是否適當，其所花費的成本皆相當高，因此查核人員通常會分攤整體重大性中的較大金額給存貨的查核。

二、*固有風險*

對於有大量存貨的製造業及零售業來說，存貨的固有風險會因爲下列理由而被評估爲高度水準：

1. 影響這些帳戶的進貨、製造及銷貨交易量通常很龐大，增加了受查者做不實表達的可能性。
2. 通常在辨認、衡量及分攤存貨成本上有較多的爭議。如聯合成本、殘料的處理等成本會計問題。
3. 存貨常存放於多個地點，使防止遺竊及損壞的內部控制較難達成，以及增加會計處理的難度。

4. 存貨項目的多樣化常會造成需要使用特別程序以決定存貨數量。
5. 存貨項目的多變性可能造成決定其品質及市場價值的困難度。
6. 存貨會因爲損壞、過時陳廢及其他因素而損及價值，因而影響存貨的評價。
7. 存貨的出售可能附有退回及再買回的約定。

三、控制風險

在評估生產循環的控制風險時，要考量到受查者的內部控制系統（在下一節會有詳細的說明），也就是從內控五大要素來評估，例如：管理階層的哲學與經營型態，包括生產決策與存貨管理政策的制訂與監督執行；人力資源，生產部門的人力資源政策也會影響到生產程序及會計責任。除此之外，也要配合先前評估的固有風險，例如：若生產原料爲成本相當高的金屬，則受查者應對此原料存貨有完善的內控程序，並須經常盤點。

四、分析性程序

分析性程序是具有成本效益的，且能使查核人員警覺到潛在的不實表達。如果查核的結果顯示財務報表毛利率有上升趨勢，且存貨週轉天數也在增加，則存貨可能被高估，這將會使查核人員對存貨的存在與評價更爲注意。當存貨具有重大性時，分析性程序並不能代替其他證實程序，但是分析性程序的執行將有助於引導查核人員發現可能不實表達的地方。表16-2列出幾個分析性程序及其可以辨識的問題作爲參考。

表16-2　分析性程序的釋例

比　率	可辨識的問題
存貨週轉天數	天數的增加顯示存貨的存在或評價可能有問題。
存貨成長率對銷貨成長率	此比率若大於1，顯示存貨成長得比銷貨快，可能有滯銷的問題。

■第二節　生產循環的內部控制

執行和記錄製造交易與保護存貨均涉及下列的製造職能：

一、*開始生產*

(一) 規劃與控制生產

生產規劃和控制部門發生的生產授權是依據收到的顧客訂單或對銷貨預測及存貨需求的分析產生生產的授權，藉由發出預先編列的製造命令將授權文件化，並應核對所有發出的製造命令與製造成本是否相符。同時應另編製一份材料需求報告，列示所需要的材料和零件及其庫存量，當送交訂單給供應商時，這份報告應複印一份予採購部門。

生產規劃和控制部門也負責監督材料和人工的耗用，並追蹤製造命令的進度，直到製造完成並轉入製成品。此外，覆核每日的生產活動報告和已完成生產報告對達成其職責亦爲不可或缺的程序。

(二) 發出原料

倉儲部門依據所收到的由生產部門核准的領料單發出原料。領料單必須列示所需材料的數量、種類以及編號，每張單據須由監督人員或經授權的生產人員簽名。重要的控制活動爲核對領料單與製造命令和最後記錄到製造成本的數額是否相符，同時應編製每日耗用材料彙總表（爲每日生產活動報告的一部分）。

二、*移轉產品*

(一) 處理生產中的產品

因特定製造命令所發生的人工是記錄於計工單上，可透過生產人員於開始或結束工作時，進行打卡並輸入製造命令的號碼。同時依據計時資料編製每日耗用人工彙總表（爲每日生產活動報告的一部分）。當製造命令的工作已經完成且產品已通過檢驗時，產品會依移轉單而受權移轉至下一個部門，且該移轉單須由接

收部門簽名。重要的控制活動為，核對計工單及移轉單，與最後記錄至製造成本的數額是否一致。

(二) 移轉生產完成的產品到製成品

當製造命令上的工作已經完成，且產品已通過最後檢驗時，則必須編製一份完工生產報告。而這些製成品會被送往倉庫，經由簽發最後的移轉單而確立產品的會計責任。

(三) 保護存貨

存貨很容易被竊取或受損壞，因此必須將存貨存放在上鎖的倉庫，並限制僅有經過授權的人員才能進入倉庫，這是很重要的控制活動。

三、*記錄製造成本及認列存貨*

(一) 辨認並記錄製造成本

此項職能包括：

1. 將直接材料和直接人工計入在製品。
2. 分配製造費用至在製品。
3. 移轉生產部門間的成本。
4. 移轉已完成生產的產品至製成品。

為確保製造成本被適當地記錄，會計科目應足夠並有適當的分類，以利追蹤成本。其他相關的控制活動包括：

1. 製造成本可按實際成本或標準成本分配至在製品，使用標準成本時，須經過管理階層核准，且應有實際數與預計數間差異的即時報告，以利管理階層定期績效覆核的調查。
2. 檢查分配製造成本至在製品的分錄，與每日生產活動報告中的耗用材料和人工的資料是否相符。
3. 檢查移轉在製品至製成品的分錄，與完工生產報告中的資料是否相符。

(二) 維持存貨餘額的正確性

包括三項控制活動：

1. 必須定期盤點實際存貨，並與帳列計算的存貨做一比較，以發現是否有存貨不完整的記錄、記錄中被錯誤分類的存貨項目等情形。通常一年中會配合查核工作進行一次大盤點，然而年度中會有小盤點會抽點以確保存貨的記錄是否正確。
2. 必須定期獨立驗證原料、在製品及製成品存貨主檔中的帳列數額，與個別總帳統制帳戶是否相符。
3. 透過定期檢查存貨情況，以及由管理階層覆核存貨相關報告，在必要時進行調整分錄，以降低存貨的帳面價值至市場價值。

在上述這些職能之上，還有一層管理階層控制，透過監督這些職能的執行以及授權的方式以達到控制的目標。管理階層應完全掌握所有的生產程序以及生產資源，加以適當地控制，錯誤及舞弊發生的機會將會降低許多。

■第三節　存貨的證實程序

一、*初步程序*

首要的初步程序是瞭解受查者活動及產業，以設立評估分析性程序及證實測試的方法。例如：如果受查者為製造業，瞭解其固定成本與變動成本在製造過程中的組合是很重要的；如果受查者為零售業，則瞭解供應商來源及其在供應鏈中的地位是很重要的。

追查出其存貨餘額至前一年度的工作底稿，查核人員應確定其前年度的查核調整已經確實記錄，此外，還必須審視存貨總帳戶中的本期記錄，以確認是否有任何金額或性質異常的過帳程序，需要進行額外調查的。初步程序也包括確定永續或其他的存貨明細表是否與總帳相符。

二、分析性程序

在爲受查者建立使用評估分析性資料的預期值時，覆核產業經驗及趨勢是基本的，例如：知道受查者的存貨週轉率急速下降是反映產業狀況不佳時，將會有助於查核人員瞭解此週轉率下降並不代表受查者存貨的存在或完整性有錯誤；當知道受查者的存貨週轉下降並無合理原因時，反映存貨的評價可能有誤，提醒查核人員在進行證實程序時要更加注意存貨的評價。而覆核存貨餘額與最近的採購、生產及銷售活動的關係，也有助於查核人員瞭解存貨的變動情形。由於存貨與銷貨成本之間本來就有互動的關係，故進行這些程序可提供對這兩個科目相關聲明的證據。

三、交易的證實程序

(一) 測試存貨帳戶

1. 順查

順查進貨及生產成本的相關文件，至存貨帳戶中的分錄，可以提供存貨完整性及評價聲明的證據。

2. 逆查

逆查存貨帳戶中的分錄，包括逆查：

(1) 進貨或原料存貨的借方至供應商發票、驗收單及訂購單。

(2) 在製品或製成品存貨的借方至製造成本記錄及生產報告。

(3) 進貨及製成品存貨的貸方至相關銷貨文件及記錄。

(4) 原料和在製品存貨的貸方至製造成本記錄及生產報告。

逆查影響存貨餘額的分錄可提供交易日存貨的存在及評價的證據。

(二) 進貨、製造及銷貨交易的截止測試

查核人員應透過檢查文件與實體觀察，以充分進行存貨的文件截止測試與實體截止測試。例如：如果查核人員確定一個分錄已被記錄，此分錄爲期間末最後

一批完工成本移轉至製成品，則他應確定哪些產品沒有被遺漏或重複計算，其應只被包含於製成品的實體存貨中，而非爲在製品的一部分。截止測試所獲得的結果能爲存貨餘額的「存在或發生」及「完整性」的聲明提供證據。

四、存貨餘額的證實程序

(一) 觀察受查者的存貨盤點

觀察受查者的存貨盤點有下列步驟：

1. 觀察前的規劃

在觀察受查者的存貨盤點之前，查核人員必須先調查與評估受查者有關存貨數量及狀況的內部控制程序，再瞭解存貨的內容、金額及存放處所等，並且評估其存貨盤點計畫能否確定存貨數量及狀況，最後擬定觀察存貨盤點的查核計畫及程式。

受查者的存貨盤點計畫包括：

(1)對於參與盤點工作人員的書面指示。

(2)存貨盤點處所的決定及盤點人員的指派。

(3)盤點前的會議及講解。

(4)存貨的整理、排列及呆廢料、過時品、瑕疵品及寄存品等的區分。

(5)收發貨截止的控制。

(6)盤點表單的使用及控制。

(7)盤點期間存貨移動的控制。

(8)盤點結果的彙總及盈虧的分析、調查及處理。

2. 執行觀察

查核人員於觀察盤點時，應：

(1) 觀察受查者的盤點人員是否依照存貨盤點計畫執行盤點工作。

(2) 注意所有貨品是否均附有盤點卡，且沒有重複黏貼標籤。

(3) 確定存貨盤點卡已預先連續編號，且存貨總表已做適當控制。

(4) 抽點存貨並追查存貨數量至彙總表。

(5) 注意堆在一起的產品中是否有空箱或空盒。

(6) 注意損壞和過時的存貨項目。

(7) 評估存貨的狀況。

(8) 辨認最後一張驗收和運貨的文件，並確定盤點時所收到的貨品已做適當的區分。

(9) 詢問是否有滯銷的存貨項目。

查核人員是否進行抽點及抽點的範圍，視受查者盤點人員進行盤點時的態度、存貨的性質與組成、及存貨實體保護及維持記錄的控制有效性而定，通常查核人員會將存貨分層，將價值高的存貨列為優先盤點對象。

進行抽盤時，應於工作底稿上記錄抽盤的結果，並對該存貨作完整且正確的敘述。這些資料對查核人員事後的核對極為重要，查核人員會於盤點過後，比較抽盤結果與受查者盤點結果，以及事後追查至存貨彙總表和永續存貨記錄，比較若有異常情形，查核人員應做進一步調查。此項比較將會為受查者的盤點、存貨彙總表及永續存貨記錄的正確性提供證據。

觀察存貨盤點所獲致的結果可為存貨餘額的「存在或發生」、「完整性」及「評價或分攤」聲明提供證據。

(二) 測試存貨清冊的正確性

在實體盤點結束之後，受查者利用存貨盤點卡或盤點表的資料，編製一存貨清冊，由於這份清冊是受查者做存貨餘額調整分錄的重要依據，故查核人員必須對其正確性進行測試。主要是透過：

1. 重新計算存貨清冊的總和。
2. 驗證其數量和單價相乘結果的正確性。
3. 追蹤查核人員抽盤結果至存貨清冊。
4. 由清冊上的項目逆查至實地盤點時使用的存貨盤點卡或盤點表。

(三) 測試存貨的評價

此項證實程序主要是為存貨餘額的「評價或分攤」聲明提供證據，主要方式爲檢查存貨成本與市價的證明文件，還要檢查採用的成本計價程序是否與過去一致。

(四) 函證存放倉庫的存貨

當受查者將存貨存放於公共倉庫或交由公司外部人士保管時，查核人員應與保管人員聯繫或直接發詢證函，以取得存貨存在的證據，但其並不能爲存貨價值提供證據，因爲保管人員並未被要求對存貨的狀況提出報告。若此部分的金額很大時，查核人員對此倉儲業者進行調查，若合理可行，查核人員更應實地至倉庫進行盤點的觀察或抽盤。

(五) 檢查寄銷協議合約

受查者的庫存貨品中可能有部分代顧客保管的貨品或寄銷品，因此查核人員應注意受查者盤點存貨時，是否確實將此部分貨品與公司所有的存貨區隔開來。此外，查核人員通常會要求受查者就存貨的所有權，出具一份書面聲明書。

若受查者的庫存貨品中存在寄銷品，查核人員應查驗承銷合約的條款與條件。若受查者有貨品寄銷在外，查核人員應覆核相關文件，以確定承銷商持有的貨品已列入受查者資產負債表日的存貨中。

此項測試爲「權利與義務」這個聲明提供證據。對寄承銷貨品而言，此項測試則爲「表達與揭露」聲明提供證據。

五、表達與揭露

通常存貨相關科目會列示在資產負債表上，而銷貨成本則列示於損益表上，至於存貨計價方法、抵押的存貨以及重大的進貨承諾，以附註揭露的方式呈現。除了進行上述的證實程序之外，查核人員還應覆核董事會的會議記錄，以及詢問管理階層相關問題等，以確定存貨相關表達與揭露爲適當。

■第四節　規劃人事薪資循環的查核

人事薪資循環涉及有關受查者員工酬勞的事項和活動，要交易類型爲薪工交易，酬勞的型態包括薪資、計時與計件工資、佣金、紅利、職工福利等。此循環與其他兩個循環有關，一爲現金收支循環，因爲薪資及薪資稅的繳納涉及現金支出；二爲生產循環，因爲製造過程中必須分配人工成本至在製品，而此處的人工成本即爲工廠員工的薪資。薪資餘額的查核目標列於表16-3。

表16-3　薪資的查核目標

聲　明	交易的查核目標	帳戶餘額的查核目標
存在或發　生	帳列薪資交易為所提供勞務人員的酬勞。	應計薪資和應付薪資稅餘額為資產負債表日所積欠的金額。
完整性	帳列薪資和薪資稅費用包含所有當期發生的交易。	應計薪資和應付薪資稅餘額包含受查者於資產負債表日所欠的所有金額（對象包括個人和政府機關）。
權利與義　務		應計薪資和應付薪資稅為受查者在資產負債表日的法定義務。
評價或分　攤	薪資稅費用是利用適當稅率計算而得。	應計薪資和應付薪資稅以做正確的計算與記錄。 直接人工的分配以做正確的計算與記錄。
表達與揭　露	薪資和薪資稅費用已於損益表上做適當的辨認和分類。	應計薪資和應付薪資稅帳户已於資產負債表上做適當的辨認和分類。 財務報表中退休金及其他福利計畫已適當揭露。

在進行生產循環的查核之前必須先考量幾個問題，包括重大性、固有風險、控制風險、分析性程序。對於服務業而言，人事薪資是主要的費用。而其他產業中，高科技產業對於人力資本價值的重視，使得人事薪資費用也顯得重要。而對重大性的考量，雖然應計薪資的金額比其他科目（如：應收帳款及應付帳款）來得小，但是對薪資相關資訊的揭露卻是相當重要，如：退休金計畫及員工福利計畫等資訊。薪資的固有風險主要在幾個聲明上，一爲存在與發生，薪資可能發生舞弊的行爲，包括兩個層面：

1. 記錄及支付薪資的員工可能輸入不實的員工資料，透過人頭員工以盜取薪資支票。
2. 管理階層可能在員工分類上（正常員工及離職員工）動手腳，以浮報人力成本，盜取薪資。

二爲評價或分攤，若受查者的員工人數眾多，薪資交易量龐大且受查者計算薪資的方法多而複雜時，評價或分攤的固有風險就會提高。三爲表達與揭露，由於公司往往有多種員工福利計畫，如退休金、股票選擇權等，這些相關資料的表達與揭露顯得非常重要。接著，要評估控制風險，查核人員要去瞭解受查者對於薪資的內部控制活動是否足夠，且具有效果，特別要考慮的是控制活動是否能避免：

1. 對虛構的員工付薪。
2. 對實際員工爲工作的時數支付薪資。
3. 對實際員工以未授權的較高工資率支付薪資等無心的錯誤或蓄意的舞弊發生。

同時應觀察：

1. 薪資記錄與支付是否由不同人員負責。
2. 每個員工是否只收到一張支票。
3. 收到薪資支票的人確實爲公司員工（發放薪資時，由員工編號或證件來確認員工身分，才發出支票）。
4. 未領的支票是否經適當保管。

在查核的初期，分析性程序的執行往往是重要的，因爲透過分析性程序可能會發現潛在的舞弊行爲，例如：薪資的支付超過查核人員的預期，而在進行分析性程序時，必須注意要將員工進行分類，工廠員工與辦公職員應該要分別執行分析性程序，才能看出問題。表16-4列出幾個分析性程序作爲參考。

表16-4　分析性程序的釋例

比　　率	查核的意義
平均員工薪資成本	依照員工類別計算平均薪資成本，以比較水準的合理性。
薪資成本占收入百分比	薪資的合理性測試，常與產業資訊相比較。
薪資稅費用占薪資總額百分比	薪資稅費用的合理性測試，用以和標準稅率相比較。
與去年或預計薪資費用比較	用以測試薪資費用是否合理。
與去年薪資負債相比較	用以測試薪資負債是否合理。

■第五節　人事薪資循環的內部控制

薪資交易涉及下列職能：

一、*開始薪資交易*

(一) 雇用員工

員工的雇用由人事部門負責，所有的雇用都必須經過核准。要特別注意人事有異動的時候，特別是有新進員工與離職員工的情形，在輸入新資料與更改舊資料時，都應有密碼的控制，以防竄改員工薪資的資料。而人事部門經理也應定期檢查人事異動的情形，控制人事資料主檔的異動，以降低舞弊的發生。

(二) 授權薪資異動

所有薪資相關資料的更動，如：職位的更動、工資率的增加等，在輸入電腦前，都應該經過人事部門書面授權核准，才能進行。人事部門在有離職員工時，應該發出離職通知，且告知薪資部門，防止已離職員工繼續支領薪資。

二、*勞務提供中——編製出勤和計時資料*

在勞務提供的同時，也就是員工上班的同時，應記錄員工上班出勤的情形，較傳統的是透過打卡的方式，記錄員工上下班的時間，唯一要注意的是避免員工代替別的員工打卡的情形，可能要透過警衛人員的監督來達成。現在可能利用電腦來達成打卡的目的，每一天員工下班之後，電腦中累積的計時資料會自動去更新員工主檔，而非產生書面的計時卡且要透過人工輸入資料，較能簡化帳務處理。

三、記錄薪資交易

薪資部門在收到上述的計時卡與計工單之後，先將原始資料輸入電腦，現在可能透過打卡與電腦連線，打卡時直接累積計時資料至電腦主檔。再來計算每位員工的薪資支付總額、稅的扣除額及薪資支付淨額，並累積總數於執行程式終了時，產生薪資日記簿分錄，並自動更新分類帳主檔。

四、支付薪資——薪資的支付與未領工資的保管

在一定期間（可能爲每日或每月）後，必須發放薪資，發放之前，必須將薪資登記簿與薪資支票送至財務長處做最後的確認。相關的控制活動如下：

1. 薪資支票應經過授權核准。
2. 薪資支票應由未參與編製或記錄薪資記錄的人員發放。
3. 支票簽名機與簽字版要存放在安全的地方。
4. 未領薪資支票應經適當的保管。

大多數的公司會特別設置一個薪資專戶，以這個專戶發出薪資支票，達到控制的目的。

■第六節　薪資的證實程序

考量固有風險及控制風險，並判定可接受偵查風險水準之後，就要設計證實程序，主要包含下列程序：

一、*重新計算應計負債*

受查者會於資產負債表日估計應付薪資、紅利、休假給付、未休假給付義務、應付薪資稅等科目，查核人員應利用相同資料重新計算這些科目，以防止受查者有低估負債的情形，同時也應注意各期間薪資計算方法的一致性。此項測試爲「評價或分攤」聲明提供證據。

二、*查核員工福利計畫*

對受查者員工福利計畫（包括退休金計畫及薪資酬勞計畫等）進行查核，確認其計算與揭露符合政府及國際會計準則的規定。

習題與解答

一、選擇題

( ) 1. 下列何者會大大地有利於查核人員的分析性程序？ (A) 使用會產生差異分析報告的標準成本系統 (B) 在盤點存貨前，先把過時存貨分開 (C) 在查核開始之前，先修正重大的內控缺失 (D) 以成本市價孰低法表達存貨餘額。

( ) 2. 當永續盤點記錄中包括數量及金額的記錄，且存貨的內部控制極差，查核人員可能會： (A) 希望受查者在年底前規劃存貨的盤點 (B) 堅持受查者應於年度中執行數次存貨盤點 (C) 年底時增加對未入帳負債測試的範圍 (D) 對當年度的損益無法表示意見。

( ) 3. 若內部控制適當，且合於下列哪一選項時，受查者可能不會等到資產負債表日，而在年底前就進行存貨的盤點？ (A) 保存有電腦記錄的永續盤存資料 (B) 存貨的週轉很慢 (C) 預先編號的存貨單若發生遺失，電腦會產生錯誤報告 (D) 過時的存貨被分開單獨存放。

( ) 4. 下列何者是在受查者期末存貨中發現損壞品的最佳查核程序？ (A) 將滯銷項目實際數量與去年相對應有數量比較 (B) 在受查者實地盤點時觀察貨品及原料 (C) 覆核管理階層對存貨正確性之聲明 (D) 將公司的週轉率與產業平均週轉率做比較，以測試存貨價值的允當性。

( ) 5. 會計師觀察受查者實地盤點的主要目的為： (A) 觀察受查者是否已經清點特別重要的存貨項目 (B) 獲得存貨確實存在，且已經適當清點的直接證據 (C) 在實地盤點日提供對存貨品質的評估 (D) 由該查核人員進行監督清點，以獲得存貨數量合理正確的保證。

( ) 6. 查核人員為確定公司薪資表中的每一姓名，確實為正在工作的員工，下列方法中何者為佳？ (A) 檢查人力資源記錄的正確性和完整性 (B) 檢查薪資所得申報書所列示的員工姓名是否與薪資記錄相符 (C) 突擊檢查

公司正常發薪程序 (D) 參觀工作地點，並由員工的名牌或識別證號碼證實員工的存在。

( ) 7. 在薪工循環內，有效的內部控制程序包括： (A) 由指派特定工作的人員調節計工單及工作報告的總時數 (B) 由薪資部門人員驗證計工單及員工計時卡是否一致 (C) 由人事部門負責薪資的發放工作 (D) 利用電腦來統計加班時數。

( ) 8. 有關「存貨盤點之觀察」，下列敘述何項錯誤？ (A) 查核人員觀察受查者存貨之盤點乃必要之證實測試 (B) 查核人員對存貨盤點觀察前之規劃及其觀察程序與結果，應作成工作底稿 (C) 受查者之存貨於資產負債表日已裝櫃待運等，查核人員可實施查核進貨交易憑證或生產紀錄替代之 (D) 查核人員對存放在外之存貨，應向保管人發函詢證，如該項存貨金額占流動資產或總資產之比例甚高，可以抽查上期存貨交易紀錄替代之。

〔103 年高考三級〕

( ) 9. 一般執行存貨之截止測試時，所抽樣測試的交易最可能是哪一種？ (A) 資產負債表日的交易 (B) 查核資產負債表日之前數日至資產負債表日的交易 (C) 查核資產負債表日之前及之後數日的交易 (D) 查核資產負債表日及之後數日的交易。 〔102 年會計師〕

( ) 10. 欲確定員工薪資表上之員工確實係在受查者工作地點實際工作，其最佳的方法是： (A) 觀察受查者定期發放薪資支票之情形 (B) 臨時至工作現場點名 (C) 查閱人事單位之員工資料 (D) 查閱會計部門之薪資扣繳申報書。 〔102 年會計師〕

( ) 11. 「人力派遣」已為廣泛認可之勞務提供模式。假設甲公司為要派企業（用人單位），則查核甲公司派遣員工薪資之合理性時，最應參考下列何項單據？ (A) 計工單 (B) 人事異動單 (C) 人力派遣服務合約 (D) 員工人事紀錄。 〔102 年高考三級〕

( ) 12. 「存貨週轉率高」意指： (A) 存貨管理之改善 (B) 存貨滯銷品增加 (C) 帳款回收減緩 (D) 標準成本與實際成本之差異。 〔101 年高考三級〕

( ) 13. 下列關於查核人員進行存貨盤點觀察之敘述，何者正確？①查核人員須要求所有受查者均應在期末實施一次全面性的盤點 ②觀察存貨盤點之主要目的，在獲取存貨數量之證據 ③所有在場存貨均應列入盤點範圍，且貼上盤點單 ④除可抽點數量是否正確外，並應辨認滯銷品與陳廢品 (A)僅①② (B)僅①②③ (C)僅②③④ (D)①②③④。〔100年會計師〕

( ) 14. 詢問倉庫管理員有關存貨陳廢或呆滯之情況，最能提供哪一類管理階層聲明的確信？ (A)完整性 (B)評價 (C)存在性 (D)表達。〔99年高考三級〕

( ) 15. 根據我國審計準則，會計師首次受託查核財務報表評估存貨期初餘額是否適當時，下列何者非為其得採行之查核程序？ (A)藉由查核存貨之本期交易得知 (B)核閱上期存貨盤點紀錄與文件 (C)參閱前任會計師查核之工作底稿 (D)運用毛利百分比法分析比較。〔99年高考三級〕

( ) 16. 若企業透過漏列銷貨交易之銷貨成本，以操縱其財務報表損益時，查核人員最可能於查核下列何項科目時，查出此事？ (A)現金 (B)銷貨成本 (C)存貨 (D)應收帳款。〔99年高考三級〕

解答

1.(A) 2.(A) 3.(A) 4.(B) 5.(B) 6.(C) 7.(B) 8.(D) 9.(C) 10.(B)
11.(A) 12.(A) 13.(C) 14.(B) 15.(A) 16.(C)

二、問答題

1. 沈會計師至某公司進行查帳工作，存貨項目發現下列事項：進貨程序由採購部門負責採購，貨品進廠後由隸屬於採購部的驗收部門負責驗收，驗收合格貨品於採購單上蓋「貨已驗訖」印章，然後即交會計部門付款，如不合格直接退給供應商，驗收部門不負責開驗收報告單，驗收後的貨品直接堆放在機器旁準備加工。製造的貨品採用永續盤存制，只計算數量不計算金額，貨品交由製造部門的儲藏室保管。試問該公司的進貨內部控制程序有何缺點？

解答

現行內部控制的缺點為：

(1)尚未設立完善的請購單系統。

(2)採購部門與驗收部門混雜，應讓其各自獨立。

(3)驗收部門未編製驗收報告單。

(4)驗收部門不應於採購單上蓋「貨已驗訖」印章，應另於單獨的驗收報告中預留空格，以註明完全合格，或有拒收數量及拒收原因。

(5)由會計部門負責付款不適當，應由會計部門編製付款憑單，然後通知財務部門開票付款。

(6)不合格貨品的退貨程序過於草率，應於驗收報告單中註明退回的數量，並請供應商簽名認可後，才能進行退貨。

(7)驗收後的貨品不得堆放至機器旁，應置於原物料倉庫，再憑領用單進行領料的程序。

(8)製品採永續盤存制除了計算數量，還應計算金額。

(9)製品應由完善的製成品倉庫來管控。

2. 為達到對薪資的最佳內部控制，應如何劃分部門間的權責？

解答

未達到最佳的薪資內部控制，應將下列四種職能交由不同部門辦理：

(1)雇用員工（人力資源）。

(2)計時。

(3)薪資的計算與記錄。

(4)發放薪資。

Chapter 17

查核投資與融資循環

投資活動是土地、建築物、設備及其他不供再出售資產的購買，企業取得這些資產的原因在於其可以支應企業營運活動。融資活動包括舉借債務、資本租賃、發行債券及發行特別股或普通股，也包括支付到期債務、買回庫藏股及支付股利。本章前三節在討論投資循環的查核及相關法令之規範，後三節則討論融資循環的查核。

■第一節　規劃投資循環的查核

查核投資活動的第一步包括瞭解支應企業營運所需的資產，包括機器設備、廠房、土地等，以及企業期望從這些資產得到的報酬率；第二步則涉及企業在當期取得哪些資產。在進行查核工作之前要先確立查核目標（表17-1）。

表17-1　餘額的查核目標

聲　明	交易的查核目標	帳戶餘額的查核目標
存在或發　生	記錄當年度的投資性不動產取得、處分及維修交易。	帳列投資性不動產代表在資產負債表日尚在使用的資產。
完整性	所有當期發生的投資性不動產取得、處分及維修交易均已記錄。	投資性不動產帳戶餘額包括本年度所有交易的影響。
權利與義　務		受查者對資產負債表日的帳列資產具有所有權。
評價或分　攤	投資性不動產的折舊費用及價值減損交易均已適當評價。	投資性不動產以成本減累積折舊表達於財務報表上，且已沖減重大的價值減損。
表達與揭　露	折舊、維修交易及營業租賃均已在財務報表上適當地辨認及表達。	投資性不動產及資本租賃已在財務報表上適當地辨認及表達。 投資性不動產的成本、折舊方法及耐用年限、設定擔保及資本租賃合約主要條款已被適當揭露。

在進行投資循環的查核之前必須先考量幾個問題，一為重大性，在評估重大性分攤時，主要考量因素為：

1. 影響財務報表使用者決策錯誤的不實表達程度。
2. 查核的成本。

由於查核投資性不動產所花費的成本比應收帳款及存貨查核的成本低許多，因此查核人員通常會相對地分攤較小的重大性給投資性不動產；二爲固有風險，由於固定資產較不易遭竊，所以固有風險通常很低，但是仍可能存在損壞資產未被沖銷、自建資產或資本租賃會計處理複雜，以及耐用年限、估計殘值、評價模式、折舊方法的判定與選用非常複雜，而使得固有風險可能提高至中度或高度的水準；三爲控制風險，由於取得投資性不動產的金額通常較大，因此必須經過特殊的控制，如資本預算及董事會的授權，再加上有關折舊費用的相關會計估計，一旦在電腦中設定完成，折舊費用的計算便不會出現太大的問題，因此投資性不動產的控制風險相對是較小的；四則爲分析性程序，由於投資性不動產相當穩定，因此透過觀察某些比率與數值的變化，如資產評價模式的選擇，可能可以發現某些潛在的問題。表17-2列示分析性程序的釋例。

表17-2　分析性程序的釋例

比　　率	查核意義
投資性不動產週轉率	未預期投資性不動產週轉率的上升，可能表示漏記固定資產或未將折舊性資產資本化。
總資產週轉率	未預期總資產週轉率的上升，可能暗示漏記資產或未將折舊性資產資本化。
總資產報酬率	未預期總資產週轉率的上升，可能暗示漏記資產或未將折舊性資產資本化。
折舊費用占投資性不動產百分比	此百分比未預期地上升，可能暗示折舊費用計算錯誤。
維修費用占淨銷貨的百分比	此百分比未預期地上升，可能暗示應資本化的資產被費用化。

■第二節　「不動產廠房及設備」的證實程序

一、*初步程序*

首先要取得對受查者及其產業的瞭解，瞭解資產如何支應企業營運活動與盈餘如何產生，是否依照國際會計準則對於資產使用目的，歸屬至「不動產廠房及設備」項下，以及企業所處產業的特性，例如：對資本密集的產業而言，不動產廠房及設備可能不是那麼重要，但就製造業及營建業來說，不動產廠房及設備占總資產的比例就很大。而在執行證實程序之前，查核人員應：

1. 判定不動產廠房及設備帳戶的期初餘額是否與前期工作底稿上的數字相符，目的在確保前次查核結論中，所要做的調整分錄已經入帳。
2. 測試不動產廠房及設備取得與處分明細表的數字在計算上爲正確，並與當期相關固定資產分類帳的變動相互調節。
3. 藉由逆查不動產廠房及設備取得與處分明細表中的項目，至分類帳上的分錄，以及順查分類帳至明細表的方式，測試明細表的完整性。

二、*交易細節的證實程序*

(一) 逆查不動產廠房及設備的取得

所有重要的不動產廠房及設備取得，均應佐以董事會議事錄中的授權文件、憑單、契約、發票及已付款支票等文件，查核人員應從帳列金額逆查至這些證明文件。

當不動產廠房及設備是採用資本租賃的方式取得時，此項資產的成本及相關負債，應按照未來最低租金給付現值入帳，查核人員應重新計算此現值，以驗證其正確性。

逆查不動產廠房及設備的取得爲「存在或發生」、「權利與義務」及「評價或分攤」三個聲明提供證據。

(二) 追查不動產廠房及設備的處分

查核人員應取得不動產廠房及設備出售、報廢及交換的證明文件，包括現金匯款通知單、書面授權文件及出售契約，並仔細檢查這些文件，以確定會計記錄（固定資產報廢的分錄、出售損益認列的分錄等）的正確性與適當性。下列程序將有助於查核人員確定報廢資產是否已經入帳：

1. 分析雜項收入帳戶中的不動產廠房及設備的出售所得。
2. 調查與停止生產之生產線的相關設備處分情形。
3. 順查報廢資產的報廢工作單及授權文件，至其會計記錄。
4. 覆核對不動產廠房及設備的投保政策中，對終止契約或減少投保範圍的規定。
5. 詢問管理階層有關資產報廢的情形。

所有報廢與處分均已適當記錄的證據，是與「存在或發生」、「權利與義務」及「評價或分攤」三個聲明相關。

(三) 覆核維修費用的記錄

查核人員執行此項測試的目的在於，判定維修費用會計處理的適當性與一致性。適當性涉及受查者是否正確劃分資本支出或費用支出，因此查核人員必須去檢視每一筆交易的金額，以判定其是否重大到必須資本化，以及檢查相關的支持性文件，如供應商發票。一致性則涉及判定受查者對資本支出與費用支出的劃分標準是否與之前年度相互一致。

此項測試可提供不動產廠房及設備「完整性」及「評價或分攤」聲明的證據。

三、*不動產廠房及設備餘額的證實程序*

(一) 檢查不動產廠房及設備

檢查實體不動產廠房及設備可使查核人員對該項資產的存在獲得直接的證據，而在繼續接受委任的查核案件中，查核人員可能只要檢查帳上列示當年度新

取得的不動產廠房及設備項目。然而，查核人員還應該具備敏感度，尋找可能未列於取得及處分明細表的不動產廠房及設備存在之線索，以及不動產廠房及設備目前是否正在使用的相關證據。

(二) 審查所有權文件和契約

雖然查核人員已檢查實體不動產廠房及設備的存在與否，但是實體存在並不代表其一定屬於受查者，查核人員還必須審查所有權的文件與契約。動產如車輛的所有權證明文件爲行照、保單等；設備的所有權證明文件應爲已付款的發票；不動產的所有權證據則可從財產稅稅單、抵押付款收據、保單或資本租賃合約等獲得。

(三) 會計估計的證實程序

1. 覆核折舊費用的提列

此項測試中，查核人員應尋找折舊費用的合理性、一致性及正確性的證據，步驟如下：

(1) 先確定受查者所採行的折舊方法，可透過覆核受查者編製的折舊費用明細表，及詢問受查者而得知。

(2) 瞭解折舊方法之後，查核人員必須判定受查者目前所採行的折舊方法，是否與以前年度一致。對於繼續受任的查核案件，查核人員可藉由覆核過去年度工作底稿而得知。

(3) 接著要確認折舊費用的合理性，此時查核人員要考慮受查者估計耐用年限的方式是否合理，以及現有資產的剩餘耐用年限是否合理。

(4) 再來要驗證折舊費用金額的正確性，查核人員可依照相同資料，重新計算折舊費用。若不動產廠房及設備的項目眾多，則查核人員可透過抽樣基礎重新計算主要不動產廠房及設備的折舊，以及當年度新取得與報廢部分的折舊而得知。

2. 不動產廠房及設備的減損

不動產廠房及設備在取得與報廢之間，可能會發生價值減損等影響其評價的事項，查核人員應評估當資產使用方法有重大改變，或企業環境有重大改變時，受查者是否已對不動產廠房及設備價值的減損做適當的會計處理。

四、表達與揭露

不動產廠房及設備、投資性不動產應適當表達於資產負債表上，而折舊費用則應表達於損益表上，至於採用的折舊方法、作爲借款擔保而質押的財產也應予以附註揭露，另，因應國際會計準則對於資產衡量的規定，若採成本模式評價，應於附註揭露公允價值的影響數，若採續後衡量模式，應揭露相關評價基礎與內容。然而關於質押的資訊可透過覆核董事會議事錄、長期契約協定、函證債務契約及詢問管理階層而得知。

■第三節　公開發行公司取得或處分資產處理準則

依證券交易法第三十六條之一規定，公開發行公司取得或處分資產、從事衍生性商品交易、資金貸與他人、爲他人背書或提供保證及揭露財務預測資訊等重大財務業務行爲，其適用範圍、作業程序、應公告、申報及其他應遵行事項之處理準則，由主管機關定之。

財政部金融監督管理委員會證券期貨局於民國102年12月30日公布「公開發行公司取得或處分資產處理準則」，規定有關公開發行公司取得或處分資產之處理。

一、處理程序之訂定

依「公開發行公司取得或處分資產處理準則」第六條規定：「公開發行公司應依本準則規定訂定取得或處分資產處理程序，經董事會通過後，送各監察人並提報股東會同意，修正時亦同。如有董事表示異議且有記錄或書面聲明者，公司並應將董事異議資料送各監察人。

公開發行公司已設置獨立董事者，依前項規定將取得或處分資產處理程序提報董事會討論時，應充分考量各獨立董事之意見，並將其同意或反對之意見與理由列入會議記錄。」

依「公開發行公司取得或處分資產處理準則」第七條規定：「公開發行公司訂定取得或處分資產處理程序，應記載下列事項：

1. 資產範圍。
2. 評估程序：應包括價格決定方式及參考依據等。
3. 作業程序：應包括授權額度、層級、執行單位及交易流程等。
4. 公告申報程序。
5. 公司及各子公司取得非供營業使用之不動產或有價證券之總額，及個別有價證券之限額。
6. 對子公司取得或處分資產之控管程序。
7. 相關人員違反本準則或公司取得或處分資產處理程序規定之處罰。
8. 其他重要事項。」

二、資產之取得或處分

依「公開發行公司取得或處分資產處理準則」第九條規定：「公開發行公司取得或處分不動產或其他固定資產，除與政府機構交易、自地委建、租地委建，或取得、處分供營業使用之機器設備外，交易金額達公司實收資本額百分之二十或新臺幣三億元以上者，應先取得專業估價者出具之估價報告，並符合下列規定：

1. 因特殊原因須以限定價格或特定價格作爲交易價格之參考依據時，該項交易應先提經董事會決議通過，未來交易條件變更者，亦應比照上開程序辦理。
2. 交易金額達新臺幣十億元以上者，應請二家以上之專業估價者估價。
3. 專業估價者之估價結果有下列情形之一者，應洽請會計師依會計研究發展基金會所發布之審計準則公報第二十號規定辦理，並對差異原因及交易價格之允當性表示具體意見：

(1) 估價結果與交易金額差距達交易金額之百分之二十以上者。

(2) 二家以上專業估價者之估價結果差距達交易金額百分之十以上者。

4. 契約成立日前估價者，出具報告日期與契約成立日期不得逾三個月。但如其適用同一期公告現值且未逾六個月者，得由原專業估價者出具意見書。

建設業除採用限定價格或特定價格作爲交易價格之參考依據外，如有正當理由未能即時取得估價報告者，應於事實發生之日起二週內取得估價報告及前項第三款之會計師意見。」

■第四節　規劃融資循環的查核

融資循環包括長期債務交易及股東權益交易。長期債務交易包括來自於公司債、抵押借款、票據及貸款的款項與相關本金與利息的償還；股東權益交易則包括普通股與特別股的發行與贖回、庫藏股交易以及股利的支付。本章主要針對發行公司債及普通股。融資循環的查核目標如表17-3。

表17-3　長期負債與股東權益的查核目標

聲　明	交易的查核目標	帳戶餘額的查核目標
存在或發　生	記錄的利息費用及其他損益交易代表本期所發生的長期債務交易事項的影響。	帳列的長期負債餘額代表在資產負債表日已經存在的債務。 帳列的股東權益餘額代表所有在資產負債表日已經存在的所有者權益。
完整性	所有當期發生的長期債務有關的利息費用及其他所得交易均已記錄。	長期負債餘額代表在資產負債表日對長期負債債權人的所有應付款項。 股東權益餘額代表所有者對帳列資產的請求權。
權利與義　務		所有帳列的長期債務餘額為受查者的義務。 股東權益餘額代表所有者對帳列資產的請求權。

（續前表）

評價或分　攤	與長期負債有關的利息費用及其他所得交易均已依照國際會計準則做適當評價。	長期債務和股東權益餘額已經依照國際會計準則做適當評價。
表達與揭　露	長期債務和股東權益的交易均已於資產負債表中適當地辨認及分類。	長期負債和股東權益餘額均已在資產負債表中適當地辨認及分類。 所有與長期債務有關的條件、承諾及贖回條款均已適當揭露。 所有關於股票發行的事項，如每股面值或設定價值，核准和發行股數及持有庫藏或設定為選擇權的股數皆已揭露。

在進行融資循環的查核之前必須先考量幾個問題，一爲重大性，長期債務與融資交易對財務狀況表達的重要性會依照公司特性而有所差異，因此分攤重大性前，應先瞭解受查者長期負債對總負債和股東權益的比例等相關資料。長期負債與股東權益的附註揭露通常是較重要的部分；二爲固有風險，融資循環交易的執行與記錄的不實表達風險通常很低，因爲這些交易並不常常發生；三爲控制風險，融資循環的主要交易大部分都需要經過董事會的授權同意，且董事會的審計委員會可能會嚴密監控融資活動與控制，因此控制風險水準會較低；四爲分析性程序，表17-4列示分析性程序的釋例，這些分析性程序提供評估企業對融資的需求、支應負債的能力以及利息費用合理性的線索。

表17-4　分析性程序的釋例

比　　率	查核意義
自由現金流量 （營運活動現金流量－資本支出）	負的自由現金流量表示對現金或投資的需求量。
附息債務對總資產比	與前一年度或產業資料相比較，確定負債比率的合理性。
股東權益對總資產比	與前一年度或產業資料相比較，確定負債比率的合理性。

（續前表）

資產報酬率和債務增額成本的比較（資產報酬率=〔淨利 + 利息×（1－稅率）〕／平均總資產）	若受查者的資產報酬率高於債務增額成本，表示受查者可用債務融資擴大企業的資產及盈餘。
普通股權益報酬率	在已知受查者盈餘及財務結構下，協助判斷股東權益的合理性測試。
營運活動現金流量對（流動負債＋股利）比	此比率若小於1，表示受查者可能有潛在的流動性問題。
利息保障倍數	此比率若小於1，表示受查者的盈餘不足以支應融資成本。

■第五節　長期負債的證實程序

由於長期債務交易的特殊性質和非經常性，大部分聲明的固有風險都相當低，除了「完整性」及「評價或分攤」聲明之外。由於未入帳的負債較難察覺，故完整性聲明的固有風險會較高；而公司債溢折價攤銷的計算非常繁複，故評價或分攤這項聲明的固有風險也會較高。根據這些考慮與相關控制風險的評估，決定適當的可接受偵查風險水準。證實程序的步驟如下：

一、*初步程序*

要先取得對受查者及其所處產業的瞭解，以決定債務與權益對受查者的重要性、影響受查者融資需求及支應債務與權益成本能力的因素，以及使用債務或權益融資對受查者盈餘的影響等，再執行一些初步程序：

1. 將期初負債餘額與上年度工作底稿相核對。
2. 覆核長期負債的活動及相關的損益表科目，並調查不尋常的分錄。
3. 取得受查者所編製的長期負債明細表，並確定其正確性。

二、交易細節的證實程序

逆查長期負債帳戶及相關損益表帳戶的分錄，至相關的證明文件，如債務在發行日的面值和所得淨額的證據，而債務本金的償還可追查至已付款支票。逆查長期負債分錄可提供「存在或發生」、「完整性」、「權利與義務」及「評價或分攤」等四項聲明的證據，不過，逆查長期負債分錄並不能看出有未入帳長期負債。

三、長期負債餘額的證實程序

(一) 覆核授權文件及合約

發行長期負債之前，一定會經過董事會的授權，故查核人員應覆核董事會的議事錄及相關的公司章程條款，也可能包括受查者的法律顧問對債務合法性所表示的意見。此項測試所獲得的證據與五個聲明皆有關係。

(二) 函證長期負債

查核人員須直接與貸款人和債券信託人聯繫，以函證的方式詢問長期負債的存在及其條件，此類詢證函應包含對債務的現狀和當年度交易（包括支付利息等）的詢問。所有的詢證回函應與記錄做比較，並對其中的任何差異加以調查。函證長期負債為「存在或發生」、「完整性」、「權利與義務」及「評價或分攤」等四項聲明提供證據。

(三) 重新計算利息費用

查核人員重新計算受查者的利息費用，並追查利息支付到佐證的憑單、已付款的支票及函證回函，應付利息可經由最近一次付息日的資料，重新計算受查者帳列應付利息。重新計算利息費用及應付利息為「存在或發生」、「完整性」及「評價或分攤」等聲明提供證據，而重新計算應付利息還能為「權利與義務」聲明提供證據。

四、表達與揭露

查核人員應先瞭解適用的國際會計準則，將報表表達與其相比較：(1)決定長期負債餘額已在財務報表上做適當分類；(2)判定所有長期負債的發行條件、限制、承諾及贖回條件的揭露之適當性。

同時應判斷受查客戶有關不可取消租賃合約、承諾未來應履行之義務等相關負債準備，是否已依據TIFRS允當揭露。

■第六節　股東權益的證實程序

關於股東權益餘額聲明的固有風險評估，是視影響該帳戶的交易性質和經常性而定，而一般公開發行公司的例行股票交易都是交由簽證或代理機構處理，故此種情形的固有風險及控制風險可能很低；但當公司涉及非例行性交易，如：可贖回股票、可轉換證券或股票選擇權時，固有風險與控制風險評估可能會較高。接著再判定可接受偵查風險水準。以下為股東權益的證實程序步驟。

一、初步程序

要先取得對受查者及其所處產業的瞭解，以決定債務與權益對受查者的重要性、影響受查者融資需求及支應債務與權益成本能力的因素、以及使用債務或權益融資對受查者盈餘的影響等，再執行一些初步程序：

1. 將期初負債餘額與上年度工作底稿相核對。
2. 覆核長期負債的活動及相關的損益表科目，並調查不尋常的分錄。
3. 取得受查者所編製的長期負債明細表，並確定其正確性。

二、分析性程序

計算下列比率（表17-5），並分析實際比率與上年度、預算資料或其他資料比率的異同：

表17-5 評估股東權益合理性的比率

比　　率	查核意義
普通股權益報酬率	若此比率異常的高，查核人員應去瞭解受查者獲得不尋常高報酬的因素。
股東權益對總資產比	與前一年度或產業資料相比較，確定企業權益比重的合理性。
股利支付率	查核人員一般會預期，把盈餘再投資到營運資金和長期性資產的高成長公司，會有較低的股利支付率。
每股盈餘	與產業價格盈餘比率相比較，以確認此比率的合理性。
持續成長率 〔普通股權益報酬率×（1－股利支付率）〕	查核人員應預期，當銷售成長率明顯會高於持續成長率時，財務結構將會有改變。

三、交易細節的證實程序

(一) 逆查股本帳戶的分錄

股本帳戶的任何變動應逆查至其證明文件。對於所發行的股票，市價價值是評價的最佳方式，而對於股票的新發行，查核人員應檢查發行之現金所得的匯款通知書，如果股票之對價並非現金，則查核人員應謹慎地檢查其評價基礎，甚至可能要進行實物價值的評鑑。

查核人員在查核庫藏股交易時，可從董事會的議事錄中取得相關的核准文件、支出憑單、及已付款支票作爲佐證。

逆查股本帳戶的分錄可提供「存在或發生」、「權利與義務」及「評價或分攤」等三項聲明的證據。

(二) 逆查保留盈餘帳戶的分錄

逆查可使查核人員判定是否：1.投入股本與保留盈餘已做適當區分；2.已經符合適用的法律及合約的規定。逆查保留盈餘帳戶的分錄可提供「存在或發生」、「權利與義務」及「評價或分攤」等三項聲明的證據。

四、固定資產餘額的證實程序

(一) 覆核受查者公司章程

查核人員應詢問管理階層和受查者之法律顧問，關於公司章程及施行細則的變動，最好能取得雙方的書面聲明。對於初次受查的客戶，查核人員應對其公司章程及施行細則做廣泛地覆核，並於工作底稿記下重要事項。此項測試可為「存在或發生」及「權利與義務」兩項聲明提供證據。

(二) 覆核股票發行的授權文件及條件

查核人員應覆核受查者董事會的議事錄，以取得當年度股東權益交易已獲授權的證據。同時也應檢查每次發行股票時，有關股利宣告和清算的限制條款或轉換優先順序的規定，並在工作底稿上做適當註明。此項測試可為「存在或發生」及「權利與義務」兩項聲明提供證據。

(三) 向簽證和股務代理機構函證流通在外股數

查核人員應向簽證和股務代理機構進行函證，確認已核准股數、已發行股數及資產負債表日流通在外股數的資料。詢證回函應與股本帳戶和股東分類帳相比較。函證流通在外股數可為「存在或發生」、「完整性」及「權利與義務」等三項聲明提供證據。

(四) 檢查庫藏股的股權文件

查核人員應於盤點其他證券時，同時對庫藏股票進行盤點所持有的股數應符合庫藏股帳戶顯示的股數。檢查這些文件的同時，查核人員應於工作底稿註明當年度取得的股數。此項測試可為「存在或發生」、「完整性」及「權利與義務」等三項聲明提供證據。

五、表達與揭露

查核人員應先瞭解適用的一般公認會計原則，將報表表達與其相比較：(1)

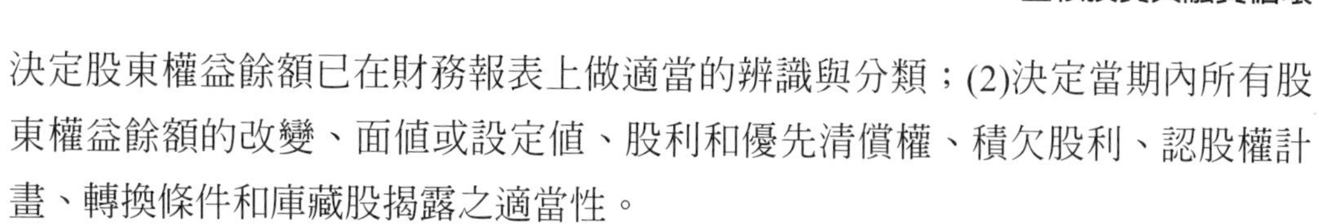

決定股東權益餘額已在財務報表上做適當的辨識與分類；(2)決定當期內所有股東權益餘額的改變、面值或設定值、股利和優先清償權、積欠股利、認股權計畫、轉換條件和庫藏股揭露之適當性。

習題與解答

一、選擇題

( ) 1. 下列科目中，何者應由查核人員覆核，以合理保證財產、廠房和設備的取得不會低估？ (A) 折舊 (B) 應付帳款 (C) 現金 (D) 維修費用。

( ) 2. 關於能夠確定固定資產報廢的會計責任之內部控制措施應為： (A) 連續分析雜項收入，以找出出售廠房資產的任何現金收入 (B) 內部稽核員定期詢問工廠主管關於廠房資產有無報廢的情形 (C) 採用連續編號的報廢通知單 (D) 內部稽核人員定期觀察廠房資產。

( ) 3. 當下列情況出現時，查核人員可能會有折舊費用提列不足的結論：(A) 投保價值遠高於帳面價值 (B) 提足折舊的資產金額相當大 (C) 連續抵換新的資產 (D) 資產報廢時，經常會發生超額損失。

( ) 4. 下列何者是有關工廠設備內部控制的弱點？ (A) 為支付購買設備的價款所發生的支票未由會計長簽名 (B) 所有工廠設備的購買均由需要該設備的部門自行辦理 (C) 工廠設備通常於折舊計畫表上所載之估計耐用年限過期時才重置 (D) 將出售提足折舊的設備所得的金額貸記其他收入。

( ) 5. 為加強保管重型機器設備的內部控制，公司大多制訂政策要求定期：(A) 增加保險承保範圍 (B) 檢查設備並與會計記錄調節 (C) 記錄工作單 (D) 驗證抵押權和擔保。

( ) 6. 當年度中進行許多財產及設備的交易時，若是查核人員計畫以最低水準來評估控制風險，他們必須瞭解客户的內部控制，並執行： (A) 財產和設備年底餘額的控制測試和其他擴大測試 (B) 當年度財產和設備交易的擴大測試 (C) 當年度財產和設備交易的控制測試和其他有限測試 (D) 財產和設備年底餘額的分析性程序。

( ) 7. 下列何種方式是追查公司股本的最佳方式？ (A) 董事會會議記錄 (B) 現金收入交易 (C) 現金支出交易 (D) 已編號之股票憑單。

(　) 8. 函證的查核程序，最不適用於下列何者？ (A) 發行公司債之信託人 (B) 普通股股東 (C) 應收票據持有人 (D) 應付票據持有人。

(　) 9. 查核人員驗證長期負債，下列哪些是包含在查核程式中的必要程序？(A) 驗證公司債權人的存在 (B) 驗證債務協議的副本 (C) 檢查應付帳款明細分類帳 (D) 調查受查者的公司債利息收入科目。

(　) 10. 查核人員要證明受查者的公司償債基金交易和年底餘額的最好方法為：(A) 重新計算利息費用、應付利息及債券折溢攤銷 (B) 向已註銷公司債的個別持有者函證 (C) 向債券信託人函證 (D) 驗證並清點查核年度中已註銷的公司債。

(　) 11. 有關「融資與投資循環之查核」，下列敘述何項錯誤？ (A) 查核人員執行庫藏股交易之查核，應追查至董事會議事錄 (B) 查核人員對長期投資，通常會用分析性覆核以確認投資收益完整性之合理性 (C) 查核人員查核債務契約副本，以確定債務存在、核對利息支付方式與其他的約定 (D) 有價證券、不動產、衍生性商品及其他投資之決策、買賣、保管與記錄等之政策及程序屬融資循環。〔103 年高考三級〕

(　) 12. 現金驗證表（A proof of cash）之特性為： (A) 符合一般公認審計之要求 (B) 可以測試交易處理程序 (C) 有助於現金控制風險之評估 (D) 偵查延壓入帳（lapping）之舞弊。〔101 年高考三級〕

解答

1.(D) 2.(C) 3.(D) 4.(B) 5.(B) 6.(C) 7.(A) 8.(B) 9.(B) 10.(C) 11.(D) 12.(B)

二、問答題

1. 試列述審計人員查核已列帳之報廢財產設備所採用審計程序之目標。

〔AICPA 試題改編〕

解答

(1)核閱董事會及主管會議之會議記錄（若有的話），可獲得資產報廢的資訊。將已授權核准報廢之記錄追查至會計記錄，將可查明有無未入帳之報廢資產。

(2)實地盤點財產設備，此種查核可揭露未入帳之報廢資產。

(3)若與已入帳的報廢資產比較，審核增添資產或未完工程，可發現未入帳之報廢資產。

(4)審核殘料收入或雜項收入的分錄，可獲致報廢資產出售或報廢之資訊。

(5)考慮產品或生產方法的改變，是否原來的生產設備已無法使用或報廢。

(6)分析維修費用可顯示資產使用的改變，尤其當某特定維修費用之支出突然停止時。

(7)審核稅單可發現廠房資產的報廢或出售。

(8)廠房資產的報廢、出售，亦可由資產保險單之變動而發現。

(9)細查現金收入簿，特別是不尋常的項目，將可揭露已出售但未入帳之報廢資產。

(10)請求客戶主管當局就帳載現有及未能使用之資產出具聲明書，亦可揭示未記錄之報廢廠房資產。

2. 高科技產業所擁有廠房及機械設備等長期性營業用資產占資產總額高達三分之二以上，且其金額往往較現金餘額為大，試請簡要回答下列問題：

(1) 為何查核人員查核廠房及機械設備等長期性營業用資產，就其金額比重言，所花費時間相對少，其理由為何？

(2) 敘述建立廠房及機械設備等長期性營業用資產之內部控制方法？

〔99 年高考三級〕

解答

(1)理由如下：

①因每項目單價較高、項目較少，所以花費時間相對少。

②廠房及機械設備有較明確的實體證據，可透過資產盤點，加以驗證廠房及

機械設備的存在。

③查核重點在取得交易是否經授權、取得交易是否有合法憑證、是否依據公司資本化政策資本化、折舊費用提列是否合理、維護費用是否合理等。

(2)廠房及機械設備等長期性營業用資產之內部控制方法如下：

功能	控制方法
請購	經適當權責單位授權核准。
訂購	①採購部門人員填寫訂購單或簽訂訂購合約，並依公開程序詢、比、議等程序進行訂購。 ②表單經授權並應連續編號。
驗收	驗收部門人員確實清點資產並確認其品質，填寫驗收單。驗收單經授權並應連續編號。
應付憑單	會計人員依據權責單位提供請採驗表單，開立應付憑單。
入帳	會計部門人員依應付憑單入帳。 依公司資本化政策決定應資本化或費用化。
付款	財務部門人員依應付憑單支付款項。 支付款項應以支票或匯款方式，不以現金方式支付。 若開立支票，開立後應由部門主管親自寄發。 應付憑單及所附憑證應打洞註銷或蓋「已付訖」字樣。
提列折舊	應依一般公認會計原則及稅法規定，合理估計殘值及耐用年限，每月計算折舊金額並入帳。 入帳應經會計部門主管授權。
處分長期性營業用資產	處分（交換、報廢、出售）應填寫處分單。 處分單應經授權並應連續編號。

Chapter 18

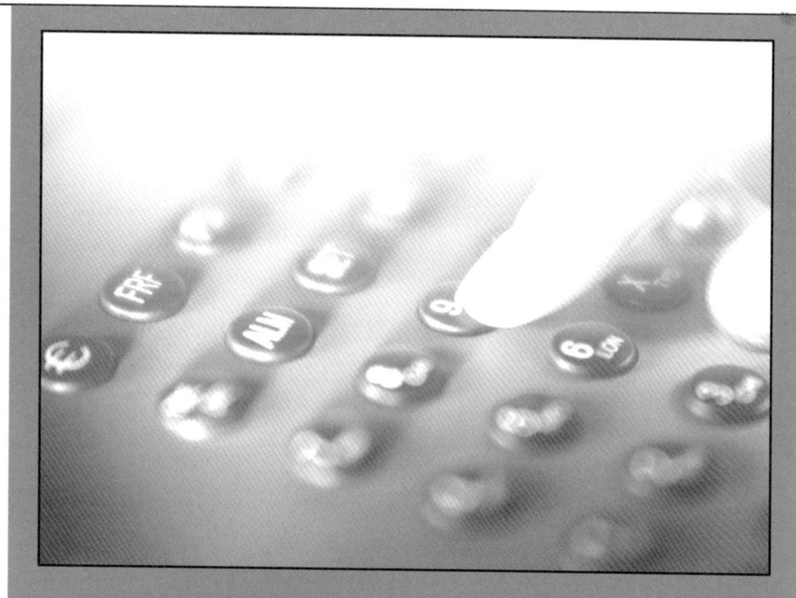

查核現金餘額

■第一節　現金的性質

現金餘額包括尚未存入銀行的款項、銀行存款（通常爲支票與儲蓄帳戶）的現金，以及預付帳戶，如零用金與薪資專戶等。有五個交易循環與一般現金餘額有關，分別是收入、支出、融資、投資及人事薪資，收入循環會使現金增加；支出及人事薪資循環會使現金減少；而投資及融資循環則會使現金增加及減少。

現金這個科目具有以下兩種特色：一爲現金是流動性最高的資產，容易引起員工的竊盜、盜用及侵占。而現金的被竊、被盜以及被侵占，可能會造成財務報表的允當性受到質疑；二爲收入、費用、負債及大部分的其他資產科目均流經現金科目，這些科目不是源自現金交易，就是促成現金交易，透過查核現金可以同時確認其他科目餘額的允當性。因此，雖然部分現金項目的餘額不大，如零用金，在重大性的考量上，或許對財務報表不會造成太大的影響，但是查核人員仍然會花時間去進行現金的查核工作。

查核人員對於期末的現金餘額，會考慮到兩種可能的錯誤與舞弊，一爲此餘額有高估的情形，爲了美化帳面資產，採不當的手法增列現金餘額；二爲此餘額有低估的情形，可能發生員工竊盜、侵占等舞弊。現金餘額的查核目標如表18-1。

表18-1　現金餘額的查核目標

聲　明	帳戶餘額查核目標
存在或發生	帳列的現金餘額確實存在資產負債表日。
完整性	帳列的現金餘額包括所有已發生的現金交易之影響。 年底各銀行間現金的調撥皆已記錄。
權利與義務	公司對於資產負債表日的所有現金餘額擁有法律的所有權。
評價或分攤	已記錄的現金餘額可按照資產負債表上所載數額實現。
表達與揭露	現金餘額已在資產負債表上經適當辨認並分類。

■第二節　現金交易的內部控制

大部分與現金處理有關的工作，是由財務部門負責，包括現金收入的處理與送存、支票的簽發、閒置現金的投資，以及現金、有價證券及其他可轉讓資產的保管等，此外財務部門還要預測現金的需求，並擬定長短期融資計畫，以取得資金。

理想中財務部門與會計部門之間應該互相配合，以達到下列目標：

1. 所有應該收到的現金均已收取、正確記錄，並迅速送存銀行。
2. 現金支出只用於經授權的目的，且已適當記錄。
3. 根據正常營運預測的現金收支，維持一個適當的現金餘額水準。

一般現金交易的內部控制通則如下：

1. 一項現金交易從頭到尾不得僅由一位員工處理。
2. 分離現金處理與帳務記錄。
3. 收到現金，應立即入帳。
4. 將每日收到的現金全數存入銀行。
5. 除小額零用金之外，其他現金支付皆以支票或電子轉帳系統付款。
6. 每個月均由非保管現金或簽發支票的員工編製銀行調節表，且調節表應經由適當的主管覆核。
7. 預測現金收支，並調查實際數與預計數的差異。

以下針對現金收入的內部控制與現金支出的內部控制分別介紹。

一、*現金收入的內部控制*

當兩個或兩個以上的員工（通常一位銷貨員與一位出納員）參與同一項交易時，現金銷貨的內部控制會較為嚴密，例如：餐廳通常設有集中出納員，他們依據另一位職員填寫的銷貨帳單向顧客收款，若銷貨帳單都經過連續編號，並確實點數，則此種職能劃分便能有效防止詐欺。但許多零售商店由於營業性質，一個員工往往必須身兼櫃檯銷售、送貨、收取現金及記錄交易等數項工作，在這種情況下，若能適當地使用收銀機或電子銷貨點系統，即可防止舞弊的行爲發生。

使用收銀機同時必須做到以下幾點，才能發揮防止舞弊的功效：

1. 向顧客顯示銷貨金額。
2. 印出收據，並鼓勵顧客將其與商品同時帶走。
3. 在收銀機內累計當日的營收額，以利核對。

電子銷貨點系統（Electronic Point-of-Sale System），所有的商品都要先貼上條碼標籤，在結帳時售貨員透過電子掃描器讀出商品的標價及其他資料，掃描的同時，收銀機立即自動按標價列記銷貨，減少售貨員列記錯誤銷貨金額的風險，也降低舞弊的風險。

而許多製造業，由於一次的銷貨金額都很大，故會接受賒銷的情形。在進行收款時，主要的方式爲收取支票。茲將郵寄支票爲現金收入的典型內部控制系統說明如下：

所有寄達的支票都在收發室拆閱，並由一名職員負責在寫有「禁止背書轉讓」的支票上蓋上公司的背書章，並編製現金收入的控制清單。清單係按照付款顧客的姓名或帳號分別列示其支付的金額，然後將一份清單副本送給會計長，再一份副本與收到的現金送交出納員，另一份副本與匯款通知書則送交負責記帳的職員。除非編製控制清單的職員、出納員、記帳員等皆爲同一人，否則發生虧空的可能性很小。

採用電子資金轉帳也是另一種有效的內部控制，透過電子資料交換系統允許不同公司電腦間資料的交換，或公司銀行帳戶間電子化資金的移轉。優於支票的原因在於其減少了紙張文件流程、處理成本以及延遲的機率，然而此系統需要較多資料輸入與內部控制的機制，以及當系統發生故障時的備份控制。

若公司職員管理現金收入，同時又管理應收帳款的分類時，可能會發生一舞弊的情形，稱爲延壓入帳（Lapping）。延壓入帳是未經授權而盜用現金收入的舞弊行爲，舉例說明，出納員盜用了來自顧客A的現金收入，當顧客B的帳款收取後，他便貸記在顧客A的帳戶，而當顧客C的帳款收取後，再使顧客B的應收帳款顯示已支付。當查核人員發現受查者的職員分工有此問題時，必須注意受查者是否有延壓入帳的情形。

二、現金支出的內部控制

理想上，現金支出應利用支票、電子資金轉帳或零用金（若為小額支出）等方式進行。

(一) 支票帳戶支出

要求以支票付款的主要優點是可以取得在支票上的背書來作為收款人領收的證據。其他優點還包括：

1. 將支出的核准權集中於經指定的主管手中，只有這些主管才有權簽發支票。
2. 使支出具有永久性的記錄。
3. 減少庫存現金的數額。為了充分發揮支票的控制功能，所有支票必須事先連續編號，尚未發出但已預先編號的支票要妥善保管，防止失竊與誤用，作廢的支票則必須在票面上作註銷的記號，並歸入已付款的檔案中，以消除再度被使用的可能性。

而有權簽署支票的主管，必須覆核該項付款的所有證明文件，在簽署支票後應將這些單據打洞註銷，以防止再被用來請款。為了使偽造竄改的舞弊發生可能性降低，支票一經簽署後，不應再退回給編製及簽章的會計部門。多數簽發大量支票的公司，均使用電腦或支票簽字機（Cheque-Signing Machines），其會在每張支票印上授權核准人員的簽名。在使用電腦製作支票的同時，可利用項目數、控制總數及現金總數來確保這些支票為已授權的現金支出；在使用支票簽字機時，應使用鑰匙才能取出已簽字的支票，而當機器不使用時，傳眞簽字版必須取出妥善保管。

(二) 零用金支出

對定額零用金內部控制的執行，主要的時點在撥補零用金時，而非每一次支出時。當零用金管理人提出撥補零用金的申請時，應檢查每筆支出的憑證，以確定其完整性與存在性，並將其銷毀或打洞註銷以防止重複使用，然後才能進行撥補的動作。

零用金有時是採設置銀行專戶的形式，在這個帳戶內不得接受任何以公司爲受款人的支票存入，目的在於防止經常性的現金收入流進零用金中，僅可接受在撥補零用金時，以銀行或零用金管理人爲受款人的支票存入。

■第三節　現金查核規劃之考量

查核現金之前必須先考量幾個問題，包括重大性、固有風險、控制風險、分析性程序。

一、*重大性*

現金餘額占流動（或總）資產的比例非常小，且常是不重要的，但是若考慮所有循環中影響現金的交易，會發現影響現金的交易數量遠比其他科目來得大。

二、*固有風險*

由於影響現金的交易數量龐大，且因爲現金較其他資產容易被竊取、侵占，因此固有風險較高。

三、*控制風險*

有關現金收入與現金支出的內部控制已於前一節討論過。由於現金容易遭竊，許多查核人員將會特別仔細評估現金的內部控制，而現金收支所代表的通常是例行性交易，較能以一般內部控制程序加以控制，若受查者具有較完善的內部控制系統，查核人員將能把控制風險定於較低水準。

四、分析性程序

現金餘額深受管理階層營業、投資、融資等決策的影響，因此在一些查核工作中，一般可能並不預期現金餘額與其他當期（或歷史性財務、營運）資料之間會呈現穩定或可預期的關係。管理完善的公司會定期規劃現金預算：

1. 根據應收帳款的預期收現情形、預測現金收入。
2. 預測供營業需要的現金支出。
3. 預測投資與融資活動。

有效的分析性程序包括：將現金餘額與預算數，或與公司有關的最低現金餘額及多餘的現金投資的政策相比較，將現金餘額與預算數或公司政策做比較，通常是較有效的做法，因爲不同公司的個別現金需求往往是不同的。當合理的預期能有系統地加以陳述，且資料與這些預期相符合，則分析性證據可視爲對有關現金餘額的「存在或發生」、「完整性」及「評價或分攤」聲明提供某種保證。

■第四節　現金的證實程序

以下本節所指之「現金餘額」僅包括庫存現金與銀行存款。有些受查者希望查核人員能仔細查核現金，以確保其現金餘額的有效性，因此查核人員常會遵行強調細節測試的基本證實法，即使查核風險模型可能因爲分析性程序或內部控制的有效性而指稱此種方法並無必要。其他客戶則可能依賴其財務主管或內部稽核部門仔細覆核或查核現金餘額，並不要求查核人員一定要對現金餘額進行細節測試，再來判定現金餘額聲明的控制風險。由於現金易遭盜用，故其固有風險通常很高，控制風險的高低視受查者的內部控制系統的完善與否而定。最後，根據固有風險與控制風險來判定現金餘額聲明的可接受偵知風險。

一、初步程序

在進行現金餘額之詳細測試以前，查核人員應先確定其已瞭解「受查者的業務」及「現金餘額對受查者的重要性」。例如：查核人員可能應瞭解流經各種現金帳戶的交易量、受查者從營業活動產生眞正現金流量的能力、受查者編製現金預算的政策，以及受查者投資剩餘現金的政策等。

驗證現金餘額的起點爲：追查當期期初餘額至前一年工作底稿（當可得時）上的期末審定餘額。接下來，應覆核當期總帳現金帳戶中的任何重要分錄，看是否有性質上或金額上不尋常而須做額外調查的地方。除此之外，還要取得受查者編製有關在各不同地點未存入銀行的現金收入的彙總清單，以及銀行存款餘額的彙總表。這些表格在計算上的正確性應加以判定，且應與總帳中的現金餘額相核對。這樣的測試提供了「評價或分攤」聲明的證據。

二、交易細節測試

有些詳細的證實程序，如順查（Tracing）、逆查（Vouching）現金收入與支出交易，通常與控制測試同步執行，由這些測試所取得的證據與此處討論的測試所取得的證據相結合，已對現金餘額是否允當表達做成結論。以下將考慮兩種交易測試，通常於資產負債表日或接近資產負債表日時執行。

(一) 執行現金截止日的測試

年底現金收支的適當截止，對於現金在資產負債表日的適當表達是很重要的，確定適當截止的方法如下：

1. 在資產負債表日盤點受查者的現金，所有收到的現金應包括庫存現金及在途存款。
2. 查核人員還必須查核資產負債表日時，每家銀行帳戶所簽發的最後一張支票，以及新支票是否已經寄出，以避免受查者爲改善流動比率，對債權人的支票先行開出，但在一段期間（數日或數週）後才將此支票送達。
3. 覆核資產負債表日前後數日的現金收付原始憑證，並確定其會計記錄屬於適當期間。
4. 使用銀行截止日期對帳單將有助於判定現金是否有適當截止（於現金餘額的證實程序中詳細說明）。

現金截止日期測試主要針對的財務報表聲明爲「存在或發生」及「完整性」。

(二)追查年底間銀行轉帳情形

受查者通常擁有許多銀行帳戶，可在這些帳戶之間作轉帳調撥，例如：由一般銀行帳戶轉一筆錢到薪資銀行帳戶中，以便償付薪資支票。當發生銀行轉撥時，在支票提領而銀行釐清這些支票之前通常會有好幾天的時間，因此銀行記載的無款餘額在這段期間將會高估，因爲薪資支票的金額皆存入銀行，而支票未經提領支付，銀行將不會將存款餘額減除。若銀行的收支不是記錄於相同會計期間，銀行間轉撥也會造成帳上銀行存款餘額的不實表達。

追查銀行間轉帳情形是爲了防止「騰挪」，而發生高估現金餘額的情事。騰挪（Kiting）指在決算日將一銀行支票存入另一銀行，收取支票銀行記錄該筆收入，而付款銀行可能在決算日尚未透過交換取得支票，因此未記錄爲支出，而公司帳上亦未列記此筆支出，因而造成在決算日該筆款項同時存在兩家銀行，以虛增銀行存款餘額。除了透過追查銀行間轉帳之外，還可取得銀行截止日期對帳單，以及執行現金截止日期測試，來查核是否有騰挪的情形。

追查銀行間轉帳時，查核人員需要有關銀行轉帳有效或不實的證據，這些證據可藉由編製「銀行轉帳明細表」獲得，明細表上的資料可從帳載的現金分錄及銀行對帳單和截止日期銀行對帳單的分析得之。明細表列出客戶年度終了日或前幾天所簽發的所有轉帳支票，並列示支票由客戶和銀行記錄的日期。追查銀行間轉帳能爲「存在或發生」及「完整性」聲明提供可靠的證據。

(三)分析性程序

現金餘額深受管理階層財務決策的影響，查核人員對現金執行分析性程序，可利用現金實際數與預算數相比較，與查核規劃時所進行的分析性程序相同。當比較結果呈現合理關係時，可作爲現金「存在或發生」及「完整性」兩個聲明的輔助性證據。

三、餘額細節測試

(一) 盤點庫存現金

一般而言，庫存現金包括未送存銀行的現金收入及零找金，為適當地執行現金盤點，查核人員應：

1. 控制受查者所有現金及可轉讓投資工具，直到全部盤點完畢。除非能夠將所有現金及可轉讓工具同時盤點，否則將給予不誠實的主管或員工利用各資產之間的轉換而掩飾現金短缺的情形。
2. 堅持現金保管人在整個盤點過程中都要在場。
3. 盤點完成後，應取得現金保管人簽字並註明日期的承諾書，說明整個盤點過程中，現金保管人全程在場，且盤點完成有將現金全數歸還。
4. 在現金中若發現，有為主管或員工的方便，收取他們的支票而兌付現金者，則應衡量該支票是否有效，以及收回的可能性，否則應從現金科目轉出。

控制所有現金的方法，要能避免受查者將已盤點的現金移轉至未盤點現金，若受查者將現金存放於數個地點，則將現金密封及加派額外的查核人員，通常是必要的程序。以免受查者的現金實際上短缺，但卻聲稱交由查核人員盤點的現金是完整的情況發生。

此項測試為「存在或發生」、「完整性」、「權利與義務」以及「評價或分攤」等四個聲明提供證據。但是要額外注意的是，受查者可能用私人現金來掩飾短缺的情形，故對「權利與義務」這項聲明所提供的證據是較為薄弱的。

(二) 函證銀行存款

查核人員通常以銀行函證來確認資產負債表日的銀行存款及貸款餘額，而且應採用積極式的詢證函，即無論要求受函證的內容是否相符，對方均須函覆的方式。凡重要往來的金融機構未回函者，應再次發函詢證，如仍未獲回函，查核人員得考慮採取其他必要的證實查核程序代替。

還有很重要的一點，在查核期間內，凡與受查者有往來的金融機構，無論期末是否仍有存款、借款的餘額，或是已經核閱了該金融機構寄發的對帳單，查核人員均要向所有與受查者有過往來的金融機構進行函證。而向金融機構詢證的事項通常包括：

1. 存款之餘額及提款之限制等。
2. 借款之餘額、利率、到期日及擔保品等。
3. 已開立但未使用之信用狀餘額。
4. 匯票到承兌及商業本票之餘額及到期日等。
5. 應收票據貼現及其他由金融機構保證事項之餘額。
6. 託收票據之餘額。

函證銀行存款主要有下列兩點關於銀行存款的聲明提供證據：

1. 存在或發生，因爲受查者會有書面承認聲明其銀行存款餘額的多寡。
2. 權利與義務，因爲存款帳戶的戶名爲受查者，在帳戶中的現金餘額即屬於受查者之權利。

銀行的回函則爲「評價或分攤」這個聲明提供證據，因爲由函證餘額可獲得資產負債表日的正確現金餘額。函證銀行貸款則主要爲下列三項聲明提供證據：

1. 存在或發生，因受查者會有書面承認其銀行貸款餘額確實存在。
2. 權利與義務，因爲此項貸款確實以受查者名義存在，屬於受查者的負債。
3. 評價或分攤，因回函會顯示確實的貸款金額。

(三) 函證其他與銀行的協定

其他和銀行的協定包括信用額度、補償性存款以及或有負債等事項。和銀行建立信用額度的協定可能要求借款者必須在銀行保留一定的現金餘額，這個現金餘額可能是以所借款項的某一協定比例來計算，或是一定數額，而所要求的最低數額即爲補償性存款餘額。當受查者爲第三者向銀行借款的保證人時，則可能會有或有負債存在。

如果查核人員在評估固有和控制風險之後，認為有上述協定存在時，應該寄詢證函給銀行，此詢證函應特別註明所要求的資訊並由受查者簽名。詢證函最好能直接寄給負責處理受查者與銀行間關係的銀行主管，如此將能加速函證過程，並提高證據的品質。此項證據將能提供用來證明「表達與揭露」這項聲明。

(四)取得或編製銀行往來調節表

當可接受的偵查風險水準較高時，查核人員可以審視（Scan）委任受查者所編製的銀行往來調節表，並驗證調節表的正確性。如果偵查風險處於中等水準時，查核人員可能需要覆核（Review）受查者的銀行往來調節表，一般符合程序包括：

1. 比較期末銀行餘額與銀行詢證函所函證的餘額。
2. 驗證在途存款與未對現支票的有效性。
3. 確認調節表的計算為正確的。
4. 逆查調節事項（銀行手續費、錯誤等）至相關憑證。
5. 調查舊項目（如長期未兌現支票及不尋常項目）。

當偵查風險較低時，查核人員可能利用受查者所持有的銀行資料重新編製銀行往來調節表。當偵查風險非常低時，或查核人員懷疑有重大不實表達時，查核人員就必須直接從銀行取得當期末的銀行對帳單，再自行編製銀行往來調節表，因此查核人員必須請求受查者指示其往來銀行，將對帳單及相關資料（如已付款支票、借項通知單等）直接寄給查核人員，如此將能降低受查者竄改資料以掩飾任何不實表達的機會。

審視、覆核或是編製銀行往來調節表，確立了資產負債表日正確的銀行存款餘額，因此，這是「評價或分攤」聲明的主要證據，同時也提供「存在或發生」、「完整性」以及「權利與義務」聲明的證據。

(五)取得並使用截止日期銀行對帳單（Bank Cut-off Statements）

截止日期銀行對帳單是張涵蓋資產負債表日後數個營業日的銀行往來結單，

這段期間足以使大多數的期末未對現支票向銀行兌現，通常爲客戶會計年度終了後七至十個營業日。

受查者必須向銀行要求編製此截止日對帳單，並指示直接寄給查核人員。收到截止日期銀行對帳單及相關附件時，查核人員應該採取下列行動：

1. 追查列在銀行往來調節表上的未兌現支票。追查支票是爲驗證未兌現支票的清單，在此步驟中，查核人員也可以發現未列於未兌現支票的前期支票卻有銀行支付，而有些列做未兌現支票的前期支票卻未受銀行清理支付。前者可能是有騰挪的舞弊現象，後者則可能爲郵寄支票的延遲、受款人請求支付的延遲，或是銀行清理支票的延遲等情形，查核人員應調查所有可能異常的情形。
2. 追查銀行往來調節表上的在途存款至截止日期對帳單的存款。追查在途存款至截止日期對帳單通常是較爲容易的，因爲截止日期對帳單上的第一筆存款，應該就是銀行往來調節表上的在途存款，若非如此，查核人員就應該調查可能的延遲情形，並要求受查者作合理解釋。
3. 審視（Scan）截止日對帳單及相關附件，看是否有不尋常項目，例如：受查者應行調節的分錄顯示不尋常情況及銀行錯誤及更正。

由於截止日對帳單是查核人員直接由銀行取得的，而非經過受查者，故此證據較具獨立性與可靠性，能夠對期末銀行往來調節表的有效性，以及銀行存款的「存在或發生」、「完整性」、「權利與義務」及「評價或分攤」等聲明，提供高度的證明。

四、表達與揭露

現金須在資產負債表中經適當的辨別與分類，如：

1. 補償性存款應與銀行存款科目明確劃分，必有適當的表達與揭露。
2. 銀行透支科目的表達應清楚適當，銀行透支屬於流動負債科目。
3. 償債基金的表達應清楚適當，償債基金的現金屬於長期投資科目。
4. 定期存款在資產負債表的歸類，應檢視其期間與存款價值變動的風險，若存款期間大於三個月且價值變動風險高，不應列於約當現金，應歸屬至其他金融資產。

除此之外，尚須適當揭露與銀行之間的約定，如信用額度、補償性存款，以及或有負債等。

查核人員可藉由覆核受查者報表的草稿，以及先前因執行證實程序所得的證據，來判定報表表達的適當性。此外，查核人員還應該覆核董事會的會議記錄，並詢問管理階層，以得到現金用途是否受限制的證據。

■第五節　延壓入帳的查核程序

先前評估控制風險，若現金收入的控制風險爲中等或偏高時，也就是可能有管理現金收入的人員，同時又管理應收帳款的分類的情形發生時，才會執行延壓入帳的測試。偵測延壓入帳的程序如下：

一、*函證應收帳款*

由於函證通常在一定時間執行，從事延壓者能夠預測出函證時點，並在函證之前所有延壓的帳戶調整至該有的正確餘額。因此，若能在期中執行函證應收帳款，將可以避免從事延壓者將所挪用的金額補回當天應有的餘額，才能偵測出延壓入帳的情形。

二、*突擊盤點現金*

現金的盤點包括庫存的紙鈔、硬幣以及支票，查核人員應監督這三種現金的送存情形。

三、*比較現金收入的明細與相關每日存款的細目*

當處理郵寄現金收入時有適當的職能分工，有些查核人員在這個查核程序時喜歡使用清單。在此種情形下，便將收款的實際日期與過入應收帳款明細分類帳的日期相比較。

習題與解答

一、選擇題

(　) 1. 為蒐集銀行調節表中銀行對帳單的憑證，查核人員不須查核下列哪一項？(A) 截止日期的銀行對帳單 (B) 年底的銀行對帳單 (C) 銀行詢證函 (D) 總分類帳。

(　) 2. 郵寄付款支票和匯款通知的工作應由下列哪一人員擔任？ (A) 簽發支票的人 (B) 核准付款憑證的人 (C) 覆核驗收報告、訂購單及供應商發票的人 (D) 驗證憑證及匯款通知單是否計算正確的人。

(　) 3. 下列何者係防止已付款憑單重複付款的內部控制程序？ (A) 憑單應由負責簽發支票的人員編製 (B) 憑單至少應由二位主管核准 (C) 簽發支票的主管應比較支票與憑單，並將憑單及附屬憑證打洞或截角 (D) 憑單日期應在憑單支付日的幾天內。

(　) 4. 採用下列哪一種方法查核騰挪最為有效？ (A) 直接向債權人函證應收帳款 (B) 編製銀行間轉帳明細表 (C) 編製四欄式現金驗算表 (D) 從現金收入簿追查至銀行對帳單每日存款。

(　) 5. 為使內部控制最有效，每月自銀行收到的對帳單應由誰覆核？ (A) 主計長 (B) 出納員 (C) 財務長 (D) 內部稽核員。

(　) 6. 某查核人員正在規劃有關現金的各項查核程序的時間，他最好： (A) 在決算日之前盤點現金，以發現年底時的騰挪行為 (B) 協調現金的盤點與應付帳款的截止同時進行 (C) 同時盤點現金、有價證券、與其他可轉換資產 (D) 收到銀行函證後，立即盤點現金。

(　) 7. 查核人員通常應對當年度與受查者有往來的所有銀行進行函證，因為：(A) 透過詢證函可獲得有關銀行貸款的資料 (B) 一般公認審計員則要求必須對受查者所有往來銀行進行函證 (C) 減輕查核人員的法律責任 (D) 可用來偵查騰挪的舞弊行為。

( ) 8. 在查核有好幾個銀行帳户的受查者時，下列哪一項審計程序最能有效地發現受查者的騰挪？ (A) 分析性程序 (B) 覆核直接取自銀行的期後銀行對帳單 (C) 查核銀行間轉帳情形 (D) 編製期末銀行往來調節表。

( ) 9. 使用下列哪一查核程序，最能有效偵測出受查者是否有延壓入帳的情形？ (A) 編製銀行間轉帳明細表 (B) 於期中函證應收帳款 (C) 於資產負債表日進行現金盤點 (D) 向受查者往來銀行發出詢證函。

( ) 10. 有關收款交易循環控制測試目標，下列何者與交易紀錄之「完整性」無關？ (A) 對所收取現金和支票與現金盤點表核對相符，並有獨立之驗證 (B) 定期比較核對銀行送款單、現金收入日報表及現金收入簿 (C) 郵局之收入由收發人員即行編製清單 (D) 統一發票逐日按號碼順序使用，若有跳號即予調查。
〔102 年會計師〕

( ) 11. 查核人員盤點受查者之現金時，應與下列何者同時進行？ (A) 評估現金方面之內部控制 (B) 盤點固定資產 (C) 盤點存貨 (D) 盤點有價證券。
〔102 年會計師〕

( ) 12. 為發現掩飾現金挪用舞弊，以下何者為會計師查核銷貨退回與折讓時之相關查核目標？ (A) 發生 (B) 完整 (C) 分類 (D) 截止。
〔99 年高考三級〕

解答

1.(D) 2.(A) 3.(C) 4.(B) 5.(D) 6.(C) 7.(A) 8.(C) 9.(B) 10.(B) 11.(D) 12.(A)

Chapter 19

查核工作之完成

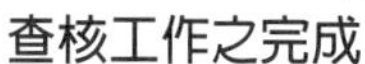

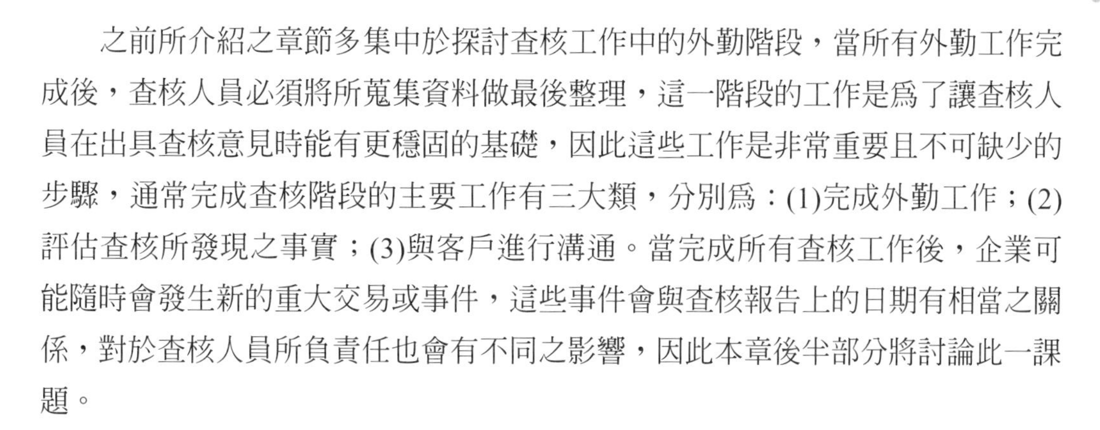

之前所介紹之章節多集中於探討查核工作中的外勤階段，當所有外勤工作完成後，查核人員必須將所蒐集資料做最後整理，這一階段的工作是爲了讓查核人員在出具查核意見時能有更穩固的基礎，因此這些工作是非常重要且不可缺少的步驟，通常完成查核階段的主要工作有三大類，分別爲：(1)完成外勤工作；(2)評估查核所發現之事實；(3)與客戶進行溝通。當完成所有查核工作後，企業可能隨時會發生新的重大交易或事件，這些事件會與查核報告上的日期有相當之關係，對於查核人員所負責任也會有不同之影響，因此本章後半部分將討論此一課題。

■第一節　外勤工作之完成

在完成外勤工作此一階段中，查核人員尙須執行下列程序，本節將針對這些程序加以介紹，應注意在這些程序中並無先後優先次序，查核人員亦可同時進行。

1. 取得客戶聲明書。
2. 閱讀相關之會議記錄。
3. 執行分析性覆核。
4. 覆核期後事件。

一、*取得客戶聲明書*

客戶聲明書的主要目的是讓客戶管理階層承認財務報表的編製是其責任，根據審計準則公報的規定，無論是美國或我國，客戶聲明書的取得是一項必要的查核程序，它的具體意義代表了管理當局對其聲明做最後的書面確認，藉以降低查核人員與客戶之間誤解的可能性。除此之外，有許多關於客戶公司的額外資訊並無法在財務報表上表達出來，但這些資訊卻會影響查核人員對最後評估結果的判斷，在無法從其他來源獲得這些資訊時，客戶聲明書是一個非常好的查核證據，但須注意的一點是，取得客戶聲明書係用以補充查核程序。但不能取代其他必要查核程序，除非在查核人員發現聲明事項與查核時所發現之事實不符外，查核人員得信賴客戶聲明書。

在我國一般公認審計準則，客戶聲明書都應考量委任事項、財務報表表達之性質及基礎，內容通常有下列事項：

1. 確知財務報表之編製及允當表達爲管理階層之責任。
2. 財務及會計記錄與有關資料業已全部提供。
3. 股東會及董事會之會議記錄業已全部提供。
4. 所有交易事項皆已入帳。
5. 關係人名單、交易及其有關資料業已全部提供，與關係人之重大交易事項皆已揭露。
6. 期後事項業已全部提供，重大之期後事項亦已調整或揭露。
7. 無任何違反法令或契約規定之情事；如有，業已調整或揭露。
8. 未接獲主管機關通知調整或改進財務報表之情事；如有，皆已依規定辦理。
9. 無蓄意歪曲或虛飾財務報表各項目金額或分類之情事。
10. 補償性存款或現金運用所受之限制業已全部揭露。
11. 應收帳款等債權均屬實在，並已提列適當備抵呆帳。
12. 存貨均屬實在，其呆滯、陳舊、損壞或瑕疵者業已提列適當損失。
13. 資產均屬合法權利，其提供擔保情形業已全部揭露。
14. 無重大未估列之負債。
15. 資產售後買回或租回之約定業已全部揭露。
16. 各項承諾如進貨、銷貨承諾等之重大損失業已全部調整或揭露。
17. 無任何重大未估列或揭露之或有損失，如可能之訴訟賠償、背書、承兌、保證等。

上述之內容係屬於公報所強制規定之內容，除此之外，查核人員得視實際情況要求將其他特定事項列入客戶聲明書。例如：

1. 受查者面臨財務危機時，其繼續經營之意向及能力。

2. 受查者財務困難時對債務重新安排之意向。
3. 會計變更之理由。
4. 持有或出售各項投資之意向。
5. 受查者將短期債務轉爲長期債務之意向及能力。

此外，客戶聲明書上的日期應以查核人員查核報告日期爲準，亦即以查核人員外勤工作終了日爲客戶聲明書日期。若查核人員在完成外勤工作階段中，無法取得客戶聲明書，此一情形即構成了查核人員之查核範圍受到限制，查核人員在出具意見時，可依其自身判斷出具修正式意見報告書，若再次要求客戶出具聲明書仍遭拒時，則可考慮是否撤銷該委任。

二、*閱讀與公司相關之會議記錄*

一般而言，公司在其平常營運時會有董事會主導其運作方向，因此董事會通常會定期召開董事會決定公司重大事項，因而董事會之會議記錄即成爲記錄公司重大經營方向的查核證據，查核人員可以藉由取得董事會之會議記錄，以瞭解董事所做成之決議是否有違反相關法令之規定，或所做成之重大決議是否會影響到查核人員既定之查核程式，是否有修改證實測試之必要。除了董事會會議記錄外，股東會或客戶高階主管之會議記錄亦是查核人員蒐集的重要證據之一。

三、*執行分析性覆核*

前面章節曾提及，查核人員可在查核的不同階段中執行分析性覆核程序，在每個階段中執行分析性覆核有其不同之目的，在完成審計階段中，執行分析性覆核之目的主要爲印證查核結論，對財務報表做一整體覆核，又稱爲最後覆核。在此一階段中，查核人員所執行分析性覆核必須去再一次瀏覽財務報表及其附註，透過比較等方式與原先所預期之結果再次驗證，瞭解其是否有不尋常或未預期到之情況發生，一旦有任何異常情況出現，查核人員應該再次執行其他查核程序以發現不尋常現象產生之原因，進一步做查核。在執行最後階段之分析性覆核程序時，應由經驗豐富並對整體產業有深入瞭解之查核人員，例如經理或主查之會計師。及依據審計準則公報第五十四號之規定，集團查核團隊應分析並評估組成個體查核團隊查核報告對集團財務報表之重大影響。

我國審計準則第五十號公報「分析性覆核」中第四條規定，當查核人員執行分析性覆核，如發現下列情況對財務報表有重大影響者，應調查其原因：

1. 已辨認之變動或關係與其他攸關資訊不一致。
2. 已辨認之變動或關係與預期值間存有重大差異。
3. 其他異常項目。

當查核人員對上述事項進行調查時，通常可先向管理階層查詢，並評估查詢結果之合理性，若管理階層無法說明理由，或理由未盡適當，查核人員應採其他查核程序做進一步之調查。

四、覆核期後事項

雖然財務報表的日期通常爲每年年底，亦即資產負債表日，但查核人員在查核過程中應考量之事項並不僅止於這一天，通常受查者仍會有重大事項在資產負債表日後發生，在查核人員未結束外勤工作之前，或者是未交付查核報告之前，對於所發生之重大事項仍須負不同程度之責任，這些事項均可通稱爲期後事項。

根據我國審計準則公報第五十五號「期後事項」所述，期後事項包括：

1. 資產負債表日後至查核報告日間發生之重大事項。
2. 查核報告日後至查核報告交付日間查核人員獲悉之重大事實。
3. 查核報告交付日後查核人員獲悉之重大事實。

所稱期後事項依其對財務報表之影響可分爲下列兩類：

1. 此種事項對存在於資產負債表日之狀況可提供進一步之證據，並影響資產負債表之評價。
2. 此種事項表徵在資產負債表日後發生之狀況，可提供判斷企業未來財務及經營情況之有用資訊。

上述第一項情況在財務會計準則上又稱爲第一類期後事項，這類期後事項可能會影響到資產負債表是否已正確評價之問題，若查核人員認爲有必要，應要求客戶直接對資產負債金額進行調整。第二項情況則稱爲第二類期後事項，第二類期後事項通常不會影響到資產負債金額之表達，但所發生之重大事項有可能會影響到財務報表使用者之判斷，因此查核人員若認爲有必要，應要求客戶在財務報表附註上揭露此事項，甚至更重大的話，應編製擬制性資訊供使用者參考。

關於查核人員對期後事項之查核程序及責任，依據我國第五十五號公報亦可依據上述三階段探討：

(一) 資產負債表日後至查核報告日間發生之重大事項

在此階段中，查核人員應執行必要之程序，以查明截至查核報告日止所發生之重大事項均已於財務報表調整或揭露，一般而言，所謂查核報告日通常所指的就是外勤工作結束日。公報中規定，查核人員應盡量於接近查核報告之日期執行下列程序：

1. 將受查期間之財務報表與期後最近之財務報表比較分析；比較分析時應先查詢該等財務報表是否於先後一致性之基礎編製。
2. 向受查者查詢下列事項：
   (1) 管理階層是否已設置用以辨認期後事項之程序。
   (2) 資產負債表日後有無重大或有事項或承諾。
   (3) 資產負債表日後，資本、長期負債或營運資金等有無重大變動。
   (4) 受查期間之財務報表，其會計處理所依據之估計或判斷基礎有無重大變動。
   (5) 資產負債表日後受查者帳上有無異常之調整事項。
   (6) 資產負債表日後有無辦理或計畫發行新股或債券、購併或解散清算等情事。
   (7) 資產負債表日後，資產有無發生毀損或被政府徵收等情事。
3. 查閱期後股東會、董事會等之議事記錄；若該等議事錄尚未完成，應查詢其決議事項。
4. 查詢有關訴訟、賠償及稅捐課徵等事項。
5. 取得包括期後事項之客戶聲明書。

查核人員應考量受查者對於期後事項之處理是否符合財務會計準則關於期後事項之處理準則，若發現受查者並未依照財務會計準則處理，則此一狀況已經違反了國際會計準則，會計師應對受查者之財務報表出具保留意見或否定意見之查核報告。若查核人員在依照上述程序進行查核時，發現有查核範圍受限，因而無法獲取足夠且適切之證據時，會計師應出具保留意見或無法表示意見之查核報告，並於查核報告中說明理由。當會計師認為受查者對於期後事項已經依據國際會計準則處理，且查核人員之查核範圍並未受到限制時，則會計師得出具無保留意見之查核報告，若會計師欲強調此一事項時，則可出具修正式意見之查核報告。

(二) 查核報告日後至查核報告交付日間，查核人員獲悉之重大事實

查核人員對於查核報告日後（亦即外勤工作終了日後）客戶所發生之事項，並不須採主動蒐集證據之責任，換句話說，在此一階段管理階層應有告知查核人員此階段所發生之重大事件，查核人員僅僅是被動蒐證之責任。當查核人員被受查者告知在查核報告日與交付日間有對財務報表重大影響之事實發生時，應與管理階層討論是否修正財務報表，此項修正包括了調整、揭露或是二者並用。

審計準則公報規定，當管理階層因期後事項而對財務報表做修正，查核人員相對應執行必要之查核程序，以對修正後之財務報表提出查核報告，並以查核程序完成日為查核報告之日期。但是當期後事項僅須揭露而無須調整財務報告者，會計師得選擇以雙重日期或以完成增註期後事項查核之日為查核報告之日期。

所謂雙重日期或最後查核報告日期所代表的是會計師兩種不同的查核責任，雙重日期所代表之涵意為，除所增註之事項外，其他期後事項之查核責任限於外勤工作完成日；如採以完成增註後事項查核之日為查核報告之日期，代表會計師對於所有期後事項的查核責任均延伸之該日，對於會計師而言，存有較大之查核風險。

(三) 查核報告交付日後查核人員獲悉之重大事實

如同查核報告日後至交付日間，查核人員對於查核報告交付日後所發生之期後事項原則上並不負蒐集證據之責任。但是若會計師在交付查核報告之後，始獲悉存在於查核報告日前且可能須修正原查核報告之重大事實時，應考慮財務報表是否需要修正，並予管理階層討論後，視情況採取必要之行動。

如果受查者之管理階層決定修正財務報表時，會計師應視情況執行必要之查核程序，並對修正後之財務報表簽發更新之查核報告，除此之外，會計師尚應覆核管理階層所採取之步驟，以確保管理階層已告知原發布財務報表之收受者。倘若會計師認為財務報表應修正而管理階層未修正，或管理階層對已修正之財務報表未採取必要之步驟，以確保原發布之財務報表及查核報告之收受者已被告知時，會計師應視其在法律上之權利義務採取必要之行動，以免原簽發之查核報告被信賴，並將所擬採取之行動告知受查者之最高管理階層。

■第二節　評估查核所發現之結果

當查核人員完成外勤工作後，下一步就準備由會計師出具最後之查核意見，因此出具查核意見前，會計師必須再一次評估所有查核的結果，以及在先前的整個查核過程中是否有遵循一般公認審計準則查核，評估這些事項之後，再加上自身的判斷決定出最後應出具之查核意見。在進行此一階段評估時，必須考慮下列程序，這些程序有其先後順序。

1. 評估整體重大性及查核風險。
2. 評估受查者繼續經營能力。
3. 覆核工作底稿。

一、*評估整體重大性及查核風險*

對於重大性及查核風險作最後之評估是會計師出具意見之前最重要的步驟，

在執行此一程序時，查核人員應先將在查核過程中所發現客戶帳戶不實之表達尚未改正之處做一加總，評估這些不實表達的加總對於受查者淨利或其他相關財務報表中的合計數字（如總資產）之影響程度。一般而言，判定不實表達應包含下列三要素：

1. 經由對交易及餘額的細節證實測試所找出的未更正不實表達（稱為已知不實表達）。
2. 經由查核抽樣所估計出的預估未更正不實表達。
3. 經由分析性覆核所偵查出來，且被其他查核程序所量化的估計不實表達。

將各帳戶上述可能之不實總和加總稱為總可能的不實表達（Aggregate Likely Misstatement）。查核人員進一步將這些資料與查核規劃所做的重大性初步判斷做一比較，並加以評估所做之查核程序是否足夠。另一方面，查核人員在查核規劃階段也會訂出查核風險水準，當總可能不實表達增加時，財務報表被重大不實表達的風險便增加，當查核人員認為查核風險係在可接受範圍內，則會計師便可依據此一風險水準出具查核意見，若發現查核風險無法接受時，查核人員可執行更多的查核證實測試，或要求受查者做必要之更正，以降低重大不實表達之風險至可接受之水準。

二、*評估受查者繼續經營能力*

在我國審計準則公報第十六號「繼續經營之評估」明確規定，查核人員於規劃、執行查核程序、以及評估查核結果時，應隨時對受查者依繼續經營假設編製財務報表之合理性，保持專業上應有之注意。

由此可知，繼續經營能力的評估對於會計師而言是一項非常重要表示意見之依據，當受查者的年度財務報表編製都符合國際會計準則，但是確有財務危機的徵兆發生，此時已構成繼續經營上的疑慮，會計師應針對此疑慮尋求受查者提出合理的解決之道。繼續經營假設係屬於會計上的基本假設之一，然而我國審計公報指出，當受查者有下列情況時，繼續經營假設可能無法成立：

(一) 財務方面

1. 負債總額大於資產總額。
2. 即將到期之借款，預期可能無法清償或展期。
3. 過分依賴短期借款做長期運用。
4. 無法償還到期債務。
5. 無法履行借款契約中之條件或承諾。
6. 重要財務比率惡化。
7. 鉅額之營業虧損。
8. 與供應商之交易條件，由信用交易改爲現金交易。
9. 開發必要之新產品或其他必要投資所需之資金無法獲得。

(二) 營運方面

1. 對營運有重大影響之人員離職而未予遞補。
2. 喪失主要市場、特許權或主要供應商。
3. 人力短缺或重要原料缺貨。
4. 工廠停工。

(三) 其他方面

1. 嚴重違反有關法令規定。
2. 未決之訴訟案件之不利判決非受查者所能負擔。
3. 法令或政府政策變動造成重大不利影響。
4. 未投保之重大資產發生損毀或滅失。

查核人員應透過各種可能查核程序，例如，查閱借款及債務合約、查閱董事會記錄、取得管理階層對未來有關之因應聲明等，藉以釐清對受查者產生繼續經營之疑慮。若會計師對受查者的繼續經營假設之合理性加以評估後，若能消除其疑慮時，得出具無保留意見之查核報告；若會計師對受查者所採取之未來因應措施如認屬可行，但有必要於財務報表中揭露內容而爲揭露時，會計師應出具修正式意見之查核報告。然而不論出具何種查核意見書，皆須將與受查者進行之關鍵性溝通於查核意見書中適時揭露。

當會計師若無法消除其對受查者繼續經營假設之疑慮時，應考慮受查者財務報表是否敘明下列事項：

1. 對資產負債表日後一年內繼續經營能力有重大影響之情況。
2. 繼續經營假設存有重大疑慮，可能無法如正常情況進行資產之變現及負債之清償。
3. 財務報表並未因繼續經營假設存有重大疑慮，而依清算價值評價及分類。

當會計師認爲上述事項已經在財務報表上作適當之揭露時，會計師應依據審計準則公報「財務報表之查核報告」之規定，出具修正式無保留意見；反之，若爲作適當之揭露，會計師應視情節輕重出具保留意見或否定意見。此外，當會計師確定受查者財務報表之編製所依據之繼續經營假設與實際情況不符，且影響極爲重大，應出具否定意見之報告；若受查者已經依據清算價值評價及分類時，爲了加以強調此一事實，會計師應出具修正式無保留意見之查核報告。

三、*覆核工作底稿*

工作底稿之覆核是在各個查核階段都必須進行的工作，不同的是在查核執行階段，工作底稿之覆核主要由高級查核人員或經理覆核初級查帳員之查核工作，以確定所有查核工作是否依據規劃之查核程式進行；而在審計完成階段時，工作底稿之覆核主要是由合夥人來進行，此階段的工作底稿之覆核乃著重於全面性之覆核，而非各項小細節之覆核，會計師之覆核工作主要在確保下列事項：

1. 由下屬所進行的查核工作是足夠且完整的。
2. 所有查核工作之判斷在現有情況下仍然合理。
3. 查核工作已依委任書所載明的條件完成。
4. 查核人員之意見可藉由工作底稿給予強力之支持。
5. 所有查核工作皆符合一般公認審計準則以及會計師事務所品質控制規範。

通常，爲了避免查核會計師在自身的查核案件中忽略了某些應注意之事項，會計師事務所爲了品質控制，會要求該案件之工作底稿再由會計師事務所另一位未參與該案件查核工作之會計師進行一次審愼地覆核，通常這種覆核又稱爲「冷靜覆核」（Cool Review）。

第三節 與客戶溝通

在查核工作終了之後，會計師必須與受查者進行溝通，溝通的對象包括了受查者董事會以及管理階層，溝通之事項包括了受查者的內部控制制度以及查核人員執行查核的方式，最後向管理階層出具管理階層的建議書。

一、*溝通內部控制事項*

溝通可報導情況（Reportable Conditions）

可報導情況乃內部控制設計或運作上的缺失，其對組織的記錄、處理、彙總及報導財務資料時將產生負面之影響。通常溝通可採書面或口頭方式進行，不過仍以書面溝通可留下查核證據爲較佳之方式。須注意的地方是，可報導情況並不就代表著內部控制的重大缺失（Material Weakness），二者在程度上仍有差別。一般而言，重大缺失都是可報導情況，但可報導情況並非意味這有重大缺失，表19-1可用以比較二者之差別。

表19-1 重大缺失與可報導情況之比較

	重大缺失 （Material Weakness）	可報導情況 （Reportable Conditions）
定義	當一個或若干個內部控制組成要素的設計及執行在員工執行職務正常情況下無法及時偵出對財務報表有重大影響的錯誤或舞弊的可能，為一項風險的概念。而員工在執行其職責的過程中，無法把上述風險降至一相對低水準的情況。	在內部控制結構的設計或執行上之顯著不足之處，對企業的記載、處理、彙總和報導財務資料的能力產生負面影響的事項。

（續前表）

門檻	較高	較低
與內部控制是否有效之關係	替內部控制是否有效的觀念繪出界線，用來與被評估的缺失相比較的嚴重程度門檻，企業一旦有重大缺失即無法聲稱其內部控制為有效。	由獨立會計師發展出來，用以辨認在查核過程中所發現並且須對審計小組提出報告的事項。企業具有可報導情況，並不意謂其內部控制就會無效。
應告知之對象	投資人、債權人、和其他報告使用者。	管理階層、董事會、審計小組。

二、*溝通關於查核執行的方式*

查核人員必須與客戶負責監督財務報表表達之單位溝通，通常這類單位爲董事會，或其所隸屬之審計委員會，我國審計公報中並無明文規定會計師應與董事會溝通何種事項，然而在美國一般公認審計準則下有明確要求會計師必須與客戶溝通下列事項：

(一) 一般公認審計準則所規範之查核人員責任

此點溝通是讓受查者瞭解查核人員之角色係在對管理當局所提出之聲明提供合理之確信，此保證程度並非百分之百保證，而且說明財務報表之編製責任在管理當局身上，此外在查核過程中，基於成本效益之考量會使用到抽樣之技術，並且有主觀之專業判斷。

(二) 重要會計政策

與客戶溝通其所選用之會計方法的適當性，若引用不當之會計方法可能造成的後果。

(三) 查核人員對客戶會計原則之品質判斷

此階段的溝通通常會要求客戶的管理階層一起參與，因爲會計原則之運用是管理階層之責任，在此溝通上，會計師與管理階層討論管理階層所使用的某些會計方法、認列時點、會計估計之使用基礎等問題。管理階層應誠實向會計師說明其使用特定會計方法的理由。

(四) 執行查核所遇到之困難

溝通查核人員在執行查核時所遭遇到的限制，例如要求管理階層提供之文件，管理當局以各項理由延遲推託，或在進行查核時，詢問客戶公司之人員相關問題時，該人員以非常不願意配合之態度回應。

三、致管理當局聲明書

當所有查核工作結束後，會計師可將整個查核過程中所觀察到或認爲不妥之處，以一封「致管理當局建議書」文件，建議管理當局如何改善某些營運的方式，或許更能達到效率與效果，這類的建議書內容可能包含了客戶內部控制的設計，此處的內控建議並非指出該內控有多大缺失，而是以一種積極的建議方式告訴管理當局，或許如何修改更能增進公司內部控制的效能；另外諸如建議管理當局在某些資源的運用上或許能以更有效率方式進行，在稅務上如何規劃更能爲企業帶來利益等。

習題與解答

一、選擇題

( ) 1. 在發出報告後，查核人員發現在查核時認為必要的查核程序在查核時被遺漏，則查核人員首先應： (A) 著手執行遺漏之程序或其他程序，以提供查核意見合理基礎 (B) 評估遺漏程序之重要性與查核人員支持表示於整體財務報表上之意見能力 (C) 通知查核委員會或董事會不能再信賴查核意見 (D) 覆核為了補償遺漏程序或減輕其重要性所做的其他程序之結果。

( ) 2. 查核人員因發生於外勤工作完成之後，發出查核報告書之前之期後事件而發出雙重日期之查核報告書，則查核人員對完成外勤工作後發生之事件的責任： (A) 限於相關之特定事件 (B) 限於僅包括於最後一個相關期後事件之前發生的事件 (C) 擴於發出報告日之後發生之期後事件 (D) 擴於所有自外勤工作完成之後所發生之事件。

( ) 3. 查核或有負債時，下列哪一種查核程序可能是最無效果的？ (A) 閱讀董事會會議記錄 (B) 核閱「銀行存款」函證銀行之回函 (C) 核閱「應收帳款」函證顧客之回函 (D) 核閱函證律師之回函。

( ) 4. 審計人員執行分析性程序將會更容易，若委託人： (A) 將存貨餘額減至成本或市價較低的價值 (B) 用標準成本制並編製差異報告 (C) 有良好內部控制 (D) 於期末實施存貨盤點。

( ) 5. 下列何者與查核報告「雙重日期」有關？ (A) 跨年度交易 (B) 兩年度比較報表 (C) 重複過帳 (D) 期後事件。

( ) 6. 客户聲明書的日期為： (A) 完成外勤工作日 (B) 財務報表結束日 (C) 提出報告日 (D) 財務報表提出日。

( ) 7. 在發出查核報告書之後，查核人員得知在報告日期有能影響報告結果之已存在事件，在認為此項資訊為可靠之後，查核人員下一步應： (A) 通

知董事會查帳報告書不再與財務報表有關聯 (B) 決定是否有人信賴或能信賴此財務報表，且視此項資訊很重要 (C) 要求管理當局在後來發出的財務報表上加一附註，以揭露此一新發現資訊的影響 (D) 發出修正且加入新發現資訊的部分財務報表。

( ) 8. 下列何者為採用分析性程序之目的？ ①作為證實程序 ②協助作成整體查核結論 ③作為風險評估程序 (A) 僅①② (B) 僅①③ (C) 僅②③ (D) ①②③。〔102 年高考三級〕

( ) 9. 甲公司採用曆年制會計年度，101 年度委託張會計師負責查核當年度財務報表。張會計師於 102 年 3 月 29 日查核時，獲悉甲公司的總經理已遭其他企業高薪挖角並已離職，此事將對甲公司之未來營運產生嚴重影響。張會計師於 102 年 3 月 31 日結束外勤查核工作。試問，張會計師應採取的處理方式為何？ (A) 不必另作處理 (B) 要求甲公司作調整分錄修正 101 年度財務報表 (C) 要求甲公司於 101 年度財務報表附註作適當揭露 (D) 要求甲公司於 101 年度財務報表附註作適當揭露，並重新發送 101 年度修正後財務報表。〔102 年高考三級〕

( ) 10. 下列何者不宜為股票上市(櫃)公司財務報表查核案件之查核團隊人員？ (A) 查核案件之主辦會計師 (B) 查核案件之品質管制覆核人員 (C) 事務所內部之稅務部門人員 (D) 事務所內部之電腦審計部門人員。〔101 年會計師〕

( ) 11. 當受查者存有繼續經營之不確定性時，會計師應考量在「某一合理期間內」受查者無法繼續營業或履行債務合約之可能性。此處所謂的「某一合理期間內」所指為何？ (A) 自財務報表日起算，不超過 6 個月 (B) 自查核報告日起算，不超過 6 個月 (C) 自財務報表日起算，不超過 1 年 (D) 自查核報告日起算，不超過 1 年。〔100 年會計師〕

( ) 12. 受查者所提出之文件中，可能包含財務報表及與財務報表併列之其他資訊。會計師對該等其他資訊之責任為何？ (A) 閱讀及考量其他資訊，並於發現其他資訊與財務報表之資訊有重大不一致之情事時，修正財務報表 (B) 與受查者作適當安排，俾於查核報告日前取得其他資訊，以利閱

讀與考量 (C) 閱讀其他資訊，並對其他資訊提出報告 (D) 考量其他資訊，並判斷其內容是否適當；如有不適當，即納入內部控制報告。

〔100年會計師〕

( ) 13. 根據審計準則公報第三十號「期後事項」之規定，若管理階層因期後事項而修正財務報表，則查核人員應執行必要之查核程序，以對修正後之財務報表提出更新之查核報告；若期後事項必須調整財務報表之主體，而非僅調整附註，則更新之查核報告之日期應為什麼？ (A) 雙重日期 (B) 管理階層修正財務報表之日期 (C) 期後事項發生之日期 (D) 對修正後之財務報表完成查核程序之日期。 〔100年會計師〕

( ) 14. 根據我國審計準則公報第三十號規定，就查核報告日後至查核報告交付日間發生之期後事項，下列關於會計師責任之敘述何者正確？①需主動取得管理階層已告知的聲明書 ②僅就已獲悉部分與管理階層討論是否修正財務報表 ③若需修正財務報表時，會計師應對修正後之財務報表提出查核報告，並得自由選擇載明雙重日期或以完成增註期後事項查核之日為查核報告日期 (A) 僅①② (B) 僅①③ (C) 僅②③ (D) ①②③。

〔99年高考三級〕

( ) 15. 甲公司財務報表之查核報告日為X1年3月28日，但其與聯屬公司合併財務報表之查核報告日為X1年4月15日，則甲公司查核會計師對甲公司查核工作底稿至少需保存至： (A) X6年3月28日 (B) X6年4月15日 (C) X8年3月28日 (D) X8年4月15日。 〔99年高考三級〕

( ) 16. 在查核報告採用雙重日期制之下，審計人員對於外勤工作完成日後所發生的期後事項，其責任為何？ (A) 除增註之期後事項外，其他期後事項之查核責任限於外勤工作完成日 (B) 限於期後事項發生日以前的事項 (C) 對於所有期後事項之查核責任，均延伸至查核報告日 (D) 對於外勤工作完成日後所發生的一切期後事項。 〔99年高考三級〕

( ) 17. 會計師對於拒絕出具聲明書之受查者，應出具何種查核報告？ (A) 保留意見或無法表示意見 (B) 保留意見或否定意見 (C) 修正式無保留意見 (D) 否定意見或無法表示意見。 〔99年高考三級〕

解答

1.(B) 2.(A) 3.(C) 4.(B) 5.(D) 6.(A) 7.(B) 8.(D) 9.(A) 10.(B)
11.(C) 12.(B) 13.(D) 14.(A) 15.(B) 16.(A) 17.(A)

二、問答題

1. 會計師完成審計，提出無保留意見審計報告必須總誤述遠小於可容忍誤述，所謂總誤述包括？

解答

所謂總誤述包括：

(1)已知誤述：百分之百查核某項目所發現的誤述。

(2)推計誤述：由樣本結果推估母體的最可能誤述。

(3)其他估計誤述：受查者估計，與審計人員經分析性覆核及採行其他查核程序後，認為最合理且又最接近數值間的差額。

2. 查核人員對財務報表所依據之繼續經營假設產生疑慮時，通常應採行哪些查核程序予以澄清？若經查核後仍未能消除其對受查者繼續經營假設之疑慮時，查核報告中應敘明哪些事項？

解答

查核人員對財務報表所依據之繼續經營假設產生疑慮時，通常採行下列查核程序予以澄清：

(1)分析受查者所提供未來之現金流量、獲利情形及其他相關之資料，並予管理階層討論。

(2)檢討影響受查者繼續經營能力之期後事項。

(3)分析最近之期中財務報表。

(4)查閱借款及其他債務合約。

(5)查閱股東會、董事會及其他重要會議議事錄中關於財務困難之議案內容。

(6)評估關係人或第三者對受查者所做財務支援安排之有效性評估及可行性。

(7)評估受查者履行客戶訂單之財務能力。

當會計師無法消除其對繼續經營評估之疑慮時，應在報告中敘明：

(1)影響繼續經營假設情況。

(2)對受查者未來繼續經營之疑慮。

(3)受查者之財務報表仍按繼續經營假設編製，未按清算價值評價及分類。

3. 查核人員於規劃、執行查核程序，以及評估查核結果時，應隨時對受查者依據繼續經營假設編製財務報表之合理性，保持專業上應有之警覺。請舉例說明，受查者編製財務報表所依據之繼續經營假設，在哪些情況下，可能無法成立。

解答

受查者編製財務報表所依據之繼續經營假設，在下列情況下，可能無法成立：

(1)財務方面

①負債總額大於資產總額。

②即將到期之借款，預期可能無法清償或展期。

③過分依賴短期借款做長期運用。

④無法償還到期債務。

⑤無法履行借款契約中之條件或承諾。

⑥重要財務比率惡化。

⑦鉅額之營業虧損。

⑧與供應商之交易條件，由信用交易改為現金交易。

⑨開發必要之新產品或其他必要投資所需之資金無法獲得。

(2)營運方面

①對營運有重大影響之人員離職而未予遞補。

②喪失主要市場、特許權或主要供應商。

③人力短缺或重要原料缺貨。

④工廠停工。

(3)其他方面

①嚴重違反有關法令規定。

②未決之訴訟案件之不利判決非受查者所能負擔。

③法令或政府政策變動造成重大不利影響。

④未投保之重大資產發生損毀或滅失。

4. 臺北公司僅有一被投資公司——高雄公司，持股比例為90%，臺北公司及高雄公司民國97年度財務報表分別由不同會計師事務所之甲會計師及乙會計師簽證，試根據我國審計準則公報之規定，回答下列問題：

(1) 何謂主查會計師？何謂其他會計師？

(2) 假設高雄公司資產總額占臺北公司及高雄公司合併資產總額之80%，高雄公司營業收入占合併營業收入之90%，請問主查會計師是甲會計師或乙會計師？

(3) 假設高雄公司資產總額占臺北公司及高雄公司合併資產總額之10%，高雄公司營業收入占合併營業收入之5%，請問主查會計師是甲會計師或乙會計師？

〔99年會計師〕

解答

(1)主查會計師係指受查者財務報表之查核工作，分由不同會計師執行時，負責對財務報表整體出具查核報告之會計師。僅負責查核受查者之分支機構、子公司或其他被投資公司財務報表之會計師，稱為其他會計師。

(2)於此查核工作中，甲會計師僅查核臺北公司之部分，由於臺北公司之資產僅占合併資產總額之20%，營業收入僅占合併營業收入之10%，其所負責之部分相對甚少。依本案例之條件，甲會計師很有可能不足以擔負主查會計師之責，而由乙會計師為主查會計師。

(3)承上，此時應由甲會計師為主查會計師。

5. 查核過程分類方式之一，分為規劃及設計查核方法、執行控制測試及交易證實測試、執行分析性程序及餘額細數測試、完成查核並出具查核報告等四階段，試述各階段之主要工作為何？〔99年高考三級〕

解答

階段	主要工作
規劃及設計查核方法	(1)瞭解客户及產業。 (2)執行分析性程序。 (3)初步判斷重大性水準。 (4)考慮查核風險。 (5)對管理當局聲明提出初步查核策略。 (6)瞭解委託人內部控制。
執行控制測試及交易證實測試、執行分析性程序及餘額細數測試	(1)取得對內部控制的充分瞭解，以規劃查核。（於第一階段執行） (2)評估控制風險並設計額外的控制測試。查核人員利用查核風險模式來評估控制風險。 (3)執行額外的控制測試：即對於客户之各項交易循環控制流程，抽查樣本予以查核其是否依照既定的控制程序一致遵行，以做為證實測試查核範圍的參考。 (4)重估控制風險並設計證實測試：查核人員依控制測試的結果再評估控制風險，並決定證實程序的性質、時間及範圍以完成查核。 (5)執行證實測試：以交易證實測試、執行分析性程序及餘額細數測試三種方式，驗證財務報表各項目的餘額是否允當表達。
完成查核	(1)評估或有事項。 (2)評估期後事項。 (3)評估股東會、董事會議記錄：董事會議事錄。 (4)與客户討論調整分錄、重分類分錄。 (5)與治理單位溝通與查核財務報表相關的事項。 (6)取得客户聲明書。

（續前表）

出具查核報告	會計師依專業判斷，依各種情況出具意見。 意見型態： (1)無保留意見。 (2)保留意見。 (3)否定意見。 (4)無法表示意見。

6. 財旺公司採曆年制會計制度，2009年財務報表之查核已於2010年3月17日完成，並於2010年3月29日寄出財務報表與查核報告給股東，請就下列(1)至(6)之重大事件，選擇會計師對2009年財務報表應採行之行為以及所應負的責任。

會計師應採行之行為：

A. 建議財務報表調整入帳，不需要重發財務報表與查核報告。

B. 建議財務報表附註揭露，不需要重發財務報表與查核報告。

C. 建議財務報表調整入帳，需要重發財務報表與查核報告。

D. 建議財務報表附註揭露，需要重發財務報表與查核報告。

E. 無須採取任何行動。

會計師應負的責任：

甲、執行必要之查核程序，以確認該等事項均已調整或揭露。

乙、若會計師未獲知，則不負蒐集證據之責任。

丙、提醒管理階層善盡告知之責任，並取得管理階層已告知之聲明書。若會計師未獲知該等事項，則不負蒐集證據之責任。

丁、無責任。

每一事件請單獨考慮：

(1) 財旺公司於2010年2月3日發行公司債並籌得現金8千萬元。財旺公司忘記告訴會計師，會計師於2010年6月10日才得知此事。

(2) 財旺公司某一生產部門於2010年1月5日發生火災，一批尚未投保之存貨被燒毀。財旺公司刻意隱瞞，會計師於2010年3月19日才發現。

(3) 2010年3月30日，會計師發現財旺公司於2004年被告的訴訟已經判決確定，必須賠償5百萬元，為原2004年財務報表估計認列或有負債之兩倍。

(4)財旺公司一名主要客户因財務困難於2010年1月6日宣布倒閉，財旺公司於2010年4月7日獲悉後立即告知會計師，會計師發現原帳上提列之備抵呆帳無法充分反映此事件。

(5)2010年2月17日，會計師發現財旺公司於2009年2月16日遭洪水淹沒一座倉庫，導致倉庫內的存貨（未投保）皆無出售價值。財旺公司尚未對此事件採取任何會計處理。

(6)財旺公司於2009年8月30日售出的產品有瑕疵，導致下游顧客遭受損失。仲裁不成後，下游顧客於2010年2月2日對財旺公司提起訴訟。財旺公司於同日通知會計師此訴訟事件。

請依下列格式作答。〔99年高考三級〕

事件	會計師應採行之行為（A.～E.）	會計師應負的責任（甲.～丁.）
(1)		
(2)		
(3)		
(4)		
(5)		
(6)		

解答

事件	會計師應採行之行為（A.～E.）	會計師應負的責任（甲.～丁.）
(1)	D	甲
(2)	B	甲
(3)	E	丁
(4)	C	甲
(5)	B	甲
(6)	A	甲

Chapter 20

財務報表之查核報告

■第一節　何時會計師應出具報告

當會計師姓名和財務報表發生關聯時，會計師須提出報告表明執行工作的性質，及對財務報表編製情況的結論（即爲意見或報告）。會計師姓名在下列三種情況下和財務報表發生關聯：

1. 財務報表印製於標明會計師姓名的用紙上。
2. 財務報表由會計師代爲記帳服務之電腦印出。
3. 包含財務報表的文件中，曾指出會計師爲公司之會計人員或查核人員。

■第二節　財務報表的重要觀念

一、*財務報表之編製*

財務報表之編製爲管理當局、治理單位的責任，通常包括綜合損益表、資產負債表、現金流量表及權益變動表（或保留盈餘表）及相關附註揭露。會計師的責任爲對管理當局所製的財務報表表示意見，其本身並無修改財務報表的權利。因此，財務報表應註明管理當局、治理單位及會計師對於財務報表之責任內容。查核過程中，若涉及關鍵事項之溝通，亦應將其揭露於財務報表。

二、*財務報表之揭露*

凡是重要的資訊或者查核過程中，對於關鍵查核事項等，足以影響理性決策之資訊，均應表達於財務報表或揭露於查核意見書之「關鍵查核事項」段落。

■第三節　會計師的意見型態

會計師表示的意見有下列四種型態：

1. 無保留意見（Unqualified Opinion）。
2. 修正式意見（Modified Opinion）包括保留意見、否定意見及無法表示意見。

一、*無保留意見*

(一) 無保留意見之查核報告

1. 簽發情況

(1) 會計師已依照一般公認審計準則執行查核工作，且未受限制。

(2) 財務報表已依照一般公認審計準則編製並適當揭露。

2. 說明

(1) 一般公認審計準則係指審計準則委員會所發布的審計準則公報。

(2) 一般公認審計準則係指財團法人中華民國會計研究發展基金會財務會計準則委員會發布之會計原則。

(3) 爲使同一公司不同年度的財務報表具比較性，所採用之會計原則方法應前後一致。

報告釋例

會計師查核報告

甲公司（或其他適當之報告收受者）公鑒：

查核意見

甲公司民國一〇五年十二月三十一日及民國一〇四年十二月三十一日之資產負債表，暨民國一〇五年一月一日至十二月三十一日及民國一〇四年一月一日至十二月三十一日之綜合損益表、權益變動表、現金流量表，以及財務報表附註（包括重大會計政策彙總），業經本會計師查核竣事。

依本會計師之意見，上開財務報表在所有重大方面係依照證券發行人財務報告編製準則暨經金融監督管理委員會認可並發布生效之國際財務報導準則、國際會計準則、解釋及解釋公告編製，足以允當表達甲公司民國一〇五年十二月三十一日及民國一〇四年十二月三十一日之財務狀況，暨民國一〇五年一月一日至十二月三十一日及民國一〇四年一月一日至十二月三十一日之財務績效及現金流量。

查核意見之基礎

本會計師係依照會計師查核簽證財務報表規則及一般公認審計準則執行查核工作。本會計師於該等準則下之責任將於會計師查核財務報表之責任段進一步說明。本會計師所隸屬事務所受獨立性規範之人員已依會計師職業道德規範，與甲公司保持超然獨立，並履行該規範之其他責任。本會計師相信已取得足夠及適切之查核證據，以作為表示查核意見之基礎。

關鍵查核事項

關鍵查核事項係指依本會計師之專業判斷，對甲公司民國一〇五年度財務報表之查核最為重要之事項。該等事項已於查核財務報表整體及形成查核意見之過程中予以因應，本會計師並不對該等事項單獨表示意見。〔依審計準則公報第五十八號之規定，逐一敘明關鍵查核事項〕

管理階層與治理單位對財務報表之責任

管理階層之責任係依照證券發行人財務報告編製準則暨經金融監督管理委員會認可並發布生效之國際財務報導準則、國際會計準則、解釋及解釋公告編製允當表達之財務報表，且維持與財務報表編製有關之必要內部控制，以確保財務報表未存有導因於舞弊或錯誤之重大不實表達。

於編製財務報表時，管理階層之責任亦包括評估甲公司繼續經營之能力、相關事項之揭露，以及繼續經營會計基礎之採用，除非管理階層意圖清算甲公司或停止營業，或除清算或停業外別無實際可行之其他方案。

甲公司之治理單位（含審計委員會或監察人）負有監督財務報導流程之責任。

會計師查核財務報表之責任

本會計師查核財務報表之目的，係對財務報表整體是否存有導因於舞弊或錯誤之重大不實表達取得合理確信，並出具查核報告。合理確信係高度確信，惟依照一般公認審計準則執行之查核工作無法保證必能偵出財務報表存有之重大不實表達。不實表達可能導因於舞弊或錯誤。如不實表達之個別金額或彙總數可合理預期將影響財務報表使用者所作之經濟決策，則被認為具有重大性。

本會計師依照一般公認審計準則查核時，運用專業判斷並保持專業上之懷疑。本會計師亦執行下列工作：

1. 辨認並評估財務報表導因於舞弊或錯誤之重大不實表達風險；對所評估之風險設計及執行適當之因應對策；並取得足夠及適切之查核證據以作為查核意見之基礎。因舞弊可能涉及共謀、偽造、故意遺漏、不實聲明或踰越內部控制，故未偵出導因於舞弊之重大不實表達之風險高於導因於錯誤者。
2. 對與查核攸關之內部控制取得必要之瞭解，以設計當時情況下適當之查核程序，惟其目的非對甲公司內部控制之有效性表示意見。
3. 評估管理階層所採用會計政策之適當性，及其所作會計估計與相關揭露之合理性。
4. 依據所取得之查核證據，對管理階層採用繼續經營會計基礎之適當性，以及使甲公司繼續經營之能力可能產生重大疑慮之事件或情況是否存在重大不確定性，作出結論。本會計師若認為該等事件或情況存在重大不確定性，則須於查核報告中提醒財務報表使用者注意財務報表之相關揭露，或於該等揭露係屬不適當時修正查核意見。本會計師之結論係以截至查核報告日所取得之查核證據為基礎。惟未來事件或情況可能導致甲公司不再具有繼續經營之能力。
5. 評估財務報表（包括相關附註）之整體表達、結構及內容，以及財務

報表是否允當表達相關交易及事件。

本會計師與治理單位溝通之事項，包括所規劃之查核範圍及時間，以及重大查核發現（包括於查核過程中所辨認之內部控制顯著缺失）。

本會計師亦向治理單位提供本會計師所隸屬事務所受獨立性規範之人員已遵循會計師職業道德規範中有關獨立性之聲明，並與治理單位溝通所有可能被認為會影響會計師獨立性之關係及其他事項（包括相關防護措施）。

本會計師從與治理單位溝通之事項中，決定對甲公司民國一○五年度財務報表查核之關鍵查核事項。本會計師於查核報告中敘明該等事項，除非法令不允許公開揭露特定事項，或在極罕見情況下，本會計師決定不於查核報告中溝通特定事項，因可合理預期此溝通所產生之負面影響大於所增進之公眾利益。

××會計師事務所
會計師：（簽名及蓋章）
會計師：（簽名及蓋章）
××會計師事務所地址：
中華民國一○六年×月×日

3.重要觀念

(1) 一致性：所謂一致性即是本期編製財務報表所應用的會計原則須和前期所用之會計原則相一致。

① 下列情況則不符合一致性：

A. 會計原則變動。例如：存貨計價由FIFO改為LIFO。

B. 會計個體之變動。

C. 長期股權投資因客觀條件改變而變更其會計處理方法。例如：成本法改權益法。

D. 前期財務報表發布後，發現會計原則之應用發生錯誤，已於本期更正者。

② 下列情況並不影響一致性原則：

A. 會計估計變更。

B. 前期損益更正，已於本期更正，並重編前期之財務報表者。不牽涉會計原則之錯誤更正，如計算錯誤。

C. 財務報表中有重大之會計科目重分類者。

D. 預期將有重大未來影響之改變。

(2) 適當之揭露：

① 財務報表符合國際會計準則之表達，應包括對重大事項作適當之揭露。除國際會計準則已規定者外，會計師應視實際情況，依其專業判斷，對其他特定事項決定應否揭露。

② 財務報表及其附註，如未做適點之揭露者，會計師應於查核報告中說明其事實，並盡可能揭露其金額。

③ 述明管理階層與治理單位、會計師對財務報表的責任。

④ 將關鍵性議題的討論內容，適當揭露於意見書。

(二) 修正式意見之查核報告

說明性資訊，但此資訊並非保留用語，因它並未減輕會計師對財務報表表示意見種類（無保留意見）的責任。

1. 簽發情況

(1) 以所取得之查核證據爲基礎，作成財務報表整體存有重大不實表達之結論。

(2) 無法取得足夠及適切之查核證據，以作成財務報表整體未存有重大不實表達之結論。財務報表如果無法允當表達，會計師應就該事項與管理階層討論，並視適用之財務報導架構規定及該事項之處理結果，決定是否修正其意見。

2. 說明

修正式意見之查核報告類型與相關說明歸類如下表所示：

報告型態	出具修正式意見書之情形
保留意見	不論是否取得足夠或適當之查核證據，認為不實表達之情形（就個別或彙總而言），對財務報表整體影響雖屬重大但並非廣泛。
否定意見	已取得足夠及適切之查核證據，並認為不實表達（就個別或彙總而言）對財務報表整體影響屬重大且廣泛。
無法表示意見	未能取得足夠及適切之查核證據以作為表示查核意見之基礎，且認為未偵出不實表達（如有時）對財務報表之可能影響係屬重大且廣泛。

上述所謂「廣泛」之定義如下三項:

(1) 其影響不侷限於財務報表之特定要素或項目。

(2) 其影響如侷限於財務報表之特定要素或項目，此一特定項目占財務報表比例重大。

(3) 涉及揭露時，該揭露對預期使用者瞭解財務報表係屬重要。

又不實表達對財務報表的影響層面，將是會計師判斷應出具適當查核意見類型之考量，其彙總如下所示：

導致修正式意見事項之性質	重大但非廣泛	重大且廣泛
財務報表存有重大不實表達	保留意見	否定意見
無法取得足夠及適切之查核證據	保留意見	無法表示意見

承上所述，倘若當會計師認爲，須對財務報表整體出具否定意見或無法表示意見之查核報告時，查核報告不應同時對單一財務報表，或對財務報表之特定要素或項目，單獨表示無保留意見，因這種情形之下，將與會計師對財務報表整體所表示之否定意見或無法表示意見相互矛盾。

報告釋列一

因無法取得足夠及適切之查核證據而表示保留意見時，會計師應於保留意見段敘明「依本會計師之意見，除保留意見之基礎段所述事項之可能影響外」。

針對上市（櫃）公司財務報表存有重大不實表達時，會計師所出具保留意見之查核報告。於此例示中，假設：

1. 本例示適用於對依照允當表達架構編製之財務報表所出具之查核報告。該查核非屬集團查核（即不適用審計準則公報第五十四號「集團財務報表查核之特別考量」）。
2. 本期及前期之存貨餘額皆存有不實表達。該不實表達對財務報表之影響雖屬重大但並非廣泛（即本期及前期皆表示保留意見係屬適當）。
3. 會計師依據所取得之查核證據，推斷使受查者繼續經營之能力可能產生重大疑慮之事件或情況不存在重大不確定性。
4. 已依審計準則公報第五十八號「查核報告中關鍵查核事項之溝通」之規定，就關鍵查核事項進行溝通。

會計師查核報告

甲公司 公鑒：

保留意見

甲公司民國一〇五年十二月三十一日及民國一〇四年十二月三十一日之資產負債表，暨民國一〇五年一月一日至十二月三十一日及民國一〇四年一月一日至十二月三十一日之綜合損益表、權益變動表、現金流量表，以及財務報表附註（包括重大會計政策彙總），業經本會計師查核竣事。

依本會計師之意見，除保留意見之基礎段所述事項之影響外，上開財務報表在所有重大方面係依照證券發行人財務報告編製準則暨經金融

監督管理委員會認可並發布生效之國際財務報導準則、國際會計準則、解釋及解釋公告編製，足以允當表達甲公司民國一〇五年十二月三十一日及民國一〇四年十二月三十一日之財務狀況，暨民國一〇五年一月一日至十二月三十一日及民國一〇四年一月一日至十二月三十一日之財務績效及現金流量。

保留意見之基礎

甲公司民國一〇五年十二月三十一日及民國一〇四年十二月三十一日之存貨並未依成本與淨變現價值孰低列示，而僅依成本列示，此做法偏離證券發行人財務報告編製準則暨經金融監督管理委員會認可並發布生效之國際財務報導準則、國際會計準則、解釋及解釋公告。如甲公司依成本與淨變現價值孰低列示存貨，則民國一〇五年十二月三十一日及民國一〇四年十二月三十一日之存貨餘額應分別減少新台幣×××元及新台幣×××元，民國一〇五年度及民國一〇四年度之本期淨利應分別減少新台幣×××元及新台幣×××元，民國一〇五年十二月三十一日及民國一〇四年十二月三十一日之保留盈餘應分別減少新台幣×××元及新台幣×××元。本會計師係依照會計師查核簽證財務報表規則及一般公認審計準則執行查核工作。本會計師於該等準則下之責任將於會計師查核財務報表之責任段進一步說明。本會計師所隸屬事務所受獨立性規範之人員已依會計師職業道德規範，與甲公司保持超然獨立，並履行該規範之其他責任。本會計師相信已取得足夠及適切之查核證據，以作為表示保留意見之基礎。

關鍵查核事項

關鍵查核事項係指依本會計師之專業判斷，對甲公司民國一〇五年度財務報表之查核最為重要之事項。該等事項已於查核財務報表整體及形成查核意見之過程中予以因應，本會計師並不對該等事項單獨表示意見。除保留意見之基礎段所述之事項外，本會計師決定下列事項為關鍵查核事項：

〔依審計準則公報第五十八號「查核報告中關鍵查核事項之溝通」之規定，逐一敘明關鍵查核事項〕

管理階層與治理單位對財務報表之責任

管理階層之責任係依照證券發行人財務報告編製準則暨經金融監督管理委員會認可並發布生效之國際財務報導準則、國際會計準則、解釋及解釋公告編製允當表達之財務報表，且維持與財務報表編製有關之必要內部控制，以確保財務報表未存有導因於舞弊或錯誤之重大不實表達。

於編製財務報表時，管理階層之責任亦包括評估甲公司繼續經營之能力、相關事項之揭露，以及繼續經營會計基礎之採用，除非管理階層意圖清算甲公司或停止營業，或除清算或停業外別無實際可行之其他方案。

甲公司之治理單位（含審計委員會或監察人）負有監督財務報導流程之責任。

會計師查核財務報表之責任

本會計師查核財務報表之目的，係對財務報表整體是否存有導因於舞弊或錯誤之重大不實表達取得合理確信，並出具查核報告。合理確信係高度確信，惟依照一般公認審計準則執行之查核工作無法保證必能偵出財務報表存有之重大不實表達。不實表達可能導因於舞弊或錯誤。如不實表達之個別金額或彙總數可合理預期將影響財務報表使用者所作之經濟決策，則被認為具有重大性。

本會計師依照一般公認審計準則查核時，運用專業判斷並保持專業上之懷疑。本會計師亦執行下列工作：

1. 辨認並評估財務報表導因於舞弊或錯誤之重大不實表達風險；對所評估之風險設計及執行適當之因應對策；並取得足夠及適切之查核證據以作為查核意見之基礎。因舞弊可能涉及共謀、偽造、故意遺漏、不實聲明或踰越內部控制，故未偵出導因於舞弊之重大不實表達之風險

高於導因於錯誤者。

2. 對與查核攸關之內部控制取得必要之瞭解，以設計當時情況下適當之查核程序，惟其目的非對甲公司內部控制之有效性表示意見。
3. 評估管理階層所採用會計政策之適當性，及其所作會計估計與相關揭露之合理性。
4. 依據所取得之查核證據，對管理階層採用繼續經營會計基礎之適當性，以及使甲公司繼續經營之能力可能產生重大疑慮之事件或情況是否存在重大不確定性，作出結論。本會計師若認為該等事件或情況存在重大不確定性，則須於查核報告中提醒財務報表使用者注意財務報表之相關揭露，或於該等揭露係屬不適當時修正查核意見。本會計師之結論係以截至查核報告日所取得之查核證據為基礎。惟未來事件或情況可能導致甲公司不再具有繼續經營之能力。
5. 評估財務報表（包括相關附註）之整體表達、結構及內容，以及財務報表是否允當表達相關交易及事件。

本會計師與治理單位溝通之事項，包括所規劃之查核範圍及時間，以及重大查核發現（包括於查核過程中所辨認之內部控制顯著缺失）。

本會計師亦向治理單位提供本會計師所隸屬事務所受獨立性規範之人員已遵循會計師職業道德規範中有關獨立性之聲明，並與治理單位溝通所有可能被認為會影響會計師獨立性之關係及其他事項（包括相關防護措施）。

本會計師從與治理單位溝通之事項中，決定對甲公司民國一○五年度財務報表查核之關鍵查核事項。本會計師於查核報告中敘明該等事項，除非法令不允許公開揭露特定事項，或在極罕見情況下，本會計師決定不於查核報告中溝通特定事項，因可合理預期此溝通所產生之負面影響大於所增進之公眾利益。

××會計師事務所

會計師：（簽名及蓋章）

會計師：（簽名及蓋章）

××會計師事務所地址：

中華民國一〇六年×月×日

報告釋列二

會計師表示否定意見時，應於否定意見段敘明「依本會計師之意見，因否定意見之基礎段所述事項之影響極為重大」。

上市（櫃）公司本期合併財務報表存有重大不實表達時，會計師所出具否定意見之查核報告。於此例示中，假設：

1. 本例示適用於對依照允當表達架構編製之合併財務報表所出具之查核報告。該查核屬集團查核（即適用審計準則公報第五十四號「集團財務報表查核之特別考量」），且集團主辦會計師未提及組成個體查核人員之查核。
2. 會計師於前期依據所取得之查核證據，對前期合併財務報表作成無保留意見之結論。本期合併財務報表因未將某一子公司納入合併財務報表而存有重大不實表達，該重大不實表達對本期合併財務報表之影響係屬廣泛，且實務上無法確定該項不實表達對本期合併額（即本期表示否定意見係屬適當）。會計師對本期合併財務報表所表示之意見與對前期所表示者不同。
3. 會計師依據所取得之查核證據，推斷使受查者繼續經營之能力可能產生重大疑慮之事件或情況不存在重大不確定性。
4. 適用審計準則公報第五十八號「查核報告中關鍵查核事項之溝通」之規定，惟會計師決定除否定意見之基礎段所述之事項外，未有須溝通之關鍵查核事項。

會計師查核報告

甲公司 公鑒：

查核意見

甲公司及其子公司（甲集團）民國一○五年十二月三十一日及民國一○四年十二月三十一日之合併資產負債表，暨民國一○五年一月一日至十二月三十一日及民國一○四年一月一日至十二月三十一日之合併綜合損益表、合併權益變動表、合併現金流量表，以及合併財務報表附註（包括重大會計政策彙總），業經本會計師查核竣事。

否定意見（民國一○五年度財務報表）

依本會計師之意見，因否定意見之基礎段所述事項之影響極為重大，甲集團民國一○五年度之合併財務報表未依照證券發行人財務報告編製準則暨經金融監督管理委員會認可並發布生效之國際財務報導準則、國際會計準則、解釋及解釋公告編製，致無法允當表達甲集團民國一○五年十二月三十一日之合併財務狀況，暨民國一○五年一月一日至十二月三十一日之合併財務績效及合併現金流量。

無保留意見（民國一○四年度財務報表）

依本會計師之意見，甲集團民國一○四年度之合併財務報表在所有重大方面係依照證券發行人財務報告編製準則暨經金融監督管理委員會認可並發布生效之國際財務報導準則、國際會計準則、解釋及解釋公告編製，足以允當表達甲集團民國一○四年十二月三十一日之合併財務狀況，暨民國一○四年一月一日至十二月三十一日之合併財務績效及合併現金流量。

查核意見之基礎（包括否定意見之基礎）

如甲集團合併財務報表附註所述，甲集團未將民國一○五年度取得之子公司（乙公司）依適當基礎納入合併財務報表，而將該投資按收購成本列示，致重大影響民國一〇五年度合併財務報表之多項要素。該等金額無法確定。

本會計師係依照會計師查核簽證財務報表規則及一般公認審計準則執行查核工作。本會計師於該等準則下之責任將於會計師查核合併財務報表之責任段進一步說明。本會計師所隸屬事務所受獨立性規範之人員已依會計師職業道德規範，與甲集團保持超然獨立，並履行該規範之其他責任。本會計師相信已取得足夠及適切之查核證據，以作為對甲集團民國一〇五年度及一〇四年度之合併財務報表分別表示否定意見及無保留意見之基礎。

關鍵查核事項

除否定意見之基礎段所述之事項外，本會計師決定未有須於查核報告中溝通之其他關鍵查核事項。

管理階層與治理單位對合併財務報表之責任

管理階層之責任係依照證券發行人財務報告編製準則暨經金融監督管理委員會認可並發布生效之國際財務報導準則、國際會計準則、解釋及解釋公告編製允當表達之合併財務報表，且維持與合併財務報表編製有關之必要內部控制，以確保合併財務報表未存有導因於舞弊或錯誤之重大不實表達。

於編製合併財務報表時，管理階層之責任亦包括評估甲集團繼續經營之能力、相關事項之揭露，以及繼續經營會計基礎之採用，除非管理階層意圖清算甲集團或停止營業，或除清算或停業外別無實際可行之其他方案。

甲集團之治理單位（含審計委員會或監察人）負有監督財務報導流程之責任。

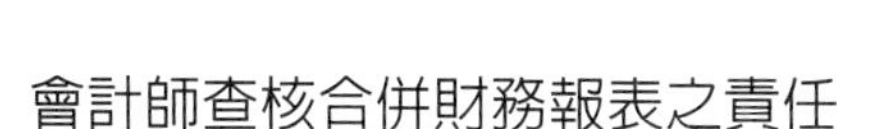

會計師查核合併財務報表之責任

本會計師查核合併財務報表之目的，係對合併財務報表整體是否存有導因於舞弊或錯誤之重大不實表達取得合理確信，並出具查核報告。合理確信係高度確信，惟依照一般公認審計準則執行之查核工作無法保證必能偵出合併財務報表存有之重大不實表達。不實表達可能導因於舞弊或錯誤。如不實表達之個別金額或彙總數可合理預期將影響合併財務報表使用者所作之經濟決策，則被認為具有重大性。

本會計師依照一般公認審計準則查核時，運用專業判斷並保持專業上之懷疑。本會計師亦執行下列工作：

1. 辨認並評估合併財務報表導因於舞弊或錯誤之重大不實表達風險；對所評估之風險設計及執行適當之因應對策；並取得足夠及適切之查核證據以作為查核意見之基礎。因舞弊可能涉及共謀、偽造、故意遺漏、不實聲明或踰越內部控制，故未偵出導因於舞弊之重大不實表達之風險高於導因於錯誤者。
2. 對與查核攸關之內部控制取得必要之瞭解，以設計當時情況下適當之查核程序，惟其目的非對甲集團內部控制之有效性表示意見。
3. 評估管理階層所採用會計政策之適當性，及其所作會計估計與相關揭露之合理性。
4. 依據所取得之查核證據，對管理階層採用繼續經營會計基礎之適當性，以及使甲集團繼續經營之能力可能產生重大疑慮之事件或情況是否存在重大不確定性，作出結論。本會計師若認為該等事件或情況存在重大不確定性，則須於查核報告中提醒合併財務報表使用者注意合併財務報表之相關揭露，或於該等揭露係屬不適當時修正查核意見。本會計師之結論係以截至查核報告日所取得之查核證據為基礎。惟未來事件或情況可能導致甲集團不再具有繼續經營之能力。
5. 評估合併財務報表（包括相關附註）之整體表達、結構及內容，以及合併財務報表是否允當表達相關交易及事件。
6. 對於集團內組成個體之財務資訊取得足夠及適切之查核證據，以對合併財務報表表示意見。本會計師負責集團查核案件之指導、監督及執行，並負責形成集團查核意見。

本會計師與治理單位溝通之事項，包括所規劃之查核範圍及時間，以及重大查核發現（包括於查核過程中所辨認之內部控制顯著缺失）。

本會計師亦向治理單位提供本會計師所隸屬事務所受獨立性規範之人員已遵循會計師職業道德規範中有關獨立性之聲明，並與治理單位溝通所有可能被認為會影響會計師獨立性之關係及其他事項（包括相關防護措施）。

本會計師從與治理單位溝通之事項中，決定對甲集團民國一〇五年度合併財務報表查核之關鍵查核事項。本會計師於查核報告中敘明該等事項，除非法令不允許公開揭露特定事項，或在極罕見情況下，本會計師決定不於查核報告中溝通特定事項，因可合理預期此溝通所產生之負面影響大於所增進之公眾利益。

××會計師事務所

會計師：（簽名及蓋章）

會計師：（簽名及蓋章）

××會計師事務所地址：

中華民國一〇六年×月×日

報告釋列三

因無法取得足夠及適切之查核證據而表示保留意見時，會計師應於保留意見段敘明「依本會計師之意見，除保留意見之基礎段所述事項之可能影響外」。

上市（櫃）公司對關聯企業之投資無法取得足夠及適切之查核證據時，會計師所出具保留意見之查核報告。於此例示中，假設：

1. 本例示適用於對依照允當表達架構編製之合併財務報表所出具之查核報告。該查核屬集團查核（即適用審計準則公報第五十四號「集團財務報表查核之特別考量」），且集團主辦會計師未提及組成個體查核人員之查核。
2. 查核人員本期及前期對關聯企業之投資皆未能取得足夠及適切之查核證據。無法取得足夠及適切之查核證據對合併財務報表之可能影響雖屬重大但並非廣泛（即本期及前期皆表示保留意見係屬適當）。
3. 會計師依據所取得之查核證據，推斷使受查者繼續經營之能力可能產生重大疑慮之事件或情況不存在重大不確定性。
4. 已依審計準則公報第五十八號「查核報告中關鍵查核事項之溝通」之規定，就關鍵查核事項進行溝通。

會計師查核報告

甲公司 公鑒：

保留意見

甲公司及其子公司（甲集團）民國一〇五年十二月三十一日及民國一〇四年十二月三十一日之合併資產負債表，暨民國一〇五年一月一日至十二月三十一日及民國一〇四年一月一日至十二月三十一日之合併綜合損益表、合併權益變動表、合併現金流量表，以及合併財務報表附註（包括重大會計政策彙總），業經本會計師查核竣事。

依本會計師之意見，除保留意見之基礎段所述事項之可能影響外，上開合併財務報表在所有重大方面係依照證券發行人財務報告編製準則暨經金融監督管理委員會認可並發布生效之國際財務報導準則、國際會計準則、解釋及解釋公告編製，足以允當表達甲集團民國一〇五年十二月三十一日及民國一〇四年十二月三十一日之合併財務狀況，暨民國一〇五年一月一日至十二月三十一日及民國一〇四年一月一日至十二月三十一日之合併財務績效及合併現金流量。

保留意見之基礎

甲集團於民國一〇四年度取得採權益法之關聯企業（乙公司），該投資於民國一〇五年十二月三十一日及民國一〇四年十二月三十一日之合併資產負債表之帳面金額分別為新台幣×××元及新台幣×××元，民國一〇五年度及民國一〇四年度採權益法認列之關聯企業利益之份額分別為新台幣×××元及新台幣×××元。本會計師未能接觸乙公司之財務資訊、管理階層及查核人員，致無法對該等金額取得足夠及適切之查核證據，因此本會計師無法判斷是否須對該等金額作必要之調整。

本會計師係依照會計師查核簽證財務報表規則及一般公認審計準則執行查核工作。本會計師於該等準則下之責任將於會計師查核合併財務報表之責任段進一步說明。本會計師所隸屬事務所受獨立性規範之人員已依會計師職業道德規範，與甲集團保持超然獨立，並履行該規範之其他責任。本會計師相信已取得足夠及適切之查核證據，以作為表示保留意見之基礎。

關鍵查核事項

關鍵查核事項係指依本會計師之專業判斷，對甲集團民國一〇五年度合併財務報表之查核最為重要之事項。該等事項已於查核合併財務報表整體及形成查核意見之過程中予以因應，本會計師並不對該等事項單獨表示意見。除保留意見之基礎段所述之事項外，本會計師決定下列事項為關鍵查核事項：

〔依審計準則公報第五十八號「查核報告中關鍵查核事項之溝通」之規定，逐一敘明關鍵查核事項〕

管理階層與治理單位對合併財務報表之責任

管理階層之責任係依照證券發行人財務報告編製準則暨經金融監督管理委員會認可並發布生效之國際財務報導準則、國際會計準則、解釋及解釋公告編製允當表達之合併財務報表，且維持與合併財務報表編製有關之必要內部控制，以確保合併財務報表未存有導因於舞弊或錯誤之

重大不實表達。

於編製合併財務報表時，管理階層之責任亦包括評估甲集團繼續經營之能力、相關事項之揭露，以及繼續經營會計基礎之採用，除非管理階層意圖清算甲集團或停止營業，或除清算或停業外別無實際可行之其他方案。

甲集團之治理單位（含審計委員會或監察人）負有監督財務報導流程之責任。

會計師查核合併財務報表之責任

本會計師查核合併財務報表之目的，係對合併財務報表整體是否存有導因於舞弊或錯誤之重大不實表達取得合理確信，並出具查核報告。合理確信係高度確信，惟依照一般公認審計準則執行之查核工作無法保證必能偵出合併財務報表存有之重大不實表達。不實表達可能導因於舞弊或錯誤。如不實表達之個別金額或彙總數可合理預期將影響合併財務報表使用者所作之經濟決策，則被認為具有重大性。

本會計師依照一般公認審計準則查核時，運用專業判斷並保持專業上之懷疑。本會計師亦執行下列工作：

1. 辨認並評估合併財務報表導因於舞弊或錯誤之重大不實表達風險；對所評估之風險設計及執行適當之因應對策；並取得足夠及適切之查核證據以作為查核意見之基礎。因舞弊可能涉及共謀、偽造、故意遺漏、不實聲明或踰越內部控制，故未偵出導因於舞弊之重大不實表達之風險高於導因於錯誤者。
2. 對與查核攸關之內部控制取得必要之瞭解，以設計當時情況下適當之查核程序，惟其目的非對甲集團內部控制之有效性表示意見。
3. 評估管理階層所採用會計政策之適當性，及其所作會計估計與相關揭露之合理性。
4. 依據所取得之查核證據，對管理階層採用繼續經營會計基礎之適當性，以及使甲集團繼續經營之能力可能產生重大疑慮之事件或情況是否存在重大不確定性，作出結論。本會計師若認為該等事件或情況存在重大不確定性，則須於查核報告中提醒合併財務報表使用者注意合併財務報表之相關揭露，或於該等揭露係屬不適當時修正查核意見。本會計師之結論係以截至查核報告日所取得之查核證據為基礎。惟未來事件或情況可能導致甲集團不再具有繼續經營之能力。

5. 評估合併財務報表（包括相關附註）之整體表達、結構及內容，以及合併財務報表是否允當表達相關交易及事件。
6. 對於集團內組成個體之財務資訊取得足夠及適切之查核證據，以對合併財務報表表示意見。本會計師負責集團查核案件之指導、監督及執行，並負責形成集團查核意見。

本會計師與治理單位溝通之事項，包括所規劃之查核範圍及時間，以及重大查核發現（包括於查核過程中所辨認之內部控制顯著缺失）。

本會計師亦向治理單位提供本會計師所隸屬事務所受獨立性規範之人員已遵循會計師職業道德規範中有關獨立性之聲明，並與治理單位溝通所有可能被認為會影響會計師獨立性之關係及其他事項（包括相關防護措施）。

本會計師從與治理單位溝通之事項中，決定對甲集團民國一〇五年度合併財務報表查核之關鍵查核事項。本會計師於查核報告中敘明該等事項，除非法令不允許公開揭露特定事項，或在極罕見情況下，本會計師決定不於查核報告中溝通特定事項，因可合理預期此溝通所產生之負面影響大於所增進之公眾利益。

××會計師事務所

會計師：（簽名及蓋章）

會計師：（簽名及蓋章）

××會計師事務所地址：

中華民國一〇六年×月×日

報告釋列四

會計師因無法取得足夠及適切之查核證據而出具無法表示意見之查核報告時，應於意見段：

1. 敘明會計師對上開財務報表無法表示意見。
2. 敘明由於無法表示意見之基礎段所述事項之情節極為重大，會計師無法取得足夠及適切之查核證據，以作為表示查核意見之基礎。
3. 將審計準則公報第五十七號「財務報表查核報告」第二十條第二款所述「財務報表業經查核」修改為「本會計師受委任查核財務報表」。

非公開發行公司對本期財務報表單一要素無法取得足夠及適切之查核證據時，會計師所出具無法表示意見之查核報告。於此例示中，假設：

1. 本例示適用於對依照允當表達架構編製之財務報表所出具之查核報告。該查核非屬集團查核（即不適用審計準則公報第五十四號「集團財務報表查核之特別考量」）。
2. 會計師於前期依據所取得之查核證據，對前期財務報表作成無保留意見之結論。查核人員對本期財務報表單一要素未能取得足夠及適切之查核證據（即查核人員對占受查者權益90%之對合資企業之投資相關之財務資訊未能取得足夠及適切之查核證據），其對本期財務報表之可能影響係屬重大且廣泛（即本期出具無法表示意見之查核報告係屬適當）。會計師對本期財務報表所表示之意見與對前期所表示者不同。
3. 會計師依據所取得之查核證據，推斷使受查者繼續經營之能力可能產生重大疑慮之事件或情況不存在重大不確定性。

會計師查核報告

甲公司 公鑒：

查核意見

無法表示意見（民國一〇五年度財務報表）

本會計師受委任查核甲公司民國一〇五年十二月三十一日之資產負債表，暨民國一〇五年一月一日至十二月三十一日之綜合損益表、權益變動表、現金流量表，以及財務報表附註（包括重大會計政策彙總）。本會計師對甲公司民國一〇五年度之財務報表無法表示意見。由於無法表示意見之基礎段所述事項之情節極為重大，本會計師無法取得足夠及適切之查核證據，以作為表示查核意見之基礎。

無保留意見（民國一〇四年度財務報表）

甲公司民國一〇四年十二月三十一日之資產負債表，暨民國一〇四年一月一日至十二月三十一日之綜合損益表、權益變動表、現金流量表，以及財務報表附註（包括重大會計政策依本會計師之意見，甲公司民國一〇四年度之財務報表在所有重大方面係依照商業會計法中與財務報表編製有關之規定、商業會計處理準則暨〔適用之財務報導架構〕編製，足以允當表達甲公司民國一〇四年十二月三十一日之財務狀況，暨民國一〇四年一月一日至十二月三十一日之財務績效及現金流量。

查核意見之基礎_無法表示意見之基礎（民國一〇五年度財務報表）

甲公司對合資企業（乙公司）之投資於民國一〇五年十二月三十一日之帳面金額為新台幣×××元，該金額占甲公司民國一〇五年十二月三十一日權益之90%。甲公司民國一〇五年度採權益法認列之損益份額為新台幣×××元。本會計師未能接觸乙公司之財務資訊、管理階層及查核人員，致無法對該等金額取得足夠及適切之查核證據，因此本會計師無法判斷是否須對該等金額及權益變動表與現金流量表作必要之調整。

查核意見之基礎_無保留意見之基礎（民國一〇四年度財務報表）

本會計師係依照會計師查核簽證財務報表規則及一般公認審計準則執行查核工作。本會計師於該等準則下之責任將於會計師查核財務報表

之責任段進一步說明。本會計師所隸屬事務所受獨立性規範之人員已依會計師職業道德規範，與甲公司保持超然獨立，並履行該規範

管理階層對財務報表之責任

管理階層之責任係依照商業會計法中與財務報表編製有關之規定、商業會計處理準則暨〔適用之財務報導架構〕編製允當表達之財務報表，且維持與財務報表編製有關之必要內部控制，以確保財務報表未存有導因於舞弊或錯誤之重大不實表達。

於編製財務報表時，管理階層之責任亦包括評估甲公司繼續經營之能力、相關事項之揭露，以及繼續經營會計基礎之採用，除非管理階層意圖清算甲公司或停止營業，或除清算或停業外別無實際可行之其他方案。

會計師查核財務報表之責任

會計師查核財務報表之責任（民國一○五年度財務報表）

本會計師之責任係依照會計師查核簽證財務報表規則及一般公認審計準則執行查核工作，並出具查核報告。惟由於無法表示意見之基礎段所述事項之情節極為重大，本會計師無法取得足夠及適切之查核證據，以作為表示查核意見之基礎。本會計師所隸屬事務所受獨立性規範之人員已依會計師職業道德規範，與甲公司保持超然獨立，並履行該規範之其他責任。

會計師查核財務報表之責任（民國一○四年度財務報表）

本會計師查核財務報表之目的，係對財務報表整體是否存有導因於舞弊或錯誤之重大不實表達取得合理確信，並出具查核報告。合理確信係高度確信，惟依照一般公認審計準則執行之查核工作無法保證必能偵出財務報表存有之重大不實表達。不實表達可能導因於舞弊或錯誤。如不實表達之個別金額或彙總數可合理預期將影響財務報表使用者所作之經濟決策，則被認為具有重大性。

本會計師依照一般公認審計準則查核時，運用專業判斷並保持專業上之懷疑。本會計師亦執行下列工作：

1. 辨認並評估財務報表導因於舞弊或錯誤之重大不實表達風險；對所評估之風險設計及執行適當之因應對策；並取得足夠及適切之查核證據以作為查核意見之基礎。因舞弊可能涉及共謀、偽造、故意遺漏、不實聲明或踰越內部控制，故未偵出導因於舞弊之重大不實表達之風險高於導因於錯誤者。
2. 對與查核攸關之內部控制取得必要之瞭解，以設計當時情況下適當之查核程序，惟其目的非對甲公司內部控制之有效性表示意見。
3. 評估管理階層所採用會計政策之適當性，及其所作會計估計與相關揭露之合理性。
4. 依據所取得之查核證據，對管理階層採用繼續經營會計基礎之適當性，以及使甲公司繼續經營之能力可能產生重大疑慮之事件或情況是否存在重大不確定性，作出結論。本會計師若認為該等事件或情況存在重大不確定性，則須於查核報告中提醒財務報表使用者注意財務報表之相關揭露，或於該等揭露係屬不適當時修正查核意見。本會計師之結論係以截至查核報告日所取得之查核證據為基礎。惟未來事件或情況可能導致甲公司不再具有繼續經營之能力。
5. 評估財務報表（包括相關附註）之整體表達、結構及內容，以及財務報表是否允當表達相關交易及事件。

本會計師與治理單位溝通之事項，包括所規劃之查核範圍及時間，以及重大查核發現（包括於查核過程中所辨認之內部控制顯著缺失）。

××會計師事務所

會計師：（簽名及蓋章）

會計師：（簽名及蓋章）

××會計師事務所地址：

中華民國一〇六年×月×日

報告釋列五

會計師因無法取得足夠及適切之查核證據而出具無法表示意見之查核報告時，應於意見段：

1. 敘明會計師對上開財務報表無法表示意見。
2. 敘明由於無法表示意見之基礎段所述事項之情節極為重大，會計師無法取得足夠及適切之查核證據，以作為表示查核意見之基礎。
3. 將審計準則公報第五十七號「財務報表查核報告」第二十條第二款所述「財務報表業經查核」修改為「本會計師受委任查核財務報表」。

非公開發行公司對本期財務報表多項要素無法取得足夠及適切之查核證據時，會計師所出具無法表示意見之查核報告。於此例示中，假設：

1. 本例示適用於對依照允當表達架構編製之財務報表所出具之查核報告。該查核非屬集團查核（即不適用審計準則公報第五十四號「集團財務報表查核之特別考量」）。
2. 查核人員對本期財務報表多項要素未能取得足夠及適切之查核證據（即查核人員對受查者之存貨及應收帳款未能取得足夠及適切之查核證據），其對本期財務報表之可能影響係屬重大且廣泛（即本期出具無法表示意見之查核報告係屬適當）。
3. 前期財務報表係由其他會計師查核並出具無保留意見之查核報告。
4. 會計師依據所取得之查核證據，推斷使受查者繼續經營之能力可能產生重大疑慮之事件或情況不存在重大不確定性。

會計師查核報告

甲公司 公鑒：

無法表示意見

本會計師受委任查核甲公司民國一〇五年十二月三十一日之資產負

債表，暨民國一〇五年一月一日至十二月三十一日之綜合損益表、權益變動表、現金流量表，以及財務報表附註（包括重大會計政策彙總）。本會計師對上開財務報表無法表示意見。由於無法表示意見之基礎段所述事項之情節極為重大，本會計師無法取得足夠及適切之查核證據，以作為表示查核意見之基礎。

無法表示意見之基礎

本會計師於民國一〇五年十二月三十一日後方接受委任，致無法觀察甲公司年初及年底實體存貨之盤點。本會計師無法以替代方法確定甲公司民國一〇四年十二月三十一日及民國一〇五年十二月三十一日持有之存貨數量，該等存貨於資產負債表列示之餘額分別為新台幣×××元及新台幣×××元。此外，甲公司於民國一〇五年九月新採用之應收帳款系統產生許多錯誤。截至查核報告日，管理階層仍在修正系統缺失及更正錯誤中。本會計師無法以替代方法確認或驗證列入民國一〇五年十二月三十一日資產負債表之應收帳款餘額，計新台幣×××元。因上述事項，本會計師無法判斷是否須對存貨及應收帳款之餘額及對綜合損益表、權益變動表及現金流量表作必要之調整。

其他事項

甲公司民國一〇四年度之財務報表係由其他會計師查核，並於民國一〇五年三月三十一日出具無保留意見之查核報告。

管理階層對財務報表之責任

管理階層之責任係依照商業會計法中與財務報表編製有關之規定、商業會計處理準則暨〔適用之財務報導架構〕編製允當表達之財務報表，且維持與財務報表編製有關之必要內部控制，以確保財務報表未存有導因於舞弊或錯誤之重大不實表達。

於編製財務報表時，管理階層之責任亦包括評估甲公司繼續經營之能力、相關事項之揭露，以及繼續經營會計基礎之採用，除非管理階層意圖清算甲公司或停止營業，或除清算或停業外別無實際可行之其他方案。

會計師查核財務報表之責任

本會計師之責任係依照會計師查核簽證財務報表規則及一般公認審計準則執行查核工作，並出具查核報告。惟由於無法表示意見之基礎段所述事項之情節極為重大，本會計師無法取得足夠及適切之查核證據，以作為表示查核意見之基礎。本會計師所隸屬事務所受獨立性規範之人員已依會計師職業道德規範，與甲公司保持超然獨立，並履行該規範之其他責任。

××會計師事務所
會計師：（簽名及蓋章）
會計師：（簽名及蓋章）
××會計師事務所地址：
中華民國一〇六年×月×日

■第四節　查核報告之其他概念

一、*查核報告的日期*

(一) 情況

1. 一般狀況：外勤工作完成日。
2. 有期後事項的狀況：外勤工作完成日以後，提出查核報告前，若遇有重大期後事項，應於財務報表內揭露，會計師應就下列二法擇一載明查核報告之日期。

載明雙重日期。例如：中華民國104年3月1日（第二段係中華民國

104年3月10日之資料）。

以外勤工作完成後增註期後事項之日，爲查核報告之日期，例如：按上例之資料，則查核報告日期應載明「中華民國104年3月10日」。

(二) 責任

1. 如採外勤工作日爲報告日者，會計師之查核責任限於外勤工作完成日。
2. 如採雙重日期爲報告日者，除增註事項之查核責任達到該日期外，其餘事項之查核責任限於外勤工作完成日。
3. 如採增註期後事項之日爲查核報告之日者，會計師的查核責任則到達該增註事項之日。

二、*財務報表之整體*

總綱第十一條所稱「財務報表之整體」，可適用於所查核之全部財務報表或個別財務報表，亦可適用於兩期或兩期以上之比較財務報表。會計師對於所查核之各種或各期財務報表，可表示相同或不同之意見，例如：

1. 可對本期之資產負債表表示無保留意見，而對其他財務報表表示保留意見、否定意見或無法表示意見。
2. 可對本期財務報表表示無保留意見，而對前期財務報表表示保留意見、否定意見或無法表示意見。

■第五節　查核報告的再發出與更新

一、*再發出*

客戶要求會計師重新發行查核報告的情況有：

1. 客戶要求會計師給幾份前已簽發的查核報告。

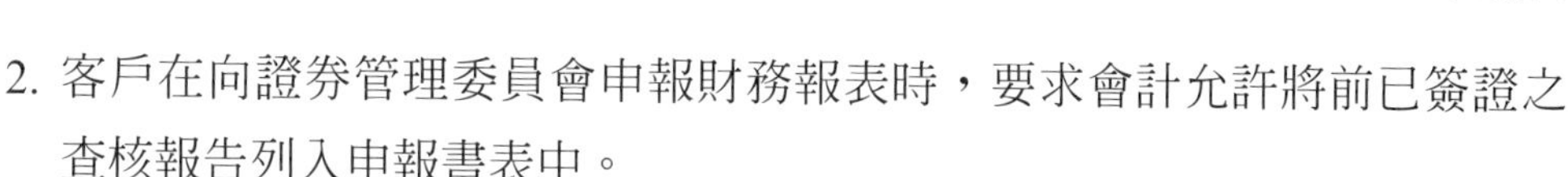

2. 客戶在向證券管理委員會申報財務報表時，要求會計允許將前已簽證之查核報告列入申報書表中。
3. 客戶前一年度之財務報表，係由本會計師查核，而本年度之財務報表，係由另一位繼任會計師查核時，繼任會計師爲使比較財務報表上各年度的數據，均備有會計師之查核意見，而要求本會計師允許，將曾簽發的上年度查核報告，列入當年度比較財務報表之查核意見中。此時，本會計師在應允之前，應閱讀本期財務報表：
   (1) 比較前年經查核之財務報表與比較本期財務報表中之前年度財務報表是否相同。
   (2) 向繼任會計師索取聲明書。

二、更　新

繼任會計師在本期查核過程中，應注意影響前期財務報表的環境或事件，及是否應更新其已簽發報告。

三、再發出與更新的區別

1. 是否另行取得足夠的新證據，來證明原來的意見爲適當或不適當（再發出：無；更新：有）。
2. 查核報告日期（再發出原則上是前次發出查核報告的日期，更新則爲一個新的日期）。

Chapter 21

其他服務與報告

■第一節　會計師所提供的服務

表21-1

	審計	相關服務			
服務之種類	財務報表之查核	專案審查	財務報表之核閱	協議程序之執行	財務資訊之代編
保證之程序	高度但非絕對確信	高度但非絕對確信	中度確信	不對整體作確信	不作確信
報告之形式	對財務報表之聲明以積極確信之文字表達	對財務報表之聲明以積極確信之文字表達	對財務報表之聲明以消極保證之文字表達	僅陳述程序及所發現之事實	僅敘明代編之事實

上述架構不適用於會計師所提供之其他服務，如帳務處理、稅務處理及管理顧問服務。

■第二節　特殊目的查核報告

特殊目的的查核報告，係指查核下列各項所提出之報告：

1. 依據其他綜合會計基礎所編製之財務報表。
2. 財務報表內之特定項目。
3. 法令規定或契約約定條款的遵循。
4. 依法令規定或契約約定方式之財務表達。
5. 按特定形式表達之財務資訊。
6. 簡明財務報表。

會計師接受委任執行特殊目的之查核工作時，宜於委任書中述明工作之性質、查核之依據，與報告之內容。另於查核工作之規劃時，會計師應瞭解查核報告之用途及可能之使用者，爲避免查核報告做原定目的以外之用途，查核報告意見段後得另加一說明段，說明出具該報告之目及其使用之限制。

一、*依據其他綜合會計基礎所編製之財務報表*

1. 財務報表可能因特殊之目的，而依據國際會計準則以外之其他綜合會計基礎編製。例如：
   (1) 現金基礎。
   (2) 課稅基礎。
   (3) 依政府法令規定所採用之基礎等。
2. 財務報表如係依據其他綜合會計基礎編製，則應明確表明所依據之基礎，並說明此財務報表是否基於該基礎允當表達。若會計所依據之會計基礎，未適當表明及揭露，會計師應出具修正式意見之查核報告。

二、*財務報表內之特定項目*

1. 適用情況

會計師接受委任對財務報表內的特定項目，例如：存貨、權利金、員工獎金等表示意見。會計師於受託時，得單獨對特定項目進行查核，亦得於查核整體財務報表時，另對特定項目爲之。

2. 查核範圍

特定項目的重大性標準金額較整體財務報表之重大性標準金額低，查核程序範圍應較大。

3. 為避免財務報表使用者可能誤解，會計師應要求受查者不得將整體財務報表隨附於特定項目之查核報告

會計師對整體財務報表出具否定意見或無法表示意見之查核報告時，仍可對財務報表內特定項目提出報告，惟該等特定項目占整體財務報表之比例不宜過大，以免特定項目之查核報告有取代整體財務報表查核報告之虞。

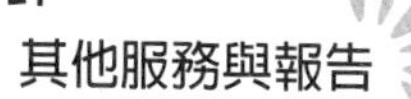

三、法令規定或契約約定條款的遵循

1. 適用情況

會計師受託查核財務報表時，同時被要求受查者是否遵循法令規定或契約約定出具報告。

2. 前提

(1) 執行適當查核程序。

(2) 對財務報表出具否定意見或無法表示意見以外之查核報告。

3. 報告內容

會計師出具查核報告時，應做成消極確信之結論，敘明未發現受查核者有違反法令規定或契約約定之情事。

四、依法令規定或契約約定方式之財務表達

1. 適用情況

會計師可能對特殊目的財務報表之編製，是否符合法令規定或契約約定出具查核報告，該特殊目的之財務報表可能包括：

(1) 財務報表係依法令規定或契約約定方式表達，該項表達除未列示所有資產、負債、收入、費用外，仍符合國際會計準則或其他綜合會計基礎。

(2) 財務報表係依法令規定或契約約定方式編製，不符合國際會計準則或其他綜合會計基礎之規定。

2. 報告內容

查核報告內容，應說明編製財務報表所依據之法令或契約。若會計師認爲財務報表無法依據所敘明之基礎允當表達或其查核範圍受限制，則應於說明段揭露其事實及影響，並於意見段做適當之修正。

五、按特定形式表達之財務資訊

按特定形式表達之財務資訊：財務資訊及查核報告如須依受查者要求之既定格式或表格編製，而該查核報告內之格式、內容及用語不符審計準則公報規定，

會計師就可就查核報告之格式、內容與用語做適當修正，否則應拒絕接受委任。

六、簡明財務報表

1. 適用情況

對已查核完整的財務報表已表示意見者。

2. 報告內容

(1) 簡明財務報表所依據之已查核財務報表及其所遵循之一般公認審計準則。

(2) 已查核財務報表之查核報告日期及其意見。若出具無保留意見以外的查核報告時，應敘明其情由及其影響。

(3) 簡明財務報表之財務資訊是否與其所依據之已查核財務報表一致。

(4) 爲更瞭解受查者之財務狀況、經營結果與現金流量，簡明財務報表應與已查核的財務報表一併考量。

(5) 不應使用「簡明財務報表係依國際會計準則，於先後一致的基礎上編製，足以允當表達……」的用語。

【註】特殊目的查核報告不包括：

1.財務報表之核閱。

2.依委任人與會計師雙方約定程序之查核。

3.代編財務報表。

4.僅對法令規定或契約約定條款遵循之查核。

■第三節　財務報表之核閱

一、目　的

係在根據執行核閱程序之結果，對財務報表在所有重大方面是否有違反國際會計準則而須做修正之情事，提供中度之確信。

二、範　圍

上市、上櫃發行公司財務季報表；公開發行公司期中財務報表；非公開發行公司各期財務報表。

三、一般原則

1. 會計師執行上市、上櫃發行公司財務季報表與公開發行公司期中財務報表之核閱時，應瞭解受核閱者之內部控制。
2. 會計師規劃及執行核閱工作時，對可能造成財務報表重大不實表達之情況，應盡專業上應有之注意。
3. 會計師應藉由實施分析、比較與查詢，以獲取足夠與適切之證據，俾於報告中以消極確信之文字表達核閱結果。
4. 會計師於規劃財務報表核閱時，應對受核閱者有適當之瞭解，俾能決定核閱之相關程序及範圍。瞭解之事項包括：
   (1) 受核閱者之組織及營運特性。
   (2) 資產、負債、收入及費用之性質。
   (3) 所屬行業之會計制度。
5. 其他與財務報表有關事項之瞭解，例如產銷方法、生產線、營運地點與關係人等。
6. 會計師核閱財務報表時對重大性之考量，應與查核財務報表時相同，難以發現財務報表之重大不實表達，但會計師於判斷重大性標準時，所考量者係財務報表之內容及其使用者之需要，而非所提供確信之程序。

四、核閱程序

瞭解受核閱者營運特性與所屬行業之狀況。

查詢受核閱者下列事項：

1. 所採用之會計原則與實務。
2. 交易事項之記錄、分類與彙總、應揭露資訊之蒐集及財務報表編製等程序。

3. 有關財務報表之重要聲明。
4. 查閱股東會、董事會及其他重要會議之議事錄，並瞭解有關決議事項之執行情形及其財務報表之影響。

採用下列分析性覆核程序，以確定差異較大及異常項目之合理性：
1. 比較本期與上期或去年同期之財務報表。
2. 比較本期實際金額與預算金額。
3. 分析財務報表各重要項目間之關係，例如毛利率、存貨週轉率與應收帳款週轉率等。分析時，應注意上期或去年同期須調整之項目。
4. 比較財務資訊與非財務資訊間之關係，例如薪資與員工人數之關係。
5. 依據所獲得之資訊考量財務報表是否已依所表示之會計基礎編製。
6. 必要時取得其他會計師查核或核閱之報告。
7. 向受核閱者負責財務與會計事務之人員查詢相關事項，例如：
   (1) 所有交易是否均已記錄。
   (2) 財務報表是否已依所表示之會計基礎編製。
   (3) 營業活動、會計原則及處理是否有改變。
   (4) 執行核閱程序所發現之問題。
   (5) 向受核閱者取得客戶聲明書。

會計師若認爲財務報表可能存在重大不實表達時，應執行更多必要之程序，俾出具適當之核閱報告。

核閱報告

核閱報告所提供之中度確信，應於核閱報告中明確以消極之文字表達。即依核閱之結果，會計師應在核閱報告中說明是否發現財務報表在所有重大方面有違反國際會計準則而須做修正之情事。

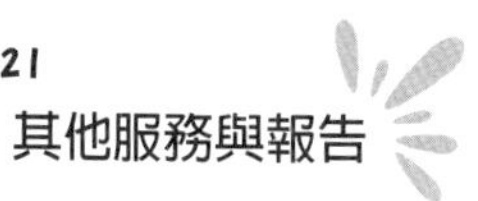

五、核閱報告內容

1. 前言段

(1) 所核閱財務報表之名稱、日期及所涵蓋之期間。

(2) 管理階層與會計師之責任。

2. 範圍段

(1) 係依本公報規劃並執行核閱工作。核閱工作如依據某項特殊法令規定辦理者，應敘明所依據之法令名稱。

(2) 僅實施分析、比較與查詢。

(3) 並未依照一般公認審計準則查核，故無法對財務報表整體表示查核意見。

3. 意見段

以消極確信之文字表達核閱結果。

六、報告類型

1. 無保留核閱報告

會計師核閱結果如未發現財務報表在所有重大方面有違反國際會計準則而須做修正之情事時，應出具無保留核閱報告。

2. 修正式核閱報告

會計師遇有下列情況之一時，應出具修正式核閱報告：

(1) 會計師出具之核閱報告，部分係採用其他會計師之核閱結果，且欲區分核閱責任。

(2) 對受核閱者之繼續營業假設存有重大疑慮。

(3) 受核閱者所採用之會計原則變動且對財務報表有重大影響。

(4) 對上年同期財務報表所表示之核閱結果與原先所表示者不同。

(5) 上年同期財務由其他會計師核閱。

(6) 欲強調某一重大事項，如：

①重大關係人交易。

②重大期後事項。

③核閱範圍未受限制，且財務報表之編製未違反國際會計準則時之重大未確定事項。

④除會計原則變動外，影響本期與前期財務報表比較之重大事項。

(7) 會計師若發現財務報表有違反國際會計準則而須做重大修正。

(8) 核閱範圍受限制。

(9) 會計師若發現財務報表有違反國際會計準則且情節極爲重大，致財務報表無法允當表達，出具保留式核閱報告仍嫌不足者，會計師應出具否定式核閱報告。

(10)核閱範圍受限制之情節極爲重大，會計師認爲無法提供任何程度之確信時，應出具拒絕式核閱報告。

■第四節　財務資訊協議程序之執行

一、*範　圍*

會計師受託執行協議程序之範圍，可能包括下列財務資訊：

1. 特定財務資訊，如應付帳款、應收帳款、向關係人之進貨或某單一部門之銷貨與銷貨毛利。
2. 單一財務報表，如資產負債表。
3. 整套財務報表。

若會計師面對之案件爲非財務資訊時，如對受查資料具適當知識，且對所發現之事實具可資判斷之合理標準，亦可接受委任。

二、*目　的*

1. 會計師履行其與委任人及相關第三者所協議之程序，並報導所發現之事實。

2. 會計師僅於報告中陳述所執行之程序及所發現之事實，不對受查者財務資訊整體是否允當表達提供任何程度之確信。
3. 報告收受者根據會計師之報告自行評估，並據以做成結論。

三、一般原則

1. 會計師得不具獨立性，惟應於所出具之報告中說明此一事實。
2. 協議程序由委任人做最後決定，該等程序是否足夠，會計師不表示意見。
3. 會計師除應依第三十四號公報辦理外，尚應依委任書之約定條款辦理。

四、確認委任書之約定條款

1. 委任之性質，包括說明會計師並非依照一般公認審計準則查核，因此不對受查核財務資訊整體是否允當表達提供任何程序之確信。
2. 委任之目的。
3. 確認須執行協議程序之財務資訊。
4. 執行協議程序之性質、時間及範圍。
5. 預定之報告格式。
6. 協議程序由委任人做最後決定，該等程序是足夠，會計師不表示意見。
7. 報告使用之限制。

五、報告內容

報告中應指出協議程序執行報告須敘明委任之目的及所執行之協議程序，使報告收受者瞭解所執行工作之性質及範圍。

■第五節　財務資訊之代編

一、範　圍

除適用於與財務資訊有關之案件外，非財務資訊之案件，會計師如具適當知識，亦可適用。但客戶編製財務報表時，會計師若僅提供有限之協助，是否適當會計政策之選擇，則非所稱財務資訊之代編。

二、目　的

1. 會計師利用其會計專業知識蒐集、分類及彙總財務資訊，僅將資料歸納整理，無須加以查核或核閱。
2. 會計師對代編之財務資訊不提供任何程序之確信。

三、一般原則

1. 會計師得不具獨立性，惟應於所出具之報告中說明此一事實。
2. 會計師受託代編財務資訊所依據之會計原則，得爲國際會計準則或其他綜合會計基礎。
3. 會計師姓名如與代編之財務資訊發生關聯，應出具報告。

四、委任書

1. 委任之性質，包括說明會計師並未執行查核或核閱程序，因此不對代編之財務資訊提供任何程序之確信。
2. 敘明無法藉由此項委任發現錯誤、舞弊或其他不法行爲。
3. 委任人須提供之資訊。
4. 敘明管理階層提供會計師完整且正確資訊之責任。
5. 代編財務資訊所依據之會計原則，並敘明會計師如獲知有違反該會計原則之事項時，將予以揭露。此外，如該會計原則非屬國際會計準則，亦將予以揭露。

6. 代編財務資訊之預定用途及分發對象。
7. 會計師代編財務資訊所出具報告之格式。

五、*報告中應指出*

1. 代編係依據國際會計準則進行。
2. 報表之編製僅限於將客戶管理當局所聲明之資料，依財務報表之格式加以表達。
3. 報表並未經查核或核閱，因此會計人員並不表示意見或以其他任何形式加以保證。
4. 財務報表的每一頁應註明索引。例如：「參閱會計人員的代編報告」。

■第六節　委任之變動

一、*發生原因*

1. 客戶要求的改變。
2. 客戶誤解。
3. 查核範圍的限制。

二、*發生下列兩種情況時，不得將查核合約變更成核閱或代編合約*

1. 客戶不容許會計師與其法律顧問聯絡。
2. 管理階層拒簽客戶聲明書。

三、若查核委任改變，核閱或代編報告不應提及

1. 原始的委任。
2. 任何已執行的查核程序。
3. 任何查核範圍的限制。

■第七節　財務預測

一、目　的

在提出會計師表達核閱結論之基礎，以判斷：

1. 財務預測是否依據「財務預測編製要點」編製。
2. 財務預測之基本假設是否依據合理資料。

二、不能確定是否可達成財務預測之理由

1. 無法依照一般公認審計準則查核。
2. 財務預測資料具高度不確定性。

三、報告內容

1. 「無保留」報告通常包括三段

(1) 引言段：財務預測編製係管理階層之責任。

(2) 範圍段：

- 核閱之性質。
- 財務預測之核閱依據「財務預測核閱要點」實施。

(3) 結論段

- 會計師認爲，財務預測係依據「財務預測編製要點」編製及所依據

之基本假設合理。

- 實際結果未必與預測相符。
- 會計出具核閱報告後，如實際情況變更，非經受任重新核閱，不再更新其核閱報告。

2. 修正式報告

應加說明段，其情況爲：

(1) 未依照「財務預測編製要點」編製。

(2) 重要假設不合理。

(3) 核閱範圍受限制，致無法執行必要之核閱程序。

(4) 引用其他會計師之核閱報告。

(5) 附有歷史性之財務資訊，說明有否查核或核閱。

(6) 強調重要事項。

第八節　上市、上櫃發行公司財務季報表核閱準則

一、*工作性質*

1. 會計師受託核閱上市、上櫃發行公司財務季報表。
2. 僅實施分析、比較與查詢，未依照一般公認審計準則查核。
3. 不對財務報表之整體是否允當表達表示意見。

二、*目　的*

提供會計師表達核閱結論的基礎，以判斷上市、上櫃發行公司財務季報表在所有重大方面是否未發現有違反國際會計準則而須做修正之情事。

三、核閱程序

1. 驗算各報表之合計數，並與總分類帳各科目餘額核對。
2. 查詢下列事項：
   (1) 查詢受核閱者會計制度之內容，以瞭解交易事項之記錄、分類及彙總程序。
   (2) 查詢受核閱者內部控制之重大改變，以確定其是否影響財務季報表之表達。
   (3) 查詢受核閱者會計事項之處理或營業活動有無重大變動。
   (4) 查詢對財務報表有重大影響之期後事項。
3. 採用下列分析性覆核程序，以確定差異較大及異常項目之合理性：
   (1) 比較本季與上季及去年同季之財務報表。
   (2) 比較本季實際金額與預算金額。
   (3) 分析財務季報表各重要項目間之關係，例如毛利率、存貨週轉率與應收帳款週轉率等。分析時應注意上季或去年同季須調整之項目。
   (4) 比較財務資訊與非財務資訊間之關係，例如薪資與員工人數之關係。
4. 查閱股東會、董事會或其他重要會議之議事錄，以瞭解有關決議事項對財務季報表之影響。
5. 就執行核閱程序所發現問題與受核閱者財務及會計主管討論。
6. 向受核閱者取得客戶聲明書。
7. 依據前述各程序所獲之資料，注意財務季報表是否符合國際會計準則，及其應用是否前後一致。

四、報告內容

1. 報告通常包括三段：
   (1) 前言段：敘明所核閱財務季報表之名稱、日期、所涵蓋之期間及管理階層與會計師之責任。
   (2) 範圍段：敘明核閱之範圍、依據及無法對財務季報表整體是否允當表達表示意見。

(3) 結論段：敘明有無發現財務季報表在重大方面有違反國際會計準則而須做修正之情事。

2. 下列情況應加一說明段說明之：

(1) 核閱程序受限制。

(2) 發現有重大違反國際會計準則而須做修正者。

(3) 核閱報告所附財務季報表，應於各表及附註首頁標明「僅經核閱，未依一般公認審計準則查核」字樣。

習題與解答

一、選擇題

( ) 1. 廣益有限公司堅請會計師不經查帳程序而編製期中財務報告，其理由是該項報告僅做該公司管理當局參考之用，該會計師適當的處理應為：
(A) 以無銜紙張編製財務報告，並不予簽章 (B) 將財務報表每頁標明「未經審核」字樣，另簽發拒絕表示意見 (C) 以無銜紙張編製財務報告，每頁標明「只限公司內部使用」，並不予簽章 (D) 由會計師勸告委託人依照一般公認審計準則規定在編製及簽證報告以前，必須經過查帳程序，不可免除。

( ) 2. 我國審計準則第二十八號公報「特殊目的查核報告」所稱之特殊目的查核報告並未包括： (A) 查核財務報表內特定項目所出具之報告 (B) 核閱財務報表內特定項目所出具之報告 (C) 對依據其他綜合會計基礎所編製財務報表所出具之查核報告 (D) 除對受查核之財務報表所出具之典型查核報告以外，再對簡明財務報表所出具之查核報告。

( ) 3. 財務資訊代編所提供的保證程度，應為： (A) 高度但非絕對保證 (B) 中度保證 (C) 不對整體提供保證 (D) 不提供保證。

( ) 4. 王峰會計師曾定期審查謝飛公司的財務報表，現受託編製今後五年的擬制性綜合損益表（Pro-forma Income Statement），倘若該表是依據該公司營業上各種假設而編製，並僅做內部使用，會計師應： (A) 拒絕該事件，因該表是依據各種假設編製的 (B) 拒絕該事件，因該表是供內部使用的 (C) 接受該事件，倘若附註各種假設和會計師責任的範圍 (D) 接受該事件，倘若該公司書面證明該表只供內部使用。

( ) 5. 下列何項程序不包括在非公開公司的核閱任務內？ (A) 查核管理當局 (B) 查詢決算日後所發生的事件 (C) 分析性覆核程序 (D) 考慮內部控制。

( ) 6. 根據我國審計準則公報第十九號「財務預測核閱要點」，下列有關會計師核閱企業財務預測之敘述，何項正確？ (A) 對企業編製財務預測所使用之基本假設是否合理，會計師提供積極之確信 (B) 對企業編製財務預測所使用之基本假設是否合理，會計師提供消極之確信 (C) 對企業編製財務預測所使用之基本假設是否合理，會計師不提供任何確信 (D) 對企業編製財務預測所使用之基本假設是否合理，會計師是否提供任何確信，視假設之驗證是否困難而定。 〔103 年會計師〕

( ) 7. 下列何種確信服務的報告，係以消極確信的文字表達？ (A) 財務報表代編報告 (B) 財務報表查核報告 (C) 財務報表核閱報告 (D) 協議程序的確信報告。 〔103 年高考三級〕

( ) 8. 當會計師受託執行科目審計時，下列敘述何者正確？ (A) 根據財務報表整體設定重大性 (B) 根據科目金額設定重大性 (C) 查核範圍僅限於該科目，不需要擴大查核與該科目交互相關的其他科目 (D) 遵守簽證準則。 〔103 年高考三級〕

( ) 9. 有關財務報表審計與作業審計的比較，下列敘述何者錯誤？ (A) 財務報表審計著重過去，作業審計關切未來的績效 (B) 無須限制財務報表審計的報告使用者，但須限制作業審計的報告使用者 (C) 財務報表審計執行控制測試的目的，在於決定內部控制的有效性；作業審計執行控制測試的目的，在於決定內部控制的效率及效果 (D) 內部稽核人員不可執行財務報表審計，但可執行作業審計。 〔103 年高考三級〕

( ) 10. 下列關於會計師受託核閱期中財務報表所出具核閱報告之敘述，何者正確？ (A) 對財務報表整體作高度確信 (B) 說明財務報表在所有重大方面是否有違反一般公認會計原則而須作修正 (C) 敘明係依照一般公認審計準則查核 (D) 核閱報告提出後發生之重大事項，核閱人員仍須擔負核閱程序之責任。 〔102 年會計師〕

( ) 11. 根據審計準則公報第三十四號「財務資訊協議程序之執行」，會計師受託對財務資訊執行協議程序時，其報告對受查財務資訊整體是否允當表達提供之確信程度為何？ (A) 提供積極之確信 (B) 提供消極之確信

(C) 不提供任何確信 (D) 視協議程序之執行結果而定。〔102 年會計師〕

( ) 12. 有關會計師受託代編財務資訊之服務，下列敘述何者錯誤？ (A) 會計師得不具獨立性 (B) 會計師應作適當規劃 (C) 會計師應檢視所代編之財務資訊，並考量其格式是否適當 (D) 對代編財務資訊是否允當表達，會計師應負消極確信之責。〔102 年會計師〕

( ) 13. 會計師受託執行上市櫃公司財務季報表核閱服務，下列敘述何者正確？①會計師應瞭解受核閱者之內部控制 ②會計師應執行第四季財務報表之核閱 ③以積極確信之文字表達核閱結果 ④可運用分析、比較、查詢執行程序 ⑤核閱報告日期應為核閱工作完成日 (A) 僅①③⑤ (B) 僅②④⑤ (C) 僅①④⑤ (D) 僅②③④。〔102 年高考三級〕

( ) 14. 下列對會計師代編財務資訊之敘述何者錯誤？ (A) 會計師代編財務資訊時，通常不必評估管理階層所提供資訊之可靠性與完整性 (B) 會計師代編財務資訊時，得不具獨立性 (C) 會計師必要時須對代編之財務資訊加以核閱 (D) 會計師代編財務資訊所使用之會計原則，不限於一般公認會計原則。〔102 年高考三級〕

( ) 15. 甲公司內部稽核人員稽查生產線主管是否按照公司所訂「原物料過期報廢處理辦法」處理過期原料，此為何種審計類型？ (A) 財務報表審計 (B) 作業審計 (C) 遵循審計 (D) 特殊目的審計。〔102 年高考三級〕

( ) 16. 根據我國審計準則公報第三十五號「財務資訊之代編」，會計師受託代編財務資訊時，其報告提供之確信程度為何？ (A) 提供積極之確信 (B) 提供消極之確信 (C) 不提供任何確信 (D) 視會計師姓名是否與代編之財務資訊發生關聯而定。〔101 年會計師〕

( ) 17. 根據我國審計準則公報第十九號「財務預測核閱要點」，下列有關會計師核閱企業財務預測之敘述，何項正確？ (A) 對企業編製之財務預測是否能達成，會計師提供積極之確信 (B) 對企業編製之財務預測是否能達成，會計師提供消極之確信 (C) 對企業編製之財務預測是否能達成，會計師不提供任何確信 (D) 對企業編製之財務預測是否能達成，會計師是否提供確信，視當時經濟環境的景氣程度。〔101 年會計師〕

(　) 18. 會計師對依現金基礎編製之財務報表而簽發特殊目的查核報告時，應於意見段前增加一說明段，藉以說明： (A) 違反一般公認會計原則的原因 (B) 財務報表是否依照其他綜合會計基礎允當表達 (C) 所依據之其他綜合會計基礎及相關之財務報表附註 (D) 說明經營成果及財務狀況與一般公認會計原則所編製之財務報表有何不同。〔101 年高考三級〕

(　) 19. 以下關於會計師執行協議程序的敘述，何者錯誤？ (A) 會計師執行協議程序時，得不具獨立性 (B) 協議程序報告收受者根據會計師之報告自行評估並據以做成結論 (C) 協議程序之程序是否足夠，會計師應就其專業表示意見 (D) 會計師執行協議程序所出具之報告應敘明僅供參與協議者使用。〔101 年高考三級〕

(　) 20. 下列哪一項對財務資訊代編所作之敘述錯誤？ (A) 會計師受託代編財務資訊時，通常將資料歸納彙整，無須對資訊加以查核或核閱 (B) 會計師受託代編財務資訊之案件通常包括部分或整套財務報表 (C) 會計師受託代編財務資訊一定要具獨立性 (D) 會計師受託代編財務資訊所依據之會計原則得為其他綜合會計基礎。〔100 年會計師〕

(　) 21. 會計師受託核閱財務報表所出具之核閱報告中，應敘明下列哪一事項？ (A) 以文字明確表達對整體作絕對確信 (B) 說明是否發現財務報表在所有重大方面有違反一般公認會計原則而須作修正 (C) 敘明係依照一般公認審計準則查核 (D) 以文字明確表達不對整體作絕對確信。

〔100 年會計師〕

(　) 22. 甲會計師於查核乙公司整體財務報表時，受託對該公司之存貨表示意見，下列敘述何者錯誤？ (A) 甲會計師若對乙公司整體財務報表出具否定意見之查核報告，則不得對該公司之存貨表示意見 (B) 甲會計師應要求乙公司不得將整體財務報表隨附於存貨之查核報告 (C) 甲會計師考量存貨之重大性時，其重大性標準金額應較整體財務報表之重大性標準金額為低 (D) 甲會計師對乙公司之存貨所表示之意見，應以積極確信之文字表達。〔100 年會計師〕

(　) 23. 會計師受託對甲公司是否符合借款契約中有關流動比例之約定進行查

核，此種審計之類型為何？ (A)財務報表審計 (B)作業審計 (C)遵循審計 (D)特殊目的審計。〔99年高考三級〕

( ) 24. 根據我國審計準則，會計師對其查核之財務報表出具無保留意見，惟其意見部分係採用其他會計師工作，且欲區分查核責任。則相較於標準式無保留意見報告，其查核報告需進行下列何者修改？①前言段增加解釋文字②範圍段增加解釋文字③增加置於意見段前之說明段④增加置於意見段後之說明段⑤意見段增加解釋文字 (A)僅③ (B)僅①④⑤ (C)僅①②⑤ (D)僅①②④⑤。〔99年高考三級〕

( ) 25. 會計師核閱財務預測之核閱報告與財務報表查核報告之下列相關敘述何者正確？①前者對財務預測能否達成表示意見，後者對財務報表是否允當表示意見②均得採用其他會計師之工作 ③均得增加說明段強調某一重大事項④報告日期均為外勤工作結束日 (A)僅①④ (B)僅①②④ (C)僅②③④ (D)①②③④。〔99年高考三級〕

解答

1.(B) 2.(B) 3.(D) 4.(C) 5.(D) 6.(A) 7.(C) 8.(B) 9.(C) 10.(B)
11.(C) 12.(D) 13.(C) 14.(C) 15.(C) 16.(C) 17.(C) 18.(C) 19.(C) 20.(C)
21.(B) 22.(A) 23.(C) 24.(C) 25.(C)

二、問答題

1. 依據我國審計準則公報第十九號「財務預測核閱要點」會計師核閱企業財務預測。

   試問：

   (1)核閱之目的？

   (2)何以會計師的核閱，不能對財務預測是否達成表示意見？

解答

(1)會計師核閱企業財務預測之目的，在於提供會計師表達核閱結論之基礎，以判斷：

①財務預測是否依據「財務預測編製要點」編製。

②財務預測之基本假設是否依據合理資料。

(2)會計師核閱企業財務預測，因無法依照一般公認審計準則查核，且財務預測資料具高度不確定性，故不能對財務預測是否達成表示意見。

2. 會計師受電話委託進行記帳工作，包括代編財務報表，其客户因此而認為會計師已受託審計財務報表及審核記錄，此時會計師應如何降低客户誤解？

解答

帳務工作及代編財務報表，是一種會計服務合約，而非審計合約。會計師應與委任人簽訂委任書時，列明委任之性質，包括明確說明未執行查核或核閱程序，因此不對代編之財務資訊提供任何程度之確信，讓客户瞭解委任性質是重要的。口頭合約，譬如電話溝通，常常發生誤解，所以應該備有合約書，列明主要約定條款，以免雙方對委任內容，如委任目的、範圍、會計師責任及報告格式等產生誤解。合約書的副本應由客户簽章並交還會計師，表示其已同意瞭解及核准合約的範圍。

3. 會計師受一群投資人委託會計師代編未經查核之財務報表，會計師由公司經理人交付之財務資訊編製財務報表。後來，投資人發現這些報表並不正確，因為其經理人盜用資金。因此，他們拒絕支付會計師公費，並責備會計師未查出此情況，並指責會計師不該信賴經理人之資料。

解答

即使一般的審計合約，也不能賴以揭露非法行為，且於代編財務報表的合約中，會計師沒有責任採行任何審核或覆核程序。然而作為專業者，會計師的責任於執行業務時盡應有之注意，於編製財務報表時運用職業判斷，以及就工作中發現的任何不尋常或嫌擬之處，提醒客户注意。會計師並有義務去調查似乎有錯誤，不完整或其他不適當的資料，在此情況下，為避免誤解，會計師應先取得敘明經理人須提供會計師完整且正確資訊之責任的客户委任説明書，使會計師可以信賴該經理人的資料進行代編任務。

4. 會計師於比較試算表與總分類帳時，發現一會計科目為審計公費，此科目金額包括代編未經審定之財務季報表之會計服務時，會計師應如何建議調整或處理方式減低誤解？

解答

對於非審計案件，應避免使用「審計」字樣。會計師應與委任人簽訂委任書時，明確説明該委任未執行查核或核閱程序，因此不對代編之財務季報表提供任何程度之確信，讓客户瞭解該委任性質，並説服客户更改帳户為「會計服務」，且同時讓客户瞭解會計服務與根據一般公認審計準則審計財務報表合約的差異。

5. 會計師對某公開發行公司的財務季報表出具核閱報告，並於核閱報告中載明「……由於本事務所僅實施分析、比較與查詢等部分審計程序，故無法對上開財務季報表之整體是否允當表達表示意見……」等語，會計師應如何修正，以避免使用者誤解？

解答

在説明函上使用「……本事務所僅實施分析、比較與查詢等部分審計程序……」字句，可能暗示已實施了某些查核，故會計師可能發現他們要較其預期負擔更多的責任。為避免使用者誤解，會計師應修改為「由於本會計師僅實施分析、比較與查詢，並未依照一般公認審計準則查核，故無法對上開財務季報表之整體是否

允當表達意見。」並加一結論段，敘明有無發現財務季報表在所有重大方面有違反國際會計準則而須做修正之情事，另未經審核的財務季報表，總是附隨有關會計師所簽發之核閱報告，應於各表及附註首頁標明「僅經核閱，未依一般公認審計準則查核。」

6. 會計師依據客戶的記錄編製財務報表的草稿，在覆核此項草稿時，會計師知道土地及房屋係依估定價值入帳，不合國際會計準則，會計師應如何因應？

解答

依定義，未經審核財務報表係未經會計師的審核，故會計師不能對報表是否符合國際會計準則的編製表示意見。然而，會計師仍有責任依職業的方法完成代編合約，如果其已知未審核的財務報表不符合國際會計準則，那麼他應該堅持做適當的修正。在此情況下，土地及建築物應調整為歷史成本減除折舊。假如會計師不能說服其委託人調整土地及建築物，他應於報告中明確指出其所知道財務報表中違反國際會計準則之處及其影響。此外，假如客户拒絕接受會計師報告，會計師應拒絕與財務報表發生關聯，並正式撤銷該委託案件。

7. 甲會計師經朋友介紹投資乙公司後，乙公司董事長於一次董事會議中，請甲會計師代編其年度財務報表，甲會計師於是馬上派一位事務所員工將乙公司帳冊拿回事務所，並要求該員工即刻開始依帳冊內容編製財務報表。該員工於彙整帳冊內容編製財務報表時，發現乙公司之收入與費用之認列均採現金基礎，該員工無法理解，於是報告甲會計師，甲會計師認為只是代編，雙方未簽訂任何委任契約，甲會計師也不擬出具任何報告，於是仍囑咐該員工無須進行瞭解，依乙公司帳冊編製乙公司財務報表即可。之後乙公司董事長時常將他們公司的財務報表係由甲會計師代編一事掛在口邊，到處宣揚。

試依審計準則公報第三十五號「財務資訊之代編」指出甲會計師之三項錯誤，並說明錯誤之理由。試以下表格式作答。

錯誤行為	錯誤之理由

〔99 年會計師〕

解答

錯誤行為	錯誤之理由
甲會計師認為只是代編，雙方未簽訂任何委任契約。	基於委任人與會計師雙方之權益，會計師應與委任人簽訂委任書，列明主要約定條款。
甲會計師不擬出具任何報告，乙公司董事長卻常對外宣揚由甲會計師代編之情事。	會計師姓名如與代編之財務資訊發生關聯，應出具報告。
囑咐該員工無須進行瞭解。	會計師代編財務資訊時，應先瞭解委任人之業務與營運狀況，進而熟悉委任人所屬行業適用之會計原則與實務，暨財務資訊之內容與格式。

8. 請就下列五個構面比較作業審計（Operational Auditing）與財務審計（Financial Auditing）的差異：

(1) 審計的目的。

(2) 審計報告的使用者。

(3) 審計報告的格式。

(4) 是否涉及非財務領域。

(5) 可提供服務的審計人員類型。

請依下列格式組織答案：

構面	作業審計	財務審計

〔99 年高考三級〕

解答

構面	作業審計	財務審計
(1)審計的目的	審計人員對於組織特定單位或營業活動執行作業研究，以評估其是否有效率及有效果的達成既定目標，並提出改進建議。審計業務之目的在於是否有效管理與資源分配。	審計人員對於企業所編製之財務報表加以查核，以對於財務報表是否符合一般公認會計準則之允當表達適當之意見。
(2)審計報告的使用者	公司管理階層。	外部使用者（債權人、投資者、政府機構、社會大眾）。
(3)審計報告的格式	作業審計報告之格式內容，通常應包括： (1)報告名稱。 (2)報告收受者（通常指委任人）。 (3)受查之財務或非財務資訊。 (4)敘明業依報告收受者同意之程序執行。 (5)敘明所採用之協議程序係由委任人作最後決定，該等程序是否足夠，會計師不表示意見。 (6)敘明受託工作係依照本公報之規定辦理。 (7)會計師不具獨立性時，報告中應敘明此一事實。 (8)敘明執行協議程序之目的。 (9)列出所執行之程序。 (10)敘明會計師所發現之事實，包括對於錯誤與例外事項之適當說明。 (11)敘明會計師並非依照一般公認審計準則查核，因此不對受查財務資訊整體是否允當表達提供任何程度之確信。	財務審計標準無保留意見的查核報告格式，通常依序如下： (1)報告名稱。 (2)報告收受者。 (3)前言段。 (4)範圍段。 (5)意見段。 (6)會計師事務所之名稱及地址。 (7)會計師之簽名及蓋章。 (8)查核報告日。

（續前表）

	(12)敘明若會計師執行額外程序或依照一般公認審計準則查核，則可能發現其他應行報告之事實。 (13)敘明本報告僅提供同意協議程序者使用。 (14)必要時敘明本報告僅與財務報表內之特定項目或特定財務及非財務資訊有關，因此不得擴大解釋為與受查者之財務報表整體有關。 (15)會計師事務所之名稱及地址。 (16)會計師之簽名及蓋章。 (17)報告日期。	
(4)是否涉及非財務領域	是	否
(5)可提供服務的審計人員類型	外部稽核人員、內部稽核人員。	外部稽核人員。

國家圖書館出版品預行編目資料

審計學／馬嘉應著. 一一三版. 一一臺北市：

五南, 2015.10

面； 公分

ISBN 978-957-11-8350-3（平裝）

1.審計學

495.9　　　　104019164

1G74

審計學

作　　者— 馬嘉應

發 行 人— 楊榮川

總 經 理— 楊士清

副總編輯暨責編 — 張毓芬

文字校對 — 許宸瑞

封面設計 — 吳詩翎　姚孝慈

出 版 者 — 五南圖書出版股份有限公司

地　　址：106台北市大安區和平東路二段339號4樓

電　　話：(02)2705-5066　　傳　　真：(02)2706 6100

網　　址：http://www.wunan.com.tw

電子郵件：wunan@wunan.com.tw

劃撥帳號：01068953

戶　　名：五南圖書出版股份有限公司

法律顧問　林勝安律師事務所　林勝安律師

出版日期　2004年 5 月初版一刷

2005年 3 月初版二刷

2006年 8 月二版一刷

2009年10月二版二刷

2017年 7 月三版一刷

定　　價　新臺幣720元